E. G. GOLSTEIN

DUALITÄTSTHEORIE IN DER NICHTLINEAREN OPTIMIERUNG UND IHRE ANWENDUNG

MATHEMATISCHE LEHRBÜCHER UND MONOGRAPHIEN

HERAUSGEGEBEN VON DER
AKADEMIE DER WISSENSCHAFTEN DER DDR
ZENTRALINSTITUT FÜR MATHEMATIK UND MECHANIK

II. ABTEILUNG

MATHEMATISCHE MONOGRAPHIEN

BAND 39

DUALITÄTSTHEORIE IN DER NICHTLINEAREN OPTIMIERUNG UND IHRE ANWENDUNG

VON

E. G. GOLSTEIN

AKADEMIE-VERLAG · BERLIN

1975

E. G. GOLSTEIN

DUALITÄTSTHEORIE IN DER NICHTLINEAREN OPTIMIERUNG UND IHRE ANWENDUNG

In deutscher Sprache herausgegeben von

Prof. Dr. habil. K.-H. ELSTER und Dr. sc. H. HOLLATZ

AKADEMIE-VERLAG · BERLIN

1975

Е. Г. Гольштейн
Теория двойственности в математическом программировании и ее иприложения

Erschienen im Verlag Nauka, Moskau
Deutsche Übersetzung unter der Leitung von Dr. rer. nat. C. Supp;
Dr. rer. nat. R. Nehse, Dr. rer. nat. D. Erdmann, Dr. rer. nat. H. Wendt,
Dipl.-Math. R. Heine, Dipl.-Math. G. Heidekrüger

Erschienen im Akademie-Verlag, 108 Berlin, Leipziger Straße 3—4

Lizenznummer: 202·100/402/75
Gesamtherstellung: VEB Druckerei „Thomas Müntzer", 582 Bad Langensalza
Bestellnummer: 761 741 1 (6042) · LSV 1085
Printed in GDR
EVP 48,—

VORWORT DES VERFASSERS ZUR DEUTSCHEN AUSGABE

Ende der vierziger Jahre wurden die ersten Untersuchungen über lineare Optimierungsprobleme durchgeführt. Zuvor hatte man in der Mathematik nur solche Extremalaufgaben behandelt, bei denen Funktionale mit gewissen Differenzierbarkeitseigenschaften betrachtet wurden, die auf offenen Mengen definiert sind. Die lineare Optimierung leitete ein neues Kapitel in der mathematischen Optimierungstheorie ein, weil damit Grundlagen zur Berücksichtigung sogenannter Randeffekte geschaffen wurden. Ein wesentlicher Teil des vorliegenden Buches gibt eine detaillierte Darstellung solcher Grundlagen für allgemeine Probleme der linearen und nichtlinearen Optimierung in unendlichdimensionalen Räumen.

Obwohl eine allgemeine Optimierungstheorie fehlte, traten in der Mathematik auch schon früher spezielle Optimierungsprobleme mit Ungleichungen als Nebenbedingungen auf, wobei die Untersuchungen jedesmal die Ausarbeitung spezieller Methoden und Verfahren erforderten. Besonders viele derartige Probleme kamen in der konstruktiven Funktionentheorie vor. Aus diesem Grunde wurden von mir eine Reihe geeigneter Optimierungsprobleme dieses klassischen Gebietes der Mathematik ausgewählt, um hieran die Bedeutung der im Buch gemachten Aussagen aufzuzeigen. Die im Buch entwickelten Methoden gestatten es, bekannte Resultate zu bestätigen und weiterzuentwickeln.

Es freut mich sehr, daß dieses Buch in der Deutschen Demokratischen Republik erscheint, wo eine große Anzahl von Mathematikern erfolgreich Theorie und Lösungsverfahren für Optimierungsprobleme weiterentwickelt. Meine tiefe Dankbarkeit gilt den Kollegen, die die nicht leichte Arbeit auf sich genommen haben, das Buch in die deutsche Sprache zu übersetzen.

16. 07. 1974 E. G. Golstein

VORWORT

Im vorliegenden Buch wird die Dualitätstheorie der mathematischen Optimierung in unendlichdimensionalen Räumen und ihre Anwendung behandelt. Lösungsverfahren von Optimierungsproblemen werden nicht betrachtet. Der Autor beschränkt sich im allgemeinen auf solche Probleme, für die die angegebenen Optimalitätskriterien notwendig und hinreichend sind. Außerdem wird ein Verfahren angegeben, wie man notwendige Optimalitätskriterien erhalten kann. Im allgemeinen wird dies durch Approximation des vorgegebenen Problems erreicht.

Weiterhin wird ausführlich die Anwendung der Dualitätstheorie auf Approximationsprobleme mit Nebenbedingungen behandelt.

Das aus zehn Kapiteln bestehende Buch umfaßt im wesentlichen drei Komplexe. Im ersten Komplex (Kapitel 1) wird eine kurze Zusammenfassung der wichtigsten im folgenden verwendeten Begriffe und Aussagen über topologische Räume, lineare topologische Räume und BANACH-Räume gegeben.

Der zweite Komplex (Kapitel 2 bis Kapitel 6) enthält Untersuchungen zur Dualitätstheorie der mathematischen Optimierung.

Im Kapitel 2 wird dazu nach Einführung des verallgemeinerten primalen Problems (§ 1) eine Vorschrift zur Bildung des dualen Problems angegeben (§ 2) und ein verallgemeinerter Dualitätssatz bewiesen (§ 3). Für lineare Optimierungsprobleme wurde dieser Satz in [23], für nichtlineare Probleme in [15], [18], [19] behandelt. Neben konvexen Optimierungsproblemen (§ 3) werden gemittelte Extremalaufgaben (§ 4) untersucht. Aussagen über gemittelte Extremalaufgaben in unendlichdimensionalen Räumen sind in [1] und [63] angegeben worden, die sich auf Betrachtungen in [42] stützen. Verallgemeinerungen wurden in [18] und [33] vorgenommen.

In Kapitel 3 werden spezielle konvexe Optimierungsprobleme genannt, für die der verallgemeinerte Dualitätssatz äquivalent ist zu dem bekannten Dualitätssatz über die Gleichheit der Optimalwerte des primalen und des dualen Problems. Dabei werden zwei Typen von Dualitätssätzen untersucht. Die Dualitätssätze in § 1 dieses Kapitels gelten, ohne daß die Gültigkeit der Slaterbedingung (oder einer dieser Bedingung entsprechenden Forderung) vorausgesetzt wird. In diesen Sätzen ist jedoch nicht gesichert, daß das Infimum in dem dualen Problem angenommen wird.

Der starke Dualitätssatz, der nicht nur die Gleichheit der Optimalwerte sondern auch die Annahme des Infimums im dualen Problem sichert, wird unter der Voraussetzung der Gültigkeit der verallgemeinerten Slaterbedingung bewiesen (§ 2). In § 3 werden Zusammenhänge zwischen den genannten Dualitätssätzen und der Existenz eines verallgemeinerten Sattelpunktes des zum primalen Problem gehörenden LAGRANGE-Funktionals sowie Optimalitätskriterien angegeben. Dabei zeigt sich die Äquivalenz der Gültigkeit des starken Dualitätssatzes zur Existenz eines verallgemeinerten Sattelpunktes des entsprechenden LAGRANGE-Funktionals (vgl. auch [21]). Die Annahme bzw. Nichtannahme des Infimums im dualen Problem bedingen verschiedene Optimalitätskriterien. Diese Kriterien charakterisieren Optimalitätseigenschaften sowohl von Elementen als auch von Folgen und können daher auch dann angewendet werden, wenn die Probleme in unendlichdimensionalen Räumen keine Lösungselemente, sondern Folgen als Lösungen besitzen.

In Kapitel 4 werden diese Untersuchungen für konvexe Optimierungsprobleme fortgesetzt und durch Eigenschaften von Stützfunktionalen beschrieben. Die wichtigsten Eigenschaften von Stützfunktionalen werden in § 1, § 2 und § 3 dieses Kapitels angegeben. Eine zum Satz 4.1 analoge Aussage findet man in [35] (vgl. auch [24]). Sätze aus § 2 wurden unter stärkeren Voraussetzungen bereits in [27] und [88] behandelt (vgl. auch [16]). Satz 4.14 wurde ebenfalls unter stärkeren Voraussetzungen in [16] und [19] angegeben; die in [16] gemachten Voraussetzungen wurden jedoch schon in [40] und in einer weiteren Arbeit von LEWIN abgeschwächt. Es zeigte sich, daß der in [19] enthaltene Beweis auf den allgemeinen Fall übertragen werden kann (§ 3).

Wegen der Zusammenhänge zwischen der Theorie der Stützfunktionale und der Theorie der konjugierten Funktionale können die Aussagen von § 2 und § 3 mit Hilfe konjugierter Funktionale beschrieben werden (vgl. [32], [33]).

In Kapitel 5 wird die Theorie endlichdimensionaler konvexer Optimierungsprobleme dargestellt. Die wichtigsten in § 1 enthaltenen Ergebnisse sind Folgerungen aus denen der vorhergehenden Kapitel.

In § 2 wird ein anderer Zugang zur Dualitätstheorie der konvexen Optimierung durch den Hauptsatz der Zweipersonen-Nullsummenspiele vermittelt. Insbesondere wird der Fixpunktsatz von KAKUTANI herangezogen, wobei zum Nachweis der Gültigkeit der Dualitätsbeziehung auch der Satz von HELLY verwendet werden kann. Dieser Weg wurde auch in [41] und [66] beschritten.

Der § 3 dieses Kapitels beschäftigt sich mit der Theorie der Marginalwerte von konvexen Optimierungsproblemen.

In Kapitel 6 werden hyperbolische Optimierungsprobleme behandelt, wobei für solche Probleme ein geeignetes LAGRANGE-Funktional definiert wird. In § 1 und § 2 werden für hyperbolische Optimierungsprobleme ein verallgemeinerter Dualitätssatz und einige weitere Dualitätssätze bewiesen. Probleme in endlichdimensionalen Räumen werden in § 3 behandelt.

Der aus den Kapiteln 7 bis 10 bestehende dritte Komplex dieses Buches ist der Anwendung der in den Kapiteln 2 bis 4 entwickelten Dualitätstheorie auf Approximationsprobleme mit Nebenbedingungen gewidmet.

Das Kapitel 7 enthält Approximationsprobleme für eine Menge eines BANACH-Raumes durch Elemente einer konvexen Menge dieses Raumes.

In § 1 wird die Approximation eines Elementes behandelt. Dabei ergibt sich ein Zusammenhang zwischen den Approximationskriterien und dem bekannten „Satz vom Zuschnitt".

Approximationskriterien werden in § 2 und § 3 angegeben, wobei endlich viele bzw. unendlich viele Elemente zu approximieren sind.

Die Untersuchungen in Kapitel 8 beziehen sich ebenfalls auf ein Approximationsproblem; die approximierende Menge wird dort durch ein System von Nebenbedingungen definiert.

In § 1 werden mit Hilfe der Ergebnisse aus den Kapiteln 2 bis 4 Dualitätssätze und Approximationskriterien hergeleitet. In § 2 werden als Spezialfall Probleme mit linearen Nebenbedingungen behandelt.

Kapitel 9 beschäftigt sich mit Approximationen durch verallgemeinerte Polynome, deren Koeffizienten Gleichungen oder unendlich vielen Ungleichungen genügen. Für diese Probleme wird die Gültigkeit der Dualitätsbeziehung vorausgesetzt; daher gilt für sie stets das in Satz 9.2 angegebene Approximationskriterium. Eine Verschärfung dieses Kriteriums ist in Satz 9.4 enthalten.

In § 2 werden für Approximationsprobleme BANACH-Räume mit TSCHEBYSCHEW-Metrik zugrundegelegt. Eine zum Satz über die TSCHEBYSCHEW-Alternante analoge Aussage ist in Satz 9.9 formuliert. Eine entsprechende Aussage für Probleme mit Nebenbedingungen findet man in Satz 9.12.

In § 3 wird ein Unitätssatz für Probleme der TSCHEBYSCHEW-Approximation mit Nebenbedingungen angegeben, der einem Satz von HAAR entspricht, und in § 4 werden weitere Approximationsprobleme behandelt.

Während bisher Optimierungsprobleme in reellen Räumen betrachtet wurden, werden in Kapitel 10 Optimierungsprobleme in komplexen Räumen untersucht.

In § 1 wird gezeigt, wie eine Reihe von Resultaten aus den Kapiteln 2 bis 8 auf Optimierungsprobleme in komplexen Räumen übertragen werden kann.

In § 2 werden einige Probleme aus Kapitel 9 für den komplexen Fall modifiziert; außerdem wird ein Approximationskriterium angegeben.

Das Problem der TSCHEBYSCHEW-Approximation wird in § 3 diskutiert, wobei ein entsprechender Unitätssatz bewiesen wird. Dieser Satz geht bei Problemen mit Nebenbedingungen in einen in [38] formulierten Satz über und entspricht dem komplexen Analogon eines Satzes von HAAR.

Der Autor spricht W. F. GAPOSCHKIN, A. D. IOFFE und JU. L. SASLAWSKI seinen aufrichtigen Dank aus. Sie haben das Manuskript des Buches bzw. die Manuskripte einzelner Kapitel gelesen und mit einer Reihe wertvoller Vorschläge geholfen.

E. G. GOLSTEIN

VORWORT DER HERAUSGEBER

In den vergangenen Jahren hat sich die mathematische Optimierung im allgemeinen und die nichtlineare Optimierung im besonderen stürmisch entwickelt. Diese Entwicklung ist u. a. durch eine Fülle von wissenschaftlichen Veröffentlichungen gekennzeichnet, die neue theoretische Resultate, Anwendungen auf verschiedene mathematische und nichtmathematische Probleme enthalten, aber auch der Integration zu einer Theorie der Extremalaufgaben dienen. Die Erarbeitung von Lehrbüchern und Monographien zur nichtlinearen Optimierung schließt heute oftmals keine in Einzelveröffentlichungen dargestellte Theorie ab, sondern erfüllt mehr den Wunsch vieler Fachkollegen und Interessenten anderer Wissenschaftsgebiete nach einer kritischen Sichtung der Spezialarbeiten unter den persönlichen Gesichtspunkten des Autors.

Das Buch von Professor GOLSTEIN über die Dualitätstheorie nichtlinearer Optimierungsprobleme und deren Anwendung auf Approximationsprobleme füllt hierbei eine wesentliche Lücke aus. Auf der Grundlage von Folgen als Elemente der zulässigen Bereiche von Optimierungsproblemen entwickelt der Autor eine hinreichend allgemeine und zugleich gut anwendbare Dualitätstheorie, die zahlreiche bekannte Resultate (z. B. die über konvexe Optimierungsprobleme in endlichdimensionalen Räumen) als Spezialfälle enthält. Außerdem ergeben sich Optimalitätskriterien als Folgerungen aus den Dualitätsaussagen. Von Interesse sind ferner die Anwendungen dieser Aussagen auf Probleme der besten Approximation.

Diese zusammenfassende Darlegung enthält viele Forschungsergebnisse des Autors, die durch die einführende Behandlung mathematischer Hilfsmittel für den Leser leicht zugänglich gemacht werden. Wir freuen uns, dem deutschsprachigen Leser eine aussagekräftige Darstellung dieses wichtigen und schönen Teilgebietes der nichtlinearen Optimierung vorlegen zu können.

H. ELSTER

H. HOLLATZ

INHALTSVERZEICHNIS

Einleitung 1

Kapitel 1. **Grundkenntnisse aus der Funktionalanalysis** 5

§ 1. Topologische Räume 5
§ 2. Lineare topologische Räume 10
§ 3. BANACH-Räume 14

Kapitel 2. **Verallgemeinerte Dualitätsaussagen** 23

§ 1. Das primale Problem und seine Verallgemeinerung 23
§ 2. Das duale Problem 27
§ 3. Der verallgemeinerte Dualitätssatz 33
§ 4. Gemittelte Extremalaufgaben 44

Kapitel 3. **Dualitätssätze für konvexe Optimierungsprobleme** 51

§ 1. Dualitätssätze 51
§ 2. Dualitätssätze (Fortsetzung) 56
§ 3. Sattelpunkte und Optimalitätskriterien 61

Kapitel 4. **Stützfunktionale und die Formulierung von Dualitätssätzen und Optimalitätskriterien** 67

§ 1. Stützfunktionale 67
§ 2. Eigenschaften von Stützfunktionalen 72
§ 3. Weitere Eigenschaften von Stützfunktionalen 80
§ 4. Spezielle duale Probleme und Optimalitätskriterien 98

Kapitel 5. **Endlichdimensionale konvexe Optimierungsprobleme** 114

§ 1. Dualitätssätze und Optimalitätskriterien 114
§ 2. Zweipersonen-Nullsummenspiele und Dualitätssätze für konvexe Optimierungsprobleme 124
§ 3. Stabilität und Marginalwerte 139

Kapitel 6. **Hyperbolische Optimierungsprobleme** 147

§ 1. Ein verallgemeinerter Dualitätssatz 147
§ 2. Dualitätssätze 152
§ 3. Endlichdimensionale hyperbolische Optimierungsprobleme 159

Kapitel 7. **Approximationsprobleme** 165

§ 1. Approximation eines Elementes 165
§ 2. Approximation einer endlichen Menge 170
§ 3. Approximation einer beliebigen Menge 174

Kapitel 8. **Approximationsprobleme mit Nebenbedingungen** 180

§ 1. Dualitätssätze und Approximationskriterien für Probleme mit konvexen Nebenbedingungen 180
§ 2. Probleme mit linearen Nebenbedingungen 183

Kapitel 9. **Spezielle Approximationsprobleme mit Nebenbedingungen** 191

§ 1. Approximation durch verallgemeinerte Polynome mit Nebenbedingungen für die Koeffizienten 191
§ 2. Approximationskriterien mit TSCHEBYSCHEW-Metrik 198
§ 3. Ein Unitätssatz für beste TSCHEBYSCHEW-Approximation 210
§ 4. Weitere Approximationsprobleme mit Nebenbedingungen 215

Kapitel 10. **Optimierungsprobleme in komplexen Räumen** 222

§ 1. Ein Verfahren zur Übertragung von Ergebnissen auf komplexe Probleme und Anwendungen 222
§ 2. Komplexe Approximation durch verallgemeinerte Polynome mit Nebenbedingungen für die Koeffizienten 228
§ 3. Ein Unitätssatz für TSCHEBYSCHEW-Approximation in komplexen BANACH-Räumen 237

Literatur 245

Sachverzeichnis 251

EINLEITUNG

Die Entwicklung der *mathematischen Optimierung* als eine Disziplin der angewandten Mathematik begann vor etwa 30 Jahren. 1939 untersuchte L. W. KANTOROWITSCH [34] Probleme ökonomischen Inhalts und führte diese auf lineare Optimierungsprobleme mit einer endlichen (sehr großen) Anzahl von Veränderlichen zurück, wobei die Veränderlichen einem System von Ungleichungen genügen. Anschließend wurden, ausgehend von [34], Lösungsverfahren für solche Probleme entwickelt. Diese Aufgabe bestimmte im wesentlichen die Entwicklung dieser mathematischen Disziplin bis zu Beginn der fünfziger Jahre. Eine weitere grundlegende Arbeit über die lineare Optimierung veröffentlichte G. B. DANTZIG [72] im Jahre 1948 im Zusammenhang mit praktischen Untersuchungen für die amerikanische US Air Force. Diese und andere Arbeiten von G. B. DANTZIG über die lineare Optimierung wurden schnell bekannt und lösten vielfältige Untersuchungen auf diesem Gebiet aus.

Bereits Anfang der fünfziger Jahre erschienen Arbeiten über die nichtlineare Optimierung. Grundlegende Bedeutung haben dabei die Arbeiten von F. JOHN [76] und von H. W. KUHN und A. W. TUCKER [85].

In der folgenden Zeit wurden besonders konvexe Optimierungsprobleme sowie quadratische Optimierungsprobleme, separable Optimierungsprobleme und stückweise-lineare Optimierungsprobleme als Sonderfälle konvexer Optimierungsprobleme betrachtet. Von den dazu in großer Anzahl erschienenen Arbeiten seien erwähnt [77], [68], [94], [83], [29], [31], [6], [2].

Die Theorie der mathematischen Optimierung besitzt vielfältige Anwendungsmöglichkeiten. Methoden der mathematischen Optimierung werden u. a. verwendet in der Ökonomie, in der Steuerungstechnik, in der Baumechanik und im Militärwesen.

Neben der Ausarbeitung von Lösungsverfahren in der linearen und nichtlinearen Optimierung erlangte die Klärung theoretischer Fragen große Bedeutung.

Eine zentrale Stellung in der Theorie der mathematischen Optimierung nimmt die *Dualität* ein, durch die ein enger Zusammenhang zwischen einem gegebenen Optimierungsproblem und einem dazu dualen Problem hergestellt wird. Für die lineare Optimierung liegt eine nahezu abgeschlossene Dualitätstheorie vor. Die durch die Dualität hergestellten Zusammenhänge erweisen sich sowohl in der linearen als auch in der nichtlinearen Optimierung für die Theorie und Praxis als nützlich.

Gestützt auf seine Arbeit [89] über die Spieltheorie führte J. von Neumann in [90] den Begriff dualer Probleme in die lineare Optimierung ein. Diese Theorie entwickelten A. J. Goldman, A. W. Tucker, G. B. Dantzig, H. W. Kuhn, D. Gale [5], [60], [79], [73], [78] sowie andere Autoren weiter.

Den Zugang zur Dualitätstheorie in der konvexen Optimierung mittels der Lagrange-Funktion zeigten H. W. Kuhn und A. W. Tucker [85]. H. Uzawa [62] verallgemeinerte diese Ergebnisse. Duale konvexe Optimierungsprobleme wurden in [74], [26], [99], [86], [87], [81], [97], [98], [13], [58], [93], [100] u. a. untersucht.

Die Betrachtung mathematischer Optimierungsprobleme in unendlichdimensionalen Räumen führte zu einer wesentlichen Erweiterung der Optimierungstheorie (vgl. u. a. L. W. Kantorowitsch [35], [36]). L. Hurwicz [82] legte unseres Wissens eine erste abstrakte Formulierung solcher linearen Optimierungsprobleme vor; P. Duffin [23] untersuchte in diesem Zusammenhang duale Probleme. Derartige Untersuchungen führten in der darauffolgenden Zeit noch viele weitere Autoren durch, wobei L. Hurwicz [21] die Theorie der unendlichdimensionalen mathematischen Optimierung bedeutend ausbaute. Ein geometrisches Prinzip zur Bildung dualer Probleme wurde in Arbeiten von G. S. Rubinstein [56], [58] entwickelt, während E. G. Golstein [15], [18], [19] eine allgemeine analytische Vorschrift zur Bildung solcher Probleme angab. Die Dualitätstheorie hängt sehr eng mit der von W. Fenchel [101], J. J. Moreau [88], R. T. Rockafellar [92], [93] u. a. Autoren entwickelten Theorie der konjugierten Funktionen zusammen. Sehr übersichtlich wird dieser Zusammenhang von A. D. Ioffe und W. M. Tichomirow [32] dargestellt. Dadurch erhielt die Theorie der konjugierten Funktionen und ihre Anwendungen neue Impulse für die weitere Entwicklung.

In den letzten 10 Jahren erschienen auch viele Arbeiten über Lösungsverfahren für Optimierungsprobleme in unendlichdimensionalen Räumen. Außerdem wurden sehr allgemeine Zugänge zur Untersuchung von Optimierungsproblemen angegeben.

Aus verschiedenen Gebieten der Mathematik kennt man seit langem Extremalprobleme mit Ungleichungsnebenbedingungen. Insbesondere sind hier die klassischen Arbeiten von P. L. Tschebyschew, A. A. Markow, E. W. Solotarew und S. N. Bernstein auf dem Gebiet der Approximationstheorie zu nennen. Bekanntlich können auf diese Probleme die Methoden der Variationsrechnung nicht angewendet werden, da für diese u. a. Nebenbedingungen in Gleichungsform zu fordern sind.

Aus der Approximationstheorie ergaben sich vielfältige Anregungen für die Theorie der mathematischen Optimierung. Es zeigte sich z. B., daß gewisse von S. I. Suchowizki, E. Ja. Remes u. a. entwickelte Lösungsverfahren zur Ermittlung Polynome bester Approximation im Sinne von Tschebyschew dem bekannten Simplexverfahren aus der linearen Optimierung ähnlich sind.

Bereits 1938 untersuchte M. G. Krein [39] spezielle duale Extremalprobleme in der Approximationstheorie. Diese Arbeit und die Ergebnisse von S. M.

Nikolski [46] waren Ausgangspunkt weiterer Untersuchungen über die Dualität zwischen Extremalproblemen der Approximations- und Funktionentheorie. Hier erwähnen wir nur die Arbeiten von F. Bonsall [70], A. L. Garkawi [3], [4], I. Singer [95] und S. Ja. Chawinson [64].

Die Untersuchungen in der mathematischen Optimierung und in der Approximationstheorie verliefen anfangs unabhängig voneinander. Es zeigte sich aber bald, daß die Ideen und Methoden der mathematischen Optimierung zur Lösung nichtklassischer Extremalprobleme verwendet werden können.

In den Arbeiten [7] bis [12], [16] und [17] von E. G. Golstein wird eine allgemeine Vorschrift zum Aufstellen dualer Probleme in der mathematischen Optimierung benutzt, um Approximationsprobleme mit Nebenbedingungen zu untersuchen. Zu diesem Ideenkreis gehören auch die Arbeiten von G. S. Rubinstein [54], [57], [58] und von A. Ja. Dubowizki und A. A. Miljutin [27], [28]. Einen Zusammenhang zwischen der Theorie der konjugierten Funktionen und der Approximationstheorie untersuchten A. D. Ioffe und W. M. Tichomirow in [32].

Dem Leser dieses Buches wird eine ausführliche Darstellung der Dualitätstheorie in der mathematischen Optimierung gegeben. Als Anwendungen werden Probleme der Approximationstheorie behandelt.

KAPITEL 1

GRUNDKENNTNISSE AUS DER FUNKTIONALANALYSIS

In diesem Buch verwenden wir eine Reihe von Begriffen und Aussagen, die im Zusammenhang mit topologischen Räumen, linearen topologischen Räumen und BANACH-Räumen stehen. Zur Unterstützung des Lesers werden die entsprechenden Definitionen und Sätze im vorliegenden Kapitel zusammengefaßt. Die Beweise kann man z.B. in dem Buch von DUNFORD/SCHWARTZ [22] finden.

§ 1. Topologische Räume

1.1. Sei E eine beliebige Menge von Elementen (Punkten). Eine Familie τ von Teilmengen A_i der Menge E wird *Topologie* in E genannt, wenn

a) τ die Menge E und die leere Menge $\emptyset$ enthält;

b) die Vereinigung $\bigcup_i A_i$ von beliebig vielen und der Durchschnitt $\bigcap_{i=1}^k A_i$ von je endlich vielen Mengen A_i aus τ jeweils in τ enthalten sind.

Die Menge E bildet zusammen mit der in ihr eingeführten Topologie τ einen *topologischen Raum* (E, τ). Folglich ist ein topologischer Raum (E, τ) durch eine Menge E und eine Topologie τ bestimmt. In solchen Fällen, bei denen die in E eingeführte Topologie vorher festgelegt ist, werden wir den entsprechenden topologischen Raum mitunter auch nur durch E kennzeichnen.

Die Mengen A, die zur Topologie τ gehören, heißen *offen*. Mengen der Form $E \setminus A$, also die Komplemente der offenen Mengen A, heißen *abgeschlossen*. Man kann leicht nachprüfen, daß die Menge E, die leere Menge $\emptyset$ sowie der Durchschnitt von beliebig vielen und die Vereinigung von endlich vielen abgeschlossenen Mengen abgeschlossene Mengen sind.

Als *Umgebung* eines Punktes $x \in E$ bezeichnet man jede offene Menge, die x enthält.[1]) Ein Punkt x wird *Häufungspunkt* der Menge $S \subset E$ genannt, wenn in jeder Umgebung des Punktes x ein Punkt $x' \in S$, $x' \neq x$, enthalten ist. Die Menge, die aus den Punkten von S und allen ihren Häufungspunkten besteht, wird *Abschließung* von S genannt und mit $\overline{S}$ bezeichnet. Die Abschließung $\overline{S}$ von S ist die kleinste abgeschlossene Menge, die S umfaßt.

Ein Punkt x wird *innerer Punkt* der Menge S genannt, wenn es eine Umgebung von x gibt, die vollständig zu S gehört. Eine Menge S eines topologischen Rau-

[1]) In der Literatur wird häufig folgende Definition der Umgebung eines Punktes $x \in E$ verwendet: Eine Teilmenge von E heißt Umgebung von $x \in E$, wenn sie eine offene Teilmenge A von E mit $x \in A$ umfaßt (Anm. d. H.).

mes ist genau dann offen, wenn jeder Punkt von S innerer Punkt dieser Menge ist.

In einer Menge S seien zwei Topologien τ_1 und τ_2 erklärt. Man nennt τ_1 *feiner* oder *stärker* als τ_2 (oder τ_2 *gröber* oder *schwächer* als τ_1), wenn jede Menge aus τ_2 in τ_1 enthalten ist.

In der Gesamtheit T aller Topologien einer Menge E wird auf natürliche Weise eine Halbordnung ($\tau_1 \geqq \tau_2$, wenn τ_2 gröber ist als τ_1) eingeführt. Maximales Element von T ist die Topologie $\tau = \mathcal{P}(E)$; sie wird die *diskrete Topologie* von E genannt. Minimales Element von T ist die Topologie $\tau = \{E, \emptyset\}$; sie wird die *indiskrete Topologie* von E genannt. Wenn δ ein beliebiges System von Teilmengen von E ist, so existiert in T eine minimale Topologie, die δ enthält.

Ein spezieller topologischer Raum ist der *metrische Raum*. Darunter verstehen wir eine Menge R sowie eine auf $R \times R$ erklärte reelle Funktion ϱ, die folgende Bedingungen erfüllt:

a) $\varrho(x_1, x_2) \geqq 0$ für beliebige $x_1, x_2 \in R$;
   $\varrho(x_1, x_2) = 0$ genau dann, wenn $x_1 = x_2$;

b) $\varrho(x, y) = \varrho(y, x)$ für beliebige $x, y \in R$;

c) $\varrho(x_1, x_2) + \varrho(x_2, x_3) \geqq \varrho(x_1, x_3)$ für beliebige $x_1, x_2, x_3 \in R$.

Eine *Metrik* ϱ legt in R eine Topologie τ fest, die aus $\emptyset$ und denjenigen Mengen besteht, die zusammen mit jedem ihrer Punkte x die Menge $C(\varepsilon, x) = \{x'\colon \varrho(x, x') < \varepsilon, x' \in R\}$ für irgendein $\varepsilon > 0$ enthalten. Die Menge $C(\varepsilon, x)$ heißt *offene Kugel* mit dem Mittelpunkt x und dem Radius ε.

1.2. Die Topologie eines Raumes wird selten durch die unmittelbare Beschreibung eines Systems offener Mengen angegeben. Zweckmäßiger dafür ist die Verwendung eines geeigneten Teilsystems offener Mengen, das die Topologie eindeutig festlegt.

Ein System von Umgebungen eines Punktes $x \in E$ wird *Umgebungsbasis* dieses Punktes genannt, wenn für eine beliebige Umgebung S des Punktes x in diesem System stets eine Umgebung existiert, die in S enthalten ist.

Als *Basis* eines topologischen Raumes E wird ein System offener Mengen bezeichnet, wenn es für jeden Punkt $x \in E$ eine Umgebungsbasis enthält.

Die Gesamtheit aller (möglichen) Vereinigungen der Mengen aus der Basis eines topologischen Raumes (E, τ) stimmt nach Hinzunahme der leeren Menge mit der Topologie τ überein. Ein System δ von Teilmengen von E ist genau dann eine Basis des topologischen Raumes (E, τ) für irgendeine Topologie τ, wenn gilt:

a) zu jedem $x \in E$ gibt es ein $A \in \delta$ mit $x \in A$,

b) zu beliebigen $A_1, A_2 \in \delta$ mit $x \in A_1 \cap A_2$ gibt es ein $B \in \delta$, so daß $x \in B$, $B \subset A_1 \cap A_2$.

Ein topologischer Raum wird gewöhnlich durch die Angabe einer seiner Basen beschrieben. So kann im Fall eines metrischen Raumes R als Basis das System δ_0 der offenen Kugeln $C(1/n, x)$ genommen werden, wobei $n \geqq 1$ eine beliebige natürliche Zahl und x ein beliebiger Punkt von R sind. Für jedes $x \in R$ bildet das System $\delta_0(x)$ von offenen Kugeln $C(1/n, x)$, $n = 1, 2, \ldots$, eine Umgebungsbasis.

Folglich hat jeder Punkt eines metrischen Raumes eine abzählbare Umgebungsbasis. In einem beliebigen topologischen Raum gibt es jedoch i. a. keine abzählbaren Umgebungsbasen für seine Punkte. Hat jeder Punkt eines topologischen Raumes eine abzählbare Umgebungsbasis, so sagt man, daß dieser Raum dem *ersten Abzählbarkeitsaxiom* genügt.

1.3. Eine Folge $\{x^{(k)}\}$ von Punkten eines topologischen Raumes E heißt *konvergent* gegen den Punkt $x \in E$ (*Grenzpunkt* oder *Limes* der Folge), wenn es für jede Umgebung U des Punktes x einen Index $k_0 = k_0(U)$ gibt mit $x^{(k)} \in U$ für $k \geqq k_0$. Erfüllt ein topologischer Raum E das erste Abzählbarkeitsaxiom (etwa, wenn E ein metrischer Raum ist), so ist der Punkt $x \in E$ nur dann Häufungspunkt der Teilmenge $S \subset E$, wenn eine Folge $\{x^{(k)}\}$ von Elementen $x^{(k)} \in S$ (und $x^{(k)} \neq x$ von einem gewissen Index k_0 an) existiert, die gegen x konvergiert. Daher kann man in einem solchen Raum die Abschließung $\overline{S}$ einer Menge S dadurch bilden, daß S mit der Menge der Grenzpunkte aller konvergenten Folgen vereinigt wird, die aus Elementen von S bestehen.

Im allgemeinen Fall ist jedoch eine Menge S, die die Grenzpunkte aller konvergenten Folgen mit Elementen aus S enthält, nicht abgeschlossen. Um bei einem beliebigen topologischen Raum zu erreichen, daß die Operation der Bildung der Abschließung einer Menge S in diesem Raum äquivalent ist zur Vereinigung von S mit der Menge der Grenzpunkte aller konvergenten Folgen von Elementen von S, hat man den Begriff der Folge geeignet zu erweitern.

Eine halbgeordnete Menge [1]) Γ heißt *gerichtet*, wenn zu zwei beliebigen Elementen $\gamma_1, \gamma_2 \in \Gamma$ stets ein Element γ existiert mit $\gamma \geqq \gamma_1, \gamma \geqq \gamma_2$.

Unter einer *verallgemeinerten Folge*[2]) $\{x^{(\gamma)}\}, \gamma \in \Gamma$, in einem topologischen Raum E verstehen wir eine beliebige Funktion, die auf einer gerichteten Menge Γ erklärt ist und Werte aus E annimmt. Die Werte dieser Funktion heißen *Elemente* oder *Glieder* der verallgemeinerten Folge.

Somit ist eine verallgemeinerte Folge gegeben durch eine gerichtete Menge Γ und eine Zuordnung $\gamma \to x^{(\gamma)} \in E$ für jedes $\gamma \in \Gamma$. Bei einer Folge im üblichen Sinne ist offenbar Γ die Menge der natürlichen Zahlen.

Eine verallgemeinerte Folge $\{x^{(\gamma)}\}, \gamma \in \Gamma$, von Punkten eines topologischen Raumes E heißt *konvergent* gegen den Punkt $x \in E$ (*Grenzpunkt* der verallgemeinerten Folge), wenn es für jede Umgebung U des Punktes x ein $\gamma_0 = \gamma_0(U) \in \Gamma$ gibt mit $x^{(\gamma)} \in U$ für $\gamma \geqq \gamma_0$. Im Falle einer Folge im üblichen Sinne enthält jede Umgebung des Grenzpunktes fast alle Elemente der Folge. Im Falle einer verallgemeinerten Folge können außerhalb einer Umgebung ihres Grenzpunktes durchaus unendlich viele Elemente dieser verallgemeinerten Folge liegen.

---

[1]) Eine Menge heißt *halbgeordnet* oder *teilweise geordnet*, wenn für gewisse Paare γ_1, γ_2 von Elementen dieser Menge eine Beziehung $\gamma_1 \geqq \gamma_2$ (γ_1 größer oder gleich γ_2) erklärt ist, die reflexiv, transitiv und antisymmetrisch ist. In diesem Buch wird eine abgeschwächte Halbordnung (wie z.B. auch in [22]) verwendet, da in den weiteren Ausführungen die Antisymmetrie nicht benötigt wird (Ann. d. H.).

[2]) Eine verallgemeinerte Folge in E wird häufig auch als *gerichtetes System* oder als *Netz* in E bezeichnet (Anm. d. H.).

Wir führen nun den Begriff der Teilfolge einer verallgemeinerten Folge $\{x^{(\gamma)}\}$, $\gamma \in \Gamma$, ein. Eine verallgemeinerte Folge $\{y^{(\beta)}\}$, $\beta \in B$, heißt *Teilfolge* von $\{x^{(\gamma)}\}$, $\gamma \in \Gamma$, wenn eine Abbildung $\varphi: B \to \Gamma$ existiert mit $x^{(\varphi(\beta))} = y^{(\beta)}$, $\beta \in B$, wobei es zu jedem $\gamma \in \Gamma$ ein $\beta_\gamma \in B$ gibt, so daß gilt $\varphi(\beta) \geqq \gamma$ für $\beta \geqq \beta_\gamma$.

Verallgemeinerte Folgen und deren Teilfolgen spielen in allgemeinen topologischen Räumen dieselbe Rolle wie die Folgen im üblichen Sinne und deren Teilfolgen in metrischen Räumen (oder in topologischen Räumen, die das erste Abzählbarkeitsaxiom erfüllen). Insbesondere stimmt für eine beliebige Menge S eines topologischen Raumes E die Abschließung $\bar{S}$ überein mit der Vereinigung von S und der Menge der Grenzpunkte aller konvergenten verallgemeinerten Folgen mit Elementen aus S. Die folgenden Aussagen unterstreichen die Bedeutung der verallgemeinerten Folgen für topologische Räume.

Seien E und E_1 zwei topologische Räume. Eine Abbildung $f: E \to E_1$ heißt *stetig im Punkte* $x \in E$, wenn es für jede Umgebung V des Punktes $f(x) \in E_1$ eine Umgebung U des Punktes x gibt, deren Bild in V liegt. Eine Abbildung heißt *stetig auf der Menge* $S \subset E$, wenn sie in jedem Punkt von S stetig ist. Man kann eine äquivalente Definition der Stetigkeit einer Abbildung in einem Punkt angeben, die den Begriff der verallgemeinerten Folge verwendet: Eine Abbildung $f: E \to E_1$ heißt *stetig* in $x \in E$, wenn für jede gegen x konvergierende verallgemeinerte Folge $\{x^{(\gamma)}\}$, $\gamma \in \Gamma$, die verallgemeinerte Folge $\{f(x^{(\gamma)})\}$, $\gamma \in \Gamma$, gegen $f(x)$ konvergiert.

Häufig wird folgendes Kriterium für die Stetigkeit einer Abbildung verwendet. Die Abbildung $f: E \to E_1$ ist genau dann auf E stetig, wenn das Urbild jeder offenen Menge in E_1 eine offene Menge in E ist.

1.4. Ein topologischer Raum heißt *separierter Raum* oder HAUSDORFF-*Raum,* wenn zu zwei beliebigen voneinander verschiedenen Punkten stets elementfremde Umgebungen existieren. In einem HAUSDORFF-Raum hat jede konvergente verallgemeinerte Folge genau einen Grenzpunkt.

Ein HAUSDORFF-Raum heißt *normal,* wenn je zwei beliebige elementfremde abgeschlossene Teilmengen in zwei elementfremde offene Mengen eingebettet werden können.

Für normale Räume gilt

Satz 1.1 (Satz von URYSOHN): *Seien F_1 und F_2 abgeschlossene elementfremde Teilmengen eines normalen Raumes E. Dann existiert eine auf E stetige reelle Funktion f mit $f(x) = 0$ für $x \in F_1$, $f(x) = 1$ für $x \in F_2$ und $0 \leqq f(x) \leqq 1$ für $x \in E$.*

Ein System von Mengen, deren Vereinigung die Menge S enthält, heißt *Überdeckung* von S. Wenn alle Mengen der Überdeckung offen sind, so nennt man die *Überdeckung offen.*

Wir führen den wichtigen Begriff des Kompaktums[1]) ein. Ein topologischer Raum heißt *Kompaktum* oder *kompakter topologischer Raum,* wenn jede seiner

[1]) Im Original wird hierfür der Begriff *Bikompaktum* verwendet. Entsprechend werden folgenkompakte Mengen im Original als kompakt bezeichnet (Anm. d. H.).

offenen Überdeckungen endlich viele Mengen enthält, die bereits eine Überdeckung von E bilden (man spricht von einer *endlichen Teilüberdeckung* von E).

Bei Untersuchungen in metrischen Räumen wird häufig der Begriff der Folgenkompaktheit verwendet. Eine Menge heißt *folgenkompakt*, wenn jede Folge von Elementen aus dieser Menge eine Teilfolge enthält, die gegen ein Element der Menge konvergiert. Bei topologischen Räumen, die das erste Abzählbarkeitsaxiom erfüllen (und damit bei metrischen Räumen), sind die Begriffe kompakt und folgenkompakt äquivalent. In einem beliebigen topologischen Raum ist jedes Kompaktum auch folgenkompakt, aber nicht jede folgenkompakte Menge ist ein Kompaktum.

Eine Teilmenge eines topologischen Raumes heißt *relativ kompakt* (*relativ folgenkompakt*), wenn ihre Abschließung kompakt (folgenkompakt) ist.

Die Begriffe kompakt und folgenkompakt unterscheiden sich nur in solchen Räumen, wo es sinnvoll ist, den Begriff der verallgemeinerten Folge einzuführen. Dann ist für die Kompaktheit eines topologischen Raumes E notwendig und hinreichend, daß jede verallgemeinerte Folge mit Elementen aus E eine Teilfolge enthält, die gegen ein Element von E konvergiert.

Wir geben noch einige Eigenschaften eines kompakten Raumes E an:

1. Jede unendliche Teilmenge von E hat in E wenigstens einen Häufungspunkt.
2. Jede abgeschlossene Teilmenge von E ist kompakt.
3. Ist E ein HAUSDORFF-Raum, so ist jede kompakte Teilmenge von E abgeschlossen.
4. Ist E ein HAUSDORFF-Raum, so ist er normal.
5. Jedes stetige Bild von E ist ein kompakter Raum.

1.5. Sei jedem Element α aus einer beliebigen Menge A eine Menge E_α zugeordnet. Wir nennen die Gesamtheit aller Funktionen f, die A in $\bigcup_{\alpha \in A} E_\alpha$ abbilden, und für die $f(\alpha) \in E_\alpha$ für alle $\alpha \in A$ gilt, das *direkte Produkt* $\prod_{\alpha \in A} E_\alpha$ der Mengen $E_\alpha, \alpha \in A$.

Wir betrachten nun das direkte Produkt $E = \prod_\alpha E_\alpha$ der topologischen Räume E_α, $\alpha \in A$, und führen in E eine Topologie ein (auch TICHONOW-*Topologie* genannt), deren Basis aus Teilmengen von E der Form $\prod_{\alpha \in A} U_\alpha$ besteht. Dabei ist $U_\alpha = E_\alpha$ mit Ausnahme von endlich vielen Indizes α, und jedes U_α ist eine offene Menge in E_α.

Das direkte Produkt topologischer Räume, das mit der TICHONOW-Topologie versehen ist, heißt TICHONOW-*Produkt* (oder *topologisches Produkt*) dieser topologischen Räume. Das TICHONOW-Produkt von HAUSDORFF-Räumen ist wieder ein HAUSDORFF-Raum.

Im folgenden verwenden wir einen Satz, der von A. N. TICHONOW stammt.

Satz 1.2: *Das* TICHONOW-*Produkt von kompakten Räumen ist ein kompakter Raum.*

§ 2. Lineare topologische Räume

2.1. Eine nichtleere Menge L heißt *reeller linearer Raum*, wenn sie folgende Bedingungen erfüllt:

1. Je zwei Elementen $x_1, x_2 \in L$ ist eindeutig ein Element $x \in L$ zugeordnet, das ihre *Summe* genannt und mit $x_1 + x_2$ bezeichnet wird. Es gilt für beliebige $x_1, x_2, x_3 \in L$:
   a) $x_1 + x_2 = x_2 + x_1$ (Kommutativgesetz der Addition);
   b) $x_1 + (x_2 + x_3) = (x_1 + x_2) + x_3$ (Assoziativgesetz der Addition);
   c) in L existiert ein Element 0, so daß $x + 0 = x$ für alle $x \in L$ gilt (Existenz des Nullelementes);
   d) für jedes $x \in L$ existiert ein Element $-x \in L$, so daß $x + (-x) = 0$ gilt (Existenz des entgegengesetzten Elementes).
2. Jedem Paar (α, x) aus einer reellen Zahl α und $x \in L$ ist eindeutig ein Element aus L zugeordnet, das ihr *Produkt* (oder das α-*fache* von x) genannt und mit αx bezeichnet wird. Für beliebige reelle Zahlen α_1, α_2 und beliebige $x \in L$ gilt:
   a) $\alpha_1(\alpha_2 x) = (\alpha_1\alpha_2)x$;
   b) $1 \cdot x = x$.
3. Die Operationen der Addition und der Multiplikation sind durch distributive Gesetze verknüpft:
   a) $(\alpha_1 + \alpha_2)x = \alpha_1 x + \alpha_2 x$;
   b) $\alpha(x_1 + x_2) = \alpha x_1 + \alpha x_2$.

Wenn man in der angegebenen Definition komplexe Zahlen anstelle von reellen Zahlen nimmt, so erhält man einen *komplexen linearen Raum*. Da in diesem Kapitel nur von reellen linearen Räumen die Rede ist, wird das Wort „reell“ gewöhnlich weggelassen.

Eine Teilmenge L' eines linearen Raumes L heißt *Unterraum* von L, wenn L' bezüglich der in L eingeführten Operationen ein linearer Raum ist, wenn also $\alpha_1 x_1 + \alpha_2 x_2 \in L'$ für beliebige reelle Zahlen α_1, α_2 und Elemente $x_1, x_2 \in L'$ gilt.

Als *algebraische Summe* zweier Teilmengen S_1 und S_2 eines linearen Raumes bezeichnet man die Menge

$$S = \{x_1 + x_2 \colon x_1 \in S_1,\ x_2 \in S_2\};$$

man schreibt dafür auch $S_1 + S_2$. Als *Produkt der Zahl α mit einer Teilmenge S* eines linearen Raumes bezeichnet man die Menge

$$\alpha S = \{x \colon x = \alpha x_1,\ x_1 \in S\}.$$

Eine Teilmenge L'' eines linearen Raumes L heißt *lineare Mannigfaltigkeit*, wenn ein Element $x \in L$ und ein Unterraum $L' \subset L$ existieren, so daß $L'' = L' + x$ ist. Für $x = 0$ geht die lineare Mannigfaltigkeit in einen Unterraum über.

Eine Teilmenge S eines linearen Raumes heißt *konvex*, wenn sie mit je zwei Punkten x_1, x_2 auch das Verbindungssegment

$$\{x \colon x = \alpha_1 x_1 + \alpha_2 x_2,\ \alpha_1 + \alpha_2 = 1,\ \alpha_1, a_2 \geqq 0\}$$

enthält. Beispiele für konvexe Mengen sind Unterräume und lineare Mannigfaltigkeiten.

2.2. Eine reelle Funktion, die auf einer beliebigen Menge definiert ist, nennen wir *Funktional*; eine Funktion mit Werten aus einer beliebigen Menge nennen wir *Operator*.

Sei g ein auf einem linearen Raum L erklärtes Funktional. g heißt *additiv*, wenn $g(x_1 + x_2) = g(x_1) + g(x_2)$ für beliebige $x_1, x_2 \in L$ gilt; g heißt *homogen*, wenn $g(\alpha, x) = \alpha g(x)$ für jede reelle Zahl α und beliebiges $x \in L$ gilt. g heißt *linear*, wenn g additiv und homogen ist.

Sei f ein auf einem linearen Raum L erklärtes Funktional. f heißt *subadditiv*, wenn $f(x_1 + x_2) \leqq f(x_1) + f(x_2)$ für beliebige $x_1, x_2 \in L$ gilt; f heißt *superadditiv*, wenn $-f$ subadditiv ist. f heißt *positiv homogen*, wenn $f(\alpha x) = \alpha f(x)$ für jede reelle Zahl $\alpha \geqq 0$ und beliebiges $x \in L$ gilt. f heißt *sublinear*, wenn f subadditiv und positiv homogen ist. f heißt *superlinear*, wenn $-f$ sublinear ist.

Ein Funktional f sei auf einer konvexen Menge $S \subset L$ erklärt. f heißt *konvex* (auf S), wenn

$$f(\alpha_1 x_1 + \alpha_2 x_2) \leqq \alpha_1 f(x_1) + \alpha_2 f(x_2)$$

für beliebige $\alpha_1, \alpha_2 \geqq 0, \alpha_1 + \alpha_2 = 1$, und beliebige $x_1, x_2 \in S$ gilt. f heißt *konkav* (auf S), wenn $-f$ konvex (auf S) ist.

Jedes lineare Funktional ist offensichtlich sublinear und superlinear und damit auch konvex und konkav.

Sein L ein linearer Raum und L_0 ein Unterraum von L. Sei ferner auf L_0 ein lineares Funktional g_0 erklärt. Ein auf L erklärtes lineares Funktional g heißt *lineare Fortsetzung* des Funktionals g_0 auf L, wenn $g(x) = g_0(x)$ für alle $x \in L_0$ gilt.

Eine fundamentale Rolle in der Theorie linearer Räume und ihrer Anwendungen spielt der folgende Satz.

Satz 1.3 (Satz von Hahn-Banach): *Seien f ein sublineares Funktional, das auf einem linearen Raum L definiert ist, L_0 ein Unterraum von L und g_0 ein lineares Funktional, das auf L_0 definiert ist und die Bedingung*

$$g_0(x) \leqq f(x), \quad x \in L_0 ,$$

erfüllt. Dann existiert eine lineare Fortsetzung g des Funktionals g_0 auf L, so daß gilt:

$$g(x) \leqq f(x), \quad x \in L .$$

Eine entsprechende Aussage gilt für superlineare Funktionale.

Seien S_1 und S_2 nichtleere Teilmengen eines linearen Raumes L. Man sagt, daß ein auf L erklärtes lineares Funktional g die Mengen S_1 und S_2 *trennt*, wenn $g(x) \leqq c$ für $x \in S_1$ und $g(x) \geqq c$ für $x \in S_2$ für eine geeignete reelle Zahl c gilt.

Wenn g ein auf L definiertes nicht identisch verschwindendes lineares Funktional ist, so gibt es eine Darstellung

$$L = L' + Q ,$$

wobei $L' = \{x\colon g(x) = 0\}$ ein Unterraum von L, $Q = \{\lambda x_0\colon -\infty < \lambda < +\infty\}$ ein eindimensionaler Unterraum von L und x_0 ein Element von L mit der Eigenschaft $g(x_0) = 1$ bedeuten.

Insbesondere ist eine durch $g(x) = c$ (c eine reelle Zahl) bestimmte lineare Mannigfaltigkeit das Analogon zu einer Ebene im dreidimensionalen euklidischen Raum.

Eine lineare Mannigfaltigkeit, die durch ein nicht identisch verschwindendes lineares Funktional g definiert ist, heißt *Hyperebene*. Eine Hyperebene wird charakterisiert durch die Menge $\{x\colon g(x) = c\}$, wobei c eine relle Zahl ist. Die Mengen

$$\{x\colon g(x) \leqq c\}, \quad \{x\colon g(x) \geqq c\}$$

nennt man die durch diese Hyperebene erzeugten *Halbräume*.

Die Trennung zweier Mengen S_1 und S_2 mit Hilfe eines nicht identisch verschwindenden linearen Funktionals ist geometrisch gleichbedeutend mit der Konstruktion einer *trennenden Hyperebene*, wobei S_1 in dem einen und S_2 in dem anderen der durch diese Hyperebene erzeugten Halbräume liegt. Eine Aussage über die Existenz eines linearen Funktionals, das zwei Mengen trennt, heißt gewöhnlich *Satz über eine trennende Hyperebene* oder kurz *Trennungssatz*.

Als *Kern* einer Teilmenge S eines linearen Raumes L bezeichnet man die Gesamtheit der Punkte $x \in S$, für die zu jedem $x_1 \in L$ eine reelle Zahl $\alpha(x_1) > 0$ existiert, so daß $x + \alpha x_1 \in S$ für alle α mit $0 \leqq \alpha \leqq \alpha(x_1)$ gilt.

Aus dem Satz von Hahn-Banach ergibt sich folgende für die Theorie der konvexen Mengen wichtige Aussage.

Satz 1.4 (Trennungssatz I): *Seien S_1 und S_2 nichtleere elementfremde konvexe Teilmengen eines linearen Raumes L; eine von ihnen habe einen nichtleeren Kern. Dann existiert ein auf L erklärtes nicht identisch verschwindendes lineares Funktional g, das S_1 und S_2 trennt.*

Wenn insbesondere S_1 einen nichtleeren Kern besitzt und S_2 eine lineare Mannigfaltigkeit ist, so enthält die durch das Funktional g definierte Hyperebene die Menge S_2, d. h. für ein geeignetes reelles c gilt:

$$g(x) \leqq c, \quad x \in S_1; \quad g(x) = c, \quad x \in S_2 .$$

2.3. Eine Menge E heißt *reeller (komplexer) linearer topologischer Raum*, wenn gilt:

a) E ist ein reeller (komplexer) linearer Raum;
b) E ist ein topologischer Raum;
c) die Operationen der Addition und der Multiplikation mit Zahlen sind in bezug auf die in E gegebene Topologie stetig.

Die Eigenschaft c) bedeutet, daß für jede Umgebung U_x des Punktes $x = x_1 + x_2$ Umgebungen U_{x_1}, U_{x_2} der Punkte x_1 bzw. x_2 existieren mit $U_{x_1} + U_{x_2} \subset U_x$ und daß für jede Umgebung U_x des Punktes $x = \lambda x_1$ eine Umgebung U_{x_1} des Punktes x_1 und ein $\varepsilon > 0$ existieren mit $\mu \bar{x} \in U_x$ für $\bar{x} \in U_{x_1}$ und $|\mu - \lambda| < \varepsilon$.

Dabei sind x, x_1, x_2 beliebige Elemente von E, und λ ist eine beliebige reelle (komplexe) Zahl.

Im folgenden betrachten wir nur reelle Räume und lassen daher das Wort „reell" im allgemeinen weg.

In einem linearen topologischen Raum E ist die Translation $U + x$ einer offenen Menge $U \subset E$ um ein beliebiges Element $x \in E$ wieder eine offene Menge. Deshalb ist es für den Nachweis einer Topologie in E hinreichend, eine Umgebungsbasis für nur einen Punkt von E anzugeben, z. B. für den Nullpunkt (*Nullumgebungsbasis*).

Eine Menge $S \subset E$ heißt *absorbierend*, wenn es für jedes Element $x \in E$ ein $\lambda_0 > 0$ gibt mit $x \in \lambda S$ für $|\lambda| > \lambda_0$.

Eine Menge $S \subset E$ heißt *ausgeglichen*, wenn $\lambda S \subset S$ für $|\lambda| \leqq 1$.

Mit diesen Begriffen lassen sich leicht einige Eigenschaften der Nullumgebungsbasis B eines linearen topologischen Raumes E formulieren:

a) Für beliebige U_1, $U_2 \in B$ existiert ein $U_3 \in B$ mit $U_3 \subset (U_1 \cap U_2)$.
b) Jedes $U \in B$ ist absorbierend.
c) Für jedes $U \in B$ existiert ein $\overline{U} \in B$ mit $\overline{U} + \overline{U} \subset U$.
d) Es existiert eine Basis B', so daß jedes $U \in B'$ ausgeglichen ist.

Besitzt ein System B von Teilmengen die Eigenschaften a) bis d), so erhält man nach Festlegung einer Topologie in E mit der Umgebungsbasis $\{U + x\}$, $U \in B$, $x \in E$, einen linearen topologischen Raum, in dem B Nullumgebungsbasis ist.

Für die Umwandlung eines linearen Raumes E in einen linearen topologischen Raum ist es daher hinreichend, in E ein System von Teilmengen anzugeben, das die Bedingungen a) bis d) erfüllt.

Sei E ein linearer topologischer Raum. Die Menge der auf E stetigen linearen Funktionale g heißt der zu E *duale* oder *konjugierte Raum* und wird mit E^* bezeichnet. In E^* definiert man die Operationen der Addition und der Multiplikation mit einem Skalar gemäß

$$g = g_1 + g_2, \quad \text{wobei } g(x) = g_1(x) + g_2(x), \ x \in E,$$
$$g = \lambda g_1, \quad \text{wobei } g(x) = \lambda g_1(x), \ x \in E.$$

Die Menge E^* ist bezüglich dieser Operationen ein linearer Raum. Es sei erwähnt, daß E^* evtl. nur das Nullelement enthält.

Ein auf dem linearen topologischen Raum E erklärtes lineares Funktional g ist genau dann auf E stetig, wenn eine Nullumgebung U existiert, für die $g(U) = \{t\colon t = g(x),\ x \in U\}$ nicht mit der gesamten reellen Achse zusammenfällt. Beachtet man, daß in einem linearen topologischen Raum eine offene Menge stets mit ihrem Kern zusammenfällt, so ergibt sich aus der vorhergehenden Aussage der folgende

Satz 1.5 (Trennungssatz II für lineare topologische Räume): *Seien S_1 und S_2 nichtleere elementfremde konvexe Teilmengen eines linearen topologischen Raumes E; eine von ihnen habe einen inneren Punkt. Dann existiert ein nicht*

identisch verschwindendes Funktional $g \in E^*$, *das* S_1 *und* S_2 *trennt. Somit gilt für eine geeignete reelle Zahl* c:

$$g(x) \leqq c, \quad x \in S_1; \quad g(x) \geqq c, \quad x \in S_2 .$$

2.4. Ein linearer topologischer Raum heißt *lokalkonvex*, wenn in ihm eine Nullumgebungsbasis existiert, die aus konvexen Mengen besteht.

Eine Teilmenge S eines linearen Raumes heißt *symmetrisch*, wenn sie mit jedem Punkt $x \in S$ auch den Punkt $-x$ enthält.

Ein linearer Raum E wird durch folgendes Vorgehen zu einem lokalkonvexen Raum: Sei B ein beliebiges System absorbierender symmetrischer konvexer Teilmengen von E. Als Nullumgebungsbasis nimmt man die Mengen

$$\bigcap_{k=1}^{n} \lambda_k U_k, \ \lambda_k > 0, \ U_k \in B ,$$

$$k = 1, 2, \ldots, n, \quad n = 1, 2, \ldots .$$

Auf einem lokalkonvexen HAUSDORFF-Raum E gibt es hinreichend viele stetige lineare Funktionale (das sind die Elemente $g \in E^*$) in dem Sinne, daß zu zwei beliebigen Punkten $x_1, x_2 \in E$, $x_1 \neq x_2$, stets ein Funktional $g \in E^*$ existiert mit $g(x_1) \neq g(x_2)$. Diese Eigenschaft lokalkonvexer Räume, die aus dem Trennungssatz I (oder aus dem Satz von HAHN-BANACH) folgt, ermöglicht vielfältige Anwendungen in den verschiedensten Gebieten der Mathematik.

Der Trennungssatz II erlaubt für lokalkonvexe Räume die folgenden zwei Modifikationen.

Satz 1.6 (Trennungssatz III; Trennung einer abgeschlossenen konvexen Menge und eines Punktes): *Seien* S *eine nichtleere abgeschlossene konvexe Teilmenge eines lokalkonvexen Raumes* E *und* $x_0 \in E \setminus S$. *Dann existiert ein nicht identisch verschwindendes Funktional* $g \in E^*$, *das* S *und* x_0 *streng trennt. Somit gilt für eine geeignete reelle Zahl* c

$$g(x_0) < c < g(x), \quad x \in S .$$

Satz 1.7 (Trennungssatz IV; Trennung einer abgeschlossenen konvexen Menge und einer kompakten konvexen Menge): *Seien* S_1 *eine kompakte konvexe Teilmenge eines lokalkonvexen* HAUSDORFF-*Raumes* E *und* S_2 *eine abgeschlossene konvexe Teilmenge von* E *mit* $S_1 \cap S_2 = \emptyset$. *Dann existiert ein nicht identisch verschwindendes Funktional* $g \in E^*$, *das* S_1 *und* S_2 *streng trennt. Somit gilt für eine geeignete reelle Zahl* c

$$g(x_1) < c < g(x_2), \quad x_1 \in S_1, \quad x_2 \in S_2 .$$

§ 3. Banachräume

3.1. Ein reeller linearer Raum E heißt *reeller normierter Raum* (kurz: *normierter Raum*), wenn auf E ein reelles Funktional φ mit $\varphi(x) = ||x||$, $x \in E$ mit folgenden Eigenschaften erklärt ist:

a) $||x|| \geqq 0$ für jedes $x \in E$; $||x|| = 0$ genau dann, wenn $x = 0$;
b) $||x_1 + x_2|| \leqq ||x_1|| + ||x_2||$ für beliebige $x_1, x_2 \in E$;
c) $||\lambda x|| = |\lambda| \cdot ||x||$ für jedes $x \in E$ und beliebiges reelles λ.

Die Zahl $||x||$ heißt *Norm* des Elementes x. Die Menge $\{x: ||x - x_0|| < \varrho, x \in E\}$, $x_0 \in E$, heißt *offene Kugel* mit dem Mittelpunkt x_0 und dem Radius $\varrho > 0$.

Eine Teilmenge eines normierten Raumes heißt *beschränkt*, wenn sie einer offenen Kugel mit dem Mittelpunkt 0 angehört.

Wir führen auf E eine Topologie ein, indem wir als Nullumgebungsbasis die offenen Kugeln mit dem Mittelpunkt 0 und mit rationalen Radien ϱ, $\varrho \leqq 1$, wählen. Dadurch wird E zu einem lokalkonvexen HAUSDORFF-Raum, für den das erste Abzählbarkeitsaxiom erfüllt ist. Die Konvergenz einer Folge $\{x^{(k)}\}$ gegen ein Element x dieses Raumes ist gleichbedeutend mit der Forderung $\lim_{k \to \infty} ||x^{(k)} - x|| = 0$. Diese Beziehung wird zur Definition einer konvergenten Folge in einem normierten Raum E verwendet. Setzt man $\varphi(x_1, x_2) = ||x_1 - x_2||$, so sind für φ alle Bedingungen, die an eine Metrik gestellt werden, erfüllt. Daher ist ein normierter Raum ein spezieller metrischer Raum. Alle Ergebnisse, die für lokalkonvexe und metrische Räume gelten, treffen auch für normierte Räume zu.

Eine Folge $\{x^{(k)}\}$ von Elementen eines normierten Raumes E nennt man *Fundamentalfolge*, wenn zu jedem $\varepsilon > 0$ eine Zahl $k_0(\varepsilon)$ existiert mit $||x^{(n)} - x^{(m)}|| \leqq \varepsilon$ für $n, m \geqq k_0(\varepsilon)$. Konvergiert jede Fundamentalfolge eines normierten Raumes E gegen ein zu E gehörendes Element, so heißt der Raum E *vollständig*. Ein vollständiger normierter Raum heißt BANACH-*Raum*.

Ein Unterraum E' eines linearen Raumes E heißt *Unterraum* des normierten Raumes E, wenn E' in diesem Raum abgeschlossen ist.

3.2. Wir betrachten nun den linearen Raum E^* aller auf dem normierten Raum E stetigen linearen Funktionale (d. h. den zu E dualen Raum). Die Stetigkeit eines auf E linearen Funktionals ist äquivalent mit der Beschränktheit des Funktionals auf jeder beschränkten Teilmenge von E.[1] Somit besteht E^* aus den beschränkten linearen Funktionalen.

Wir behandeln drei Möglichkeiten zur Einführung einer Topologie für den linearen Raum E^*.

Sei zunächst die Norm eines Funktionals g durch $||g|| = \sup_{||x|| \neq 0} \frac{|g(x)|}{||x||}$ gegeben. Dieses auf E^* definierte Funktional erfüllt alle Eigenschaften der Norm eines normierten Raumes. Folglich wird ein mit dieser Norm versehener linearer Raum E^* zu einem normierten Raum. Die Topologie, die der auf E^* eingeführten Norm entspricht, heißt *starke Topologie* auf E^*. Man kann nachprüfen, daß der so normierte Raum E^* vollständig (d. h. ein BANACH-Raum) ist.

Den zu E^* dualen Raum $E^{**} = (E^*)^*$ nennt man gewöhnlich den zu E *bidualen* oder *zweifach konjugierten Raum*. Durch die Einführung einer geeig-

[1] Ein Funktional heißt *beschränkt*, wenn es auf jeder beschränkten Teilmenge von E beschränkt ist.

neten Norm wird E^{**} zu einem BANACH-Raum. Für festes $x \in E$ definieren wir auf E^* ein lineares Funktional durch $x(g) = g(x)$, $g \in E^*$. Offenbar ist x ein stetiges Funktional. Auf diese Weise ist eine Abbildung π des normierten Raumes E in den bidualen Raum E^{**} erklärt. Man kann leicht zeigen, daß die Abbildung π linear, eineindeutig und normtreu ($\|\pi(x)\| = \|x\|$) ist. Im Falle $\pi(E) = E^{**}$ identifizieren wir E mit seinem Bild in E^{**}, d. h., wir setzen $E = E^{**}$. Ein normierter Raum E mit der Eigenschaft $E = E^{**}$ heißt *reflexiv*.

Wir betrachten nun eine zweite Möglichkeit der Einführung einer Topologie in E^*. Sei E ein normierter Raum. Wir setzen $U_f = \{x\colon |f(x)| < 1,\ x \in E\}$, $f \in E^*$, und führen ein System B von Mengen ein gemäß

$$U_{f_1, f_2, \ldots, f_n} = \bigcap_{i=1}^{n} U_{f_i}\,,$$
$$f_i \in E^*, \quad i = 1, 2, \ldots, n, \quad n = 1, 2, \ldots\,.$$

Wird mit Hilfe von B in E eine Topologie σ eingeführt, in der B eine Nullumgebungsbasis ist, so wird E ein lokalkonvexer HAUSDORFF-Raum. Die Topologie σ heißt *schwache Topologie* des Raumes E. Sie ist die schwächste derjenigen Topologien, in denen alle Funktionale aus E^* stetig sind.

Die schwache Topologie kann auch im Raum E^* eingeführt werden. Zugleich mit der schwachen Topologie kann im Raum E^* eine weitere Topologie erklärt werden, die schwächer ist als die schwache Topologie in E^*. Nullumgebungsbasis dieser schwächeren Topologie ist die Gesamtheit aller Mengen

$$U_{x_1, x_2, \ldots, x_n} = \{y\colon |y(x_i)| < 1, \quad i = 1, 2, \ldots, n, \quad y \in E^*\}\,,$$
$$x_i \in E, \quad i = 1, 2, \ldots, n, \quad n = 1, 2, \ldots\,.$$

Die so eingeführte Topologie heißt *schwache* Topologie* oder *E-Topologie* des Raumes E^*. Der lineare Raum E^* ist in der schwachen* Topologie ein lokalkonvexer HAUSDORFF-Raum. Die schwache* Topologie ist die schwächste derjenigen Topologien, in denen alle auf E^* stetigen linearen Funktionale zu E gehören (sie gehören also zum Bild von E bei der Abbildung $\pi\colon E \to E^{**}$).

Bei einem reflexiven Raum E fällt für den dualen Raum E^* die schwache Topologie mit der schwachen* Topologie zusammen.

Die beiden folgenden Aussagen enthalten eine Verbindung zwischen der schwachen Topologie und der schwachen* Topologie von E^*.

Satz 1.8 (Satz über die schwache Abgeschlossenheit): *Wenn eine konvexe Teilmenge des Raumes E^* in der starken Topologie von E^* abgeschlossen ist, so ist sie auch in der schwachen Topologie von E^* abgeschlossen (schwach abgeschlossen).*

Satz 1.9 (Satz über die Kompaktheit in der schwachen* Topologie): *Jede beschränkte Teilmenge eines normierten Raumes E^* ist in der schwachen* Topologie des Raumes E^* relativ kompakt.*

Als Folgerung ergibt sich, daß jede in der schwachen* Topologie abgeschlossene (d. h. schwach* abgeschlossene) beschränkte Teilmenge von E^* in der schwachen* Topologie kompakt ist.

Insbesondere ist jede Kugel $\{y: y = y_0 + y', \|y'\| \leqq \varrho, y' \in E^*\}$ des Raumes E^* in der schwachen* Topologie kompakt.

Bei einem reflexiven Raum E ist nach Satz 1.8 und Satz 1.9 jede konvexe, beschränkte und in der starken Topologie von E^* abgeschlossene Teilmenge in der schwachen Topologie dieses Raumes kompakt.

3.3. Ein Operator A, der auf einem linearen Raum E definiert ist und dessen Werte in einem linearen Raum E_1 liegen (A vermittelt also eine Abbildung von E in E_1) heißt *linear*, wenn er *additiv* und *homogen* ist, wenn also gilt:
$A(x_1 + x_2) = A(x_1) + A(x_2)$ für beliebige $x_1, x_2 \in E$ und
$A(\lambda x) = \lambda A(x)$ für beliebige $x \in E$ und beliebiges reelles λ.

Die Stetigkeit eines linearen Operators A, der aus einem normierten Raum E in einen normierten Raum E_1 abbildet, ist äquivalent mit der Stetigkeit von A im Nullpunkt von E und auch äquivalent mit der Beschränktheit von A[1]).

Sei A ein Operator, der aus E in E_1 abbildet. Dann heißt ein Operator A^* *adjungiert* zu A, wenn A^* eine Abbildung aus E_1^* in E^* bewirkt, wobei für jedes $g \in E_1^*$ ein Funktional $l = A^*g$ durch die Beziehung $l(x) = g(A(x))$, $x \in E$, erzeugt wird.

Aus der Linearität und der Stetigkeit des Operators A folgt die Linearität und die Stetigkeit des Operators A^*.

Wir geben nun folgende von BANACH stammende Aussage an.

Satz 1.10 (Satz von BANACH): *Seien E und E_1 BANACH-Räume und $A: E \to E_1$ ein linearer beschränkter Operator mit $A(E) = E_1$. Dann geht jede offene Teilmenge von E durch A in eine offene Teilmenge von E_1 über.*

Eine Folgerung aus diesem Satz ist der

Satz 1.11 (Existenz des beschränkten inversen Operators): *Seien E und E_1 BANACH-Räume und $A: E \to E_1$ ein linearer beschränkter Operator. Wenn A den Raum E eineindeutig auf E_1 abbildet, so ist die inverse Abbildung A^{-1} von E_1 auf E ebenfalls ein linearer beschränkter Operator.*

Die Menge $\{(x, y): x \in E, y = A(x)\}$ heißt *Graph* des Operators $A: E \to E_1$. Falls E und E_1 normierte Räume sind, so heißt der Operator $A: E \to E_1$ *abgeschlossen*, wenn sein Graph eine abgeschlossene Teilmenge des normierten Raumes $E \times E_1$ ist. Ein Operator A ist genau dann abgeschlossen, wenn aus $\lim_{k\to\infty} x^{(k)} = x$ und $\lim_{k\to\infty} A(x^{(k)}) = y$ die Gleichung $A(x) = y$ folgt.

Als Folgerung aus Satz 1.10 erhält man den

Satz 1.12 (Satz über den abgeschlossenen Graphen): *Jeder abgeschlossene lineare Operator, der aus einem BANACH-Raum in einen BANACH-Raum abbildet, ist stetig.*

---

[1]) Der Operator A heißt *beschränkt*, wenn jede beschränkte Teilmenge von E in eine beschränkte Teilmenge von E_1 überführt wird.

3.4. Wir betrachten nun einige in den folgenden Kapiteln verwendete Beispiele von Banach-Räumen.

Sei $\mathcal{K}$ ein kompakter Hausdorff-Raum und $C(\mathcal{K})$ die Menge der auf $\mathcal{K}$ stetigen Funktionale φ. Definiert man in $C(\mathcal{K})$ die Operationen der Addition von Elementen gemäß $\varphi = \varphi_1 + \varphi_2$, wenn $\varphi(\tau) = \varphi_1(\tau) + \varphi_2(\tau)$, $\tau \in \mathcal{K}$, und der Multiplikation eines Elementes mit einer reellen Zahl α gemäß $\varphi = \alpha\varphi_1$, wenn $\varphi(\tau) = \alpha\varphi_1(\tau)$, $\tau \in \mathcal{K}$, so wird $C(\mathcal{K})$ ein linearer Raum.

Um in $C(\mathcal{K})$ eine Norm einzuführen, setzen wir $||\varphi|| = \max\limits_{\tau \in \mathcal{K}} |\varphi(\tau)|$ für jedes $\varphi \in C(\mathcal{K})$.

Die Konvergenz einer Folge $\{\varphi^{(k)}\}$ von Elementen $\varphi^{(k)} \in C(\mathcal{K})$ gegen ein Element $\varphi \in C(\mathcal{K})$ ist in dem normierten Raum $C(\mathcal{K})$ äquivalent mit der Bedingung

$$\lim_{k\to\infty} \max_{\tau \in \mathcal{K}} |\varphi^{(k)}(\tau) - \varphi(\tau)| = 0;$$

sie fällt also mit dem Begriff der gleichmäßigen Konvergenz von Funktionenfolgen zusammen.

Der Raum $C(\mathcal{K})$ ist vollständig und daher ein Banach-Raum.

Wir untersuchen nun die Struktur des Banach-Raumes $C^*(\mathcal{K})$.

Sei $\mathcal{K}$ eine beliebige Menge.

Ein System B von Teilmengen $F \subset \mathcal{K}$ heißt *σ-Algebra* in $\mathcal{K}$, wenn gilt:

a) $\emptyset \in B$,

b) $F \in B \Rightarrow \mathcal{K} \setminus F \in B$,

c) $F_i \in B, \quad i = 1, 2, \ldots \Rightarrow \bigcup\limits_{i=1}^{\infty} F_i \in B$.

Der Durchschnitt von beliebig vielen σ-Algebren in $\mathcal{K}$ ist wieder eine σ-Algebra in $\mathcal{K}$.

Das Funktional μ sei auf einer σ-Algebra B von Teilmengen $F \subset \mathcal{K}$ erklärt. Für $F \in B$ führen wir die *vollständige Variation* $\operatorname{var}\limits_F \mu = \sup \sum\limits_i |\mu(F_i)|$ des Funktionals μ auf der Menge F ein. Dabei ist das Supremum über allen möglichen n-Tupeln $(n = 1, 2, \ldots)$ von paarweise elementfremden Mengen $F_i \in B$ mit $\bigcup\limits_{i=1}^{n} F_i = F$ zu bilden.

Das Funktional μ heißt *σ-additiv* oder *abzählbar-additiv*, wenn für jede Darstellung $F = \bigcup\limits_{i \in I} F_i$ mit höchstens abzählbar vielen paarweise elementfremden Mengen $F_i \in B$, $i \in I$, die Beziehung

$$\mu(F) = \sum_{i \in I} \mu(F_i)$$

gilt.

Ist μ ein σ-additives Funktional, so ist das Funktional α mit $\alpha(F) = \operatorname{var}\limits_F \mu$ ebenfalls σ-additiv auf der σ-Algebra B. Für jedes $F \in B$ gilt $\alpha(F) = \mu(F)$, falls $\mu(F) \geqq 0$.

Ein nichtnegatives σ-additives Funktional, das auf einer σ-Algebra B in $\mathcal{K}$ definiert ist, heißt *Maß* auf B.

Jedes $F \in B$, für das $\mu(F)$ existiert, heißt dann *μ-meßbar*.

Sei $V(\mathcal{K}, B)$ die Menge der σ-additiven Funktionale, die auf der σ-Algebra B in $\mathcal{K}$ erklärt sind und eine beschränkte vollständige Variation auf $\mathcal{K}$ besitzen. Definiert man in $V(\mathcal{K}, B)$ die Operationen der Addition von Elementen gemäß $\mu = \mu_1 + \mu_2$, wenn $\mu(F) = \mu_1(F) + \mu_2(F)$, $F \in B$, und der Multiplikation eines Elementes mit einer reellen Zahl λ gemäß $\mu = \lambda\mu_1$, wenn $\mu(F) = \lambda\mu_1(F)$, $F \in B$, und führt man eine Norm ein gemäß $||\mu|| = \operatorname*{var}_{\mathcal{K}} \mu$, so wird $V(\mathcal{K}, B)$ ein BANACH-Raum.

Sei nun $\mathcal{K}$ ein topologischer Raum. Der Durchschnitt aller derjenigen σ-Algebren in $\mathcal{K}$ (die aus Teilmengen von $\mathcal{K}$ bestehen), die eine beliebige feste offene Menge aus $\mathcal{K}$ enthalten, heißt BOREL-*Algebra.* Eine BOREL-Algebra ist eine σ-Algebra, deren Elemente BOREL-*Mengen* genannt werden.

Ein σ-additives Funktional μ, das auf einer σ-Algebra B von BOREL-Mengen in $\mathcal{K}$ erklärt ist, heißt *regulär,* wenn für jedes $F \in B$ und beliebiges $\varepsilon > 0$ eine offene Menge G und eine abgeschlossene Menge R existieren mit

$$R \subset F \subset G, \quad \operatorname*{var}_{G \setminus R} \mu < \varepsilon .$$

Seien $\mathcal{K}$ ein topologischer Raum und B eine BOREL-Algebra. Die Menge $V(\mathcal{K})$ der regulären Funktionale $\mu \in V(\mathcal{K}, B)$ ist ein Unterraum von $V(\mathcal{K}, B)$ und folglich ein BANACH-Raum.

Sei μ ein auf der σ-Algebra B in $\mathcal{K}$ definiertes Maß. Einer Teilmenge $N \subset \mathcal{K}$ wird das *μ-Maß Null* zugeordnet, $\mu(N) = 0$, wenn für jedes $\varepsilon > 0$ eine Menge $F_\varepsilon \in B$ existiert mit $N \subset F_\varepsilon$ und $\mu(F_\varepsilon) < \varepsilon$.

Seien $\mathcal{K}$ eine beliebige Menge, B eine σ-Algebra in $\mathcal{K}$ und μ ein Maß auf B. Sei N eine beliebige Teilmenge von $\mathcal{K}$ mit $\mu(N) = 0$. Ein System B_1 von Teilmengen aus $\mathcal{K}$ mit der Eigenschaft $F_1 = F + N$, $F \in B$, $F_1 \in B_1$, ist dann μ-meßbar. Außerdem ist B_1 eine σ-Algebra, wobei sich das Maß μ von B auf B_1 fortsetzt gemäß $\mu(F_1) = \mu(F)$ für alle $F_1 = F + N$.

Wir führen nun den Begriff des Integrals über einem μ-meßbaren Funktional ein. Auf einer Menge $\mathcal{K}$ sei ein Maß μ erklärt. Ein auf $\mathcal{K}$ definiertes Funktional f heißt *μ-meßbar,* wenn für jedes reelle c die Menge $\{\tau\colon f(\tau) < c, \tau \in \mathcal{K}\}$ μ-meßbar ist.

Sei zunächst f ein beschränktes Funktional, so daß eine Zahl $M > 0$ existiert mit $|f(\tau)| \leqq M, \tau \in \mathcal{K}$.

Für beliebiges $\varepsilon > 0$ sind die Mengen

$$\Delta_k = \{z\colon -M + (k-1)\,\varepsilon \leqq z < -M + k\varepsilon\} ,$$

$$k = 1, 2, \ldots, \bar{k}, \quad \bar{k} = \frac{2M}{\varepsilon} + 1 ,$$

offensichtlich paarweise elementfremd, und es gilt $[-M, M] \subset \bigcup_k \Delta_k$.

Man kann zeigen, daß für μ-meßbare Funktionale f der Grenzwert

$$\lim_{\varepsilon \to 0} \sum_{k=1}^{\bar{k}} f(\xi_k)\, \mu(F_k(\varepsilon))$$

existiert. Dabei sind $F_k(\varepsilon) = \{\tau : f(\tau) \in \Delta_k, \tau \in \mathcal{K}\}$ und ξ_k ein beliebiger Punkt von $F_k(\varepsilon)$. Dieser Grenzwert heißt *Integral* des μ-meßbaren Funktionals f; er wird mit

$$\int_{\mathcal{K}} f(\tau)\, \mu(d\tau) \quad \text{oder} \quad \int_{\mathcal{K}} f(\tau)\, d\mu\,.$$

bezeichnet.

Sei nun f ein beliebiges μ-meßbares Funktional. Dann setzen wir für $\tau \in \mathcal{K}$

$$f^{(M)}(\tau) = \begin{cases} f(\tau), & |f(\tau)| \leqq M\,, \\ M, & f(\tau) > M\,, \\ -M, & f(\tau) < -M\,, \end{cases}$$

wobei $M > 0$ eine beliebige feste Zahl sein soll. Im Falle

$$\lim_{M\to\infty} \int_{\mathcal{K}} |f^{(M)}(\tau)|\, d\mu < \infty$$

heißt f *μ-summierbar* auf der Menge $\mathcal{K}$, und wir schreiben

$$\int_{\mathcal{K}} f(\tau)\, d\mu = \lim_{M\to\infty} \int f^{(M)}(\tau)\, d\mu\,.$$

Ist ein beliebiges σ-additives Funktional μ auf einer σ-Algebra B in $\mathcal{K}$ erklärt, so erhalten wir mit den Festsetzungen

$$\mu^+(F) = \frac{1}{2}[\alpha(F) + \mu(F)], \quad \mu^-(F) = \frac{1}{2}[\alpha(F) - \mu(F)], \quad F \in B\,,$$

wobei $\alpha(F) = \operatorname{var}_F \mu$, die Beziehung

$$\mu(F) = \mu^+(F) - \mu^-(F)\,.$$

Dabei sind offenbar μ^+ und μ^- Maße auf B. Ein auf $\mathcal{K}$ definiertes Funktional f heißt *μ-meßbar*, wenn es α-meßbar ist; es heißt *μ-summierbar* auf $\mathcal{K}$, wenn es α-summierbar auf $\mathcal{K}$ ist. Dabei gilt $\alpha(F) = \operatorname{var}_F \mu$, $F \in B$.

Für jedes auf $\mathcal{K}$ μ-summierbare Funktional f ist nach Definition

$$\int_{\mathcal{K}} f(\tau)\, d\mu = \int_{\mathcal{K}} f(\tau)\, d\mu^+ - \int_{\mathcal{K}} f(\tau)\, d\mu^-.$$

Nach diesen Vorbereitungen formulieren wir eine Aussage über die allgemeine Form eines auf $C(\mathcal{K})$ beschränkten linearen Funktionals. Man sagt, daß zwischen den Elementen zweier normierter Räume eine *linear isometrische Zuordnung* besteht, wenn diese Zuordnung eineindeutig, relationstreu und normtreu ist. Normierte Räume heißen *linear isometrisch*, wenn man zwischen ihren Elementen eine linear isometrische Zuordnung herstellen kann. Linear isometrische normierte Räume kann man als Realisierungen ein und desselben normierten Raumes betrachten.

Satz 1.13 (Satz von Riesz): *Die* Banach-*Räume $C^*(\mathcal{K})$ und $V(\mathcal{K})$ sind linear isometrisch. Die linear isometrische Zuordnung wird durch die Beziehung*

$$l(\varphi) = \int_{\mathcal{K}} \varphi(\tau)\, d\mu_l, \quad \varphi \in C(\mathcal{K})\,,$$

hergestellt, wobei $l \in C^*(\mathcal{K})$, $\mu_e \in V(\mathcal{K})$. Dabei entspricht die Menge $\{l: l(\varphi) \geqq 0\}$ der nichtnegativen Funktionale aus $C^*(\mathcal{K})$ im Falle $\varphi(\tau) \geqq 0$, $\tau \in \mathcal{K}$, $l \in C^*(\mathcal{K})$ der Menge der Maße $\mu_e \in V(\mathcal{K})$.

Sei nun B eine σ-Algebra in $\mathcal{K}$ und μ ein beliebiges Maß auf B. Für beliebiges $p \in [1, \infty)$ führen wir das System $L_p(\mathcal{K}, B, \mu)$ aller μ-meßbaren Funktionale φ ein, für die $|\varphi(\tau)|^p$ ein μ-summierbares Funktional auf $\mathcal{K}$ ist.

Für jedes $\varphi \in L_p(\mathcal{K}, B, \mu)$ definieren wir

$$||\varphi|| = \left[\int_{\mathcal{K}} |\varphi(\tau)|^p \, d\mu\right]^{1/p} .$$

Zwei Funktionale aus $L_p(\mathcal{K}, B, \mu)$ heißen *äquivalent*, wenn die Menge, auf der sie verschiedene Werte annehmen, das Maß Null hat.

Wir betrachten nun Klassen äquivalenter Funktionale in $L_p(\mathcal{K}, B, \mu)$. Alle Elemente φ ein und derselben Klasse haben dieselbe Norm $||\varphi||$.

Seien Q_1 und Q_2 Klassen äquivalenter Funktionale und λ eine reelle Zahl. Mit den Festsetzungen

$$Q_1 + Q_2 = \{\varphi: \varphi(\tau) = \varphi_1(\tau) + \varphi_2(\tau), \quad \tau \in \mathcal{K}, \quad \varphi_1 \in Q_1, \quad \varphi_2 \in Q_2\},$$
$$\lambda Q_1 = \{\varphi: \varphi(\tau) = \lambda\varphi_1(\tau), \quad \tau \in \mathcal{K}, \quad \varphi_1 \in Q_1\}$$

und $||Q|| = ||\varphi||$, $\varphi \in Q$, für alle Klassen Q äquivalenter Funktionale ist die Gesamtheit dieser Klassen ein normierter Raum, den wir ebenfalls mit $L_p(\mathcal{K}, B, \mu)$ bezeichnen.

Wir führen nun den Raum $L_\infty(\mathcal{K}, B, \mu)$ aller μ-meßbaren Funktionale φ ein, für die gilt

$$||\varphi|| = \inf_N \sup_{\tau \in \mathcal{K} \setminus N} |\varphi(\tau)| < \infty ,$$

wobei das Infimum über der Menge aller $N \subset \mathcal{K}$ mit $\mu(N) = 0$ genommen wird.

Betrachtet man auch in diesem Raum Klassen äquivalenter Funktionale $\varphi \in L_\infty(\mathcal{K}, B, \mu)$ und lineare Operationen zwischen diesen Klassen mit der Norm $||Q|| = ||\varphi||$, $\varphi \in Q$, für eine beliebige Klasse Q, so ergibt sich wieder ein normierter Raum, den wir auch mit $L_\infty(\mathcal{K}, B, \mu)$ bezeichnen.

Man kann zeigen, daß alle normierten Räume $L_p(\mathcal{K}, B, \mu)$, $p \in [1, \infty]$, vollständig und damit BANACH-Räume sind.

Über die Struktur des BANACH-Raumes $L_p^*(\mathcal{K}, B, \mu)$ gilt folgende Aussage:

Satz 1.14: *Die Räume $L_p^*(\mathcal{K}, B, \mu)$, $p \in [1, \infty)$, und $L_q(\mathcal{K}, B, \mu)$ mit*

$$q = \begin{cases} \dfrac{p}{p-1} & \text{für } p > 1 , \\ \infty & \text{für } p = 1 \end{cases}$$

sind linear isometrisch. Die linear isometrische Zuordnung wird durch die Beziehung

$$l(\varphi) = \int_{\mathcal{K}} \varphi(\tau)\, \varphi_l(\tau)\, d\mu, \quad \varphi \in L_p(\mathcal{K}, B, \mu) ,$$

hergestellt mit $l \in L_p^*(\mathcal{K}, B, \mu)$, $\varphi_l \in L_q(\mathcal{K}, B, \mu)$.

Für weitere Überlegungen ist die folgende Eigenschaft des Raumes $L_1(\mathcal{K}, B, \mu)$ von Bedeutung: Wenn die Folge $\{\varphi^{(k)}\}$ mit $\varphi^{(k)} \in L_1(\mathcal{K}, B, \mu)$ bezüglich der Norm gegen $\varphi \in L_1(\mathcal{K}, B, \mu)$ konvergiert (d. h., es gilt $\lim\limits_{k\to\infty} \int\limits_{\mathcal{K}} |\varphi^{(k)}(\tau) - \varphi(\tau)|\, d\mu = 0$), so gibt es stets eine Menge $\mathcal{K}' \subset \mathcal{K}$ mit $\mu(\mathcal{K} \setminus \mathcal{K}') = 0$, so daß für eine Teilfolge $\{k_\alpha\}$ der Folge der natürlichen Zahlen gilt:

$$\lim_{\alpha\to\infty} \varphi^{(k_\alpha)}(\tau) = \varphi(\tau), \qquad \tau \in \mathcal{K}' .$$

Die Teilfolge $\{\varphi^{(k_\alpha)}\}$ der Folge $\{\varphi^{(k)}\}$ konvergiert also im Sinne des Maßes μ auf $\mathcal{K}$ bis auf eine Menge vom Maße Null gegen φ.

KAPITEL 2

VERALLGEMEINERTE DUALITÄTSAUSSAGEN

In diesem Kapitel wird ein Optimierungsproblem (primales Problem) formuliert und eine Vorschrift zur Bildung eines dazu dualen Problems angegeben (§ 1; § 2). Unter gewissen Voraussetzungen, die insbesondere bei konvexen Optimierungsproblemen erfüllt sind, gilt für das primale und das duale Optimierungsproblem ein starker Dualitätssatz (§ 3). Im § 4 wird eine weitere Klasse von Extremalaufgaben behandelt, für die dieser Satz ebenfalls gilt.

§ 1. Das primale Problem und seine Verallgemeinerung

1.1. Wir betrachten das folgende allgemeine Optimierungsproblem:

Sei R eine beliebige Menge und f ein auf R erklärtes reelles Funktional. Man ermittle

$$v = \sup_{x \in R} f(x) \tag{1.1}$$

und bestimme Folgen von Elementen der Menge R, für die v angenommen wird. Dabei vereinbaren wir $v = -\infty$ für $R = \emptyset$.

Ein Problem der Ermittlung des Infimums von f über R kann auf ein Problem der Form (1.1) zurückgeführt werden, indem man das Funktional f mit (-1) multipliziert. Wir betrachten daher im folgenden nur Probleme der Form (1.1).

Sei $X = \{x^{(k)}\}$ eine Folge von Elementen $x^{(k)} \in R$. Wenn die Folge $\{f(x^{(k)})\}$ der zugehörigen Funktionswerte konvergiert oder bestimmt divergiert, dann heißt die Folge $X = \{x^{(k)}\}$ eine *zulässige Lösung* des Problems (1.1), und wir schreiben

$$f(X) = \lim_{k \to \infty} f(x^{(k)}) .$$

Erfüllt eine zulässige Lösung $X = \{x^{(k)}\}$ die Beziehung

$$f(X) = \lim_{k \to \infty} f(x^{(k)}) = v ,$$

so heißt X *Lösung* des Problems (1.1).

Die Menge der zulässigen Lösungen des Problems (1.1) bezeichnen wir mit R'. Insbesondere kann auch eine stationäre Folge $\{x^{(k)}\} = \{x'\}$ zulässige Lösung oder Lösung von (1.1) sein.[1])

Zulässige Lösungen $\{x_1^{(k)}\}$ und $\{x_2^{(k)}\}$ des Problems (1.1) werden als nicht voneinander verschieden betrachtet, wenn ein Index k_0 existiert, so daß $x_1^{(k)} = x_2^{(k)}$ für $k \geqq k_0$.

Als zulässige Lösungen werden Folgen deshalb eingeführt, weil auf diese Weise (im Falle $R \neq \emptyset$) die Existenz einer Lösung des Problems gesichert ist.

In vielen Fällen ist die Menge R durch Gleichungen, Ungleichungen oder allgemeinere Relationen gegeben.

Als Beispiel betrachten wir ein Optimierungsproblem im n-dimensionalen euklidischen Raum E^n mit

$$R = \{x : f_i(x) \geqq 0, \quad i = 1, 2, \ldots, m, \quad x \geqq 0\},$$

wobei die f_i gegebene Funktionen sind. Die Menge R kann auch in der Form

$$R = \{x : \Phi(x) \geqq 0, \quad x \geqq 0\}$$

dargestellt werden. Es ist dabei $\Phi = (f_1, f_2, \ldots, f_m)$ ein Operator der Art $\Phi : E^n \to E^m$. Bedeuten G_1 und G die nichtnegativen Orthanten im E^m bzw. E^n, so ergibt sich

$$R = \{x : \Phi(x) \in G_1, \quad x \in G\}. \tag{1.2}$$

Die Menge R der zulässigen Lösungselemente besteht somit aus denjenigen Punkten der Menge G, die durch Φ in G_1 abgebildet werden. Die Darstellung (1.2) der Menge R hat den Vorteil, daß sie sowohl für endlichdimensionale als auch für allgemeine Räume gilt.

Sei nun allgemein $G \neq \emptyset$ eine beliebige Menge, Φ ein Operator der Art $\Phi : G \to E_1$ (E_1 ein reeller linearer topologischer Raum) und $G_1 \neq \emptyset$ eine Teilmenge von E_1. Wir untersuchen im folgenden Probleme der Form (1.1), für welche die Menge R die Darstellung (1.2) besitzt, schreiben dafür

P:
$$f(x) \to \sup, \tag{1.3}$$
$$\Phi(x) \in G_1, \tag{1.4}$$
$$x \in G, \tag{1.5}$$

und nennen solche Probleme *minimal*.

---

[1]) Offensichtlich besteht eine eineindeutige Zuordnung zwischen den stationären Folgen $\{x^{(k)}\} = \{x'\}$ mit $x' \in R$ und den Elementen der Menge R. Indem man jedes $x' \in R$ mit der stationären Folge $\{x'\} \in R'$ identifiziert, kann man davon sprechen, daß auch R aus zulässigen Lösungen besteht, so daß gilt $R \subset R'$. Die Elemente von R bezeichnen wir als zulässige Lösungselemente bzw. Lösungselemente des Problems (1.1). Dieses Problem hat bei den hier getroffenen Vereinbarungen streng genommen die Form:

Man ermittle $\sup_{X \in R'} f(X)$

und bestimme zulässige Lösungen $\bar{X}$ mit

$$f(\bar{X}) = \sup_{X \in R'} f(X).$$

In den folgenden Ausführungen wird eine solche Unterscheidung nicht vorgenommen, was wegen (1.6') gerechtfertigt erscheint (Anm. d. H.).

Die Systeme (1.4) und (1.5) stellen zwei Arten von Nebenbedingungen dar, in die im allgemeinen die Gesamtheit der Nebenbedingungen eines mathematischen Optimierungsproblems unterteilt werden kann. Eine solche Unterteilung kann auf vielfältige Weise erfolgen und ist abhängig von der Struktur der Nebenbedingungen und der anschließenden Auswertung. Bei endlichdimensionalen Optimierungsproblemen haben die Bedingungen (1.5) häufig die Form $x_j \geqq 0$ oder $\alpha_j \leqq x_j \leqq \beta_j$ $(j = 1, 2, ..., n)$. Mitunter hat (1.5) auch eine kompliziertere Struktur, z. B. bei Aufgaben der Blockoptimierung. Die Notwendigkeit der Unterteilung der Nebenbedingungen ergibt sich aus der Art der Formulierung des dualen Problems. Es wird sich zeigen, daß bei unserem Vorgehen die zulässigen Lösungen des dualen Problems nur von den Bedingungen (1.4) abhängen.

1.2. Für die folgenden Betrachtungen wollen wir den Begriff der zulässigen Lösung des Problems P etwas erweitern. Dabei wird vorausgesetzt, daß der lineare topologische Raum E_1 dem ersten Abzählbarkeitsaxiom genügt.

Die Folge $X = \{x^{(k)}\}$ von Elementen $x^{(k)} \in G$ heißt *verallgemeinerte zulässige Lösung* des Problems P, wenn

a) der eigentliche oder uneigentliche Grenzwert

$$\lim_{k\to\infty} f(x^{(k)}) = f(X)$$

existiert;

b) eine Folge $\{y_1^{(k)}\}$ von Elementen $y_1^{(k)} \in G_1$ existiert mit

$$y_2^{(k)} = \Phi(x^{(k)}) - y_1^{(k)} \to 0 \quad \text{für} \quad k \to \infty .$$

Eine verallgemeinerte zulässige Lösung des Problems P unterscheidet sich also von einer zulässigen Lösung dieses Problems dadurch, daß sie die Nebenbedingungen (1.4) nur im „Limes“ erfüllt.

Mit $\overline{R}$ bezeichnen wir die Menge der verallgemeinerten zulässigen Lösungen des Problems P. Da einerseits jedes Element der Menge R, als stationäre Folge dargestellt, eine zulässige Lösung des Problems P und daher in R' enthalten ist und andererseits jede zulässige Lösung $X \in R'$ in $\overline{R}$ liegt, gelten die Inklusionen

$$R \subset R' \subset \overline{R} . \tag{1.6}$$

Offensichtlich ist

$$v = \sup_{X \in R} f(x) = \sup_{X \in R'} f(X) . \tag{1.6'}$$

Wir erweitern nun die Aufgabenstellung (1.3)—(1.5) durch die Forderung, daß das Supremum des Funktionals f nicht über der Menge R' gebildet wird, sondern über der Menge $\overline{R}$. Dieses Supremum bezeichnen wir mit $\overline{v}$ und vereinbaren $\overline{v} = -\infty$ im Falle $\overline{R} = \emptyset$. Es gilt offenbar folgende Beziehung:

$$\sup_{X \in R'} f(X) = v \leqq \overline{v} = \sup_{\in \overline{R}} f(X) . \tag{1.7}$$

Wir bezeichnen

$\bar{P}$: $$f(X) \to \sup\,, \quad X \in \bar{R}$$

als *verallgemeinertes Problem* von P.

Eine verallgemeinerte zulässige Lösung X^* von P heißt zulässige Lösung von $\bar{P}$ und ist insbesondere eine Lösung von $\bar{P}$, wenn $f(X^*) = \bar{v}$ ist.

Das Problem $\bar{P}$ hat für $\bar{R} \neq \emptyset$ stets eine Lösung.

Ist nämlich $\bar{v} \neq \infty$, so existiert für jedes vorgegebene $\varepsilon > 0$ stets eine verallgemeinerte zulässige Lösung $X_\varepsilon = \{x_\varepsilon^{(k)}\}$ mit $f(X_\varepsilon) > \bar{v} - \varepsilon$.

Ist $\{U_k\}$ eine abzählbare Nullumgebungsbasis des Raumes E_1, so existiert nach Definition der verallgemeinerten zulässigen Lösung zu jeder natürlichen Zahl k ein Index s_k und ein Element $y_1^{(k)} \in G_1$, so daß gilt:

$$f(x_{1/k}^{(s_k)}) > \bar{v} - \frac{2}{k}\,, \qquad \Phi(x_{1/k}^{(s_k)}) - y_1^{(k)} \in U_k\,.$$

Setzen wir nun $x_*^{(k)} = x_{1/k}^{(s_k)}$, so ist $X = \{x_*^{(k)}\}$ eine Lösung des Problems $\bar{P}$.

Analog wird die Existenz einer Lösung von $\bar{P}$ im Falle $\bar{v} = \infty$ gezeigt.

1.3. Sei $\{U_k\}$ wieder eine Nullumgebungsbasis des Raumes E_1. Die Mengenfolge $\{G_1^{(k)}\}$ mit $G_1^{(k)} \subset E_1$ nennen wir eine $G_1 \subset E_1$ *ausschöpfende Folge*, wenn gilt:

a) Zu jeder natürlichen Zahl s gibt es einen Index $k(s)$ mit $G_1^{(k)} \subset G_1 + U_s$ für $k \geqq k(s)$.

b) Für jede natürliche Zahl k ist $G_1 + U_{s(k)} \subset G_1$ für ein gewisses $s(k)$.

Bei den Problemen P und $\bar{P}$ hängt das Supremum v bzw. $\bar{v}$ offenbar von der Menge G_1 ab. Daher schreiben wir $v = v(G_1)$ bzw. $\bar{v} = \bar{v}(G_1)$.

Das Problem P bzw. $\bar{P}$ heißt hinsichtlich der Nebenbedingungen (1.4) *korrekt gestellt*, wenn für jede G_1 ausschöpfende Mengenfolge $\{G_1^{(k)}\}$ gilt

$$v = v(G_1) = \lim_{k\to\infty} v(G_1^{(k)})$$

bzw.

$$\bar{v} = \bar{v}(G_1) = \lim_{k\to\infty} \bar{v}(G_1^{(k)})\,.$$

Wir zeigen nun, daß für jede G_1 ausschöpfende Folge $\{G_1^{(k)}\}$ gilt

$$\bar{v} = \bar{v}(G_1) = \lim_{k\to\infty} \bar{v}(G_1^{(k)}) = \lim_{k\to\infty} v(G_1^{(k)})\,. \tag{1.8}$$

Wenn $X = \{x_1^{(k)}\}$ eine zulässige Lösung von $\bar{P}$ ist, gilt auf Grund der Definition einer G_1 ausschöpfenden Folge für jede natürliche Zahl l stets $\Phi(x^{(k)}) \in G_1^{(l)}$, falls $k \geqq k(l)$.

Folglich ist $f(X) \leqq v(G_1^{(l)})$ für beliebiges $X \in \bar{R}$ und damit

$$\bar{v} \leqq v(G_1^{(l)})\,, \qquad l = 1, 2, \ldots\,. \tag{1.9}$$

Zusammen mit (1.7) folgt daraus

$$\bar{v} \leqq \varliminf_{k\to\infty} v(G_1^{(k)}) \leqq \varliminf_{k\to\infty} \bar{v}(G_1^{(k)})\,.$$

Sei $\bar{v}$ zunächst endlich. Die Gültigkeit von (1.8) beweisen wir indirekt und machen dazu die Annahme

$$\overline{\lim_{k\to\infty}}\, \bar{v}(G_1^{(k)}) > \bar{v} . \tag{1.10}$$

Dann existiert eine unendliche Indexfolge $\{k_t\}$ derart, daß für ein gewisses $\varepsilon > 0$ die Ungleichung gilt

$$\bar{v}(G_1^{(k_t)}) > \bar{v} + \varepsilon , \quad t = 1, 2, \ldots .$$

Zu jeder Nullumgebung $U_l \in \{U_k\}$ wählen wir eine Nullumgebung $U_{l'} \in \{U_k\}$ mit $U_{l'} + U_{l'} \subset U_l$. Wir setzen $\tilde{G}_1^{(t)} = G_1^{(k_t)}$ und wählen unter Berücksichtigung der Eigenschaft a) einer G_1 ausschöpfenden Folge einen Index l'' derart, daß $\tilde{G}_1^{(l'')} \subset G_1 + U_{l'}$. Dann läßt sich unter Verwendung von $\bar{v}(\tilde{G}_1^{(l'')})$ ein $x^{(l)} \in G$ angeben, das die Eigenschaften

$$x^{(l)} \in G, \qquad f(x^{(l)}) > \bar{v} + \frac{\varepsilon}{2}, \qquad \Phi(x^{(l)}) \in \tilde{G}_1^{(l'')} + U_{l'} \tag{1.11}$$

besitzt.

Auf diese Weise ergibt sich eine Folge $X = \{x^{(l)}\}$, deren Glieder den Bedingungen (1.11) und der Forderung

$$\Phi(x^{(l)}) \in G_1 + U_{l'} + U_{l'} \subset G_1 + U_l$$

genügen.

Wie man leicht zeigen kann, ist eine gewisse Teilfolge X' dieser Folge eine zulässige Lösung von $\bar{P}$, für die wegen (1.11) gilt

$$f(X') \geqq \bar{v} + \frac{\varepsilon}{2},$$

im Widerspruch zur Definition von $\bar{v}$. Daher ist die Annahme (1.10) falsch, und folglich gilt (1.8) für alle $\bar{v}$ mit $-\infty < \bar{v} < +\infty$.

Analog kann man zeigen, daß (1.8) auch für $\bar{v} = -\infty$ gilt. Für $\bar{v} = +\infty$ folgt (1.8) aus (1.9).

Die Beziehung (1.8) zeigt, daß das Problem $\bar{P}$ hinsichtlich der Nebenbedingungen (1.4) stets korrekt gestellt ist. Für das Problem P trifft dies nicht zu. Wie im folgenden gezeigt wird, gibt es endlichdimensionale Optimierungsprobleme P mit der Eigenschaft $v < \bar{v}$. Nach (1.8) sind solche Probleme hinsichtlich der Nebenbedingungen (1.4) stets nicht korrekt gestellt. Somit kann man das Problem $\bar{P}$ (also das verallgemeinerte Problem von P) im gewissen Sinne als minimale korrekte Erweiterung des ursprünglichen Problems P ansehen.

Aus unseren Überlegungen ziehen wir die Schlußfolgerung, daß im allgemeinen das Problem $\bar{P}$ eine geeignetere Problemstellung ist als das Problem P.

§ 2. Das duale Problem

2.1. Für den Übergang zum dualen Problem formen wir zunächst das primale Problem P um. Wir setzen voraus, daß der Raum E_1 lokalkonvex ist.

Die Menge $G_1 \subset E_1$, die in den Nebenbedingungen (1.4) auftritt, sei ein *konvexer Kegel*, also eine Menge mit der Eigenschaft

$$y', y'' \in G_1\,, \quad \alpha', \alpha'' \geqq 0 \;\Rightarrow\; \alpha' y' + \alpha'' y'' \in G_1\,.$$

Wenn wir den konvexen Kegel G_1 als Ordnungskegel (oder positiven Kegel) auffassen, dann wird E_1 zu einer halbgeordneten Menge. Dazu führen wir für die Elemente von E_1 eine Ordnungsrelation $\leqq$ durch folgende Festlegung ein:

$$y' \leqq y''(G_1) \Leftrightarrow y'' - y' \in G_1\,.$$[1]

Um zu zeigen, daß durch die so definierte Relation der Raum E_1 zu einer halbgeordneten Menge wird, überzeugen wir uns von der Gültigkeit der Bedingungen

a) $y \leqq y(G_1)$ für alle $y \in E_1$;

b) $y_1 \leqq y_2(G_1),\ y_2 \leqq y_3(G_1) \Rightarrow y_1 \leqq y_3(G_1)$ für beliebige $y_1, y_2, y_3 \in E_1$.

Die Bedingung a) folgt sofort aus $0 \in G_1$. Die Bedingung b) folgt so:

Da G_1 ein konvexer Kegel ist, ergibt sich aus $y_2 - y_1 \in G_1$ und $y_3 - y_2 \in G_1$ unmittelbar

$$y_3 - y_1 = (y_3 - y_2) + (y_2 - y_1) \in G_1\,, \quad \text{d. h.} \quad y_1 \leqq y_3(G_1)\,.$$

Offenbar gilt für die eingeführte Ordnungsrelation

$$y \geqq 0(G_1)\,, \quad \alpha \geqq 0 \;\Rightarrow\; \alpha y \geqq 0(G_1)\,.$$

Unter Verwendung des Ordnungskegels kann man die Nebenbedingungen (1.4) des Problems P auch in der Form $\Phi(x) \geqq 0(G_1)$ schreiben.

Der Ordnungskegel $G_1 \subset E_1$ induziert in dem zu E_1 dualen Raum E_1^* den konvexen Kegel

$$G_1^* = \{\lambda \in E_1^* : \lambda(y) \geqq 0 \quad \text{für alle} \quad y \geqq 0(G_1)\}\,,$$

den wir als Ordnungskegel von E_1^* verwenden und als den zu G_1 *dualen Kegel* bezeichnen.

Als Lagrange-*Funktional* F bezeichnen wir stets[2]) das durch den Ausdruck

$$F(x, \lambda) = f(x) + \lambda(\Phi(x))\,, \qquad x \in G,\ \lambda \in E_1^*$$

definierte Funktional.

Wir setzen

$$\varphi(x) = \inf_{\lambda \geqq 0(G_1^*)} F(x, \lambda) \tag{2.1}$$

und betrachten das Problem[3])

P':

$$\varphi(x) \to \sup\,, \tag{2.2}$$

$$x \in G\,. \tag{2.3}$$

---

[1]) Gleichbedeutend mit $y' \leqq y''(G_1)$ verwenden wir gelegentlich $y'' \geqq y'(G_1)$ (Anm. d. H.).

[2]) Eine Ausnahme macht lediglich das Kapitel 6 (Anm. d. H.).

[3]) Man vergleiche dazu die Fußnote auf Seite 24 (Anm. d. H.).

Das gesuchte Supremum wird mit v' bezeichnet:

$$v' = \sup_{x \in G} \varphi(x) .$$

Lemma 2.1: *Gegeben seien die Probleme P und P'. Der Ordnungskegel $G_1 \subset E_1$ sei abgeschlossen. Dann gilt:*

1. $v = v'$.
2. *Jede Lösung von P ist eine Lösung von P'.*
3. *Wenn $v' > -\infty$, so ist jede Lösung von P' eine Lösung von P.*

Beweis. 1. Sei $x \in G$ beliebig. Im Falle $x \in R \subset G$ folgt wegen $\Phi(x) \geqq 0(G_1)$ für beliebiges $\lambda \geqq 0(G_1^*)$

$$F(x, \lambda) \geqq f(x)$$

und damit

$$\varphi(x) = \inf_{\lambda \geqq 0(G_1^*)} F(x, \lambda) = f(x) .$$

Im Falle $x \notin R$ ist $y' = \Phi(x) \notin G_1$. Nach dem Trennungssatz III (Satz 1.6) können die Menge G_1 und der Punkt y' mit Hilfe eines linearen Funktionals $\lambda_0 \in E_1^*$ streng getrennt werden, so daß gilt

$$\alpha = \inf_{y \in G_1} \lambda_0(y) > \lambda_0(\Phi(x)) . \tag{2.4}$$

Da $0 \in G_1$ und λ_0 ein lineares Funktional ist, hat man einerseits

$$\alpha = \inf_{y \in G_1} \lambda_0(y) \leqq \lambda_0(0) = 0 .$$

Andererseits ist $\lambda_0(y) \geqq 0$ für beliebiges $y \in G_1$, denn aus der entgegengesetzten Annahme folgt unter Benutzung der Kegeleigenschaft von G_1 sofort $\alpha = -\infty$, im Widerspruch zu (2.4). Somit ist $\alpha = 0$, und wir erhalten unter Berücksichtigung von (2.4) die Beziehungen $\lambda_0 \geqq 0(G_1^*)$ und $\lambda_0(\Phi(x)) < 0$. Wegen $\gamma\lambda_0 \geqq 0(G_1^*)$ für beliebiges $\gamma \geqq 0$ erhalten wir hieraus

$$\varphi(x) = \inf_{\lambda \geqq 0(G_1^*)} F(x, \lambda) \leqq f(x) + \lim_{\gamma \to \infty} \gamma\lambda_0(\Phi(x)) = -\infty .$$

Folglich hat man für beliebiges $x \in G$

$$\varphi(x) = \begin{cases} f(x) & \text{für} \quad x \in R , \\ -\infty & \text{für} \quad x \notin R . \end{cases} \tag{2.5}$$

Damit tritt genau einer der folgenden beiden Fälle auf:

a) Wenn $R \neq \emptyset$, dann gilt $v = v' > -\infty$.

b) Wenn $R = \emptyset$, dann gilt $v = v' = -\infty$.

Hieraus folgt in jedem Falle $v = v'$.

2. Sei $\{x^{(k)}\}$ eine Lösung des Problems P. Nach (2.5) ist

$$\lim_{k \to \infty} f(x^{(k)}) = \lim_{k \to \infty} \varphi(x^{(k)}) = v .$$

Wegen $R \neq \emptyset$ gilt somit

$$\lim_{k\to\infty} \varphi(x^{(k)}) = v = v';$$

also ist $\{x^{(k)}\}$ eine Lösung des Problems P'.

3. Sei $\{x^{(k)}\}$ eine Lösung des Problems P' und sei $v' > -\infty$. Wegen (2.5) besteht die Folge $\{x^{(k)}\}$ von einem gewissen k_0 an aus Elementen der Menge R, wobei gilt

$$\lim_{k\to\infty} f(x^{(k)}) = \lim_{k\to\infty} \varphi(x^{(k)}) = v'.$$

Unter Beachtung von $R \neq \emptyset$ folgt, daß $\{x^{(k)}\}$ eine Lösung des Problems P ist.

Das Lemma ist damit bewiesen.

2.2. Nach Lemma 2.1 ist die Untersuchung des Problems P äquivalent mit der Untersuchung des Problems P'. Die Gleichwertigkeit beider Probleme wurde bewiesen, ohne daß wesentliche Voraussetzungen hinsichtlich f, Φ und G herangezogen wurden. Die Struktur des Problems P' ermöglicht uns eine einfache Formulierung eines dualen Problems.

Die Problemstellung (2.1)—(2.3) forderte, daß für das LAGRANGE-Funktional F zunächst das Infimum bezüglich $\lambda \geqq 0(G_1^*)$ und anschließend das Supremum bezüglich $x \in G$ gebildet wird. Bei der Formulierung des dualen Problems verändern wir die Reihenfolge dieser Operationen.

Wir setzen dazu

$$\psi(\lambda) = \sup_{x\in G} F(x, \lambda) \tag{2.6}$$

und betrachten das zu P' *duale Problem*[1])

$$D': \qquad \psi(\lambda) \to \inf, \tag{2.7}$$

$$\lambda \geqq 0(G_1^*). \tag{2.8}$$

Das gesuchte Infimum wird mit $\tilde{v}$ bezeichnet:

$$\tilde{v} = \inf_{\lambda\in G_1^*} \psi(\lambda).$$

Wegen Lemma 2.1 ist D' auch dual zum Problem P.

2.3. Die angegebene Vorschrift zur Formulierung des dualen Problems D' ermöglicht die Spezialisierung auf gewisse Klassen äquivalenter Probleme. Dabei werden diejenigen Nebenbedingungen ausgesondert, welche die Menge $\{\lambda : \psi(\lambda) < +\infty\}$ bestimmen. Im folgenden werden solche Problemklassen ausführlich behandelt. Zunächst beschränken wir uns auf lineare Optimierungsprobleme.

Seien G ein konvexer Kegel des lokalkonvexen Raumes E, A ein stetiger linearer Operator $\Phi: E \to E_1$ mit $\Phi(x) = -A(x) + b$, $b \in E_1$. Sei ferner

---

[1]) Für duale Probleme gilt die Fußnote auf Seite 24 sinngemäß (Anm. d. H.).

$f = c$ ein stetiges lineares Funktional auf E, also $c \in E^*$. Unter diesen Voraussetzungen wird das Problem P zu dem linearen Optimierungsproblem

$$c(x) \to \sup\,, \tag{2.9}$$

$$Ax \leqq b(G_1)\,, \tag{2.10}$$

$$x \geqq 0(G)\,. \tag{2.11}$$

Das LAGRANGE-Funktional F dieses Problems ist bestimmt durch

$$F(x, \lambda) = (c - A^*\lambda)\,(x) + \lambda(b)\,,$$

wobei A^* der zu A adjungierte Operator ist.

Für $c - A^*\lambda \leqq 0(G^*)$ gilt

$$\psi(\lambda) = \sup_{x \in G} F(x, \lambda) = (c - A^*\lambda)\,(0) + \lambda(b) = \lambda(b)\,.$$

Gibt es dagegen ein Funktional λ, so daß für ein Element $x' \in G$ die Ungleichung $(c - A^*\lambda)\,(x') > 0$ besteht, so hat man

$$\psi(\lambda) \geqq \sup_{\gamma \geqq 0} F(\gamma x', \lambda) = \infty\,.$$

Damit erhalten wir

$$\psi(\lambda) = \begin{cases} \lambda(b) & \text{für} \quad c - A^*\lambda \leqq 0(G^*)\,, \\ +\infty & \text{sonst}\,. \end{cases}$$

Definiert man die Menge

$$Q = \{\lambda : \lambda \geqq 0(G_1^*)\,, \quad \psi(\lambda) < \infty\}\,,$$

so ist leicht einzusehen, daß für $Q \neq \emptyset$ die Ermittlung des Infimums von ψ über G_1^* äquivalent ist mit der Ermittlung des Infimums von ψ über Q. Damit wird das duale Problem D' zu dem linearen Optimierungsproblem

$$\lambda(b) \to \inf\,, \tag{2.12}$$

$$A^*\lambda \geqq c(G^*)\,, \tag{2.13}$$

$$\lambda \geqq 0(G_1^*)\,. \tag{2.14}$$

Diese Darstellung des dualen Problems ergibt sich unter der Annahme, daß die durch (2.13) und (2.14) bestimmte Menge von Elementen nicht leer ist. Wenn diese Menge leer ist, so setzen wir nachträglich $\tilde{v} = +\infty$. Die beiden oben erwähnten Formen des dualen Problems besitzen dann stets ein und denselben Optimalwert.

2.4. Die in Abschnitt 2.2 angegebene Vorschrift zur Formulierung des dualen Problems D' setzt voraus, daß die Menge G_1, die in den Nebenbedingungen (1.4) des primalen Problems P auftritt, ein konvexer Kegel ist. Wir wollen nun zeigen, daß diese Vorschrift auch auf den Fall einer beliebigen Menge G_1 übertragen werden kann.

Für eine beliebige Teilmenge $G_1 \subset E_1$ können die Nebenbedingungen des Problems P in der Form

$$\Phi(x) - y = 0\,, \tag{2.15}$$

$$x \in G\,, \quad y \in G_1 \tag{2.16}$$

geschrieben werden.

Setzen wir

$$z = (x, y)\,, \quad \Phi'(z) = \Phi(x) - y\,, \quad f'(z) = f(x)\,,$$
$$G' = G \times G_1\,, \quad G_1' = \{0\}\,,$$

so geht das Problem P unter Berücksichtigung von (2.15) und (2.16) über in

$$f'(z) \to \sup\,, \tag{2.17}$$

$$\Phi'(z) \geqq 0(G_1')\,, \tag{2.18}$$

$$z \in G'\,. \tag{2.19}$$

Der zu diesem Problem gehörende Ordnungskegel G_1' besteht nur aus dem Nullelement des Raumes E_1 und ist somit ein Spezialfall eines konvexen Kegels. Wegen $\lambda(0) = 0$ ist jedes $\lambda \in E_1^*$ auf G_1' nichtnegativ. Folglich gilt $(G_1')^* = E_1^*$.

Wenn man analog zum Vorgehen in Abschnitt 2.1. ein LAGRANGE-Funktional einführt, so gelangt man schließlich wie im Abschnitt 2.2 zu dem dualen Problem

$$\psi(\lambda) = \sup_{\substack{x \in G \\ y \in G_1}} [f(x) + \lambda(\Phi(x) - y)] \to \inf\,,$$
$$\lambda \in E_1^*\,.$$

Da G_1' die Voraussetzungen von Lemma 2.1 erfüllt, ist dieses Problem dual zum Problem P.

Um eine geeignetere Formulierung des dualen Problems zu gewinnen, verallgemeinern wir den Begriff des dualen Kegels.

Für eine beliebige Teilmenge $S \subset E_1$ führen wir das Funktional $t_S(\lambda) = \inf_{y \in S} \lambda(y)$, $\lambda \in E_1^*$, ein. S^* sei die Menge aller $\lambda \in E_1^*$ mit der Eigenschaft

$$t_S(\lambda) > -\infty\,. \tag{2.20}$$

Dann gilt:

a) S^* ist ein konvexer Kegel.

b) Wenn S ein konvexer Kegel ist, so ist S^* die Menge aller auf S nichtnegativen Funktionale. S^* erweist sich also als der zu S duale Kegel, wobei gilt $t_S(\lambda) = 0$ für beliebiges $\lambda \in S^*$.

Wegen der Eigenschaft b) ist es naheliegend, den durch (2.20) definierten konvexen Kegel S^* auch dann als *dualen Kegel* von S zu bezeichnen, wenn die Menge S selbst kein konvexer Kegel ist.

Durch Umformung von $\psi(\lambda)$ ergibt sich dann unter Beachtung dieser Überlegungen

$$\psi(\lambda) = \sup_{x \in G} [f(x) + \lambda(\Phi(x))] - \inf_{y \in G_1} \lambda(y)$$

und daraus

$$\psi(\lambda) = \psi'(\lambda) - \psi''(\lambda)$$

mit

$$\psi'(\lambda) = \sup_{x \in G} [f(x) + \lambda(\Phi(x))], \quad \psi''(\lambda) = \inf_{y \in G_1} \lambda(y) = t_{G_1}(\lambda).$$

Für $\lambda \notin G_1^*$, also für $t_{G_1}(\lambda) = -\infty$ folgt

$$\psi(\lambda) = \psi'(\lambda) - \psi''(\lambda) = \infty.$$

Deshalb hat man in dem dualen Problem das Infimum des Funktionals ψ nur über der Menge G_1^* zu bilden. Das duale Problem erhält somit die Form

D:
$$\psi(\lambda) = \psi'(\lambda) - \psi''(\lambda) \to \inf, \tag{2.21}$$

$$\lambda \geqq 0(G_1^*) \tag{2.22}$$

mit

$$\psi'(\lambda) = \sup_{x \in G} [f(x) + \lambda(\Phi(x))], \quad \psi''(\lambda) = t_{G_1}(\lambda). \tag{2.23}$$

Ist insbesondere G_1 ein konvexer Kegel, so erhält man $\psi''(\lambda) = 0$ für $\lambda \geqq 0(G_1^*)$, und das Problem D stimmt dann mit dem früher formulierten Problem D' überein.

§ 3. Der verallgemeinerte Dualitätssatz

3.1. Wir gehen nun zur Herleitung von Beziehungen zwischen den in § 1 und § 2 gegebenen primalen und dualen Problemen über.

Sei E_1 ein reeller lokalkonvexer Raum und $G_1 \subset E_1$ ein konvexer Kegel. Wir beweisen zunächst

Lemma 2.2: *Gegeben seien die Probleme P und D'; sei $G_1 \subset E_1$ ein konvexer Kegel. Dann gilt*

$$\bar{v} \leqq \tilde{v}, \tag{3.1}$$

Beweis: Im Falle $\bar{R} = \emptyset$ ist nach Vereinbarung $\bar{v} = -\infty$, und die Ungleichung (3.1) ist erfüllt.

Im Falle $\bar{R} \neq \emptyset$ sei $X = \{x^{(k)}\}$ eine Lösung von $\bar{P}$. Auf Grund der Definition der verallgemeinerten zulässigen Lösung von P genügen die Glieder $x^{(k)} \in G$ dieser Folge den Bedingungen

$$\Phi(x^{(k)}) = y_1^{(k)} + y_2^{(k)}, \quad y_1^{(k)} \geqq 0(G_1), \quad \lim_{k \to \infty} y_2^{(k)} = 0, \quad \lim_{k \to \infty} f(x^{(k)}) = \bar{v}.$$

Damit gilt für beliebige $\lambda \geqq 0(G_1^*)$

$$\psi(\lambda) = \sup_{x \in G} F(x, \lambda) \geqq F(x^{(k)}, \lambda) = f(x^{(k)}) + \lambda(y_1^{(k)} + y_2^{(k)}) \geqq f(x^{(k)}) + \lambda(y_2^{(k)})$$

und somit für $k \to \infty$

$$\psi(\lambda) \geqq \bar{v} .$$

Da diese Ungleichung für beliebige $\lambda \geqq 0(G_1^*)$ gilt, hat man

$$\tilde{v} = \inf_{\lambda \geqq 0(G_1^*)} \psi(\lambda) \geqq \bar{v} .$$

3.2. Sei E_1 ein lokalkonvexer Raum mit einer abzählbaren Nullumgebungsbasis. Dann genügt der lokalkonvexe Raum $\hat{E}_1 = E^1 \times E_1$, wobei E^1 die mit der natürlichen Topologie versehene Zahlengerade bedeutet, offenbar dem ersten Abzählbarkeitsaxiom. Als Ordnungskegel G_1 von $\hat{E}_1$ wählen wir

$$\hat{G}_1 = \{\hat{y} = (y_0, y): y_0 \geqq 0 , \quad y \geqq 0(G_1)\} .$$

Unter Berücksichtigung der Formulierung des Problems P definieren wir in $\hat{E}_1$ die Menge

$$\mathcal{K} = \{\hat{y} = (y_0, y): y_0 = f(x) - y_0' ,$$
$$y = \Phi(x) - y' ; \quad x \in G; \quad \hat{y}' = (y_0', y') \geqq 0(\hat{G}_1)\} .$$

Aus $G \neq \emptyset$ und $G_1 \neq \emptyset$ folgt $\mathcal{K} \neq \emptyset$. Die Abschließung von $\mathcal{K}$ wird wieder mit $\overline{\mathcal{K}}$ bezeichnet. Die folgende Aussage, die eine Beziehung zwischen dem Problem $\bar{P}$ *und* dem dualen Problem D' herstellt, wird *verallgemeinerter Dualitätssatz* genannt.

Satz 2.3 (Verallgemeinerter Dualitätssatz): *Gegeben seien die Probleme* $\bar{P}$ *und* D'; *seien* $G_1 \subset E_1$ *ein konvexer Kegel und* $\overline{\mathcal{K}}$ *eine konvexe Menge. Dann gilt:*

1. $\bar{R} \neq \emptyset \Rightarrow \bar{v} = \tilde{v}$; (3.2)

2. $\bar{R} = \emptyset \Rightarrow$ (*entweder* $\bar{v} = \tilde{v}$ *oder* $\tilde{v} = +\infty$).

Beweis: 1. Sei $\bar{R} \neq \emptyset$ und $-\infty < \bar{v} < +\infty$. In $\hat{E}_1$ führen wir eine abzählbare Nullumgebungsbasis $\{\hat{U}_k\}$ ein, die aus offenen konvexen Mengen $\hat{U}_k = U_k^{(0)} \times U_k$ besteht, wobei $\{U_k^{(0)}\}$ und $\{U_k\}$ Nullumgebungsbasen in E^1 bzw. E_1 sind. Wir setzen $\varepsilon = 1/k$ und definieren für $\varepsilon = 1, 1/2, 1/3, \ldots$ jeweils die Menge $\mathcal{K}(\varepsilon) = \overline{\mathcal{K}} + \hat{U}_{1/\varepsilon}$. $\mathcal{K}(\varepsilon)$ ist eine offene Menge, und aus der Konvexität der Mengen $\overline{\mathcal{K}}$ und U_k folgt, daß $\mathcal{K}(\varepsilon)$ auch konvex ist. Mit $l(\delta)$ bezeichnen wir das Element $(\bar{v} + \delta, 0) \in \hat{E}_1$ und zeigen indirekt, daß für beliebiges $\delta > 0$ stets ein $\varepsilon(\delta) = 1/k$ $(k \in \{1, 2, \ldots\})$ existiert mit $l(\delta) \notin \mathcal{K}(\varepsilon(\delta))$. Aus der Annahme $l(\delta) \in \mathcal{K}(\varepsilon(\delta))$ folgt auf Grund der Definition der Menge $\mathcal{K}(\varepsilon)$ die Existenz von Elementen

$$x^{(k)} \in G , \quad \hat{y}^{(k)} = (y_0^{(k)}, y^{(k)}) \in \hat{E}_1 , \quad k = 1, 2, \ldots ,$$

mit der Eigenschaft

$$\bar{v} + \delta \leqq f(x^{(k)}) + y_0^{(k)} , \quad 0 \leqq \Phi(x^{(k)}) + y^{(k)}(G_1) , \tag{3.3}$$

wobei $y_0^{(k)} \in U_k^{(0)}$, $y^{(k)} \in U_k$.

Wird nun aus der Folge $\{y^{(k)}\}$ eine Teilfolge $\{y^{(k_t)}\} = \{\tilde{x}^{(t)}\}$ ausgewählt, für die $\lim_{t\to\infty} f(\tilde{x}^{(t)})$ existiert, so ist wegen (3.3) die Folge $\{\tilde{x}^{(t)}\} = \tilde{X}$ eine zulässige Lösung des Problems $\overline{P}$ mit

$$f(\tilde{X}) \geqq \overline{v} + \delta\,, \quad \delta > 0\,,$$

im Widerspruch zur Definition von $\overline{v}$. Folglich ist $l(\delta) \notin \mathcal{K}(\varepsilon(\delta))$.

Für beliebiges $\delta > 0$ setzen wir nun $\mathcal{K}_\delta = \mathcal{K}(\varepsilon(\delta))$. Da die offene konvexe Menge $\mathcal{K}_\delta$ den Punkt $l(\delta)$ nicht enthält, existiert nach dem Trennungssatz II (Satz 1.5) ein nicht identisch verschwindendes Funktional $\hat{\lambda}^{(\delta)} = (\lambda_0^{(\delta)}, \lambda^{(\delta)}) \in \hat{E}_1^*$, so daß gilt

$$\hat{\lambda}^{(\delta)}(\hat{y}) = \lambda_0^{(\delta)} y_0 + \lambda^{(\delta)}(y) \leqq \hat{\lambda}^{(\delta)}(l(\delta)) = \lambda_0^{(\delta)} \cdot (\overline{v} + \delta) \tag{3.4}$$

für beliebige $\hat{y} = (y_0, y) \in \mathcal{K}_\delta$.

Nach der Definition von $\mathcal{K}_\delta$ gilt für $\hat{y} \in \mathcal{K}_\delta$, $\hat{y}' \geqq 0(\hat{G}_1)$ und $\alpha > 0$

$$\hat{y} - \alpha \hat{y}' \in \mathcal{K}_\delta\,. \tag{3.5}$$

Zusammen mit (3.4) erhalten wir

$$\frac{1}{\alpha}[\hat{\lambda}^{(\delta)}(\hat{y}) - \hat{\lambda}^{(\delta)}(l(\delta))] \leqq \hat{\lambda}^{(\delta)}(\hat{y}')\,.$$

Für $\alpha \to +\infty$ folgt daraus

$$\hat{y}^{(\delta)}(\hat{y}') \geqq 0 \qquad \text{für beliebige} \qquad \hat{y}' \geqq 0(\hat{G}_1)$$

und damit

$$\hat{\lambda}^{(\delta)} = (\lambda_0^{(\delta)}, \lambda^{(\delta)}) \geqq 0(\hat{G}_1^*)\,,$$

also

$$\lambda_0^{(\delta)} \geqq 0 \quad \text{und} \quad \lambda^{(\delta)} \geqq 0(G_1^*)\,. \tag{3.6}$$

Wir zeigen nun $\lambda_0^{(\delta)} > 0$. Aus der Annahme $\lambda_0^{(\delta)} = 0$ folgt wegen (3.4) für $\hat{y} = (y_0, y) \in \mathcal{K}_\delta$ mit beliebigem y_0 die Ungleichung

$$\lambda^{(\delta)}(y) \leqq 0\,. \tag{3.7}$$

Sei $X = \{x^{(k)}\} \in \overline{R}$. Da U_k eine absorbierende Menge ist, gibt es für jede natürliche Zahl k und beliebiges $z \in E_1$ eine Zahl $\gamma(k, z) > 0$ mit $\gamma(k, z) \cdot z \in U_k$. Wir wählen $k = 1/\varepsilon(\delta)$ und setzen

$$\gamma(z) = \gamma\left(\frac{1}{\varepsilon(\delta)}, z\right), \quad \hat{y}^{(k)} = (f(x^{(k)})\,,\ \Phi(x^{(k)}) + \gamma(z) \cdot z)\,.$$

Wegen $\hat{y}^{(k)}(z) \in \mathcal{K}_\delta$ folgt unter Berücksichtigung von (3.7) für beliebige $z \in E_1$

$$\lambda^{(\delta)}(\Phi(x^{(k)})) + \gamma(z)\,\lambda^{(\delta)}(z) \leqq 0\,. \tag{3.8}$$

Aus der Ungleichung (3.6) folgt nach Definition der verallgemeinerten zulässigen Lösung

$$\varliminf_{k\to\infty} \lambda^{(\delta)}(\Phi(x^{(k)})) \geqq 0\,.$$

Damit erhalten wir aus (3.8) für beliebige $z \in E_1$

$$\lambda^{(\delta)}(z) \leqq -\frac{1}{\gamma(z)} \lim_{k\to\infty} \lambda^{(\delta)}(\Phi(x^{(k)})) \leqq 0\,. \tag{3.9}$$

Diese Behauptung kann für beliebige $z \in E_1$ nur dann gelten, wenn $\lambda^{(\delta)} = 0$ ist. Das ist ein Widerspruch, da das Funktional $\hat{\lambda}^{(\delta)} = (\lambda_0^{(\delta)}, \lambda^{(\delta)})$ nach Konstruktion nicht identisch verschwindet.

Folglich gilt $\lambda_0^{(\delta)} > 0$.

Setzen wir nun

$$\tilde{\lambda}^{(\delta)} = \frac{\lambda^{(\delta)}}{\lambda_0^{(\delta)}}\,,$$

so folgt aus (3.6) die Beziehung $\tilde{\lambda}^{(\delta)} \geqq 0(G_1^*)$. Aus (3.4) erhalten wir dann für beliebiges $x \in G$ mit $y_0 = f(x)$, $y = \Phi(x)$ die Ungleichung

$$f(x) + \tilde{\lambda}^{(\delta)}(\Phi(x)) \leqq \bar{v} + \delta$$

und damit auch

$$\tilde{v} \leqq \psi(\tilde{\lambda}^{(\delta)}) = \sup_{x\in G} [f(x) + \tilde{\lambda}^{(\delta)}(\Phi(x))] \leqq \bar{v} + \delta\,.$$

Da nach Voraussetzung $\delta > 0$ beliebig gewählt war, gilt $\tilde{v} \leqq \bar{v}$ und somit wegen Lemma 2.2

$$\bar{v} = \tilde{v}\,.$$

Wir betrachten nun den Fall $\bar{R} \neq \emptyset$ und entweder $\bar{v} = +\infty$ oder $\bar{v} = -\infty$. Im Falle $\bar{R} \neq \emptyset, \bar{v} = +\infty$ folgt (3.2) sofort aus (3.1). Im Falle $\bar{R} \neq \emptyset, \bar{v} = -\infty$ kann der Beweis analog wie oben geführt werden, wobei jedoch $l(\delta) = (-1/\delta, 0)$, $\delta > 0$, gewählt wird.

2. Sei $\bar{R} = \emptyset$ und $\tilde{v} < +\infty$. Wir definieren die Teilmenge $\mathcal{K}' \subset E_1$ durch

$$\mathcal{K}' = \{y : y = \Phi(x) - y'\,,\ x \in G, y' \geqq 0(G_1)\}$$

und setzen $\mathcal{K}'(\varepsilon) = \mathcal{K}' + U_{1/\varepsilon}$, $\varepsilon = 1, 1/2, 1/3, \ldots$. Ist $\overline{\mathcal{K}'}$ die Abschließung von $\mathcal{K}'$ und $(\overline{\mathcal{K}})_{pr}$ die Projektion der Menge $\overline{\mathcal{K}}$ in den Raum E_1, so gilt $(\overline{\mathcal{K}})_{pr} \subset \overline{\mathcal{K}'}$ und $\overline{(\overline{\mathcal{K}})_{pr}} = \overline{\mathcal{K}'}$. Da $\overline{\mathcal{K}}$ konvex ist, sind die Mengen $(\overline{\mathcal{K}})_{pr}$ und $\overline{(\overline{\mathcal{K}})_{pr}}$ konvex. Damit ist auch $\overline{\mathcal{K}'}$ eine konvexe Menge, woraus schließlich die Konvexität der nichtleeren offenen Mengen $\mathcal{K}'(\varepsilon)$ folgt.

Wegen $\bar{R} = \emptyset$ läßt sich eine natürliche Zahl k_0 angeben mit $0 \notin \mathcal{K}'(1/k_0)$. Damit existiert nach dem Trennungssatz II (Satz 1.5) ein nicht identisch verschwindendes Funktional $\lambda' \in E_1^*$, das den Punkt 0 und die offene konvexe Menge $\mathcal{K}'(\varepsilon_0)$, $\varepsilon_0 = 1/k_0$, trennt. Also gilt

$$\sup_{y\in\mathcal{K}'(\varepsilon_0)} \lambda'(y) \leqq 0\,.$$

Zusammen mit den Eigenschaften von $\mathcal{K}'(\varepsilon_0)$ folgt hieraus

$$\sup_{x\in G} \lambda'(\Phi(x)) \leqq \inf_{y\in U_{k_0}} (-\lambda'(y))\,, \tag{3.10}$$

$$\lambda' \geqq 0(G_1^*)\,.$$

Es existiert mindestens ein $y \in U_{k_0}$ mit $\lambda'(y) > 0$. Aus der Annahme $\lambda'(y) \leqq 0$ für alle $y \in U_{k_0}$ folgt nämlich, da U_{k_0} absorbierend ist, daß das Funktional λ' identisch verschwindet, im Widerspruch zu seiner Festlegung durch den Trennungssatz.

Folglich gilt

$$\inf_{y \in U_{k_0}} (-\lambda'(y)) < 0 ,$$

also

$$\alpha = \sup_{x \in G} \lambda'(\Phi(x)) < 0 . \tag{3.11}$$

Nach Voraussetzung ist $\tilde{v} < +\infty$, d. h.

$$\psi(\lambda_0) = \sup_{x \in G} [f(x) + \lambda_0(\Phi(x))] < \infty$$

für ein gewisses $\lambda_0 \geqq 0(G_1^*)$.

Für beliebiges $\Theta > 0$ gilt unter Berücksichtigung von (3.11)

$$\psi(\lambda_0 + \Theta\lambda') \leqq \psi(\lambda_0) + \Theta \sup_{x \in G} \lambda'(\Phi(x)) = \psi(\lambda_0) + \Theta\alpha ,$$

$$\lambda_0 + \Theta\lambda' \geqq 0(G_1^*)$$

und somit

$$\tilde{v} = \inf_{\lambda \geqq 0(G_1^*)} \psi(\lambda) \leqq \lim_{\Theta \to \infty} \psi(\lambda_0 + \Theta\lambda') \leqq \lim_{\Theta \to \infty} [\psi(\lambda_0) + \Theta\alpha] = -\infty .$$

Also gilt

$$\bar{v} = \tilde{v} = -\infty .$$

Damit ist gezeigt, daß im Fall $\bar{v} \neq \tilde{v}$ gelten muß $\bar{R} = \emptyset$ und $\tilde{v} = +\infty$. Der Satz ist vollständig bewiesen.

Die Beziehung $v = \tilde{v}$ wird *Dualitätsbeziehung* genannt. Entsprechend heißt $\bar{v} = \tilde{v}$ in (3.2) *verallgemeinerte Dualitätsbeziehung.*

Bemerkung 1: Die verallgemeinerte Dualitätsbeziehung (3.2) braucht selbst im Falle endlichdimensionaler linearer Optimierungsprobleme nicht erfüllt zu sein (nämlich dann, wenn das primale und das duale Problem keine zulässigen Lösungen besitzen).

Bemerkung 2: Der verallgemeinerte Dualitätssatz wurde unter der Voraussetzung bewiesen, daß $G_1 \subset E_1$ ein konvexer Kegel ist. Wie wir im Abschnitt 2.4 gezeigt haben, führt das Problem P mit beliebiger Menge $G_1 \subset E_1$ auf ein dazu äquivalentes Problem (2.17)—(2.19), in welchem an Stelle von G_1 der spezielle Kegel $G_1' = \{0\}$ auftritt. Deshalb ergibt sich aus dem Satz 2.3 als Folgerung eine Dualitätsaussage für die Probleme P (mit beliebiger Menge $G_1 \subset E_1$) und D. Wir wollen diese Aussage nicht im einzelnen formulieren, da sie wie Satz 2.3 lautet, sobald

$$\mathcal{K} = \{\hat{y} : \hat{y} = (y_0, y), y_0 = f(x) - y_0', y = \Phi(x) - y', \quad x \in G , \ y_0' \geqq 0, y' \in G_1\} \tag{3.12}$$

gesetzt wird.

3.3. In enger Beziehung zum verallgemeinerten Dualitätssatz steht folgendes *Optimalitätskriterium,* das eine notwendige und hinreichende Bedingung dafür angibt, daß eine zulässige Lösung des Problems $\overline{P}$ zugleich Lösung dieses Problems ist.

Wir geben für dieses Kriterium eine sehr allgemeine Formulierung an. Sei wie in Abschnitt 2.4

$$F(x, \lambda) = f(x) + \lambda\Phi(x)\,, \quad x \in G\,, \quad \lambda \in E_1^*\,,$$

$$t_{G_1}(\lambda) = \inf_{y \in G_1} \lambda(y)\,,$$

$$\psi'(\lambda) = \sup_{x \in G} F(x, \lambda)\,, \qquad \psi''(\lambda) = t_{G_1}(\lambda)\,,$$

$$\psi(\lambda) = \psi'(\lambda) - \psi''(\lambda)\,.$$

Satz 2.4: *Sei* $X = \{x^{(k)}\}$ *eine zulässige Lösung des Problems* $\overline{P}$ *mit* $f(X) < +\infty$. *Dann gilt:*

1. *Existiert eine Folge* $\{\lambda^{(k)}\}$, $\lambda^{(k)} \in G_1^*$, *mit*

$$\lim_{k\to\infty} [F(x^{(k)}, \lambda^{(k)}) - \sup_{x \in G} F(x, \lambda^{(k)})] = 0\,, \tag{3.13}$$

$$\lim_{k\to\infty} [\lambda^{(k)}(\Phi(x^{(k)})) - t_{G_1}(\lambda^{(k)})] = 0\,, \tag{3.14}$$

so ist $X = \{x^{(k)}\}$ *Lösung von* $\overline{P}$.

2. *Ist* $X = \{x^{(k)}\}$ *Lösung von* $\overline{P}$ *und gilt die verallgemeinerte Dualitätsbeziehung* (3.2), *so existiert eine Folge* $\{\lambda^{(k)}\}$, $\lambda^{(k)} \in G_1^*$, *derart, daß die Beziehungen* (3.13) *und* (3.14) *erfüllt sind.*

Beweis: 1. Seien für eine Folge $\{\lambda^{(k)}\}$, $\lambda^{(k)} \in G_1^*$, die Beziehungen (3.13) und (3.14) erfüllt. Dann gilt

$$F(x^{(k)}, \lambda^{(k)}) = \sup_{x \in G} F(x, \lambda^{(k)}) + \varepsilon_k' = \psi'(\lambda^{(k)}) + \varepsilon_k'\,,$$

$$\lambda^{(k)}(\Phi(x^{(k)})) = t_{G_1}(\lambda^{(k)}) + \varepsilon_k'' = \psi''(\lambda^{(k)}) + \varepsilon_k''$$

mit $\lim_{k\to\infty} \varepsilon_k' = \lim_{k\to\infty} \varepsilon_k'' = 0$.

Damit hat man

$$f(x^{(k)}) = F(x^{(k)}, \lambda^{(k)}) - \lambda^{(k)}(\Phi(x^{(k)})) =$$
$$= \psi'(\lambda^{(k)}) - \psi''(\lambda^{(k)}) + \varepsilon_k' - \varepsilon_k'' = \psi(\lambda^{(k)}) + \varepsilon_k$$

mit $\varepsilon_k = \varepsilon_k' - \varepsilon_k''$ und $\lim_{k\to\infty} \varepsilon_k = 0$.

Folglich ist einerseits

$$f(X) = \lim_{k\to\infty} f(x^{(k)}) = \lim_{k\to\infty} \psi(\lambda^{(k)})\,. \tag{3.15}$$

Andererseits ist ψ Zielfunktional des dualen Problems D, und damit hat man wegen Lemma 2.2

$$f(X) \leqq \bar{v} \leqq \tilde{v} \leqq \lim_{k\to\infty} \psi(\lambda^{(k)})\,. \tag{3.16}$$

Aus (3.15) und (3.16) ergibt sich

$$f(X) = \bar{v} .$$

Also ist X Lösung des Problems $\bar{P}$.

2. Sei $X = \{x^{(k)}\}$ eine Lösung von $\bar{P}$ mit $f(X) < +\infty$, und für die Probleme $\bar{P}$ und D gelte die verallgemeinerte Dualitätsbeziehung. Da $X = \{x^{(k)}\}$ insbesondere eine zulässige Lösung von $\bar{P}$ ist, gilt

$$\Phi(x^{(k)}) = y_1^{(k)} + y_2^{(k)}$$

mit $y_1^{(k)} \in G_1$, $k = 1, 2, \ldots$, $\lim\limits_{k\to\infty} y_2^{(k)} = 0$.

Für eine Lösung $\{\bar{\lambda}^{(k)}\}$, $\bar{\lambda}^{(k)} \in G_1^*$, des Problems D gilt

$$f(X) = \bar{v} = \tilde{v} = \lim_{k\to\infty} \psi(\bar{\lambda}^{(k)}) . \tag{3.17}$$

Wir führen vorübergehend eine Folge $\{\lambda^{(k)}\}$ ein, die ebenfalls Lösung von D ist, aber zugleich der Bedingung

$$\lim_{k\to\infty} \lambda^{(k)}(y_2^{(k)}) = 0 \tag{3.18}$$

genügt. Dazu konstruieren wir zu einer beliebig vorgegebenen Nullfolge $\{\alpha_k\}$ positiver Zahlen $\alpha_1 > \alpha_2 > \cdots$ eine Folge $\{k_s\}$ natürlicher Zahlen $k_1 < k_2 < \cdots$ nach folgender rekursiven Vorschrift:

a) $k_0 = 0$.

b) Ist k_s schon bestimmt, so sei k_{s+1} die kleinste Zahl k mit der Eigenschaft

$$k \geqq k_s + 1 , \quad |\bar{\lambda}^{(s+1)}(y_2^{(t)})| \leqq \alpha_{s+1} \quad \text{für alle} \quad t \geqq k .$$

Für beliebige $k \geqq k_1$ setzen wir

$$\lambda^{(k)} = \bar{\lambda}^{(s)} \quad \text{für} \quad k_s \leqq k \leqq k_{s+1} - 1 .$$

Dann ist $\lambda^{(k)} \in G_1^*$. Da für $k \to \infty$ der Index $s = s(k)$, der durch die Beziehung $k_s \leqq k \leqq k_{s+1} - 1$ definiert ist, gleichfalls über alle Grenzen wächst, gilt

$$\lim_{s\to\infty} \psi(\bar{\lambda}^{(s)}) = \lim_{k\to\infty} \psi(\lambda^{(k)}) = \tilde{v} ;$$

also ist die Folge $\{\lambda^{(k)}\}$ Lösung des Problems D. Außerdem ist für $k_s \leqq k \leqq k_{s+1} - 1$

$$|\lambda^{(k)}(y_2^{(k)})| = |\bar{\lambda}^{(s)}(y_2^{(k)})| \leqq \alpha_{s(k)} , \quad k = 1, 2, \ldots .$$

Wegen $\lim\limits_{k\to\infty} s(k) = \infty$ folgt hieraus (3.18).

Aus der Definition des LAGRANGE-Funktionals folgt, da $X = \{x^{(k)}\}$ Lösung von $\bar{P}$ ist,

$$\begin{aligned} f(x^{(k)}) &= F(x^{(k)}, \lambda^{(k)}) - \lambda^{(k)}(\Phi(x^{(k)})) \\ &= F(x^{(k)}, \lambda^{(k)}) - \lambda^{(k)}(y_1^{(k)}) - \lambda^{(k)}(y_2^{(k)}) \end{aligned}$$

und damit wegen (3.17) und (3.18)

$$\lim_{k\to\infty} [F(x^{(k)}, \lambda^{(k)}) - \lambda^{(k)}(y_1^{(k)})] = \lim_{k\to\infty} \psi(\lambda^{(k)}) = \lim_{k\to\infty} [\psi'(\lambda^{(k)}) - \psi''(\lambda^{(k)})] . \quad (3.19)$$

Hieraus ergeben sich unter Berücksichtigung der Ungleichungen

$$F(x^{(k)}, \lambda^{(k)}) \leqq \sup_{x\in G} F(x, \lambda^{(k)}) = \psi'(\lambda^{(k)}) ,$$

$$\lambda^{(k)}(y_1^{(k)}) \geqq \inf_{y\in G_1} \lambda^{(k)}(y) = t_{G_1}(\lambda^{(k)}) = \psi''(\lambda^{(k)})$$

die Beziehungen (3.13) und (3.14).

Damit ist der Satz bewiesen.

Bemerkung: Ist G_1 ein Kegel, so gilt $t_{G_1}(\lambda) = 0$ für $\lambda \in G_1^*$. Die Beziehungen (3.13) und (3.14) gehen dann über in

$$\lim_{k\to\infty} F(x^{(k)}, \lambda^{(k)}) = \lim_{k\to\infty} \sup_{x\in G} F(x, \lambda^{(k)}) , \quad (3.13')$$

$$\lim_{k\to\infty} \lambda^{(k)}(\Phi(x^{(k)})) = 0 . \quad (3.14')$$

3.4. Der verallgemeinerte Dualitätssatz (Satz 2.3) wurde unter der Voraussetzung der Konvexität der Menge $\overline{\mathcal{K}}$ bewiesen (vgl. Abschnitt 3.2.). Diese Voraussetzung sichert die Gültigkeit der zweiten Aussage des Optimalitätskriteriums (Satz 2.4).

Es gibt Klassen von Optimierungsproblemen, durch deren Struktur die Konvexität der zugehörigen Menge $\overline{\mathcal{K}}$ gesichert ist. Die einfachste derartige Klasse ist die der konvexen Optimierungsprobleme, die in diesem Abschnitt betrachtet werden.

Seien $G_1 \subset E_1$ ein konvexer Kegel und G eine konvexe Menge. Der Operator $\Phi: G \to E_1$ heißt auf G *konkav bezüglich* G_1, wenn für beliebige $x', x'' \in G$ und jede reelle Zahl $\alpha \in (0, 1)$ gilt

$$\Phi(\alpha x' + (1 - \alpha)\, x'') \geqq \alpha \Phi(x') + (1 - \alpha)\, \Phi(x'')\ (G_1) . \quad (3.20)$$

Ein Spezialfall des konkaven Operators ist das auf G konkave Funktional f (wobei $E_1 = E^1$ und G_1 die nichtnegative Halbachse ist), für das gilt

$$f(\alpha x' + (1 - \alpha)\, x'') \geqq \alpha f(x') + (1 - \alpha)\, f(x'') . \quad (3.21)$$

Φ heißt *bezüglich* G_1 *auf* G *konvex,* wenn $-\Phi$ dort *bezüglich* G_1 konkav ist; f heißt auf G konvex, wenn $-f$ dort konkav ist.

Wir nennen P *konvexes Optimierungsproblem,* wenn die Menge G und der Kegel G_1 konvex und wenn das Zielfunktional f auf G konkav und der Beschränkungsoperator Φ auf G konkav bezüglich G_1 sind.

Die so eingeführte Klasse von Optimierungsproblemen enthält insbesondere die endlichdimensionalen konvexen Optimierungsprobleme.

Wir zeigen nun, daß für konvexe Optimierungsprobleme P die Menge $\overline{\mathcal{K}}$ stets konvex ist. Dazu sei

$$\hat{y}', \hat{y}'' \in \mathcal{K} , \quad 0 < \alpha < 1 .$$

Aus der Definition der Menge $\mathcal{K}$ erhalten wir

$$y_0' \leqq f(x')\,, \quad y_0'' \leqq f(x'')\,,$$
$$y' \leqq \Phi(x')\,(G_1)\,, \quad y'' \leqq \Phi(x'')\,(G_1)\,,$$

mit $\quad \hat{y}' = (y_0', y')\,, \quad \hat{y}'' = (y_0'', y'')\,, \quad x' \in G\,, \quad x'' \in G\,.$

Da G konvex ist und f, Φ konkav sind, erhält man

$$\alpha y_0' + (1-\alpha)\,y_0'' \leqq \alpha f(x') + (1-\alpha)\,f(x'') \leqq f(\alpha x' + (1-\alpha)\,x'')\,,$$
$$\alpha y' + (1-\alpha)\,y'' \leqq \alpha\Phi(x') + (1-\alpha)\,\Phi(x'') \leqq \Phi(\alpha x' + (1-\alpha)\,x'')\,(G_1)\,,$$
$$\alpha x' + (1-\alpha)\,x'' \in G\,.$$

Daraus folgt

$$\alpha\hat{y}' + (1-\alpha)\,\hat{y}'' \in \mathcal{K}\,.$$

Somit sind $\mathcal{K}$ und auch $\overline{\mathcal{K}}$ konvex.

Als Folgerung aus Satz 2.3 erhalten wir einen verallgemeinerten Dualitätssatz für konvexe Optimierungsprobleme.

Satz 2.5: *Gegeben seien die zum konvexen Optimierungsproblem P gehörenden Probleme $\overline{P}$ und D'. Dann gilt:*

1. $\overline{R} \neq \emptyset \Rightarrow \bar{v} = \tilde{v}$. (3.22)
2. $\overline{R} = \emptyset \Rightarrow$ (*entweder* $\bar{v} = \tilde{v} = -\infty$ *oder* $\tilde{v} = +\infty$).

Weiterhin ergibt sich als Folgerung aus Satz 2.4, daß eine verallgemeinerte zulässige Lösung $\{x^{(k)}\}$ des konvexen Optimierungsproblems $\overline{P}$ genau dann eine Lösung von $\overline{P}$ ist, wenn eine Folge $\{\lambda^{(k)}\}$, $\lambda^{(k)} \in G_1^*$, existiert, die den Bedingungen (3.13′) und (3.14′) genügt.

3.5. Beim Beweis des verallgemeinerten Dualitätssatzes (Satz 2.3) wurde vorausgesetzt, daß E_1 ein lokalkonvexer Raum ist, der dem ersten Abzählbarkeitsaxiom genügt. Diese Voraussetzung wurde gemacht, um sich bei der Definition der verallgemeinerten zulässigen Lösung auf Folgen beschränken zu können.

Definiert man jedoch eine zulässige Lösung von $\overline{P}$ als verallgemeinerte Folge $X = \{x^{(\alpha)}\}$ (vgl. Kapitel 1, Abschnitt 1.3) mit den bereits bekannten Eigenschaften (vgl. Abschnitt 1.2).

a) es existiert $\lim_{\alpha} f(x^{(\alpha)}) = f(X)$ als eigentlicher oder uneigentlicher Grenzwert;

b) es existiert eine verallgemeinerte Folge $\{y_1^{(\alpha)}\}$, $y_1^{(\alpha)} \in G_1$, mit

$$\lim_{\alpha}\,[\Phi(x^{(\alpha)}) - y_1^{(\alpha)}] = 0\,,$$

so benötigt man in E_1 nicht notwendig eine abzählbare Nullumgebungsbasis.

Tatsächlich wurde diese Voraussetzung nur gemacht, damit ein beliebiger Punkt aus $\overline{\mathcal{K}}$ als Grenzpunkt von Punktfolgen der Menge $\mathcal{K}$ dargestellt werden kann. Diese Eigenschaft ist für verallgemeinerte Folgen stets erfüllt. Folglich gelten der verallgemeinerte Dualitätssatz und die sich daraus ergebenden Schlußfolgerungen für beliebige lokalkonvexe Räume E_1, wenn als zulässige Lösungen von $\overline{P}$ verallgemeinerte Folgen genommen werden.

Als eine Anwendung des verallgemeinerten Dualitätssatzes betrachten wir eine der wesentlichsten Aussagen der Theorie der konjugierten Funktionale (eine ausführliche Darlegung dieser Theorie findet man bei A. D. Ioffe und V. M. Tichomirow [32]).

Seien P und Q lineare Räume und $B: P \times Q \to E^1$ eine Bilinearform mit den Eigenschaften

a) $B(x, y) = 0$ für alle $x \in P \Rightarrow y = 0$;
b) $B(x, y) = 0$ für alle $y \in Q \Rightarrow x = 0$.

Mit Hilfe von B kann man in P und Q je eine Topologie einführen, deren Nullumgebungsbasen aus den Mengen

$$U_{T,\varepsilon} = \{x: B(x, y) < \varepsilon,\ y \in T\},$$

$$V_{S,\varepsilon} = \{y: B(x, y) < \varepsilon,\ x \in S\}$$

bestehen, wobei S und T beliebige endliche Teilmengen von P bzw. Q sind und $\varepsilon > 0$ ist. Die so erhaltenen topologischen Räume werden ebenfalls mit P bzw. Q bezeichnet (vgl. Kapitel 1). P und Q sind lokalkonvexe zueinander duale Hausdorff-Räume. Als Beispiel für zueinander duale Räume betrachten wir einen lokalkonvexen Hausdorff-Raum E und den zu E dualen Raum E^*. Setzt man $B(x, y) = y(x)$, $x \in E$, $y \in E^*$, dann hat B die Eigenschaften a) und b). Daher sind die mit den schwachen Topologien versehenen Räume E und E^* lokalkonvex und zueinander dual.

Seien nun P und Q lokalkonvexe zueinander duale Hausdorff-Räume. Für den Wert des Funktionals $y \in Q$ in $x \in P$ ist die symmetrische Schreibweise $\langle x, y\rangle$ üblich, um damit zu unterstreichen, daß keiner der Räume P und Q besonders ausgezeichnet wird.

Über den Räumen P und Q betrachten wir reelle Funktionale, die auch die Werte $+\infty$ und $-\infty$ annehmen dürfen. Jedem auf P erklärten Funktional f ordnen wir folgende Mengen zu:

$$\operatorname{dom} f = \{x: f(x) < \infty\},$$

$$\det f = \{(x_0, x): x \in \operatorname{dom} f,\ x_0 \geqq f(x)\}.$$

Ein Funktional f heißt *trivial*, wenn entweder $\operatorname{dom} f = \emptyset$ oder $f(x) = -\infty$ für ein $x \in P$ gilt. Ein Funktional f heißt *abgeschlossen*, wenn die Menge $\det f$ abgeschlossen ist. Das Funktional f, das durch

$$f^*(y) = \sup_{x \in P} (\langle x, y\rangle - f(x)), \qquad y \in Q,$$

definiert ist, heißt *konjugiert* zu f.

Die soeben eingeführten Begriffe werden auf dem Raum Q analog definiert.

Wir betrachten nun das zu f^* konjugierte Funktional f^{**} und untersuchen seine Beziehungen zu f.

Sei zunächst f ein triviales Funktional. Dann gelten

$$f(x') = -\infty \text{ für ein } x' \in P \Rightarrow f^*(y) \equiv \infty \text{ auf } Q,$$

$$\operatorname{dom} f = \emptyset \Rightarrow f^*(y) \equiv -\infty \text{ auf } Q$$

und damit

$$\operatorname{dom} f = \emptyset \Rightarrow f(x) = f^{**}(x) \equiv \infty \text{ auf } P,$$

$$\left.\begin{aligned} &\operatorname{dom} f \neq \emptyset\,,\\ &f(x') = -\infty \text{ für ein } x' \in P \end{aligned}\right\} \Rightarrow f^{**}(x) \equiv -\infty \text{ auf } P.$$

Für nichttriviale Funktionale wird die Beziehung zwischen f und f^{**} durch den unten angegebenen Satz von W. Fenchel und J. J. Moreau hergestellt. Wir beweisen diesen mit Hilfe des verallgemeinerten Dualitätssatzes.

Satz 2.6: *Sei f ein nichttriviales konvexes abgeschlossenes Funktional auf P. Dann gilt*

$$f(x) = f^{**}(x)\,, \quad x \in P\,. \tag{3.23}$$

Beweis: Wir betrachten das einfache Optimierungsproblem

$$\bar{f}(x) = -f(x) \to \sup\,, \tag{3.24}$$

$$x - \bar{x} = 0\,, \tag{3.25}$$

$$x \in G = \operatorname{dom} f \tag{3.26}$$

mit beliebigem festen $\bar{x} \in P$.

Sei $\bar{v}(\bar{x})$ der Optimalwert des verallgemeinerten Problems zu (3.24)–(3.26). Die verallgemeinerten zulässigen Lösungen dieses Problems sind die verallgemeinerten Folgen $\{x^{(\alpha)}\}$, die gegen $\bar{x}$ konvergieren und für die $\lim_\alpha f(x^{(\alpha)})$ existiert. Da f abgeschlossen ist, gilt für eine beliebige verallgemeinerte zulässige Lösung $X = \{x^{(\alpha)}\}$

$$f(X) = \lim_\alpha f(x^{(\alpha)}) \geqq f(\bar{x})\,,$$

und damit $\bar{v}(\bar{x}) = \bar{f}(\bar{x}) = -f(\bar{x})$.

Die dem Problem (3.24)–(3.26) zugeordnete Menge $\mathcal{K}$ hat die Darstellung

$$\mathcal{K} = \{(x_0, x) : x_0 \leqq \bar{f}(x')\,, \quad x = x' - \bar{x}\,, \quad x' \in G\}$$

oder nach entsprechenden Umformungen

$$\mathcal{K} = \{(-x_0, x - \bar{x}) : x_0 \geqq f(x)\,, \quad x \in G\} = \det{}^- f - (0, \bar{x})$$

mit

$$\det{}^- f = \{(-x_0, x) : (x_0, x) \in \det f\}\,.$$

Da f ein konvexes Funktional ist, sind $\det^- f$, $\mathcal{K}$ und $\bar{\mathcal{K}}$ konvexe Mengen. Folglich gilt für das Problem (3.24)–(3.26) die Aussage des Satzes 2.3.

Sei

$$\begin{aligned}\psi(y) &= \sup_{x\in G} (- f(x) + \langle y, x - \bar{x}\rangle) \\ &= \sup_{x\in P} (- f(x) + \langle y, x - \bar{x}\rangle)\,, \quad y \in Q\,.\end{aligned}$$

Bei dem dualen Problem zu (3.24)—(3.26) wird das Infimum von ψ über der Menge $G_1^* = \{0\}^* = Q$ ermittelt:

$$\begin{aligned}\tilde{v}(\bar{x}) &= \inf_{y\in Q} \psi(y) = \inf_{y\in Q} [\sup_{x\in P} (- f(x) + \langle y, x\rangle) - \langle y, \bar{x}\rangle] \\ &= \inf_{y\in Q} (f^*(y) - \langle y, \bar{x}\rangle) = - \sup_{y\in Q} (- f^*(y) + \langle y, \bar{x}\rangle) = - f^{**}(\bar{x})\,.\end{aligned}$$

Sei zunächst $\bar{x} \in \operatorname{dom} f$. Dann ist die Menge der verallgemeinerten zulässigen Lösungen des Problems (3.24)—(3.26) nicht leer, und es gilt nach Satz 2.3

$$-f(\bar{x}) = \bar{v}(\bar{x}) = \tilde{v}(\bar{x}) = - f^{**}(\bar{x})$$

und damit

$$f(\bar{x}) = f^{**}(\bar{x})\,.$$

Sei nun $\bar{x} \notin \operatorname{dom} f$. Wenn wir zeigen können, daß $f^{**}(\bar{x}) \neq - \infty$ ist, also $\tilde{v}(\bar{x}) < \infty$, so folgt nach dem verallgemeinerten Dualitätssatz

$$\bar{v}(\bar{x}) = \tilde{v}(\bar{x}) = - \infty\,,$$

und (3.23) erweist sich auch in diesem Falle als richtig.

Zum Beweis von $f^{**}(\bar{x}) \neq - \infty$ nehmen wir an, es sei $f^{**}(\bar{x}) = - \infty$. Nach Definition des konjugierten Funktionals folgt daraus $f^*(y) = + \infty$ für alle $y \in Q$ und damit $f^{**}(x) = - \infty$ für alle $x \in P$. Wir hatten bereits gezeigt, daß

$$f^{**}(x) = f(x) \neq - \infty \quad \text{für} \quad x \in \operatorname{dom} f \neq \emptyset$$

gilt, und das ist ein Widerspruch zur Annahme.

Der Satz ist bewiesen.

Das zu einem beliebigen Funktional konjugierte Funktional ist konvex und abgeschlossen. Deshalb gilt für nichttriviale Funktionale f die Beziehung (3.23) genau dann, wenn f konvex und abgeschlossen ist.

Wie wir gezeigt haben, ist Satz 2.6 eine Folgerung aus dem verallgemeinerten Dualitätssatz. Interessanterweise kann der verallgemeinerte Dualitätssatz unmittelbar aus dem Satz 2.6 gewonnen werden. Die Äquivalenz dieser Sätze wird in [32] gezeigt.

§ 4. Gemittelte Extremalaufgaben

4.1. Bevor wir uns der Untersuchung einer Klasse von Extremalaufgaben der Form (1.3)—(1.5) zuwenden, erinnern wir an die Definition des Integrals einer Vektorfunktion über einem BANACH-Raum E_1.

Seien M ein metrischer Raum und α ein σ-additives nichtnegatives Funktional (also ein Maß), das auf der σ-Algebra B_M von BOREL-Mengen $\delta \subset M$ erklärt ist.

Das Maß α und die σ-Algebra B_M erzeugen die Gesamtheit $B_M(\alpha) \supset B_M$ der α-meßbaren Teilmengen des Raumes M.

Sei $T \subset M$ eine meßbare Teilmenge von M mit $\alpha(T) < \infty$. Wir setzen

$$B_T = \{ \delta \in B_M : \delta \subset T \} , \qquad B_T(\alpha) = \{ \delta \in B_M(\alpha) : \delta \subset T \} .$$

Die Vektorfunktion $\varphi: T \to E_1$ heißt α-meßbar, wenn für eine beliebige Kugel $C_\varrho(y') = \{y : y \in E_1, ||y - y'|| < \varrho\}$ des Raumes E_1 gilt

$$T(\varrho, y') = \{t \in T : \varphi(t) \in \varphi_\varrho(y') \} \in B_M(\alpha) .$$

Wir setzen im folgenden voraus:

a) Die Funktion φ ist α-meßbar; (4.1)

b) $\int\limits_T |\varphi(t)| \, d\alpha < \infty$. (4.2)

Eine Vektorfunktion, die diesen Bedingungen genügt, heißt *α-summierbar* auf der Menge T. Wenn E_1 ein separabler Raum ist und die $y_1, y_2, \ldots \in E_1$ eine abzählbare überall dichte Menge bilden, so stimmt die Vereinigung der Mengen $T(\varepsilon, y_i)$, $i = 1, 2, \ldots$, ($\varepsilon > 0$ beliebig) mit T überein.

Wir definieren nun rekursiv die Mengen

$$T'(\varepsilon, y_1) = T(\varepsilon, y_1) ,$$

$$T'(\varepsilon, y_i) = T(\varepsilon, y_i) \setminus \bigcup_{k<i} T'(\varepsilon, y_k) , \qquad i = 2, 3, \ldots .$$

Werden in diesem System der Mengen $T'(\varepsilon, y_i)$ die leeren Mengen gestrichen und die verbleibenden neu durchnumeriert, so erhalten wir eine Mengenfolge $\{T_i(\varepsilon)\}$ mit den Eigenschaften

$$T = \bigcup_i T_i(\varepsilon); \qquad T_i(\varepsilon) \cap T_j(\varepsilon) = \emptyset , \qquad i \neq j . \tag{4.3}$$

Für beliebiges i läßt sich stets ein $y_i' \in E_1$ angeben mit

$$||y_i' - \varphi(t)|| \leqq \varepsilon , \qquad t \in T_i'(\varepsilon) . \tag{4.4}$$

Wegen (4.1) sind die Mengen $T_i(\varepsilon)$ α-meßbar, und wegen (4.3) gilt

$$\alpha(T) = \sum_{k=1}^{\infty} \alpha(T_k(\varepsilon)) . \tag{4.5}$$

Aus (4.5) und der Endlichkeit von $\alpha(T)$ folgt mit

$$Q_i(\varepsilon) = \bigcup_{k>i} T_k(\varepsilon) , \qquad i = 1, 2, \ldots,$$

sofort

$$\alpha(Q_i(\varepsilon)) \to 0 \quad \text{für} \quad i \to \infty .$$

Unter Beachtung von (4.2) existiert daher für beliebiges $\varepsilon > 0$ eine natürliche Zahl $N(\varepsilon)$, so daß für $Q(\varepsilon) = Q_i(\varepsilon)$, $i = N(\varepsilon)$, die Beziehung gilt

$$\int\limits_{t \in Q(\varepsilon)} |\varphi(t)| \, d\alpha \leqq \varepsilon . \tag{4.6}$$

Folglich kann die Menge T für beliebige $\varepsilon > 0$ in elementfremde α-meßbare Teilmengen $T_i(\varepsilon)$ $(i = 1, 2, \ldots, N(\varepsilon))$ und $Q(\varepsilon)$ zerlegt werden, die den Bedingungen (4.4) und (4.6) genügen.

Für

$$\varphi_\varepsilon(t) = \begin{cases} y_i', & t \in T_i(\varepsilon), \quad i = 1, 2, \ldots, N(\varepsilon), \\ 0, & t \in Q(\varepsilon) \end{cases}$$

erhält man

$$\int_T \varphi_\varepsilon(t)\, d\alpha = \sum_{i=1}^{N(\varepsilon)} y_i' \alpha(T_i(\varepsilon)),$$

$$\int_T \varphi(t)\, d\alpha = \lim_{\varepsilon \to 0} \int_T \varphi_\varepsilon(t)\, d\alpha .$$

Dabei hängt die Existenz des letzten Grenzwertes nicht von der Art der Zerlegung der Menge T ab, sondern folgt aus den Beziehungen (4.4) und (4.6).

4.2. Seien E_1 ein separabler BANACH-Raum, $G_1 \subset E_1$ eine nichtleere konvexe Menge, M ein metrischer Raum und $T \subset M$ eine α-meßbare beschränkte Teilmenge mit $\alpha(T) < \infty$. Für beliebiges $t \in T$ seien erklärt: Eine Menge $G(t)$, ein Funktional $f_t\colon G(t) \to E^1$ und ein Operator $\Phi_t\colon G(t) \to E_1$.

Wir betrachten das Problem

P_m:
$$\int_T f_t(x_t)\, d\alpha \to \sup, \tag{4.7}$$

$$\int_T \Phi_t(x_t)\, d\alpha \in G_1, \tag{4.8}$$

$$x_t \in G(t), \quad t \in T. \tag{4.9}$$

E bezeichne die Menge der Funktionen x_t, $t \in T$, für welche f_t und Φ_t α-summierbar auf T sind. Genügt die nichtleere Teilmenge $G \subset E$ der Bedingung (4.9) und setzen wir

$$f(x) = \int_T f_t(x_t)\, d\alpha, \quad \Phi(x) = \int_T \Phi_t(x_t)\, d\alpha \quad \text{für} \quad x \in G \subset E,$$

so erweist sich das Problem P_m als spezielles Problem der Form P.

Das Zielfunktional f und der Operator Φ der Nebenbedingungen des Problems P_m lassen sich durch „Mittelung" der Funktionale f_t und der Operatoren Φ_t nach dem Parameter t darstellen. Daher nennen wir Probleme dieser Art kurz gemittelte Extremalaufgaben.

Das zu P_m duale Problem ergibt sich unter Berücksichtigung von (2.21) bis (2.23) zu

D_m:
$$\psi(\lambda) = \psi'(\lambda) - \psi''(\lambda) \to \inf, \quad \lambda \geqq 0(G_1^*)$$

mit

$$\psi'(\lambda) = \sup_{x \in G} \int_T [f_t(x_t) + \lambda(\Phi_t(x_t))]\, d\alpha, \quad \psi''(\lambda) = \inf_{y \in G_1} \lambda(y).$$

Für die Probleme P_m und D_m behalten wir die Bezeichnungen R, $\overline{R}$, v, $\overline{v}$ und $\tilde{v}$ bei.

4.3. Wie in § 3 gezeigt wurde, gilt für konvexe Optimierungsprobleme die verallgemeinerte Dualitätsbeziehung. Die Besonderheit der Klasse der gemittelten Extremalaufgaben besteht darin, daß für sie die Dualitätsbeziehung unabhängig ist von den Eigenschaften der gemittelten Funktionale und Operatoren. Es zeigt sich, daß die Mittelung stets zu einer Extremalaufgabe mit einer konvexen Menge $\overline{\mathcal{K}}$ führt (vgl. Abschnitt 3.2). Der Beweis dieser interessanten Tatsache beruht auf einem Satz von A. A. LJAPUNOW [42].

Wir formulieren zunächst einen Satz von LJAPUNOW für Funktionen, die auf [0, 1] erklärt sind.

Sei $\varphi: [0, 1] \to E^m$ eine auf [0, 1] LEBESGUE-summierbare Funktion; B_1 sei ein vollständiges System von BOREL-Teilmengen des Intervalls [0, 1]. Der Satz von LJAPUNOW besagt dann, daß die Menge

$$K = \left\{p : p = \int_\delta \varphi(t)\, dt,\ \delta \in B_1\right\}$$

konvex und abgeschlossen ist.

Wie Beispiele zeigen, gilt diese Aussage nicht mehr, wenn eine Abbildung in einen BANACH-Raum betrachtet wird. Dennoch läßt sich auch in diesem allgemeinen Fall die Konvexität der Abschließung $\overline{K}$ zeigen.

Wir sagen, daß das in (4.1) eingeführte Maß α die Eigenschaft (*) besitzt, wenn γ mit $\gamma(\varrho) = \alpha(C_\varrho)$ eine stetige Funktion ist, wobei $C_\varrho = \{t \in M : d(t, t_0) < \varrho\}$ und $t_0 \in M$ ein beliebiger, aber fester Punkt ist. Nach wie vor ist dabei $T \subset M$ eine beschränkte, α-meßbare Menge mit $\alpha(T) < \infty$.

Lemma 2.7: *Seien M ein metrischer Raum, E_1 ein separabler* BANACH-*Raum und $\varphi: T \to E_1$ mit $T \subset M$ eine auf T α-summierbare Funktion. Wenn das Maß α die Eigenschaft (*) besitzt, so ist die Abschließung $\overline{K}$ der Menge*

$$K = \left\{p :\ p = \int_\delta \varphi(t)\, d\alpha,\quad \delta \in B_T\right\}$$

konvex.

Beweis: 1. Wir setzen voraus, daß φ nur eine endliche Anzahl von Funktionswerten besitzt.

Die Menge T läßt sich dann, bis auf eine Menge vom Maße Null, als Summe von N elementfremden Mengen $T_i \in B_T$, $i = 1, 2, \ldots, N$, darstellen, so daß gilt:

$$\varphi(t) = p_i \quad \text{für} \quad t \in T_i, \quad i = 1, 2, \ldots, N\,.$$

Wir zeigen, daß in diesem Fall bereits

$$K = \left\{p :\ p = \sum_{i=1}^{N} \alpha(\delta \cap T_i) p_i,\ \delta \in B_T\right\}$$

eine konvexe Menge ist.

Offensichtlich hat man für beliebiges $\delta \in B_T$

$$0 \leqq \alpha(\delta \cap T_i) \leqq \bar{\alpha}_i = \alpha(T_i) . \tag{4.10}$$

Wegen der Eigenschaft (*) ist γ_i mit $\gamma_i(\varrho) = \alpha(C_\varrho \cap T_i)$ eine stetige Funktion von ϱ, und es gilt $\gamma_i(0) = 0$ und $\gamma_i(\varrho) = \bar{\alpha}_i$, falls $T_i \subset C_\varrho$. Daher existiert für beliebiges $\alpha_i \in [0, \bar{\alpha}_i]$ eine Menge

$$T_i^{(\alpha)} = C_\varrho(\alpha) \cap T_i \in B_T \quad \text{mit} \quad \alpha(T_i^{(\alpha)}) = \alpha_i .$$

Setzen wir

$$S^{(\alpha)} = \bigcup_{i=1}^{N} T_i^{(\alpha)} ,$$

so existiert für beliebige $\alpha_i \in [0, \bar{\alpha}_i]$, $i = 1, 2, \ldots, N$, eine Menge $S^{(\alpha)} \in B_T$ mit

$$\alpha(S^{(\alpha)} \cap T_i) = \alpha_i, \quad i = 1, 2, \ldots, N . \tag{4.11}$$

Wegen (4.10) und (4.11) läßt sich die Menge K in der Form

$$K = \left\{p\colon\; p = \sum_{i=1}^{N} \alpha_i p_i, \quad 0 \leqq \alpha_i \leqq \bar{\alpha}_i, \quad i = 1, 2, \ldots, N\right\}$$

darstellen, aus der die Konvexität unmittelbar folgt.

2. Wir betrachten nun den allgemeinen Fall. Für beliebiges $\varepsilon > 0$ wird die Menge T dargestellt als Vereinigung elementfremder BOREL-Mengen $T_i(\varepsilon)$ $(i = 1, 2, \ldots, N(\varepsilon))$ und $Q(\varepsilon)$, die den Bedingungen (4.4) und (4.6) genügen, sowie einer Menge $T_0(\varepsilon)$ mit $\alpha(T_0(\varepsilon)) = 0$. Dann setzen wir

$$\varphi_\varepsilon(t) = \begin{cases} y_i', & t \in T_i(\varepsilon), \; i = 1, 2, \ldots, N(\varepsilon) , \\ 0, & t \in T_0(\varepsilon) \cup Q(\varepsilon) \end{cases}$$

und erhalten aus (4.4) und (4.6) für beliebiges $\delta \in B_T$

$$\left|\int_\delta \varphi(t)\, d\alpha - \int_\delta \varphi_\varepsilon(t)\, d\alpha\right|$$

$$\leqq \int_{Q(\varepsilon)\cap\delta} |\varphi(t)|\, d\alpha + \sum_{i=1}^{N(\varepsilon)} \int_{T_i(\varepsilon)\cap\delta} |\varphi(t) - \varphi_\varepsilon(t)|\, d\alpha \leqq \varepsilon(1 + \alpha(T)) . \tag{4.12}$$

Seien $p', p'' \in \bar{K}$ beliebige Punkte. Für festes $\varepsilon > 0$ werden die Mengen $\delta'(\varepsilon)$, $\delta''(\varepsilon) \in B_T$ so gewählt, daß gilt

$$\left|p' - \int_{\delta'(\varepsilon)} \varphi(t)\, d\alpha\right| \leqq \varepsilon, \quad \left|p'' - \int_{\delta''(\varepsilon)} \varphi(t)\, d\alpha\right| \leqq \varepsilon . \tag{4.13}$$

Nach dem ersten Teil des Beweises existiert für beliebiges $\mu \in (0, 1)$ eine Menge $\delta(\varepsilon, \mu) \in B_T$ mit

$$\mu \int_{\delta'(\varepsilon)} \varphi_\varepsilon(t)\, d\alpha + (1 - \mu) \int_{\delta''(\varepsilon)} \varphi_\varepsilon(t)\, d\alpha = \int_{\delta(\varepsilon,\mu)} \varphi_\varepsilon(t)\, d\alpha . \tag{4.14}$$

Aus (4.12) und (4.14) ergibt sich dann

$$\begin{aligned}
&\left|\mu p' + (1-\mu)p'' - \int_{\delta(\varepsilon,\mu)} \varphi(t)\, d\alpha\right| \\
&\leqq \left|\mu p' + (1-\mu)\,p'' - \mu \int_{\delta'(\varepsilon)} \varphi(t)\, d\alpha - (1-\mu)\int_{\delta''(\varepsilon)} \varphi(t)\, d\alpha\right| \\
&\quad + \left|\mu \int_{\delta'(\varepsilon)} \varphi(t)\, d\alpha + (1-\mu)\int_{\delta''(\varepsilon)} \varphi(t)\, d\alpha \right.\\
&\qquad\qquad \left. - \mu \int_{\delta'(\varepsilon)} \varphi_\varepsilon(t)\, d\alpha - (1-\mu)\int_{\delta''(\varepsilon)} \varphi_\varepsilon(t)\, d\alpha\right| \\
&\quad + \left|\mu \int_{\delta'(\varepsilon)} \varphi_\varepsilon(t)\, d\alpha + (1-\mu)\int_{\delta''(\varepsilon)} \varphi_\varepsilon(t)\, d\alpha - \int_{\delta(\varepsilon,\mu)} \varphi_\varepsilon(t)\, d\alpha\right| \\
&\quad + \left|\int_{\delta(\varepsilon,\mu)} \varphi_\varepsilon(t)\, d\alpha - \int_{\delta(\varepsilon,\mu)} \varphi(t)\, d\alpha\right| \\
&\leqq \varepsilon + 2\varepsilon(1 + \alpha(T)) = \varepsilon(3 + 2\alpha(T))\,. \qquad (4.15)
\end{aligned}$$

Hieraus folgt, da $\varepsilon > 0$ beliebig gewählt werden kann,

$$\mu p' + (1-\mu)p'' \in \overline{K}\,.$$

Folglich ist $\overline{K}$ konvex.

4.4. Mit Hilfe von Lemma 2.7 können wir zeigen, daß die zum Problem P_m gehörende Menge $\overline{\mathcal{K}}$ konvex ist, falls das Maß α die Eigenschaft (*) besitzt.

Sei $\hat{\Phi}_t$ der Operator (f_t, Φ_t) mit $\hat{\Phi}_t\colon G(t) \times G(t) \to \hat{E}_1 = E^1 \times E_1$. Wir setzen außerdem

$$\hat{G}_1 = \{\hat{y} = (y_0, y)\colon y_0 \geqq 0,\ y \in G_1\}\,.$$

Dann gilt

$$\mathcal{K} = \left\{\hat{y}\colon \hat{y} = \hat{\Phi}(x) - \hat{y}' = \int_T \hat{\Phi}_t(x_t)\, d\alpha - \hat{y}',\quad x \in G,\quad \hat{y}' \in \hat{G}_1\right\}.$$

Seien $\hat{y}_1, \hat{y}_2 \in \overline{\mathcal{K}}$ beliebige Punkte und $\mu \in (0, 1)$. Wir zeigen

$$\hat{y}_\mu = \mu\hat{y}_1 + (1-\mu)\hat{y}_2 \in \overline{\mathcal{K}}\,. \qquad (4.16)$$

Dazu wählen wir zu gegebenem $\varepsilon > 0$ Punkte $x^{(1)}(\varepsilon)$, $x^{(2)}(\varepsilon) \in G$ und $\hat{y}_1'(\varepsilon)$, $\hat{y}_2'(\varepsilon) \in \hat{G}_1$ derart, daß die Elemente

$$\hat{y}_i(\varepsilon) = \int_T \hat{\Phi}_t(x_t^{(i)}(\varepsilon))\, d\alpha - \hat{y}_i'(\varepsilon) \in \mathcal{K}$$

der Bedingung

$$\big|\, \|\hat{y}_i(\varepsilon)\| - \|\hat{y}_i\|\, \big| \leqq \varepsilon, \qquad i = 1, 2,$$

genügen. Führen wir nun die Mengen

$$Y = \left\{\hat{y}\colon\ \hat{y} = \int_\delta \hat{\Phi}_t(x_t^{(1)}(\varepsilon))\, d\alpha + \int_{T\setminus\delta} \hat{\Phi}_t(x_t^{(2)}(\varepsilon))\, d\alpha,\ \delta \in B_T\right\},$$

$$Y' = \left\{\hat{y}\colon\ \hat{y} = \int_\delta [\hat{\Phi}_t(x_t^{(1)}(\varepsilon)) - \hat{\Phi}_t(x_t^{(2)}(\varepsilon))]\, d\alpha,\quad \delta \in B_T\right\}$$

ein, so gilt offensichtlich

$$\hat{y}_1(\varepsilon) + \hat{y}_1'(\varepsilon) \in Y, \qquad \hat{y}_2(\varepsilon) + \hat{y}_2'(\varepsilon) \in Y\,.$$

Nach Lemma 2.7 ist $\overline{Y'}$ konvex. Da ferner Y aus Y' durch eine Translation um das feste Element $\hat{y}_2(\varepsilon) + \hat{y}_2'(\varepsilon)$ hervorgeht, ist $\overline{Y}$ ebenfalls konvex. Folglich gibt es ein Element

$$\hat{y}_\mu(\varepsilon) = \int_{\delta(\mu)} \hat{\Phi}_t(x_t^{(1)}(\varepsilon))\, d\alpha + \int_{T\setminus\delta(\mu)} \hat{\Phi}_t(x_t^{(2)}(\varepsilon))\, d\alpha \in Y$$

mit der Eigenschaft

$$|\mu(\hat{y}_1(\varepsilon) + \hat{y}_1'(\varepsilon)) + (1-\mu)\,(\hat{y}_2(\varepsilon) + \hat{y}_2'(\varepsilon)) - \hat{y}_\mu(\varepsilon)| \leqq \varepsilon\,. \tag{4.17}$$

Setzen wir

$$\hat{y}_\mu'(\varepsilon) = \mu\hat{y}_1'(\varepsilon) + (1-\mu)\hat{y}_2'(\varepsilon) \in \hat{G}_1\,,$$

so folgt aus (4.17)

$$\begin{aligned}|\hat{y}_\mu - (\hat{y}_\mu(\varepsilon) - \hat{y}_\mu'(\varepsilon))| &\leqq |\hat{y}_\mu - \mu\hat{y}_1(\varepsilon) - (1-\mu)\,\hat{y}_2(\varepsilon)| \\ &+ |\mu\hat{y}_1(\varepsilon) + (1-\mu)\,\hat{y}_2(\varepsilon) - (\hat{y}_\mu(\varepsilon) - \hat{y}_\mu'(\varepsilon))| \leqq 2\varepsilon\,. \end{aligned} \tag{4.18}$$

Auf Grund der Konstruktion hat man $\hat{y}_\mu(\varepsilon) - \hat{y}_\mu'(\varepsilon) \in \mathcal{K}$. Da (4.18) für beliebiges $\varepsilon > 0$ gilt, ist $\hat{y}_\mu$ ein Grenzpunkt von $\mathcal{K}$. Daraus folgt (4.16) und damit die Konvexität von $\overline{\mathcal{K}}$. Dieses Ergebnis führt zusammen mit Satz 2.3 zu dem

Satz 2.8: *Gegeben seien die zum gemittelten Problem P_m gehörenden Probleme $\overline{P}_m$ und D_m. Sei für P_m die Menge G_1 konvex; das Maß α genüge der Bedingung (*), und es sei $\overline{R} \neq \emptyset$. Dann gilt $\overline{v} = \tilde{v}$.*

Offensichtlich folgt unter den Voraussetzungen von Satz 2.8 auch ein Optimalitätskriterium für gemittelte Probleme in Analogie zu Satz 2.4.

KAPITEL 3

DUALITÄTSSÄTZE FÜR KONVEXE OPTIMIERUNGSPROBLEME

In diesem Kapitel werden zunächst solche konvexen Optimierungsprobleme betrachtet, für welche die Optimalwerte der Probleme P und $\bar{P}$ übereinstimmen, und für die folglich auch die Dualitätsbeziehung $v = \bar{v}$ gilt. In § 1 und § 2 werden Dualitätssätze bewiesen. Dort sind auch Bedingungen angegeben, die die Annahme des Supremums für die Probleme P bzw. $\bar{P}$ oder die Annahme des Infimums für das Problem D sichern. In § 3 wird der Zusammenhang zwischen dualen Problemen und dem Sattelpunktproblem bezüglich des zugehörigen LAGRANGE-Funktionals dargestellt. Außerdem werden Optimalitätskriterien hergeleitet.

§ 1. Dualitätssätze

1.1. Im vorhergehenden Kapitel wurden verallgemeinerte Dualitätssätze für das verallgemeinerte Problem $\bar{P}$ und das zu P duale Problem D bewiesen.

Wir betrachten in diesem Kapitel das konvexe Optimierungsproblem[1])

$$P\colon\; f(x) \to \sup\,, \tag{1.1}$$

$$\Phi(x) \geqq 0(G_1)\,, \tag{1.2}$$

$$x \in G\,. \tag{1.3}$$

Dabei sind G eine konvexe Teilmenge des BANACH-Raumes E, G_1 ein konvexer Kegel im BANACH-Raum E_1, f ein auf G konkaves reelles Funktional und $\Phi\colon G_1 \to E_1$ ein bezüglich G_1 konkaver Operator.

Das zu P duale Problem ist (vgl. Kapitel 2, § 2)

$$D\colon\qquad \psi(\lambda) \to \inf\,, \tag{1.4}$$

$$\lambda \geqq 0(G_1^*)\,, \tag{1.5}$$

$$\psi(\lambda) = \sup_{x \in G}\,[f(x) + \lambda(\Phi(x))]\,. \tag{1.6}$$

Aus Satz 2.5 folgt[2])

---

[1]) Für dieses Problem P gelten hinsichtlich der Verwendung von Folgen als zulässige Lösungen und verallgemeinerte zulässige Lösungen dieselben Überlegungen wie in Kapitel 2, § 1, vgl. dazu Fußnote [1]) auf Seite 24 (Anm. d. H.)

[2]) Die hier verwendeten Symbole v, $\bar{v}$, $\tilde{v}$, R und $\bar{R}$ haben die in Kapitel 2, § 1 und § 2, angegebene Bedeutung (Anm. d. H.).

Satz 3.1: *Gegeben seien das Problem P und die dazugehörenden Probleme $\bar{P}$ und D; es sei $\bar{R} \neq \emptyset$. Die Dualitätsbeziehung*

$$v = \tilde{v} \tag{1.7}$$

gilt genau dann, wenn P bezüglich der Nebenbedingungen (1.2) *korrekt gestellt ist, wenn also gilt*

$$v = \bar{v}\,. \tag{1.8}$$

Demnach ist jede Bedingung, die die Gültigkeit von (1.8) sichert, hinreichend für die Richtigkeit der Dualitätsbeziehung (1.7).

Im folgenden werden einige solcher Bedingungen angegeben. Diese sichern im Falle $R \neq \emptyset$ zugleich die Annahme des Supremums für P, d. h. die Existenz eines Lösungselementes von P.

1.2. Sei

$$C_\varrho = \{x \in E : \|x\| = \varrho\}\,.$$

Wir setzen

$$M_\varrho(f, G) = \begin{cases} \sup\limits_{x \in G \cap C_\varrho} f(x) & \text{für} \quad G \cap C_\varrho \neq \emptyset\,, \\ -\infty & \text{für} \quad G \cap C_\varrho = \emptyset\,. \end{cases} \tag{1.9}$$

Lemma 3.2: *Gegeben seien die Probleme P und $\bar{P}$. Seien G und G_1 abgeschlossen, E reflexiv, das Funktional f und der Operator Φ auf G stetig; außerdem sei*

$$\lim_{\varrho \to \infty} M_\varrho(f, G) = -\infty\,. \tag{1.10}$$

Dann gilt $v = \bar{v}$.

Beweis: Für $\bar{v} = -\infty$ ist die Behauptung richtig, da nach (1.7) aus Kapitel 2 gilt $v \leqq \bar{v}$.

Sei $\bar{v} > -\infty$ und $\{x^{(k)}\} = X$ eine Lösung von $\bar{P}$. Dann gilt

$$x^{(k)} \in G, \quad \Phi(x^{(k)}) = y_1^{(k)} + y_2^{(k)}, \quad y_1^{(k)} \geqq 0(G_1), \quad \lim_{k \to \infty} \|y_2^{(k)}\| = 0\,, \tag{1.11}$$

$$\lim_{k \to \infty} f(x^{(k)}) = \bar{v} > -\infty\,. \tag{1.12}$$

Aus (1.10) und (1.12) folgt die Beschränktheit der Folge $\{x^{(k)}\}$. Zusammen mit der Reflexivität von E folgt die Existenz eines Grenzpunktes $x^{(0)} \in E$ dieser Folge im Sinne der schwachen Konvergenz. Wir zeigen, daß $x^{(0)}$ ein zulässiges Lösungselement von P ist.

Es gilt $x^{(0)} \in G$, da eine beliebige abgeschlossene konvexe Menge auch im Sinne der schwachen Konvergenz der Elemente abgeschlossen ist. Für ein beliebiges festes $\lambda \in G_1^*$ ist φ_λ mit $\varphi_\lambda(x) = \lambda(\Phi(x))$ ein auf G konkaves und stetiges Funktional. Daher ist für jede reelle Zahl c die Menge $\{x : \varphi_\lambda(x) \geqq c\}$ konvex und abgeschlossen. Wegen (1.11) existiert für jedes $\varepsilon > 0$ eine natürliche Zahl $k_0 = k_0(\varepsilon, \lambda)$ derart, daß gilt

$$\varphi_\lambda(x^{(k)}) = \lambda(y_1^{(k)}) + \lambda(y_2^{(k)}) \geqq -\varepsilon$$

für $k \geqq k_0$. Für beliebiges $\varepsilon > 0$ ist demnach $x^{(0)} \in \{x: \varphi_\lambda(x) \geqq -\varepsilon\}$ und damit auch

$$\varphi_\lambda(x^{(0)}) \geqq 0 . \tag{1.13}$$

Da (1.13) für beliebiges $\lambda \in G_1^*$ gilt, folgt $\Phi(x^{(0)}) \geqq 0(G_1)$. Aus der entgegengesetzten Annahme folgt nämlich nach Trennungssatz III (Satz 1.6) die Existenz eines $\bar{\lambda} \in G_1^*$, $\bar{\lambda} \neq 0$, das den abgeschlossenen konvexen Kegel G_1 und den Punkt $\Phi(x^{(0)})$ streng trennt (vgl. die Ausführungen in Kapitel 2 beim Beweis von Lemma 2.1). Dieses $\bar{\lambda}$ erfüllt (1.13) nicht, und das ist ein Widerspruch.

Folglich ist $x^{(0)}$ ein zulässiges Lösungselement von P.

Nach (1.12) gehört $x^{(k)}$ von einem gewissen natürlichen k ab zu der abgeschlossenen konvexen Menge $\{x: f(x) \geqq \bar{v} - \varepsilon\}$ für beliebiges $\varepsilon > 0$, und damit ist einerseits $f(x^{(0)}) \geqq \bar{v}$. Aus der Definition von $\bar{v}$ folgt andererseits $f(x^{(0)}) \leqq \bar{v}$. Daher gilt für das zulässige Lösungselement $x^{(0)}$ von P

$$f(x^{(0)}) = \bar{v} ,$$

woraus (1.8) folgt. Das Lemma ist bewiesen.

Die Aussage von Lemma 3.2 gilt auch dann, wenn anstelle der Reflexivität von E die relative Kompaktheit jeder beschränkten Teilmenge $G \subset E$ in der schwachen Topologie von E gefordert wird.

1.3. Die Voraussetzung (1.10) von Lemma 3.2 kann wie folgt abgeschwächt werden.

Lemma 3.3: *Seien die Voraussetzungen von Lemma 3.2 erfüllt, wobei jedoch* (1.10) *durch die Forderung ersetzt wird, daß die Menge der Lösungselemente von P nicht leer und beschränkt und daß jede beschränkte Teilmenge von G relativ folgenkompakt ist. Dann gilt $v = \bar{v}$.*

Beweis: Sei $X = \{x^{(k)}\}$ eine Lösung des Problems $\bar{P}$. Dann genügen die Elemente $x^{(k)}$ den Bedingungen (1.11) und (1.12). Kann man nun zeigen, daß die Folge X beschränkt ist, so ergibt sich wie beim Beweis von Lemma 3.2 die gesuchte Beziehung $v = \bar{v}$.

Aus der Annahme, $X = \{x^{(k)}\}$ sei nicht beschränkt, folgt die Existenz einer Teilfolge $\{x^{(k_t)}\} = \{\bar{x}^{(t)}\}$ mit

$$\lim_{t \to \infty} ||\bar{x}^{(t)}|| = \infty . \tag{1.14}$$

Wir setzen[1])

$$z^{(t)} = \frac{\bar{x}^{(t)} - x^{(*)}}{||\bar{x}^{(t)}||}$$

mit $x^{(*)}$ Lösungselement von P. Die Folge $\{x^{(*)} + z^{(t)}\}$ ist beschränkt mit $x^{(*)} + z^{(t)} \in G$ für $||\bar{x}^{(t)}|| \geqq 1$. Da G nach Voraussetzung folgenkompakt ist,

---

[1]) Wegen (1.14) kann man o.B.d.A. $||\bar{x}^{(t)}|| > 0$ für alle t annehmen (Anm. d. H.).

existiert eine konvergente Teilfolge $\{x^{(*)} + \bar{z}^{(\alpha)}\} = \{x^{(*)} + z^{(t_\alpha)}\}$, und das ist gleichbedeutend mit

$$\lim_{\alpha\to\infty} \bar{z}^{(\alpha)} = x^{(0)}\,, \tag{1.15}$$

wobei gilt

$$||x^{(0)}|| = 1\,. \tag{1.16}$$

Wir zeigen jetzt, daß für beliebiges festes $\gamma \geqq 0$ gilt

$$\left.\begin{aligned} f(x^{(*)} + \gamma x^{(0)}) &= v\,, \\ \Phi(x^{(*)} + \gamma x^{(0)}) &\geqq 0(G_1)\,, \\ x^{(*)} + \gamma x^{(0)} &\in G\,. \end{aligned}\right\} \tag{1.17}$$

Daher ist $x^{(*)} + \gamma x^{(0)}$ Lösungselement von P.

Wegen der Konvexität von G ist

$$x^{(*)} + \gamma\bar{z}^{(\alpha)} \in G \quad \text{für} \quad 0 \leqq \gamma \leqq ||\bar{x}^{(t_\alpha)}||\,. \tag{1.18}$$

Da der Operator Φ konkav ist, folgt wegen (1.11) die Beziehung[1])

$$\lambda(\Phi(x^{(*)} + \gamma\bar{z}^{(\alpha)})) \geqq -\,||\lambda|| \cdot ||\bar{y}_2^{(t_\alpha)}|| \quad \text{für} \quad 0 \leqq \gamma \leqq ||\bar{x}^{(t_\alpha)}||\,. \tag{1.19}$$

Dabei ist $\lambda \in G_1^*$ beliebig, und es gilt $||\bar{y}_2^{(t)}|| = ||y_2^{(k_t)}|| \to 0$ für $t \to \infty$. Schließlich ergibt sich wegen f konkav aus (1.12)

$$f(x^{(*)} + \gamma\bar{z}^{(\alpha)}) \geqq v - \varepsilon_\alpha \quad \text{für} \quad 0 \leqq \gamma \leqq |\bar{x}^{(t_\alpha)}| \tag{1.20}$$

mit $\lim_{\alpha\to\infty} \varepsilon_\alpha = 0$.

Aus den Beziehungen (1.18) — (1.20) erhält man für $\alpha \to \infty$ wegen der Stetigkeit von f und Φ und der Abgeschlossenheit von G unter Beachtung von (1.14), (1.15)

$$\begin{gathered} x^{(*)} + \gamma x^{(0)} \in G, \quad \lambda(\Phi(x^{(*)} + \gamma x^{(0)})) \geqq 0, \quad \lambda \in G_1^*\,, \\ f(x^{(*)} + \gamma x^{(0)}) \geqq v, \quad 0 \leqq \gamma < \infty\,. \end{gathered} \tag{1.21}$$

Wegen der Abgeschlossenheit von G_1 ist (1.21) äquivalent zu (1.17). Aus (1.16) und (1.17) folgt, daß $x^{(*)} + \gamma x^{(0)}$ für jedes $\gamma \geqq 0$ Lösungselement von P ist. Dies steht im Widerspruch zur vorausgesetzten Beschränktheit der Menge der Lösungselemente von P. Daher ist die Folge $X = \{x^{(k)}\}$ beschränkt. Das Lemma ist bewiesen.

---

[1]) Wegen Φ konkav und $\Phi(x^{(*)}) \geqq 0(G_1)$ folgt zunächst

$$\Phi(x^{(*)} + \gamma\bar{z}^{(\alpha)}) - \frac{\gamma}{||\bar{x}^{(t_\alpha)}||} \cdot \Phi(\bar{x}^{(t_\alpha)}) \geqq \left(1 - \frac{\gamma}{||\bar{x}^{(t_\alpha)}||}\right) \cdot \Phi(x^{(*)}) \geqq 0(G_1)\,.$$

Daraus ergibt sich unter Berücksichtigung von (1.11)

$$\Phi(x^{(*)} + \gamma\bar{z}^{(\alpha)}) \geqq \frac{\gamma}{||\bar{x}^{(t_\alpha)}||} \cdot \Phi(x^{(t_\alpha)}) = \frac{\gamma}{||\bar{x}^{(t_\alpha)}||} \cdot (y_1^{(t_\alpha)} + y_2^{(t_\alpha)}) \geqq \frac{\gamma}{||\bar{x}^{(t_\alpha)}||} \cdot y_2^{(t_\alpha)}\, 0(G^1)$$

mit

$$||y_2^{(t_\alpha)}|| \to 0 \quad \text{für} \quad \alpha \to \infty\,.$$

Dann folgt leicht die Behauptung (Anm. d. H.).

1.4. Seien E_0 ein BANACH-Raum und $E = E_0^*$. Wählt man für eine beliebige endliche Teilmenge $S \subset E_0$ als Nullumgebungsbasis die Mengen

$$N(S) = \{x\colon |x(x_0)| \leqq 1, \quad x_0 \in S\} ,$$

so wird in $E = E_0^*$ die schwache E_0-Topologie oder schwache* Topologie erzeugt. Die Konvergenz in dieser Topologie heißt *schwache Konvergenz* der Funktionale oder *schwache* Konvergenz* der Elemente.

Eine in der schwachen* Topologie von E abgeschlossene Teilmenge von E heißt *schwach* abgeschlossen.*

Im folgenden betrachten wir Funktionale φ auf G mit der Eigenschaft

$$\{x\colon \varphi(x) \geqq c\} \quad \text{schwach* abgeschlossen für jedes reelle } c\,. \tag{1.22}$$

Daraus ergibt sich eine weitere hinreichende Bedingung für die Gültigkeit von (1.8).

Lemma 3.4: *Gegeben seien die Probleme P und $\overline{P}$ mit E_0 BANACH-Raum, $G_1 \subset E_1$ abgeschlossen, $G \subset E = E_0^*$ schwach* abgeschlossen, und es sei* (1.10) *erfüllt. Ferner genügen f und $\lambda \circ \Phi$ für beliebiges $\lambda \in G_1^*$ der Bedingung* (1.22). *Dann gilt $v = \overline{v}$.*

Der Beweis dieses Lemmas kann ebenso durchgeführt werden wie der von Lemma 3.2. Der Unterschied besteht nur darin, daß anstelle der (hier im allgemeinen nicht gesicherten) Kompaktheit einer beschränkten konvexen abgeschlossenen Teilmenge von E in der schwachen Topologie die Kompaktheit einer beschränkten schwach* abgeschlossenen Teilmenge von $E = E_0^*$ in der schwachen* Topologie benutzt wird.

Jedes oben bewiesene Lemma führt zusammen mit Satz 3.1 zu einem Dualitätssatz für Klassen konvexer Optimierungsprobleme. Diese Sätze werden im folgenden genannt.

Satz 3.5: *Gegeben seien das Problem P und die dazugehörenden Probleme $\overline{P}$ und D mit $\overline{R} \neq \emptyset$. Seien f und Φ auf G stetig,* (1.10) *erfüllt, G und G_1 abgeschlossen und jede beschränkte Teilmenge von G in der schwachen Topologie relativ kompakt.*[1]) *Dann gilt die Dualitätsbeziehung $v = \tilde{v}$.*

Satz 3.6: *Seien die Voraussetzungen von Satz 3.5 erfüllt, wobei jedoch* (1.10) *durch die Forderung ersetzt wird, daß die Menge der Lösungselemente von P nichtleer und beschränkt und daß jede beschränkte Teilmenge von G relativ folgenkompakt ist. Dann gilt die Dualitätsbeziehung $v = \tilde{v}$.*

Satz 3.7: *Gegeben seien das Problem P und die dazugehörenden Probleme $\overline{P}$ und D mit $\overline{R} \neq \emptyset$. Seien E_0 ein BANACH-Raum, $G_1 \subset E_1$ abgeschlossen, $G \subset E = E^*$ schwach* abgeschlossen. Außerdem genüge f und $\lambda \circ \Phi$ für beliebiges $\lambda \in G_1^*$ der*

---

[1]) Wenn E reflexiv und $G \subset E$ abgeschlossen sind, so ist jede beschränkte Teilmenge von G in der schwachen Topologie relativ kompakt (Anm. d. H.).

Bedingung (1.22), *und es sei* (1.10) *erfüllt. Dann gilt die Dualitätsbeziehung* $v = \tilde{v}$.

Bemerkung: Die Voraussetzung $\bar{R} \neq \emptyset$ in Satz 3.5 und Satz 3.7 ergibt sich aus der Verwendung von Satz 3.1. Diese Voraussetzung kann jedoch in beiden Sätzen weggelassen werden, denn nach Voraussetzung in Lemma 3.2 oder Lemma 3.4 nimmt das Funktional f sein Supremum auf G in einem Punkt $x^{(0)} \in G$ an, so daß gilt

$$\psi(0) = \sup_{x \in G} F(x, 0) = \sup_{x \in G} f(x) = f(x_0) < \infty$$

und

$$\tilde{v} = \inf_{\lambda \geqq 0 (G_1^*)} \psi(\lambda) \leqq \psi(0) < \infty . \tag{1.23}$$

Wegen Satz 2.5 folgt jedoch für $\bar{R} = \emptyset$ aus (1.23) die Dualitätsbeziehung $v = \bar{v} = \tilde{v} = -\infty$, was zu zeigen war.

§ 2. Dualitätssätze (Fortsetzung)

2.1. Die Voraussetzungen in den Sätzen von § 1 sichern im Falle $R \neq \emptyset$ die Annahme des Supremums von f auf R. Mit anderen Worten: Unter den Voraussetzungen von Satz 3.5 oder Satz 3.6 oder Satz 3.7 gibt es unter den Lösungen des Problems P mit $R \neq \emptyset$ stets Lösungselemente.

Das duale Problem D hat jedoch im allgemeinen nicht diese Eigenschaft, wie in einfachen endlichdimensionalen Problemen gezeigt werden kann (vgl. Kapitel 5, § 2).

Die im folgenden angegebenen Bedingungen sichern nicht nur die Gültigkeit der Dualitätsbeziehung $v = \tilde{v}$, sondern gewährleisten auch im Falle v endlich die Annahme des Infimums von ψ auf G_1^*. (Dabei braucht nicht notwendig v auf R angenommen zu werden.) Zur Formulierung der entsprechenden Aussagen geben wir eine geeignete Darstellung des Problems P an.

Sei jeder der Räume E, E_1 das Produkt eines Paares von Banach-Räumen gemäß

$$E = E_{01} \times E_{02}, \quad E_1 = E_{11} \times E_{12} .$$

Seien $G_{01} \subset E_{01}$, $G_{02} \subset E_{02}$ konvexe Mengen, $G_{11} \subset E_{11}$, $G_{12} \subset E_{12}$ konvexe Kegel, $G = G_{01} \times G_{02}$, $G_1 = G_{11} \times G_{12}$. Wir setzen

$$f(x) = f(x_1, x_2), \quad \Phi(x) = \Phi(x_1, x_2) = (\Phi_1(x_1, x_2), \Phi_2(x_1, x_2)) ,$$

wobei $(x_1, x_2) \in E_{01} \times E_{02}$, $(\Phi_1(x_1, x_2), \Phi_2(x_1, x_2)) \in E_{11} \times E_{12}$ und

$$\Phi_2(x_1, x_2) = \Phi_{21}(x_1) + A_{22}(x_2)$$

mit dem Operator $\Phi_{21}\colon E_{01} \to E_{11}$ und dem linearen Operator $A_{22}\colon E_{02} \to E_{12}$.

Damit hat das Problem P die Form

$$P_1: \quad f(x_1, x_2) \to \sup, \tag{2.1}$$

$$\Phi_1(x_1, x_2) \geqq 0(G_{11}), \tag{2.2}$$

$$\Phi_{21}(x_1) + A_{22}(x_2) \geqq 0(G_{12}), \tag{2.3}$$

$$x_1 \in G_{01}, \quad x_2 \in G_{02}. \tag{2.4}$$

Das dazu duale Problem D hat dann die Form

$$D_1: \quad \psi(\lambda_1, \lambda_2) \to \inf, \tag{2.5}$$

$$\lambda_1 \geqq 0(G_{11}^*), \qquad \lambda_2 \geqq 0(G_{12}^*) \tag{2.6}$$

$$\psi(\lambda_1, \lambda_2) = \sup_{\substack{x_1 \in G_{01} \\ x_2 \in G_{02}}} [f(x_1, x_2) + \lambda_1(\Phi_1(x_1, x_2)) + \lambda_2(\Phi_{21}(x_1)) + \lambda_2(A_{22}(x_2))]. \tag{2.7}$$

Wir sagen, daß die Nebenbedingungen von Problem P_1 der *verallgemeinerten Slaterbedingung* genügen, wenn die Mengen G_{02} und G_{11} innere Punkte haben und ein zulässiges Lösungselement $x^{(*)} = (x_1^{(*)}, x_2^{(*)})$ von P_1 existiert mit

a) $\Phi_1(x_1^{(*)}, x_2^{(*)})$ ein innerer Punkt des Kegels G_{11},
b) $x_2^{(*)}$ ein innerer Punkt der Menge G_{02}.

Für $E = E_{01}$, $E_1 = E_{11}$ geht die verallgemeinerte Slaterbedingung in die folgende bekannte *Slaterbedingung* für das konvexe Optimierungsproblem P über (vgl. Slater [96]): Es existiert ein zulässiges Lösungselement $x^{(*)}$ von P, so daß $\Phi(x^{(*)})$ innerer Punkte des Kegels G_1 ist. Für $E_1 = E_{12}$ ist die verallgemeinerte Slaterbedingung mit der Bedingung b) äquivalent.

2.2. Satz 3.8: *Für die gegebenen Probleme P_1 und D_1 seien folgende Bedingungen erfüllt:*

a) *Das Funktional f ist auf $G = G_{01} \times G_{02}$ konkav,*
b) *der Operator Φ_1 ist auf $G = G_{01} \times G_{02}$ konkav bezüglich G_{11},*
c) *f und Φ_1 sind für festes $x_1 \in G_{01}$ in $x_2 \in G_{02}$ stetig,*
d) *der Operator Φ_{21} ist auf G_{01} konkav bezüglich G_{12},*
e) *der lineare Operator A_{22} mit $A_{22}(E_{02}) = E_{12}$ ist auf E_{02} beschränkt,*
f) *die Nebenbedingungen von P_1 genügen der verallgemeinerten Slaterbedingung.*

Dann gilt die Dualitätsbeziehung

$$v = \tilde{v},$$

und im Falle $v = \tilde{v} < \infty$ wird in D_1 das Infimum angenommen.

Beweis: Für $v = \infty$ folgt die Richtigkeit des Satzes aus Lemma 2.2. Der Fall $v = -\infty$ kann nach den Voraussetzungen des Satzes nicht eintreten. Daher können wir $-\infty < v < \infty$ voraussetzen.

Wir führen die Menge

$$\mathcal{K} = \{(y_0, y_1, y_2) \in E^1 \times E_{11} \times E_{12}: \quad y_0 \leqq f(x_1, x_2),$$
$$y_1 \leqq \Phi_1(x_1, x_2)\,(G_{11})\,, \quad y_2 \leqq \Phi_{21}(x_1) + A_{22}(x_2)\,(G_{12}), \quad (x_1, x_2) \in G\}$$

ein.

In Kapitel 2, Abschnitt 3.4, wurde gezeigt, daß $\mathcal{K}$ eine konvexe Menge ist. Die Menge $\mathcal{K}$ enthält auch innere Punkte, insbesondere solche inneren Punkte $(\bar{y}_0, 0, 0)$ mit $\bar{y}_0 < f(x_1^{(*)}, x_2^{(*)})$, wobei $(x_1^{(*)}, x_2^{(*)})$ ein zulässiges Lösungselement ist, das den Forderungen der verallgemeinerten Slaterbedingung genügt. Gemäß Forderung a) der verallgemeinerten Slaterbedingung existiert ein $\varepsilon_1 > 0$ derart, daß für $y_0 \in E^1$, $y_1 \in E_{11}$, $\bar{y}_1 \in E_{11}$ mit $|y_0| \leqq \varepsilon_1$, $||y_1|| \leqq \varepsilon_1$, $||\bar{y}_1|| \leqq 1$ gilt

$$\bar{y}_0 + y_0 \leqq f(x_1^*, x_2^*) - \varepsilon_1\,, \qquad y_1 \leqq \Phi_1(x_1^*, x_2^*) + \varepsilon_1 \bar{y}_1(G_{11})\,. \tag{2.8}$$

Wegen Voraussetzung e) folgt nach Satz 1.10, daß das Bild einer beliebigen offenen Menge aus E_{02} eine offene Teilmenge von E_{12} ist. Insbesondere ist das Bild der offenen Kugel $||x_2|| < \varepsilon$ $(\varepsilon > 0)$ eine offene Teilmenge von E_{12}, die 0 enthält. Folglich existiert ein $\delta(\varepsilon) > 0$ derart, daß das Urbild des Punktes $y_2 \in E_{12}$ mit $||y_2|| \leqq \delta(\varepsilon)$ in der Kugel $||x_2|| < \varepsilon$ liegt. Mit anderen Worten: Für beliebiges $\varepsilon > 0$ existiert ein $\delta(\varepsilon) > 0$ derart, daß zu jedem $y_2 \in E_{12}$ mit $||y_2|| \leqq \delta(\varepsilon)$ ein gewisses $x_2(y_2) \in E_{02}$ mit $||x_2(y_2)|| < \varepsilon$ existiert, so daß gilt

$$y_2 = A_{22}(x_2(y_2))\,.$$

Nachdem $\varepsilon_1 > 0$ in (2.8) fixiert wurde, wählen wir ein $\varepsilon_2 > 0$, so daß folgende Bedingungen erfüllt sind:

Die ε_2-Umgebung von $x_2^{(*)}$ ist Teilmenge von G_{02},

$$\left.\begin{aligned} &|f(x_1^{(*)}, x_2) - f(x_1^{(*)}, x_2^{(*)})| \leqq \varepsilon_1 && \text{für} \quad ||x_2 - x_2^{(*)}|| < \varepsilon_2\,, \\ &||\Phi_1(x_1^{(*)}, x_2) - \Phi_1(x_1^{(*)}, x_2^{(*)})|| \leqq \varepsilon_1 && \text{für} \quad ||x_2 - x_2^{(*)}|| < \varepsilon_2\,. \end{aligned}\right\} \tag{2.9}$$

Wir setzen $\varepsilon_3 = \min\{\varepsilon_1, \delta(\varepsilon_2)\}$ und zeigen, daß für $(y_0, y_1, y_2) \in E^1 \times E_{11} \times E_{12}$ mit $|y_0| \leqq \varepsilon_3$, $||y_1|| \leqq \varepsilon_3$, $||y_2|| \leqq \varepsilon_3$ die Beziehung $(y_0 + \bar{y}_0, y_1, y_2) \in \mathcal{K}$ gilt. Somit ist $(\bar{y}_0, 0, 0)$ innerer Punkt von $\mathcal{K}$. Da nämlich $(x_1^{(*)}, x_2^{(*)})$ der Bedingung (2.3) genügt und $||y_2|| \leqq \varepsilon_3 \leqq \delta(\varepsilon_2)$ gilt, gibt es ein $x_2(y_2)$ mit

$$y_2 \leqq \Phi_{21}(x_1^{(*)}) + A_{22}(x_2^{(*)} + x_2(y_2))\,(G_{12})\,, \tag{2.10}$$

$$||x_2(y_2)|| < \varepsilon_2\,. \tag{2.11}$$

Aus (2.11) und (2.9) ergibt sich

$$x_2^* + x_2\,(y_2) \in G_{02} \tag{2.12}$$

$$\left.\begin{aligned} f(x_1^*, x_2^* + x_2(y_2)) &\geqq f(x_1^*, x_2^*) - \varepsilon_1\,, \\ \Phi_1(x_1^*, x_2^* + x_2(y_2)) &= \Phi_1(x_1^*, x_2^*) + \varepsilon_1 \bar{y}_1, \ ||\bar{y}_1|| \leqq 1\,. \end{aligned}\right\} \tag{2.13}$$

Wegen $\varepsilon_3 \leqq \varepsilon_1$ folgt aus (2.13) und (2.8)

$$\left.\begin{aligned} \bar{y}_0 + y_0 \leqq f(x_1^{(*)}, x_2^{(*)}) - \varepsilon_1 \leqq f(x_1^{(*)}, x_2^{(*)} + x_2(y_2)), \\ y_1 \leqq \Phi_1(x_1^{(*)}, x_2^{(*)}) + \varepsilon_1 \bar{y}_1 \ (G_{11}), \\ \Phi_1(x_1^{(*)}, x_2^{(*)}) + \varepsilon_1 \bar{y}_1 = \Phi_1(x_1^{(*)}, x_2^{(*)} + x_2(y_2)) . \end{aligned}\right\} \tag{2.14}$$

Aus (2.10), (2.12) und (2.14) folgt zusammen mit der Voraussetzung $x_2^{(*)} \in G_{02}$

$$(y_0 + \bar{y}_0, y_1, y_2) \in \mathcal{K} ,$$

d. h., $(\bar{y}_0, 0, 0)$ ist tatsächlich innerer Punkt von $\mathcal{K}$.

Sei $\tilde{\mathcal{K}}$ die Menge der inneren Punkte von $\mathcal{K}$. Es gilt $(v, 0, 0) \notin \tilde{\mathcal{K}}$, da aus $(v, 0, 0) \in \tilde{\mathcal{K}}$ die Existenz eines zulässigen Lösungselementes von P_1 folgt, für das die Zielfunktion einen größeren Wert als v besitzt. Folglich existiert nach dem Trennungssatz II (Satz 1.5) ein nicht identisch verschwindendes Funktional $(\lambda_0, \lambda_1, \lambda_2) \in E^1 \times E_{11}^* \times E_{12}^*$ mit

$$\lambda_0 y_0 + \lambda_1(y_1) + \lambda_2(y_2) \leqq \lambda_0 v \quad \text{für} \quad (y_0, y_1, y_2) \in \tilde{\mathcal{K}} . \tag{2.15}$$

Wegen der Stetigkeit des Funktionals $(\lambda_0, \lambda_1, \lambda_2)$ gilt (2.15) für alle Punkte von $\mathcal{K}$.

Sei $y_0 < v$, $y_1 \leqq 0 \ (G_{11})$ und $y_2 \leqq 0 \ (G_{12})$. Nach Definition der Menge $\mathcal{K}$ folgt $(y_0, y_1, y_2) \in \mathcal{K}$, denn es gibt ein $\varepsilon > 0$ mit $y \leqq v - \varepsilon$, und es ist $(v - \varepsilon, 0, 0) \in \mathcal{K}$. Deshalb erhält man aus (2.15)

$$\left.\begin{aligned} \lambda_0 y_0 \leqq \lambda_0 v \quad &\text{für} \quad y_0 < v , \\ \lambda_1(y_1) \leqq 0 \quad &\text{für} \quad y_1 \leqq 0(G_{11}) , \\ \lambda_2(y_2) \leqq 0 \quad &\text{für} \quad y_2 \leqq 0(G_{12}) . \end{aligned}\right\} \tag{2.16}$$

Aus (2.16) erhält man

$$\lambda_0 \geqq 0, \quad \lambda_1 \geqq 0(G_{11}^*), \quad \lambda_2 \geqq 0(G_{12}^*) . \tag{2.17}$$

Es kann gezeigt werden, daß $\lambda_0 > 0$ ist. Aus der Annahme $\lambda_0 = 0$ folgt aus (2.15) für $(y_0, y_1, y_2) \in \mathcal{K}$

$$\lambda_1(y_1) + \lambda_2(y_2) \leqq 0 . \tag{2.18}$$

Da $(\bar{y}_0, 0, 0)$ innerer Punkt von $\mathcal{K}$ ist, gilt für ein gewisses $\varepsilon > 0$ die Ungleichung (2.18) insbesondere für alle y_1, y_2 mit $||y_1|| \leqq \varepsilon$, $||y_2|| \leqq \varepsilon$, und das ist nur für $\lambda_1 = 0$, $\lambda_2 = 0$ möglich. Damit erhalten wir einen Widerspruch zu $(\lambda_0, \lambda_1, \lambda_2) \neq (0, 0, 0)$. Folglich ist $\lambda_0 > 0$.

Wir setzen nun

$$\lambda_1^{(*)} = \frac{\lambda_1}{\lambda_0}, \qquad \lambda_2^{(*)} = \frac{\lambda_2}{\lambda_0}.$$

Dividiert man in (2.15) durch $\lambda_0 > 0$ und setzt

$$(y_0, y_1, y_2) = (f(x_1, x_2), \quad \Phi_1(x_1, x_2), \quad \Phi_{21}(x_1) + A_{22}(x_2)), \quad x_1 \in G_{01}, \quad x_2 \in G_{02},$$

so folgt einerseits

$$\psi(\lambda_1^{(*)}, \lambda_2^{(*)}) = \sup_{\substack{x_1 \in G_{01} \\ x_2 \in G_{02}}} [f(x_1, x_2) + \lambda_1^{(*)} (\Phi_1(x_1, x_2)) + \lambda_2^{(*)} (\Phi_{21}(x_1) + A_{22}(x_2))] \leqq v . \tag{2.19}$$

Andererseits ergibt sich aus Lemma 2.2

$$\psi(\lambda_1^{(*)}, \lambda_2^{(*)}) \geqq \tilde{v} \geqq v . \tag{2.20}$$

Aus (2.19) und (2.20) folgt schließlich die zu beweisende Beziehung

$$v = \tilde{v} = \psi(\lambda_1^{(*)}, \lambda_2^{(*)}) .$$

2.3. Wir behandeln nun zwei interessante Sonderfälle von Satz 3.8.

Fall 1: $E = E_{01}$, $E_1 = E_{11}$.

Fall 2: A_{21} sei ein linearer Operator mit

$$A_{21}(x_1) = \Phi_{21}(x_1) + b, \quad b \in E_{12}, \quad G_{12} = \{0\}.$$

Im ersten Fall hat das Problem P_1 die Form (1.1)—(1.3) und das dazu duale die Form (1.4)—(1.6).

Im zweiten Falle hat das Problem P_1 die Form (2.1) unter den Nebenbedingungen (2.2), (2.4) und

$$A_{21}(x_1) + A_{22}(x_2) = b . \tag{2.21}$$

Das dazu duale Problem hat die Form (2.5) unter den Nebenbedingungen (2.7) mit

$$\Phi_{21}(x_1) = A_{21}(x_1) - b, \quad \lambda_1 \geqq 0(G_{11}^*) .$$

Folgerung 3.9: *Im Problem P sei für R die Slaterbedingung erfüllt. Dann gilt für die Probleme P und D die Dualitätsbeziehung $v = \tilde{v}$, wobei im Falle $v = \tilde{v} < \infty$ das duale Problem D ein zulässiges Lösungselement besitzt.*

Folgerung 3.10: *Das Problem* (2.1), (2.2), (2.4), (2.21) *genüge den Voraussetzungen von Satz* 3.8 *außer denen für Φ_{21} und G_{12}. Dann gilt für dieses Problem und das dazu duale die Dualitätsbeziehung $v = \tilde{v}$, wobei im Falle $v = \tilde{v} < \infty$ die Lösungen des dualen Problems auch Lösungselemente enthalten.*

Bemerkung: Wenn man auf die spezielle Form von $G = G_{01} \times G_{02}$ verzichtet, läßt sich die verallgemeinerte Slaterbedingung auf umfassendere Problemklassen ausdehnen. Man sagt dann, daß die Nebenbedingungen für das Problem P_1 mit (2.4) in der Form $(x_1, x_2) \in G$ die verallgemeinerte Slaterbedingung erfüllen, falls ein zulässiges Lösungselement $(x_1^{(*)}, x_2^{(*)})$ existiert mit

a) $\Phi(x_1^{(*)}, x_2^{(*)})$ innerer Punkt des Kegels G_{11},

b) $x_2^{(*)}$ innerer Punkt der Menge $\{x_2 \colon (x_1^{(*)}, x_2) \in G\}$.

Der Beweis von Satz 3.8 kann dann ohne jede Änderung auch für diese umfassendere Problemklasse übernommen werden.

§ 3. Sattelpunkte und Optimalitätskriterien

3.1. Das primale und duale Problem P bzw. D stehen im engen Zusammenhang mit der Ermittlung von Sattelpunkten für das LAGRANGE-Funktional F (*Sattelpunktproblem*) mit

$$F(x, \lambda) = f(x) + \lambda(\Phi(x)), \ x \in G, \ \lambda \geqq 0 \ (G_1^*) \ . \tag{3.1}$$

Wir führen zunächst allgemein für das Funktional $F(x, \lambda)$, $(x, \lambda) \in \Gamma_1 \times \Gamma_2$, den Begriff des verallgemeinerten Sattelpunktes ein. Die Folge $\{(x^{(k)}, \lambda^{(k)})\}$, $x^{(k)} \in \Gamma_1$, $\lambda^{(k)} \in \Gamma_2$, heißt *verallgemeinerter Sattelpunkt* dieses Funktionals auf $\Gamma_1 \times \Gamma_2$, wenn ein $\alpha \in E^1$ existiert mit

$$F(x, \lambda^{(k)}) \leqq \alpha + \varepsilon_k, \quad x \in \Gamma_1, \qquad F(x^{(k)}, \lambda) \geqq \alpha - \varepsilon_k, \quad \lambda \in \Gamma_2, \tag{3.2}$$

wobei $\varepsilon_k \geqq 0$ und $\lim\limits_{k \to \infty} \varepsilon_k = 0$. Aus (3.2) folgt

$$\alpha = \lim_{k \to \infty} F(x^{(k)}, \lambda^{(k)}) \, .$$

Ist insbesondere ein verallgemeinerter Sattelpunkt $\{(x^{(k)}, \lambda^{(k)})\} = \{(x^{(0)}, \lambda^{(0)})\}$ eine stationäre Folge, so gilt

$$F(x, \lambda^{(0)}) \leqq F(x^{(0)}, \lambda^{(0)}) \leqq F(x^{(0)}, \lambda), \quad (x, \lambda) \in \Gamma_1 \times \Gamma_2 \, . \tag{3.3}$$

Ein Element $(x^{(0)}, \lambda^{(0)})$, das der Bedingung (3.3) genügt, heißt *Sattelpunkt* des Funktionals $F(x, \lambda)$, $(x, \lambda) \in \Gamma_1 \times \Gamma_2$. Daher ist der Begriff des verallgemeinerten Sattelpunktes bei stationären Folgen mit dem Begriff des Sattelpunktes äquivalent.

Der folgende Satz zeigt die Äquivalenz einer Dualitätsaussage für die Probleme P und D mit einer Aussage über die Existenz eines verallgemeinerten Sattelpunktes des LAGRANGE-Funktionals (3.1).

Satz 3.11: *Gegeben seien die Probleme P und D. Dann gilt:*
1. *Wenn die Dualitätsbeziehung*

$$-\infty < v = \tilde{v} < \infty$$

erfüllt ist, so existiert ein verallgemeinerter Sattelpunkt für das LAGRANGE-*Funktional* (3.1). *Sind dabei $\{x^{(k)}\}$, $\{\lambda^{(k)}\}$ Lösungen von P bzw. D, so ist $\{(x^{(k)}, \lambda^{(k)})\}$ ein solcher verallgemeinerter Sattelpunkt.*
2. *Wenn das* LAGRANGE-*Funktional* (3.1) *einen verallgemeinerten Sattelpunkt besitzt und G_1 abgeschlossen ist, so gilt die Dualitätsbeziehung*

$$-\infty < v = \tilde{v} < \infty \, .$$

Ist $\{(x^{(k)}, \lambda^{(k)})\}$ ein solcher verallgemeinerter Sattelpunkt und G_1 abgeschlossen, so ist $\{x^{(k)}\}$ Lösung von P und $\{\lambda^{(k)}\}$ Lösung von D.

Beweis: 1. Seien $\{x^{(k)}\}$ und $\{\lambda^{(k)}\}$ Lösungen von P bzw. D, für die die Dualitätsbeziehung

$$-\infty < v = \tilde{v} < \infty$$

gilt. Also ist

$$-\infty < \lim_{k\to\infty} f(x^{(k)}) = \sup_{x\in R} f(x) = \inf_{\lambda \geqq 0(G_1^*)} \psi(\lambda) = \lim_{k\to\infty} \psi(\lambda^{(k)}) < \infty\,,$$
$$x^{(k)} \in R, \quad \lambda^{(k)} \geqq 0(G_1^*)\,.$$

Wegen $x^{(k)} \in R$ ist

$$\varphi(x^{(k)}) = \inf_{\lambda \geqq 0(G_1^*)} F(x^{(k)}, \lambda) = F(x^{(k)}, 0) = f(x^{(k)})\,.$$

Folglich gilt

$$\lim_{k\to\infty} \varphi(x^{(k)}) = \lim_{k\to\infty} \inf_{\lambda\geqq 0(G_1^*)} F(x^{(k)}, \lambda) = v = \tilde{v} = \lim_{k\to\infty} \sup_{x\in G} F(x, \lambda^{(k)}) = \alpha\,. \tag{3.4}$$

Damit ergibt sich

$$\left.\begin{aligned} F(x, \lambda^{(k)}) &\leqq \sup_{x'\in G} F(x', \lambda^{(k)}) = \alpha + \varepsilon_k', \quad \lim_{k\to\infty} \varepsilon_k' = 0, \quad x \in G\,, \\ F(x^{(k)}, \lambda) &\geqq \inf_{\lambda'\geqq 0(G_1^*)} F(x^{(k)}, \lambda') = \alpha + \varepsilon_k'', \quad \lim_{k\to\infty} \varepsilon_k'' = 0, \quad \lambda \geqq 0(G_1^*)\,. \end{aligned}\right\} \tag{3.5}$$

Somit ist $\{(x^{(k)}, \lambda^{(k)})\}$ ein verallgemeinerter Sattelpunkt des LAGRANGE-Funktionals (3.1).

2. Sei $\{(x^{(k)}, \lambda^{(k)})\}$ ein verallgemeinerter Sattelpunkt des LAGRANGE-Funktionals (3.1), so daß also gilt

$$\left.\begin{aligned} &\sup_{x\in G} F(x, \lambda^{(k)}) \leqq \alpha + \varepsilon_k, \quad \lambda^{(k)} \geqq 0(G_1^*), \\ &\inf_{\lambda\geqq 0(G_1^*)} F(x^{(k)}, \lambda) \geqq \alpha - \varepsilon_k, \quad x^{(k)} \in G, \\ &-\infty < \alpha = \lim_{k\to\infty} F(x^{(k)}, \lambda^{(k)}) < \infty, \quad \lim_{k\to\infty} \varepsilon_k = 0\,. \end{aligned}\right\} \tag{3.6}$$

Aus (3.6) folgt

$$\sup_{x\in G} \varphi(x) = v' \geqq \lim_{k\to\infty} \varphi(x^{(k)}) \geqq \alpha \geqq \lim_{k\to\infty} \psi(\lambda^{(k)}) \geqq \tilde{v}\,. \tag{3.7}$$

Wegen Lemma 2.1 ist $v = v'$. Daher folgt aus (3.7) einerseits $v \geqq \tilde{v}$. Nach Lemma 2.2 ist andererseits $v \leqq \tilde{v}$. Damit folgt

$$-\infty < v = v' = \lim_{k\to\infty} \varphi(x^{(k)}) = \lim_{k\to\infty} \psi(\lambda^{(k)}) = \tilde{v} < \infty\,. \tag{3.8}$$

Daraus folgt mit Lemma 2.1, daß $\{x^{(k)}\}$ und $\{\lambda^{(k)}\}$ Lösungen von P bzw. D sind, für die $v = \tilde{v}$ gilt.

Der Satz ist bewiesen.

Die folgende Aussage ist eine einfache Folgerung aus Satz 3.11.

Satz 3.12: *Gegeben seien die Probleme P und D. Dann gilt:*

1. *Wenn $x^{(*)} \in R$ und $\lambda^{(*)} \geqq 0(G_1^*)$ Lösungselemente von P bzw. D sind und die Dualitätsbeziehung*

$$v = \tilde{v}$$

gilt, so ist $(x^{(*)}, \lambda^{(*)})$ Sattelpunkt des LAGRANGE-Funktionals (3.1).

2. *Wenn das* LAGRANGE-*Funktional* (3.1) *einen Sattelpunkt* $(x^{(*)}, \lambda^{(*)})$ *besitzt und* G_1 *abgeschlossen ist, so sind* $x^{(*)}$, $\lambda^{(*)}$ *Lösungselemente von P bzw. D, und es gilt die Dualitätsbeziheung*

$$v = \tilde{v} .$$

Beweis: 1. Seien $x^{(*)}$, $\lambda^{(*)}$ Lösungselemente von P bzw. D. Dann ist nach Satz 3.11 die Folge $\{(x^{(*)}, \lambda^{(*)})\}$ ein verallgemeinerter Sattelpunkt des Funktionals (3.1). Offenbar ist $(x^{(*)}, \lambda^{(*)})$ Sattelpunkt dieses Funktionals.

2. Sei $(x^{(*)}, \lambda^{(*)})$ ein Sattelpunkt des LAGRANGE-Funktionals (3.1). Nach Satz 3.11 sind dann die stationären Folgen $\{x^{(*)}\}$, $\{\lambda^{(*)}\}$ Lösungen von P bzw. D, und es gilt $v = \tilde{v}$. Folglich sind $x^{(*)}$, $\lambda^{(*)}$ Lösungselemente von P bzw. D.

Bemerkung: Zum Beweis dieser Aussagen werden die zum Problem P gehörenden Voraussetzungen G konvex, f konkav und Φ konkav nicht benötigt.

3.2. Die Sätze 3.5, 3.6, 3.7, und 3.8 bestimmen nach Satz 3.11 je eine Klasse konvexer Optimierungsprobleme P, deren Repräsentanten durch folgende Aussage charakterisiert werden:

Ist $\{x^{(k)}\}$ eine Lösung von P mit $v < \infty$, so existiert eine Folge $\{\lambda^{(k)}\}$, $\lambda^{(k)} \geqq 0(G_1^*)$, so daß $\{(x^{(k)}, \lambda^{(k)})\}$ ein verallgemeinerter Sattelpunkt des LAGRANGE-Funktionals (3.1) ist.

Insbesondere erhält man aus Satz 3.11 und Satz 3.8 die

Folgerung 3.13: *Seien die Voraussetzungen von Satz* 3.8 *erfüllt und sei* $\overline{X} = \{\bar{x}^{(k)}\}$ *Lösung von* P_1 *mit* $f(\overline{X}) < \infty$. *Dann gibt es ein* $\bar{\lambda} \geqq 0(G_1^*)$, *so daß* $\{(\bar{x}^{(k)}, \bar{\lambda})\}$ *ein verallgemeinerter Sattelpunkt des entsprechenden* LAGRANGE-*Funktionals ist. Im Falle* $\overline{X} = \{\bar{x}\}$ *ist* $(\bar{x}, \bar{\lambda})$ *ein Sattelpunkt dieses Funktionals.*

Aussagen wie Folgerung 3.13 über die Beziehung zwischen einer Lösung des primalen Problems P und einem verallgemeinerten Sattelpunkt des zugehörigen LAGRANGE-Funktionals sind äquivalent einem (entsprechenden) Dualitätssatz. In der Literatur über die Theorie der konvexen Optimierung werden die Dualitätssätze meist in dieser Art formuliert, wobei es sich dort um Sattelpunkte und folglich um Lösungselemente der jeweiligen Probleme handelt. Unter den Voraussetzungen von Folgerung 3.9 wurden analoge Aussagen wie in Folgerung 3.13 mit $\overline{X} = \{\bar{x}\}$ bereits von HURWICZ [21] behandelt. Beispielsweise führt die Folgerung 3.13 zu einigen interessanten Ergebnissen bei Optimierungsproblemen in Funktionalräumen (vgl. auch Kapitel 2, § 3).

Aus Satz 3.11 folgt ein Optimalitätskriterium. Dieses gibt notwendige und hinreichende Bedingungen dafür an, daß eine zulässige Lösung von P Lösung dieses Problems ist.

Optimalitätskriterien wurden bereits in Kapitel 2, § 3, behandelt, und zwar wurden Optimalitätsbedingungen für eine verallgemeinerte zulässige Lösung von Optimierungsproblemen angegeben.

Satz 3.14 (Optimalitätskriterium I): *Gegeben seien die Probleme P und D. Sei* $X = \{x^{(k)}\}$ *eine zulässige Lösung des Problems P mit* $f(X) < \infty$. *Dann gilt:*

1. *Existiert eine Folge* $\{\lambda^{(k)}\}$, $\lambda^{(k)} \geqq 0(G_1^*)$, *mit*

$$\lim_{k\to\infty} [f(x^{(k)}) + \lambda^{(k)}(\Phi(x^{(k)}))] = \lim_{k\to\infty} \sup_{x\in G} [f(x) + \lambda^{(k)}(\Phi(x))], \tag{3.9}$$

$$\lim_{k\to\infty} \lambda^{(k)}(\Phi(x^{(k)})) = 0, \tag{3.10}$$

so ist $X = \{x^{(k)}\}$ *Lösung von* P.

2. *Ist* $X = \{x^{(k)}\}$ *Lösung von* P *und gilt die Dualitätsbeziehung* $v = \tilde{v}$, *so existiert eine Folge* $\{\lambda^{(k)}\}$, $\lambda^{(k)} \geqq 0(G_1^*)$, *derart, daß die* Beziehungen (3.9) *und* (3.10) *erfüllt sind.*

Beweis: 1. Seien für eine Folge $\{\lambda^{(k)}\}$, $\lambda^{(k)} \geqq 0(G_1^*)$, die Beziehungen (3.9), und (3.10) erfüllt. Dann gilt:

$$f(x^{(k)}) = F(x^{(k)}, \lambda^{(k)}) + \varepsilon_k' = \sup_{x\in G} F(x, \lambda^{(k)}) + \varepsilon_k''$$
$$\geqq \sup_{x\in R} F(x, \lambda^{(k)}) + \varepsilon_k'' \geqq \sup_{x\in R} f(x) + \varepsilon_k'',$$

wobei $\varepsilon_k', \varepsilon_k'' \to 0$ für $k \to \infty$. Also ist $X = \{x^{(k)}\}$ Lösung von P.

2. Sei $X = \{x^{(k)}\}$ Lösung von P mit $f(X) < \infty$, und für P und D sei die Dualitätsbeziehung $v = \tilde{v}$ erfüllt. Bezeichnet $\{\lambda^{(k)}\}$ eine Lösung von D, so ist nach Satz 3.11 die Folge $\{(x^{(k)}, \lambda^{(k)})\}$ verallgemeinerter Sattelpunkt des Funktionals (3.1). Daraus folgt wegen $\Phi(x^{(k)}) \geqq 0(G_1)$

$$F(x^{(k)}, \lambda^{(k)}) \leqq \sup_{x\in G} F(x, \lambda^{(k)}) \leqq F(x^{(k)}, \lambda^{(k)}) + \varepsilon_k, \tag{3.11}$$

$$F(x^{(k)}, \lambda^{(k)}) - \varepsilon_k \leqq \inf_{\lambda \geqq 0(G_1^*)} F(x^{(k)}, \lambda) = f(x^{(k)}) \leqq F(x^{(k)}, \lambda^{(k)}), \tag{3.12}$$

wobei $\lim_{k\to\infty} \varepsilon_k = 0$. Aus (3.12) folgt (3.10), und aus (3.10) ergibt sich

$$\lim_{k\to\infty} F(x^{(k)}, \lambda^{(k)}) = \lim_{k\to\infty} f(x^{(k)}) = f(X).$$

Damit erhält man aus (3.11) die Beziehung (3.9), und der Satz ist bewiesen.

Das Optimalitätskriterium I gilt für beliebige Optimierungsprobleme P, sofern die Dualitätsbeziehung $v = \tilde{v}$ erfüllt ist. Insbesondere ist dieses Kriterium auf diejenigen Problemklassen anwendbar, für die einer der Sätze 3.5, 3.6, 3.7 und 3.8 gelten. Wenn man jedoch unabhängig vom Bestehen der Dualitätsbeziehung davon ausgeht, daß das duale Problem D ein Lösungselement besitzt (wie z. B. Probleme, die den Voraussetzungen von Satz 3.8 genügen), so ergibt sich das folgende Optimalitätskriterium.

Satz 3.15 (Optimalitätskriterium II): *Gegeben seien die Probleme* P *und* D. *Sei* $X = \{x^{(k)}\}$ *eine zulässige Lösung des Problems* P *mit* $f(X) < \infty$. *Dann gilt:*

1. *Existiert ein* $\lambda \geqq 0(G_1^*)$ *mit*

$$\lim_{k\to\infty} [f(x^{(k)}) + \lambda(\Phi(x^{(k)}))] = \sup_{x\in G} [f(x) + \lambda(\Phi(x))], \tag{3.13}$$

$$\lim_{k\to\infty} \lambda(\Phi(x^{(k)})) = 0, \tag{3.14}$$

so ist $X = \{x^{(k)}\}$ *Lösung von* P.

2. *Ist* $X = \{x^{(k)}\}$ *Lösung von* P, *gilt die Dualitätsbeziehung* $v = \tilde{v}$ *und besitzt* D *ein Lösungselement, so existiert ein* $\lambda \geqq 0(G_1^*)$ *derart, daß die Beziehungen* (3.13), (3.14) *erfüllt sind.*

Beweis: Die erste Aussage folgt aus Satz 3.14.

Die zweite Aussage beweist man wie in Satz 3.14, wobei λ ein Lösungselement von D bezeichnet.

Bemerkung: Ist insbesondere $X = \{\bar{x}\}$ Lösungselement von P, so gehen die Beziehungen (3.13), (3.14) über in

$$f(\bar{x}) + \lambda(\Phi(\bar{x})) = \sup_{x \in G} [f(x) + \lambda(\Phi(x))], \tag{3.15}$$

$$\lambda(\Phi(\bar{x})) = 0. \tag{3.16}$$

3.3. Die Optimalitätskriterien dienen nicht nur zur Untersuchung zulässiger Lösungen auf Optimalität, sondern werden auch beim Beweis einer Reihe von Aussagen herangezogen. Wir geben dafür ein Beispiel (andere Beispiele findet man in den folgenden Kapiteln).

Von A. Ja. Dubowizki und A. A. Miljutin [27] werden Optimierungsprobleme auf der Grundlage der folgenden Aussage untersucht, die sich aus Satz 3.15 ergibt.

Folgerung 3.16: *Seien* $\mathcal{K}_0, \mathcal{K}_1, \ldots, \mathcal{K}_s$ *konvexe Kegel eines* BANACH-*Raumes* E, *wobei die* $\mathcal{K}_1, \ldots, \mathcal{K}_s$ *offene Mengen sind. Für*

$$\bigcap_{i=0}^{s} \mathcal{K}_i = \emptyset$$

ist notwendig und hinreichend, daß Funktionale $l_i \in E^*$, $l_i \geqq 0(\mathcal{K}_i^*)$, $i = 0, 1, \ldots, s$, *existieren mit* $l_0 + l_1 + \cdots + l_s = 0$ *und* $l_i \neq 0$ *für wenigstens ein* i.

Beweis: Die Hinlänglichkeit dieser Bedingung ist leicht zu beweisen.

Beim Beweis ihrer Notwendigkeit nehmen wir o. B. d. A. an:

$$\mathcal{K} = \bigcap_{i=1}^{s} \mathcal{K}_i \neq \emptyset.$$

Wendet man den Trennungssatz II (Satz 1.5) auf die konvexen Kegel $\mathcal{K}_0$ und $\mathcal{K}$ ($\mathcal{K}$ offen) an, so folgt die Existenz eines nicht identisch verschwindenden Funktionals $l_0 \in E^*$ mit

$$l_0(x) \geqq 0, \quad x \in \mathcal{K}_0, \quad l_0(x) \geqq 0, \quad x \in \mathcal{K}. \tag{3.17}$$

Wir betrachten das lineare Optimierungsproblem

$$l_0(x) \to \sup, \tag{3.18}$$

$$A(x) \geqq 0(\overline{\mathcal{K}}_i), \quad i = 1, 2, \ldots, s, \tag{3.19}$$

wobei A der Einheitsoperator ist. Dieses Problem ist ein Spezialfall von P, wenn man $G = E$, $E_1 = \underbrace{E \times E \times \cdots \times E}_{s}$, $G_1 = \overline{\mathcal{K}}_1 \times \overline{\mathcal{K}}_2 \times \cdots \times \overline{\mathcal{K}}_s$ setzt;

der Operator $\Phi(x) = (\underbrace{x, x, \ldots, x}_{s})$ ist beschränkt. Ein Funktional $\lambda \in E_1^*$ hat dann die spezielle Form

$$\lambda(z) = \lambda_1(x_1) + \lambda_2(x_2) + \cdots + \lambda_s(x_s),$$

mit

$$z = (x_1, x_2, \ldots, x_s) \in E_1, \quad x_i \in E, \quad \lambda_i \in E^*, \quad i = 1, 2, \ldots, s.$$

Somit gilt $\lambda \geqq 0(G_1^*)$ genau dann, wenn

$$\lambda_i \geqq 0(\overline{\mathcal{K}}_i^*), \quad i = 1, 2, \ldots, s.$$

Nach (3.17) ist $x = 0$ Lösung des Problems (3.18), (3.19). Auf Grund der Annahme $\mathcal{K} \neq \emptyset$ erfüllen die Nebenbedingungen (3.19) die Slaterbedingung. Die Anwendung des Optimalitätskriteriums II ist damit gerechtfertigt. Daher existieren Funktionale $l_i \in E^*$, $l_i \geqq 0(\overline{\mathcal{K}}_i^*)$, $i = 1, 2, \ldots, s$, für die unter Berücksichtigung von (3.15) gilt

$$\sup_{x \in G = E} \left[l_0(x) + \sum_{i=1}^{s} l_i(A(x)) \right] = \sup_{x \in E} \left[l_0(x) + \sum_{i=1}^{s} l_i(x) \right] = l_0(0) + \sum_{i=1}^{s} l_i(0) = 0.$$

Also ist

$$l_0(x) + \sum_{i=1}^{s} l_i(x) = 0,$$

was zu beweisen war.

KAPITEL 4

STÜTZFUNKTIONALE UND DIE FORMULIERUNG VON DUALITÄTSSÄTZEN UND OPTIMALITÄTSKRITERIEN

Die ersten drei Paragraphen dieses Kapitels enthalten Aussagen über Stützfunktionale. Im § 4 werden diese Aussagen dazu benutzt, die allgemeine Vorschrift zur Bildung dualer Probleme auf spezielle Klassen konvexer Optimierungsprobleme anzuwenden. Das führt schließlich zu Optimalitätskriterien für zulässige Lösungen solcher Probleme.

§ 1. Stützfunktionale

1.1. Seien S eine Teilmenge des BANACH-Raumes E, f ein auf S definiertes Funktional und $\{x^{(k)}\}$ eine Folge von Elementen $x^{(k)} \in S$.

Ein lineares Funktional $l \in E^*$ heißt *Stützfunktional* des Funktionals f bezüglich der Menge S in dem *verallgemeinerten Punkt* $\{x^{(k)}\}$[1], wenn gilt

$$\sup_{x \in S} [f(x) - l(x)] = \lim_{k \to \infty} [f(x^{(k)}) - l(x^{(k)})] < \infty . \tag{1.1}$$

Mit $\Omega(f, S, \{x^{(k)}\})$ bezeichnen wir die Menge derjenigen Funktionale aus E^*, die Stützfunktionale von f bezüglich S in dem verallgemeinerten Punkt $\{x^{(k)}\}$ sind.

Im Falle einer stationären Folge $\{x^{(k)}\} = \{x'\}$ identifizieren wir den verallgemeinerten Punkt $\{x^{(k)}\}$ mit dem Punkt $x' \in S$. Damit erhält man aus (1.1) für Stützfunktionale $l \in E^*$ von f bezüglich S im Punkt x' die Bedingung

$$f(x) \leqq l(x) + f(x') - l(x'), \qquad x \in S . \tag{1.2}$$

In einer Reihe von Aussagen über die Maximierung eines nichtlinearen Funktionals kann man zu äquivalenten Aussagen über ein lineares Funktional übergehen.

Satz 4.1: *Seien $S \subset E$ eine nichtleere offene konvexe Menge, $G \subset S$ eine konvexe Menge, f ein auf S stetiges konkaves Funktional mit* $\sup_{x \in G} f(x) = \delta < \infty$.

Dann existiert ein lineares Funktional $g \in E^*$ mit den Eigenschaften:

1. $g \in \Omega(f, S, \{x^{(k)}\})$, *wobei $\{x^{(k)}\}$ eine beliebige Folge mit* $\lim_{k \to \infty} f(x^{(k)}) = \delta$ *ist.*
2. $\sup_{x \in G} g(x) = \lim_{k \to \infty} g(x^{(k)}) = \sup_{x \in G} f(x) - \lim_{k \to \infty} [f(x^{(k)}) - g(x^{(k)})]$.

---

[1]) Unter einem *verallgemeinerten Punkt* verstehen wir eine beliebige Folge $\{x^{(k)}\} \in \prod_{i=1}^{\infty} E_i$ mit $E_i = E$, $i = 1, 2, \ldots$ (Anm. d. H.).

Beweis: Die geforderten Eigenschaften des gesuchten Funktionals g sind äquivalent zu den Bedingungen:

a) $f(x) \leqq g(x) + t, \quad x \in S$,

b) $\sup_{x \in G} f(x) = \sup_{x \in G} g(x) + t$,

c) $t = \lim_{k \to \infty} [f(x^{(k)}) - g(x^{(k)})]$,

d) $\sup_{x \in G} g(x) = \lim_{k \to \infty} g(x^{(k)})$,

denn a) und c) sind äquivalent zur 1. Eigenschaft, b), c) und d) äquivalent zur 2. Eigenschaft.

Zunächst zeigen wir, daß ein beliebiges Funktional g und eine reelle Zahl t, die a) und b) genügen, zugleich c) und d) erfüllen.

Wenn $\lim_{k \to \infty} f(x^{(k)}) = \sup_{x \in G} f(x) = \delta$, so folgt einerseits nach a)

$$\underline{\lim}_{k \to \infty} g(x^{(k)}) \geqq \delta - t ,$$

andererseits nach b)

$$\overline{\lim}_{k \to \infty} g(x^{(k)}) \leqq \sup_{x \in G} g(x) = \delta - t .$$

Somit erhält man

$$\lim_{k \to \infty} g(x^{(k)}) = \delta - t = \sup_{x \in G} g(x) ,$$

so daß also d) gilt. Hieraus folgt auch

$$t = \delta - \lim_{k \to \infty} g(x^{(k)}) = \lim_{k \to \infty} [f(x^{(k)}) - g(x^{(k)})]$$

und damit c).

Demnach ist es für den Beweis des Satzes hinreichend, die Existenz eines Funktionals $g \in E^*$ und einer reellen Zahl t nachzuweisen, die a) und b) genügen. Dabei kann man zwei Fälle unterscheiden:

$$\delta = \sup_{x \in S} f(x), \qquad \delta < \sup_{x \in S} f(x) .$$

Im ersten Falle sind für das Funktional $g = 0$ und die Zahl $t = \delta$ offensichtlich a) und b) erfüllt. Um die Existenz von g und t auch im zweiten Falle zu beweisen, führen wir die Menge $\Gamma = \{x \in S: f(x) > \delta\}$ ein. Nach Voraussetzung ist $\Gamma \neq \emptyset$. Da S eine offene konvexe Menge und f ein stetiges konkaves Funktional sind, ist Γ eine offene konvexe Menge mit $G \cap \Gamma = \emptyset$. Nach Trennungssatz II (Satz 1.5) existieren ein Funktional $l \in E^*$, $l \neq 0$, und ein $\gamma \in E^1$, so daß gilt:

$$\sup_{x \in G} l(x) \leqq \gamma \leqq \inf_{x \in \Gamma} l(x) . \tag{1.3}$$

Im Raum $\bar{E} = E \times E^1$ definieren wir die Menge

$$C = \{\bar{x} = (x, x_0): x_0 < f(x),\ x \in S\}$$

und die lineare Mannigfaltigkeit

$$H = \{\bar{x} = (x, x_0): l(x) = \gamma,\ x_0 = \delta\} .$$

Es gilt $C \cap H = \emptyset$. Aus der Annahme $C \cap H \neq \emptyset$ folgt die Existenz eines $x' \in S$ mit

$$f(x') > \delta, \quad l(x') = \gamma . \tag{1.4}$$

Also ist x' zusammen mit einer gewissen Umgebung in Γ enthalten. Gemäß (1.3) folgt $\gamma \leqq l(x' + x)$ für $||x|| < \varepsilon$, wobei $\varepsilon > 0$ hinreichend klein ist. Wegen (1.4) ergibt sich $l(x) \geqq 0$ für $||x|| < \varepsilon$. Hieraus folgt $l = 0$ im Widerspruch zu $l \neq 0$.

Da C eine offene konvexe Menge ist, existieren nach Trennungssatz II ein Funktional $\bar{l}' = (l', l_0) \in \bar{E}^*$, $\bar{l}' \neq 0$, und ein $\sigma \in E^1$, so daß gilt

$$l'(x) + l_0\delta = \sigma \quad \text{für} \quad l(x) = \gamma , \tag{1.5}$$

$$l'(x) + l_0x_0 \geqq \sigma \quad \text{für} \quad x_0 < f(x), \quad x \in S . \tag{1.6}$$

Aus (1.6) folgt $l_0 \leqq 0$. Der Fall $l_0 = 0$ kann nicht eintreten. Aus der Annahme $l_0 = 0$ folgt für ein $x' \in S$ mit $l(x') = \gamma$ (ein solches Element x' existiert wegen (1.3)) nach (1.5) und (1.6) $l'(x - x') \geqq 0$ für $x \in S$. Da S eine offene Menge ist, ergibt sich hieraus $l' = 0$ und damit auch $\bar{l}' = 0$ im Widerspruch zu $\bar{l}' \neq 0$.

Somit ist $l_0 < 0$. Aus (1.6) folgt

$$f(x) \leqq -\frac{1}{l_0} l'(x) + \frac{\sigma}{l_0}, \quad x \in S . \tag{1.7}$$

Setzt man $l''(x) = -l'(x)/l_0$, $\sigma' = \sigma/l_0$, so erhalten (1.5) und (1.7) die Form

$$l''(x) + \sigma' = \delta \quad \text{für} \quad l(x) = \gamma , \tag{1.8}$$

$$l''(x) + \sigma' \geqq f(x) \quad \text{für} \quad x \in S . \tag{1.9}$$

Wir zeigen, daß aus (1.8)

$$l''(x) = \gamma_1 l(x) , \quad x \in E , \tag{1.10}$$

folgt, wobei $\gamma_1 \in E^1$ konstant ist. Wir wählen ein Element x_1 mit $l(x_1) = 1$ und bestimmen zu jedem $x \in E$ ein $\lambda \in E^1$, so daß gilt $x = \lambda x_1 + x'$ mit $l(x') = \gamma$. Offensichtlich ist $\lambda = l(x) - \gamma$.

Nach (1.8) erhalten wir

$$\begin{aligned} l''(x) = \lambda l''(x_1) + l''(x') &= (l(x) - \gamma)\, l''(x_1) + \delta - \sigma' \\ &= l''(x_1) \cdot l(x) + \delta - \sigma' - \gamma l''(x_1) . \end{aligned}$$

Mit $l''(x_1) = \gamma_1$, $\delta - \sigma' - \gamma l''(x_1) = \Delta$ ergibt sich

$$l''(x) = \gamma_1 l(x) + \Delta , \quad x \in E . \tag{1.11}$$

Für $x = 0$ folgt hieraus $\Delta = 0$ und damit (1.10).

In (1.10) gilt $\gamma_1 \geqq 0$, denn aus der Annahme $\gamma_1 < 0$ folgt wegen (1.9) für ein beliebiges $x \in \Gamma$ die Ungleichung $l''(x) > \delta - \sigma'$. Wegen (1.10) ergibt sich $l(x) < (\delta - \sigma')/\gamma_1 = \gamma$, im Widerspruch zu (1.3).

Aus (1.3) und (1.10) erhalten wir einerseits

$$\sup_{x\in G} l''(x) = \gamma_1 \sup_{x\in G} l(x) \leqq \gamma_1\gamma = \delta - \sigma' ;$$

andererseits ist gemäß (1.9)

$$\sup_{x\in G} l''(x) \geqq \sup_{x\in G} f(x) - \sigma' = \delta - \sigma' .$$

Also ist $\sup_{x\in G} l''(x) = \delta - \sigma'$.

Diese Beziehung besagt zusammen mit (1.9), daß das Funktional $g = l''$ und die Zahl $t = \sigma'$ den Bedingungen a) und b) genügen.

Der Satz ist bewiesen.

1.2. Ist f ein auf der offenen konvexen Menge S konkaves und stetiges Funktional, so existiert für jedes $x' \in S$ ein Funktional $l \in E^*$, das der Bedingung (1.2) genügt, so daß also $\Omega(f, S, x') \neq \emptyset$ ist. Dies folgt unmittelbar aus Satz 4.1 für $G = \{x'\}$. Einfache Beispiele zeigen, daß die soeben genannten Bedingungen und die Forderung

$$\lim_{k\to\infty} f(x^{(k)}) = \alpha , \qquad -\infty < \alpha < \infty ,$$

i. a. nicht die Existenz eines Funktionals $l \in E^*$ sichern, das der Beziehung (1.1) genügt. Aus Satz 4.1 folgt jedoch $\Omega(f, S, \{x^{(k)}\}) \neq \emptyset$, wenn zusätzlich gefordert wird, daß für eine konvexe Menge $R \subset S$ gilt

$$\sup_{x\in R} f(x) = \lim_{k\to\infty} f(x^{(k)}) , \qquad x^{(k)} \in R , \qquad k \geqq k_0 .$$

Seien x' ein innerer Punkt der Menge $G \subset S$, S konvex und f ein auf S konkaves Funktional. Dann gilt

$$\Omega(f, G, x') = \Omega(f, S, x') . \tag{1.12}$$

Offenbar ist $\Omega(f, S, x') \subset \Omega(f, G, x')$. Wir nehmen nun $g \in \Omega(f, G, x')$ an, so daß gilt

$$f'(x) = f(x) - g(x - x') - f(x') \leqq 0 , \qquad x \in G ,$$

also $f'(x') = 0$. Sei $x'' \in S \setminus G$. Wir wählen einen Punkt $x_\lambda = (1 - \lambda)\, x' + \lambda x''$ mit $0 < \lambda \leqq 1$ und $x_\lambda \in G$. Da f' auf S konkav ist, folgt

$$\lambda f''(x'') = (1 - \lambda)\, f'(x') + \lambda f'(x'') \leqq f'(x_\lambda) \leqq 0 , \qquad \lambda > 0 ,$$

und daraus $f'(x'') \leqq 0$ für jedes $x'' \in S \setminus G$. Also ist

$$f(x) \leqq g(x - x') + f(x') , \qquad x \in S ,$$

d. h. $g \in \Omega(f, S, x')$.

Damit erhalten wir $\Omega(f, S, x') \supset \Omega(f, G, x')$, was zusammen mit der obigen Inklusion die Beziehung (1.12) beweist.

Sind also S eine konvexe Menge, f ein auf S konkaves Funktional und x' ein innerer Punkt von S, so ändert sich $\Omega(f, S, x')$ nicht, wenn S durch eine beliebige Teilmenge ersetzt wird, die x' zusammen mit einer gewissen Umgebung enthält.

Wir bemerken jedoch, daß diese Aussage für die Menge $\Omega(f, S, X)$, bei der $X = \{x^{(k)}\}$ eine Folge von inneren Punkten aus S ist, i. a. nicht gilt.

Unter den Voraussetzungen von Satz 4.1 ist die der Stetigkeit enthalten. Diese Annahme wurde jedoch nur für den Nachweis benötigt, daß die Menge $Q_\alpha = \{x: f(x) > \alpha\}$ für beliebiges $\alpha \in E^1$ offen ist. Da die Mengen Q_α auch dann offen sind, wenn das Funktional f auf S nach unten halbstetig ist, gilt Satz 4.1 auch für nach unten halbstetige Funktionale. Hieraus folgt insbesondere $\Omega(f, S, x') \neq \emptyset$, wenn das Funktional f auf der offenen Menge S nach unten halbstetig ist.

Wie man jedoch aus dem folgenden Lemma 4.2 entnehmen kann, wird für konkave Funktionale durch die Annahme der Halbstetigkeit nach unten die Klasse der in Satz 4.1 betrachteten Funktionale nicht erweitert.

Das auf S erklärte Funktional f heißt im Punkt $x' \in S$ *nach unten beschränkt* (*nach oben beschränkt*), wenn ein $\varepsilon > 0$ und ein $c \in E^1$ existieren, so daß

$$f(x) \geqq c \quad (f(x) \leqq c)$$

für alle $x \in S$ mit $\|x - x'\| \leqq \varepsilon$. Das Funktional heißt im Punkt x' *beschränkt*, wenn es dort nach unten und nach oben beschränkt ist.

Lemma 4.2: *Seien $S \neq \emptyset$ eine offene konvexe Teilmenge des* BANACH*-Raumes E, f ein auf S konkaves Funktional und $x' \in S$ beliebig. Dann sind die folgenden vier Aussagen äquivalent:*

(1) *f ist in x' nach unten halbstetig.*

(2) *f ist in x' stetig.*

(3) *f ist in x' beschränkt.*

(4) *f ist in x' nach unten beschränkt.*

Beweis: Wir beweisen (1) $\Rightarrow$ (2) $\Rightarrow$ (3) $\Rightarrow$ (4) $\Rightarrow$ (1). Die Implikationen (2) $\Rightarrow$ (3) und (3) $\Rightarrow$ (4) sind trivial. (1) $\Rightarrow$ (2): Da f im Punkt x' nach unten halbstetig ist, enthält die Menge

$$T = \{(x_0, x): x_0 < f(x)\,, \quad x \in S\} \subset \overline{E} = E^1 \times E$$

innere Punkte (ein solcher Punkt ist z.B. $(f(x') - \varepsilon, x')$ für beliebiges $\varepsilon > 0$). Da T außerdem wegen der Konkavität von f eine konvexe Menge ist, können T und der Punkt $(f(x'), x') \notin T$ durch ein Funktional $\bar{g} = (g_0, g) \in \overline{E}^*$, $\bar{g} \neq 0$, getrennt werden (vgl. Trennungssatz II (Satz 1.5)), so daß gilt:

$$g_0 x_0 + g(x) \leqq g_0 f(x') + g(x')\,, \qquad (x_0, x) \in T\,. \tag{1.13}$$

Es ist $(x_0, x') \in T$ für $x_0 < f(x')$; daher folgt aus (1.13) für $x_0 \to -\infty$ die Ungleichung $g_0 \geqq 0$. Aus der Annahme $g_0 = 0$ erhält man

$$g(x - x') \leqq 0\,, \qquad x \in S\,. \tag{1.14}$$

Weil x' innerer Punkt von S ist, folgt hieraus $g = 0$ und damit auch $\bar{g} = 0$ im Widerspruch zu $\bar{g} \neq 0$.

Folglich ist $g_0 > 0$. Setzen wir $g_1 = -g/g_0$, so ergibt sich aus (1.13)

$$f(x) \leqq g_1(x - x') + f(x')\,, \qquad x \in S\,. \tag{1.15}$$

Da $g_1 \in E^*$ stetig ist, folgt aus (1.15), daß f in x' nach oben halbstetig ist. Damit ist f in x' auch stetig.

(4) $\Rightarrow$ (1): Nach Voraussetzung existieren ein $\delta > 0$ und ein $c \in E^1$, so daß

$$f(x) \geqq c \quad \text{für} \quad \|x - x'\| \leqq \delta\,, \qquad x \in S\,.$$

Für beliebiges $\varepsilon > 0$ setzen wir

$$\delta_1 = \min\left\{\frac{\varepsilon}{|c| + |f(x')| + 1}\,,\ 1\right\}.$$

Seien $x \in S$ beliebig mit $\|x - x'\| \leqq \delta_1 \cdot \delta$ und $x'' = x' + (1/\delta_1)(x - x')$. Dann ist $\|x - x''\| \leqq \delta$ und $f(x'') \geqq c$ sowie

$$x = \delta_1 x'' + (1 - \delta_1)\,x'\,, \qquad 0 < \delta_1 \leqq 1\,.$$

Wegen der Konkavität von f hat man

$$f(x) \geqq \delta_1 f(x'') + (1 - \delta_1)\,f(x')$$

und damit

$$f(x) - f(x') \geqq \delta_1(f(x'') - f(x')) \geqq -\frac{|c| + |f(x')|}{|c| + |f(x')| + 1}\,\varepsilon > -\varepsilon\,.$$

Also ist f im Punkt x' nach unten halbstetig. Das Lemma ist damit vollständig bewiesen.

Als Folgerung aus diesem Lemma ergibt sich, daß ein Funktional, das auf der Menge S konkav und in einem inneren Punkt x' von S stetig (oder nach unten halbstetig) ist, auch auf einer gewissen Umgebung von x' stetig ist. Nach Lemma 4.2 ist ein solches Funktional in x' und damit auch auf einer gewissen Umgebung von x' beschränkt. Erneute Anwendung von Lemma 4.2 zeigt, daß dieses Funktional dann in jedem Punkt der Umgebung stetig ist.

§ 2. Eigenschaften von Stützfunktionalen

2.1. Wir behandeln zunächst die Struktur von Mengen linearer Funktionale, die Stützfunktionale von „zusammengesetzten" konkaven Funktionalen sind.

Satz 4.3: *Seien E ein* BANACH-*Raum, S_1, S_2 mit $S_1 \cap S_2 \neq \emptyset$ offene konvexe Teilmengen von E. Seien ferner f_1, f_2 auf S_1 bzw. S_2 konkave und stetige Funktionale. Dann ist $\Omega(f_1 + f_2, S, \{x^{(k)}\}) \neq \emptyset$ genau dann, wenn gilt:*

$$\Omega(f_i, S_i, \{x^{(k)}\} \neq \emptyset\,, \qquad i = 1, 2\,.$$

Ist die letzte Bedingung erfüllt, so gilt außerdem

$$\Omega(f_1 + f_2, S, \{x^{(k)}\}) = \Omega(f_1, S_1, \{x^{(k)}\}) + \Omega(f_2, S_2, \{x^{(k)}\})\,. \tag{2.1}$$

Beweis. 1. Seien

$$\Omega(f_1, S_1, \{x^{(k)}\}) \neq \emptyset, \qquad \Omega(f_2, S_2, \{x^{(k)}\}) \neq \emptyset,$$
$$l_1 \in \Omega(f_1, S_1, \{x^{(k)}\}), \qquad l_2 \in \Omega(f_2, S_2, \{x^{(k)}\}).$$

Dann gilt

$$f_1(x) \leqq l_1(x) + t_1, \quad x \in S_1, \quad t_1 = \lim_{k\to\infty} (f_1(x^{(k)}) - l_1(x^{(k)})),$$
$$f_2(x) \leqq l_2(x) + t_2, \quad x \in S_2, \quad t_2 = \lim_{k\to\infty} (f_2(x^{(k)}) - l_2(x^{(k)}));$$

folglich ist

$$f_1(x) + f_2(x) \leqq l_1(x) + l_2(x) + t, \qquad x \in S = S_1 \cap S_2,$$
$$t = t_1 + t_2 = \lim_{k\to\infty} (f_1(x^{(k)}) + f_2(x^{(k)}) - l_1(x^{(k)}) - l_2(x^{(k)}))$$

und damit

$$l_1 + l_2 \in \Omega(f_1 + f_2, S, \{x^{(k)}\}).$$

2. Seien

$$\Omega(f_1 + f_2, S, \{x^{(k)}\}) \neq \emptyset, \qquad l \in \Omega(f_1 + f_2, S, \{x^{(k)}\}).$$

Dann gilt:

$$f(x) = f_1(x) + f_2(x) \leqq l(x) + t, \qquad x \in S,$$
$$t = \lim_{k\to\infty} (f(x^{(k)}) - l(x^{(k)})).$$

Wir betrachten im BANACH-Raum $\bar{E} = E^1 \times E \times E$ der Punkte $\bar{x} = (x_0, x_1, x_2)$ die konvexe Menge

$$\Gamma = \{\bar{x} = (x_0, x_1, x_2): x_0 < f_1(x_1) + f_2(x_2), \ x_1 \in S_1, \ x_2 \in S_2\}$$

und die lineare Mannigfaltigkeit

$$H = \{\bar{x} = (x_0, x_1, x_2): x_1 = x_2, \quad x_0 = l(x_1) + t = l(x_2) + t\}.$$

Da f_1 und f_2 auf den offenen Mengen S_1 bzw. S_2 stetig sind, ist die Menge Γ offen. Es gilt $\Gamma \cap H = \emptyset$, denn die Annahme $\Gamma \cap H \neq \emptyset$, $\bar{x}' \in \Gamma \cap H$ führt zu

$$x_0' = l(x') + t < f_1(x') + f_2(x'), \qquad x' \in S_1 \cap S_2,$$

im Widerspruch zu $l \in \Omega(f_1 + f_2, S, \{x^{(k)}\})$. Folglich existieren ein lineares Funktional $\bar{g} \in \bar{E}^*$, $\bar{g} \neq 0$, und eine Zahl $\gamma \in E^1$, so daß gilt

$$\bar{g}(\bar{x}) = \gamma, \quad \bar{x} \in H, \quad \bar{g}(\bar{x}) \geqq \gamma, \quad \bar{x} \in \Gamma.$$

Diese Beziehungen können wir in der Form schreiben

$$g_0 x_0 + g_1(x_1) + g_2(x_2) = \gamma, \quad \bar{x} = (x_0, x_1, x_2) \in H, \tag{2.2}$$
$$g_0 x_0 + g_1(x_1) + g_2(x_2) \geqq \gamma, \quad \bar{x} = (x_0, x_1, x_2) \in \Gamma, \tag{2.3}$$

wobei $g_1, g_2 \in E^*$, $g_0 \in E^1$.

Aus (2.2) folgt $g_1(x) + g_2(x) + g_0 l(x) = \gamma - g_0 t$. Da diese Beziehung für beliebiges $x \in E$ gilt, ergibt sich

$$\gamma - g_0 t = 0\,, \tag{2.4}$$

$$g_1(x) + g_2(x) + g_0 l(x) = 0\,, \quad x \in E\,. \tag{2.5}$$

Da (2.3) auch für beliebig kleine Werte von x_0 gilt, erhalten wir $g_0 \leqq 0$.

Aus der Annahme $g_0 = 0$ folgt wegen (2.3) und (2.4)

$$g_1(x_1) + g_2(x_2) \geqq \gamma = 0\,, \quad x_1 \in S_1\,, \quad x_2 \in S_2\,.$$

Da S_1 und S_2 offene Mengen sind, erhält man hieraus $g_1 = g_2 = 0$, im Widerspruch zu $\bar{g} = (g_0, g_1, g_2) \neq 0$. Folglich gilt $g_0 < 0$.

Setzen wir

$$l_1 = -\frac{g_1}{g_0}\,, \qquad l_2 = -\frac{g_2}{g_0}\,,$$

so ergibt sich aus (2.5)

$$l = l_1 + l_2\,. \tag{2.6}$$

Aus (2.3) und (2.4) folgt

$$f_1(x_1) + f_2(x_2) \leqq t + l_1(x_1) + l_2(x_2)\,, \quad x_1 \in S_1\,, \quad x_2 \in S_2\,. \tag{2.7}$$

Setzen wir

$$\bar{t}_i = \overline{\lim_{k\to\infty}}\,(f_i(x^{(k)}) - l_i(x^{(k)}))\,, \qquad \underline{t}_i = \underline{\lim_{k\to\infty}}\,(f_i(x^{(k)}) - l_i(x^{(k)}))\,, \quad i = 1, 2,$$

so ergibt sich aus (2.7)

$$\bar{t}_1 + \bar{t}_2 \leqq t\,. \tag{2.8}$$

Aus der Definition der Zahl t erhalten wir wegen (2.6)

$$\lim_{k\to\infty}(f_1(x^{(k)}) + f_2(x^{(k)}) - l_1(x^{(k)}) - l_2(x^{(k)})) = t$$

und damit

$$\underline{t}_1 + \bar{t}_2 \geqq t\,, \quad \bar{t}_1 + \underline{t}_2 \geqq t\,. \tag{2.9}$$

Aus (2.8) und (2.9) folgt

$$\bar{t}_1 = \underline{t}_1 = t_1\,, \quad \bar{t}_2 = \underline{t}_2 = t_2\,, \quad t_1 + t_2 = t\,. \tag{2.10}$$

In (2.7) setzen wir $x_2 = x_2^{(k)}$ und erhalten für $k \to \infty$ unter Beachtung von (2.10)

$$f_1(x_1) \leqq l_1(x_1) + t - t_2 = l_1(x_1) + t_1\,, \quad x_1 \in S_1\,,$$

mit $t_1 = \lim\limits_{k\to\infty}(f_1(x^{(k)}) - l_1(x^{(k)}))$.

Analog ergibt sich

$$f_2(x_2) \leqq l_2(x_2) + t_2\,, \quad x_2 \in S_2\,,$$

mit $t_2 = \lim\limits_{k\to\infty}(f_2(x^{(k)}) - l_2(x^{(k)}))$.

Somit hat man

$$l = l_1 + l_2,$$

wobei $l_1 \in \Omega(f_1, S_1, \{x^{(k)}\})$, $l_2 \in \Omega(f_2, S_2, \{x^{(k)}\})$. Der Satz ist damit bewiesen.

Sei nun $l \in \Omega(f, S, \{x^{(k)}\})$, also

$$f(x) \leqq l(x) + t, \quad x \in S, \quad \lim_{k\to\infty} (f(x^{(k)}) - l(x^{(k)})) = t.$$

Für beliebiges $\alpha > 0$ folgt hieraus

$$\alpha f(x) \leqq \alpha l(x) + \alpha t, \quad \lim_{k\to\infty} (\alpha f(x^{(k)}) - \alpha l(x^{(k)})) = \alpha t,$$

also $\alpha l \in \Omega(\alpha f, S, \{x^{(k)}\})$.

Ist umgekehrt $\alpha l \in \Omega(\alpha f, S, \{x^{(k)}\})$, $\alpha > 0$, so gilt offenbar auch

$$l \in \Omega(f, S, \{x^{(k)}\}).$$

Folglich ist für beliebiges $\alpha > 0$

$$\Omega(\alpha f, S, \{x^{(k)}\}) = \alpha \Omega(f, S, \{x^{(k)}\}). \tag{2.11}$$

Hieraus und aus Satz 4.3 folgt

Satz 4.4: *Seien E ein* Banach-*Raum, S_i, $i = 1, \ldots, m$, mit $S = \bigcap_{i=1}^{m} S_i \neq \emptyset$ offene konvexe Teilmengen von E. Seien ferner f_i, $i = 1, \ldots, m$, auf S_i konkave und stetige Funktionale und $\alpha_i > 0$, $i = 1, \ldots, m$, reelle Zahlen. Dann ist*

$$\Omega\left(\sum_{i=1}^{m} \alpha_i f_i, S, \{x^{(k)}\}\right) \neq \emptyset$$

genau dann, wenn gilt

$$\Omega(f_i, S_i, \{x^{(k)}\}) \neq \emptyset, \quad i = 1, 2, \ldots, m. \tag{2.12}$$

Ist die letzte Bedingung erfüllt, so gilt außerdem

$$\Omega\left(\sum_{i=1}^{m} \alpha_i f_i, S, \{x^{(k)}\}\right) = \sum_{i=1}^{m} \alpha_i \Omega(f_i, S_i, \{x^{(k)}\}). \tag{2.13}$$

Auf der konvexen Menge S sei ein konkaves Funktional f erklärt. Wir setzen

$$\left.\begin{aligned} \tilde{f}_S(l) &= \sup_{x \in S} (f(x) - l(x)), \quad l \in E^*, \\ \tilde{S}_f &= \{l : \tilde{f}_S(l) < \infty\}. \end{aligned}\right\} \tag{2.14}$$

Nach der Definition des konjugierten Funktionals (vgl. Kapitel 2, Abschnitt 3.5) gilt

$$\tilde{f}_S(l) = \sup_{x \in E} [(-l(x)) - f_1(x)] = f_1^*(-l),$$

wobei f_1^* das zu f_1 konjugierte Funktional ist und

$$f_1(x) = \begin{cases} -f(x) & \text{für} \quad x \in S, \\ \infty & \text{für} \quad x \notin S. \end{cases}$$

Es gilt

$$\tilde{S}_f = -\operatorname{dom} f_1^* = \bigcup \Omega(f, S, X)\,,$$

wobei die Vereinigung über alle Folgen $X = \{x^{(k)}\}$ von Elementen aus S gebildet wird. Wenn S innere Punkte enthält, in denen das Funktional f stetig ist, so ist darüber hinaus $\tilde{S}_f \neq \emptyset$. Offensichtlich sind $\tilde{S}_f$ eine konvexe Menge und $\tilde{f}_S$ ein konvexes Funktional.

Für

$$l_i \in \Omega(f_i, S_i, \{x^{(k)}\})\,, \quad \alpha_i > 0\,, \quad i = 1, 2, \ldots, m\,,$$

$$S = \bigcap_{i=1}^{m} S_i \neq \emptyset\,, \quad f(x) = \sum_{i=1}^{m} \alpha_i f_i(x)$$

ergibt sich

$$\sup_{x\in S}\left[\sum_{i=1}^{m}\alpha_i f_i(x) - \sum_{i=1}^{m}\alpha_i l_i(x)\right] = \sum_{i=1}^{m}\alpha_i \sup_{x\in S_i}\,[f_i(x) - l_i(x)]\,,$$

also

$$\tilde{f}_S\left(\sum_{i=1}^{m}\alpha_i l_i\right) = \sum_{i=1}^{m}\alpha_i \tilde{f}_{i,S_i}(l_i)\,. \tag{2.15}$$

2.2. Seien E, E_1 BANACH-Räume, $S \subset E$, $\Phi\colon S \to E_1$ und $\varphi\colon E_1 \to E^1$. Seien ferner der Operator Φ konkav bezüglich eines konvexen Kegels $G_1 \subset E_1$ und das Funktional φ konkav und stetig auf E_1. Wir definieren auf S das zusammengesetzte Funktional $f = \varphi \circ \Phi$ durch $f(x) = \varphi(\Phi(x))$, $x \in S$, und nennen das Funktional φ *monoton* bezüglich des konvexen Kegels G_1, wenn

$$y_1 \geqq y_2(G_1) \Rightarrow \varphi(y_1) \geqq \varphi(y_2)$$

gilt für beliebige $y_1, y_2 \in E_1$.

Ist φ ein konkaves, stetiges und monotones Funktional bezüglich G_1, so ist jedes Stützfunktional l von φ bezüglich E_1 in einem beliebigen verallgemeinerten Punkt Y nichtnegativ, so daß gilt $l \geqq 0(G_1^*)$.

Denn nach Voraussetzung ist

$$\varphi(y) \leqq l(y) + t\,, \quad t < \infty\,, \quad y \in E_1\,.$$

Da für $y \in G_1$ und $\gamma \geqq 1$ gilt

$$\gamma y \geqq y(G_1)\,,$$

ergibt sich

$$\frac{1}{\gamma}\varphi(y) \leqq \frac{1}{\gamma}\varphi(\gamma y) \leqq l(y) + \frac{t}{\gamma}\,, \quad \gamma \geqq 1\,, \quad y \geqq 0(G_1)\,.$$

Für $\gamma \to \infty$ folgt hieraus $l(y) \geqq 0$, $y \geqq 0(G_1)$ beliebig, also $l \geqq 0(G_1^*)$.

Im Falle der Monotonie des Funktionals φ bezüglich G_1 ist das Funktional $f = \varphi \circ \Phi$ auf S konkav, denn für beliebige $x', x'' \in S$ und $\alpha \in E^1$, $0 \leqq \alpha \leqq 1$, gilt

$$\begin{aligned} f(\alpha x' + (1-\alpha)x'') &= \varphi[\Phi(\alpha x' + (1-\alpha)\,x'')] \\ &\geqq \varphi[\alpha\Phi(x') + (1-\alpha)\,\Phi(x'')] \\ &\geqq \alpha\varphi(\Phi(x')) + (1-\alpha)\,\varphi(\Phi(x'')) \\ &= \alpha f(x') + (1-\alpha)\,f(x'')\,, \end{aligned}$$

wobei die erste Ungleichung aus der Konkavität von Φ und der Monotonie von φ und die zweite aus der Konkavität von φ folgen.

Satz 4.5: *Seien E, E_1 Banach-Räume, $G_1 \subset E_1$ ein konvexer Kegel und $S \subset E$ eine offene konvexe Menge. Ferner seien $\Phi\colon S \to E_1$ bezüglich G_1 konkav, $\varphi\colon E_1 \to E^1$ konkav, stetig und monoton bezüglich G_1, $f = \varphi \circ \Phi$. Dann gilt für einen beliebigen verallgemeinerten Punkt $X = \{x^{(k)}\}$*

$$\Omega(f, S, X) = \bigcup_{\lambda} \Omega(\lambda \circ \Phi, S, X)\,,$$

wobei die Vereinigung über alle $\lambda \in \Omega(\varphi, E_1, Y)$ mit $Y = \{y^{(k)}\} = \{\Phi(x^{(k)})\}$ gebildet wird.

Beweis. 1. Sei $l \in \Omega(\lambda \circ \Phi, S, X)$, wobei λ ein beliebiges Element aus $\Omega(\varphi, E_1, Y)$ ist. Für beliebige $x \in S$, $y \in E_1$ gilt also

$$\lambda(\Phi(x)) \leqq l(x) + t\,, \qquad t = \lim_{k\to\infty} [\lambda(y^{(k)}) - l(x^{(k)})]\,, \tag{2.16}$$

$$\varphi(y) \leqq \lambda(y) + t_1\,, \qquad t_1 = \lim_{k\to\infty} [\varphi(y^{(k)}) - \lambda(y^{(k)})]\,. \tag{2.17}$$

Für $y = \Phi(x)$ folgt aus (2.17) und (2.16)

$$f(x) = \varphi(\Phi(x)) \leqq \lambda(\Phi(x)) + t_1 \leqq l(x) + t + t_1\,, \qquad x \in S\,;$$

außerdem ist offensichtlich

$$t + t_1 = \lim_{k\to\infty} [\varphi(\Phi(x^{(k)})) - l(x^{(k)})]\,.$$

Damit gilt $l \in \Omega(f, S, X)$.

2. Sei umgekehrt $l \in \Omega(f, S, X)$, also

$$f(x) = \varphi(\Phi(x)) \leqq l(x) + t_2\,, \qquad x \in S\,, \tag{2.18}$$

$$t_2 = \lim_{k\to\infty} [f(x^{(k)}) - l(x^{(k)})] < \infty\,.$$

Unter den Voraussetzungen des Satzes ist

$$\varphi(y) - l(x) \to \sup\,, \tag{2.19}$$

$$-\,y + \Phi(x) \geqq 0(G_1)\,, \tag{2.20}$$

$$x \in S \tag{2.21}$$

ein konvexes Optimierungsproblem.

Erfüllt ein Elementepaar (y, x) die Bedingung (2.20), so folgt aus der Monotonie des Funktionals φ

$$f(x) = \varphi(\Phi(x)) \geqq \varphi(y)\,. \tag{2.22}$$

Aus (2.22) und (2.18) erhalten wir

$$\left.\begin{aligned} \varphi(y) - l(x) \leqq t_2 < \infty\,, \\ \lim_{k\to\infty} [\varphi(\Phi(x^{(k)})) - l(x^{(k)})] = t_2\,, \end{aligned}\right\} \tag{2.23}$$

so daß das Supremum des Problems (2.19) —(2.21) endlich ist. Aus (2.23) folgt, daß die zulässige Lösung $\{(\Phi(x^{(k)}), x^{(k)})\}$ dieses Problems zugleich Lösung ist.

Da das Problem (2.19)–(2.21) die Voraussetzungen von Satz 3.8 erfüllt (wobei $x_1 = x$, $x_2 = y$, $G_{01} = S$, $G_{02} = E_1$, $E_{12} = E_1$; $-A_{22}$ ist der Einheitsoperator), ist Satz 3.15 (Optimalitätskriterium II) anwendbar. Danach existiert ein Funktional $\lambda \in E_1^*$, $\lambda \geqq 0(G_1^*)$, mit

$$\sup_{y \in E_1;\, x \in S} [\varphi(y) - l(x) - \lambda(y) + \lambda(\Phi(x))]$$
$$= \varlimsup_{k\to\infty} [\varphi(\Phi(x^{(k)})) - \lambda(\Phi(x^{(k)})) + \lambda(\Phi(x^{(k)})) - l(x^{(k)})] < \infty . \quad (2.24)$$

Wegen

$$\sup_{y \in E_1,\, x \in S} [\varphi(y) - l(x) - \lambda(y) + \lambda(\Phi(x))]$$
$$= \sup_{y \in E_1} [\varphi(y) - \lambda(y)] + \sup_{x \in S} [\lambda(\Phi(x)) - l(x)]$$

folgt

$$\varlimsup_{k\to\infty} [\varphi(\Phi(x^{(k)})) - \lambda(\Phi(x^{(k)}))] = \sup_{y \in E_1} [\varphi(y) - \lambda(y)] .$$

Deshalb existiert

$$\lim_{k\to\infty} [\varphi(\Phi(x^{(k)})) - \lambda(\Phi(x^{(k)}))] = \sup_{y \in E_1} [\varphi(y) - \lambda(y)] < \infty . \quad (2.25)$$

Analog ergibt sich

$$\lim_{k\to\infty} [\lambda(\Phi(x^{(k)})) - l(x^{(k)})] = \sup_{x \in S} [\lambda(\Phi(x)) - l(x)] < \infty . \quad (2.26)$$

Wegen (2.26) und (2.25) genügt das Funktional $\lambda \in E_1^*$ den Bedingungen

$$l \in \Omega(\lambda \circ \Phi, S, X) , \qquad X = \{x^{(k)}\} ,$$
$$\lambda \in \Omega(\varphi, E_1, Y) , \qquad Y = \{\Phi(x^{(k)})\} .$$

Damit ist der Satz bewiesen.

2.3. Mit Hilfe von Satz 4.5 kann man die Ermittlung der Menge der Stützfunktionale von $\varphi \circ \Phi$ auf die einfachere Aufgabe zurückführen, die Mengen der Stützfunktionale von φ und $\lambda \circ \Phi$ zu bestimmen. Wir geben zwei Anwendungen dieses Satzes.

Satz 4.6: *Seien E ein* BANACH-*Raum, $E_1 = E^m$ und $S_i \subset E$, $i = 1, \ldots, m$, offene konvexe Mengen, $\varphi\colon E^m \to E^1$ konkav auf E^m und monoton bezüglich des nichtnegativen Orthanten von E^m, $f_i\colon S_i \to E^1$, $i = 1, \ldots, m$, konkav und stetig auf S_i. Sei ferner $f\colon E \to E^1$ mit*

$$f(x) = \varphi(f_1(x), f_2(x), \ldots, f_m(x)) , \qquad x \in S = \bigcap_{i=1}^{m} S_i .$$

Dann gilt für einen beliebigen verallgemeinerten Punkt $X = \{x^{(k)}\}$, $x^{(k)} \in S$,

$$\Omega(f, S, X) = \bigcup_{\alpha} \sum_{i=1}^{m} \alpha_i \Omega(f_i, S_i, X) , \quad (2.27)$$

wobei die Vereinigung über alle Vektoren

$$\alpha = (\alpha_1, \alpha_2, \ldots, \alpha_m) \in \Omega(\varphi, E^m, T), \quad T = \{t^{(k)}\},$$
$$t^{(k)} = (f_1(x^{(k)}), f_2(x^{(k)}), \ldots, f_m(x^{(k)}))$$

gebildet wird.

Beweis: Der Operator $\Phi\colon S \to E^m$ mit

$$\Phi(x) = (f_1(x), f_2(x), \ldots, f_m(x)), \quad x \in S,$$

ist offenbar konkav bezüglich des nichtnegativen Orthanten von E^m. Daher folgt aus Satz 4.5

$$\Omega(f, S, X) = \bigcup_{\alpha} \Omega\left(\sum_{i=1}^{m} \alpha_i f_i, S, X\right), \tag{2.28}$$

wobei die Vereinigung über alle

$$\alpha = (\alpha_1, \alpha_2, \ldots, \alpha_m) \in \Omega(\varphi, E^m, T)$$

gebildet wird.

Wegen der Monotonie von φ und wegen $\alpha \geqq 0$ folgt nach Satz 4.4

$$\Omega\left(\sum_{i=1}^{m} \alpha_i f_i, S, X\right) = \sum_{i=1}^{m} \alpha_i \Omega(f_i, S_i, X). \tag{2.29}$$

Vergleicht man (2.28) und (2.29), so ergibt sich (2.27).
Damit ist der Satz bewiesen.

Als eine weitere Anwendung folgt aus Satz 4.5

Satz 4.7: *Seien E, E_1* BANACH-*Räume, $A\colon E \to E_1$ linear und beschränkt, $\varphi\colon E_1 \to E^1$ konkav und stetig. Dann gilt für einen beliebigen verallgemeinerten Punkt $X = \{x^{(k)}\}$, $x^{(k)} \in E$,*

$$\Omega(\varphi \circ A, E, X) = \bigcup_{l} A^* l, \tag{2.30}$$

wobei die Vereinigung über alle $l \in \Omega(\varphi, E_1, Y)$, $Y = \{A(x^{(k)})\}$, gebildet wird.

Zum Beweis dieses Satzes benötigen wir das folgende

Lemma 4.8: *Seien E ein* BANACH-*Raum und $\lambda \in E^*$. Dann gilt für einen beliebigen verallgemeinerten Punkt $X = \{x^{(k)}\}$, $x^{(k)} \in E$,*

$$\Omega(\lambda, E, X) = \lambda.$$

Beweis: Offensichtlich ist $\lambda \in \Omega(\lambda, E, X)$. Für ein beliebiges Element $\lambda' \in \Omega(\lambda, E, X)$ gilt

$$\lambda'(x) \leqq \lambda(x) + t, \quad x \in E, \quad t < \infty.$$

Daraus folgt

$$\lambda''(x) = \lambda'(x) - \lambda(x) \leqq t < \infty, \quad x \in E,$$

und damit $\lambda'' = 0$. Aus der Annahme $\lambda''(x_0) \neq 0$ für ein $x_0 \in E$ folgt mit $\lambda''(x_0) > 0$ für beliebiges $\gamma > 0$

$$\frac{1}{\gamma} \lambda''(\gamma x_0) = \lambda''(x_0) \leqq \frac{t}{\gamma}.$$

Für $\gamma \to \infty$ erhält man hieraus $\lambda''(x_0) \leqq 0$ im Widerspruch zur Voraussetzung. Also gilt $\lambda'' = 0$ und damit auch $\lambda' = \lambda$.

Beweis von Satz 4.7: Der lineare Operator A ist konkav bezüglich des Kegels $\{0\}$. Ferner ist offenbar jedes Funktional monoton bezüglich dieses Kegels. Damit folgt aus Satz 4.5 und Lemma 4.8

$$\Omega(\varphi \circ A, E, X) = \bigcup_l \Omega(l \circ A, E, X) = \bigcup_l A^*l ,$$

wobei $l \in \Omega(\varphi, E_1, Y)$.

§ 3. Weitere Eigenschaften von Stützfunktionalen

3.1. In diesem Paragraphen wird die Aussage von Satz 4.4 über Stützfunktionale von positiven Linearkombinationen konkaver Funktionale auf den Fall unendlich vieler Summanden übertragen.

Es gilt der folgende

Satz 4.9: *Seien E ein* BANACH-*Raum, $S_k \subset E$, $k = 1, 2, \ldots$, offene konvexe Mengen und $S = \bigcap_{k=1}^{\infty} S_k$ eine nichtleere offene Menge. Seien ferner f_k, $k = 1, 2, \ldots$, auf S_k stetige konkave Funktionale, und für jedes $x \in S$ existiere das Funktional f mit*

$$f(x) = \sum_{k=1}^{\infty} \alpha_k f_k(x) , \quad \alpha_k > 0 , \quad k = 1, 2, \ldots . \tag{3.1}$$

Außerdem sei für jedes x', das mit seiner d-Umgebung zu S gehört,

$$\sum_{k=1}^{\infty} \alpha_k |f_k(x)| \leqq c \quad \text{mit} \quad ||x - x'|| \leqq d , \quad d > 0 . \tag{3.2}$$

Dann gilt

$$\Omega(f, S, x') = \sum_{k=1}^{\infty} \alpha_k \Omega(f_k, S_k, x') . \tag{3.3}$$

Bemerkung: f ist offensichtlich ein auf S konkaves Funktional, das nach (3.2) in $x' \in S$ beschränkt und folglich nach Lemma 4.2 in einer gewissen Umgebung dieses Punktes stetig ist. Somit ist $\Omega(f, S, x') \neq \emptyset$.

Zum Beweis des Satzes 4.9 benötigt man das folgende

Lemma 4.10: *Seien E ein* BANACH-*Raum, $S \subset E$ nichtleer, offen und konvex; ferner sei $\bar{f}: S \to E^1$ konkav und in $x' \in S$ beschränkt. Dann ist $\Omega(\bar{f}, S, x') \neq \emptyset$ beschränkt und schwach* abgeschlossen.*

Beweis: Es ist $\Omega(\bar{f}, S, x') \neq \emptyset$ nach obiger Bemerkung. Für ein $l \in \Omega(\bar{f}, S, x')$ gilt

$$l(z) \geqq \bar{f}(x' + z) - \bar{f}(x') . \tag{3.4}$$

Dabei sei $z \in E$ ein beliebiges Element aus der Kugel um x' mit einem hinreichend kleinen Radius $\varrho > 0$. Ersetzt man in (3.4) z durch $-z$, so folgt

$$\bar{f}(x' + z) - \bar{f}(x') \leqq l(z) \leqq -\bar{f}(x' - z) + \bar{f}(x')\,, \quad ||z|| \leqq \varrho\,. \tag{3.5}$$

Da $\bar{f}$ auf der ϱ-Umgebung von x' beschränkt ist, existiert ein $c > 0$, so daß wegen (3.5) gilt

$$|l(z)| \leqq 2c\,, \quad ||z|| \leqq \varrho\,,$$

und damit

$$||l|| = \max_{||z|| = \varrho} \frac{l(z)}{\varrho} \leqq \frac{2c}{\varrho}\,. \tag{3.6}$$

Damit ist die Beschränktheit der Menge $\Omega(\bar{f}, S, x')$ gezeigt.

Ist l^* ein Element der Abschließung von $\Omega(\bar{f}, S, x')$ im Sinne der schwachen* Topologie von E^*, so gilt für beliebige $x \in E$

$$l^*(x) = \lim_{k \to \infty} l^{(k)}(x)\,, \quad l^{(k)} \in \Omega(\bar{f}, S, x')\,.$$

Für $x \in S$ und beliebiges natürliches k ist

$$l^{(k)}(x - x') \geqq \bar{f}(x) - \bar{f}(x')\,.$$

Für $k \to \infty$ erhält man daraus

$$l^*(x - x') \geqq \bar{f}(x) - \bar{f}(x')\,, \quad x \in S\,,$$

und somit $l^* \in \Omega(\bar{f}, S, x')$.

Das Lemma ist bewiesen.

Wir interpretieren nun den Ausdruck $\sum_{k=1}^{\infty} \alpha_k \Omega(f_k, S_k, x')$ aus (3.3). Sei l_k, $k = 1, 2, \ldots$, ein beliebiges Element von $\Omega(f_k, S_k, x')$. Aus (3.5), aus der Konvergenz der Reihe $\sum_{k=1}^{\infty} \alpha_k f_k(x)$ für jedes $x \in S$ und aus der Linearität der Funktionale l_k folgt die Konvergenz der Reihe $\sum_{k=1}^{\infty} \alpha_k l_k(x)$ für jedes $x \in E$ gegen ein additives homogenes Funktional l, welches nach (3.2) ein Element von E^* ist.

Mit $\sum_{k=1}^{\infty} \alpha_k \Omega(f_k, S_k, x')$ bezeichnen wir die Menge der linearen Funktionale $l \in E^*$ der Form

$$l(x) = \sum_{k=1}^{\infty} \alpha_k l_k(x)\,, \quad x \in E\,, \quad l_k \in \Omega(f_k, S_k, x')\,, \quad k = 1, 2, \ldots.$$

B e w e i s von S a t z 4.9: 1. O. B. d. A. nehmen wir $x' = 0$, $f_k(x') = 0$, $k = 1, 2, \ldots$, an. Für $l_k \in \Omega(f_k, S_k, x')$, also

$$f_k(x) \leqq l_k(x)\,, \quad x \in S_k\,, \quad k = 1, 2, \ldots,$$

ist

$$f(x) = \sum_{k=1}^{\infty} \alpha_k f_k(x) \leqq \sum_{k=1}^{\infty} \alpha_k l_k(x)\,, \quad x \in S\,,$$

und demnach

$$\sum_{k=1}^{\infty} \alpha_k l_k \in \Omega(f, S, x') .$$

Somit gilt

$$\sum_{k=1}^{\infty} \alpha_k \Omega(f_k, S_k, x') \subset \Omega(f, S, x') . \tag{3.7}$$

2. Wir betrachten nun das TICHONOW-Produkt

$$T = \prod_{k=1}^{\infty} T_k$$

mit $T_k = \Omega(f_k, S_k, x')$. Nach Lemma 4.10 ist $T_k \neq \emptyset$ beschränkt und schwach* abgeschlossen und folglich in der schwachen* Topologie kompakt. Nach dem Satz von TICHONOW ist dann T in derjenigen Topologie kompakt, deren Umgebungsbasis aus den Mengen

$$Q_{i_1, i_2, \ldots, i_r}(u_{i_1}, u_{i_2}, \ldots, u_{i_r}) = \prod_{i=1}^{\infty} E_i$$

besteht, wobei

$$E_i = \begin{cases} E^*, & i \neq i_1, \quad i_2, \ldots, i_r, \\ u_{i_\alpha}, & i = i_\alpha, \quad \alpha = 1, 2, \ldots, r. \end{cases}$$

Dabei ist $\{u_i\}$ eine Umgebungsbasis von E^*, durch die die schwache* Topologie erzeugt wird; $i_1, i_2, \ldots, i_r$ sind beliebige (endlich viele) Indizes.

Seien $l \in \Omega(f, S, x')$ und f gegeben durch

$$f(x) = \sum_{k=1}^{n} \alpha_k f_k(x) + r_n(x) , \quad x \in S ,$$

mit

$$r_n(x) = \sum_{k=n+1}^{\infty} \alpha_k f_k(x) , \quad x \in S , \quad n = 1, 2, \ldots .$$

Nach (3.2) ist r_n konkav und auf einer Umgebung von $x' = 0$ stetig. Deshalb ist nach Satz 4.4

$$l(x) = \sum_{k=1}^{n} \alpha_k l_k^{(n)}(x) + g_n(x)$$

mit $l_k^{(n)} \in \Omega(f_k, S_k, x')$, $k = 1, 2, \ldots, n$; $g_n \in \Omega(r_n, S, x')$.

Es sei $\bar{l}_n = (l_1^{(n)}, l_2^{(n)}, \ldots)$ mit beliebigen $l_k^{(n)} \in \Omega(f_k, S_k, x')$ für $k \geqq n + 1$. Bekanntlich hat eine beliebige unendliche Teilmenge einer kompakten Menge T stets einen Häufungspunkt. Der Grenzpunkt der Folge $\bar{l}_n$ sei $\bar{l} = (l_1, l_2, \ldots)$ mit $l_k \in \Omega(f_k, S_k, x')$, $k = 1, 2, \ldots$. Dann gilt

$$l = \sum_{k=1}^{\infty} \alpha_k l_k . \tag{3.8}$$

Zum Beweis von (3.8) seien $x \in S$ und $\varepsilon > 0$ beliebig fest. Man wählt dann solche Indizes $t(x, \varepsilon)$, so daß für $n \geqq t(x, \varepsilon)$ gilt

$$|r_n(x)| \leqq \varepsilon , \quad |r_n(-x)| \leqq \varepsilon . \tag{3.9}$$

Wegen $\sum_{k=t+1}^{n} \alpha_k l_k^{(n)} + g_n \in \Omega(r_t, S, x')$ und (3.9) gilt für $t \geqq t(x, \varepsilon)$ und $n > t$

$$-\varepsilon \leqq r_t(x) \leqq l(x) - \sum_{k=1}^{t} \alpha_k l_k^{(n)}(x)$$
$$= \sum_{k=t+1}^{n} \alpha_k l_k^{(n)}(x) + g_n(x)$$
$$\leqq -r_t(-x) \leqq \varepsilon$$

und damit

$$\left| l(x) - \sum_{k=1}^{t} \alpha_k l_k^{(n)}(x) \right| \leqq \varepsilon \,, \qquad n > t \,, \qquad t \geqq t(x, \varepsilon) \,. \tag{3.10}$$

Wählt man eine Indexfolge $\{n_t\}$ mit

$$l_k(x) = \lim_{t \to \infty} l_k^{(n_t)}(x) \,, \qquad k = 1, 2, \ldots, t \,, \qquad t \geqq t(x, \varepsilon) \,,$$

so ergibt sich für $n = n_t \to \infty$ und $t \geqq t(x, \varepsilon)$ aus (3.10)

$$\left| l(x) - \sum_{k=1}^{t} \alpha_k l_k(x) \right| \leqq \varepsilon \,. \tag{3.11}$$

Hieraus folgt unmittelbar

$$l(x) = \sum_{k=1}^{\infty} \alpha_k l_k(x) \,, \qquad x \in S \,.$$

Da S einen inneren Punkt enthält, folgt (3.8) und damit

$$\Omega(f, S, x') \subset \sum_{k=1}^{\infty} \alpha_k \Omega(f_k, S_k, x') \,. \tag{3.12}$$

Aus (3.7) und (3.12) ergibt sich schließlich (3.3), womit der Satz bewiesen ist.

3.2. Seien B eine σ-Algebra von Teilmengen der Menge $\mathcal{K}$ und λ ein auf B definiertes, nichtnegatives σ-additives Funktional (d. h. ein Maß). Wir bezeichnen $L_p(\mathcal{K}, B, \lambda)$, $p \in [1, \infty)$, mit den Banach-Raum der λ-meßbaren Funktionale $\varphi: \mathcal{K} \to E^1$, für die gilt

$$||\varphi||_p = \int_{\mathcal{K}} |\varphi(t)|^p \, \lambda(dt) < \infty \,.$$

Mit $L_\infty(\mathcal{K}, B, \lambda)$ bezeichnen wir den Banach-Raum der λ-meßbaren Funktionale $\varphi: \mathcal{K} \to E^1$, für die gilt:

$$||\varphi||_\infty = \operatorname{vrai}\sup_{t \in \mathcal{K}} |\varphi(t)| = \inf_N \sup_{t \in \mathcal{K} \setminus N} |\varphi(t)| < \infty$$

mit N Teilmenge von $\mathcal{K}$ vom Maße Null. Wir betrachten die Familie der Funktionale f_t, $t \in \mathcal{K}$, mit $f_t(x) = f(x, t)$, $x \in S$, wobei S eine offene konvexe Teilmenge von E ist, und setzen voraus, daß f_t für beliebige feste $t \in \mathcal{K}$ auf S konkav und stetig ist und daß für beliebige feste $x \in S$ gilt $\varphi_x \in L_1(\mathcal{K}, B, \lambda)$ mit $\varphi_x(t) = f(x, t)$, $t \in \mathcal{K}$.

Das Funktional $f_{\mathcal{K}}: S \to E^1$ mit

$$f_{\mathcal{K}}(x) = \int_{\mathcal{K}} f(x, t)\, \lambda(dt)\,, \qquad x \in S\,,$$

ist endlich und konvex. Die Endlichkeit folgt dabei aus den obigen Aussagen. Die Konvexität folgt so: Wegen f_t, $t \in \mathcal{K}$, konkav und $\lambda \geqq 0$ folgt für beliebige $x', x'' \in S$ und $0 < \alpha < 1$

$$\begin{aligned} f_{\mathcal{K}}(\alpha x' + (1-\alpha)\, x'') &= \int_{\mathcal{K}} f(\alpha x' + (1-\alpha)\, x'', t)\, \lambda(dt) \\ &\geqq \alpha \int_{\mathcal{K}} f(x', t)\, \lambda(dt) + (1-\alpha) \int_{\mathcal{K}} f(x'', t)\, \lambda(dt) \\ &= \alpha f_{\mathcal{K}}(x') + (1-\alpha)\, f_{\mathcal{K}}(x'')\,. \end{aligned}$$

Das Ziel der folgenden Betrachtungen ist die Untersuchung der Struktur der Menge $\Omega(f_{\mathcal{K}}, S, x')$. Dazu sind einige weitere Aussagen erforderlich, die in den folgenden Lemmata bereitgestellt werden.

Seien E, E_1 Banach-Räume, $Q \neq \{0\}$ ein Unterraum von E. Der Operator $A: Q \to E_1$ heißt auf Q *linear*, wenn für beliebige $x', x'' \in Q$ und beliebige $\alpha', \alpha'' \in E^1$ mit

$$\alpha' x' + \alpha'' x'' \in Q$$

gilt

$$A(\alpha' x' + \alpha'' x'') = \alpha' A(x') + \alpha'' A(x'')\,.$$

Wir setzen

$$\|A\|_Q = \sup_{x \in Q, x \neq 0} \frac{\|A(x)\|}{\|x\|}\,.$$

Der Operator A heißt auf Q *beschränkt*, wenn $\|A\|_Q < \infty$.

Lemma 4.11: *Seien E, E_1 Banach-Räume, $Q \neq \{0\}$ ein Unterraum von E und $\{A_\alpha\}$ eine Folge auf Q linearer, beschränkter Operatoren $A_\alpha: Q \to E_1$. Sei σ irgendeine Topologie, für die E_1 ein separierter linearer topologischer Raum und in der die Einheitskugel $\{y \in E_1: \|y\| \leqq 1\}$ abgeschlossen ist. Zu jedem $x \in Q$ existiere eine in dieser Topologie kompakte Menge $C(x) \subset E_1$, so daß gilt*

$$C'(x) = \{y: y = A_\alpha x,\ \alpha = 1, 2, \ldots\} \subset C(x)\,,$$

wobei

$$\|A_\alpha x\| \leqq \varrho\, \|x\| \quad \text{für} \quad \alpha \geqq \alpha(x)\,, \quad \varrho > 0\,.$$

Dann existiert ein auf Q linearer, beschränkter Operator $A: Q \to E_1$, so daß $A(x) \in C(x)$ Häufungspunkt von $C'(x)$ für jedes $x \in Q$ ist.[1]

Beweis: Wenn das direkte Produkt

$$C = \prod_{x \in Q} C(x)$$

[1] Wenn $C'(x)$ eine einelementige Menge ist, so gilt trivialerweise $A(x) = C'(x)$ (Anm. d. H.).

der kompakten Mengen $C(x)$ durch die TICHONOW-Topologie topologisiert wird, so ist C nach dem Satz von TICHONOW kompakt. Wir bezeichnen die Elemente von C mit $\vec{y} = \{y(x)\}_{x \in Q}$ und den Grenzpunkt der Folge $\{\vec{y}_\alpha\}$, $\vec{y}_\alpha = \{A_\alpha(x)\}_{x \in Q}$, $\vec{y}_\alpha \in C$, $\alpha = 1, 2, \ldots$, mit $\vec{y}^* = \{y^*(x)\}_{x \in Q}$. Die Existenz von $\vec{y}^*$ folgt aus der Kompaktheit von C. Gesucht wird der Operator $A: Q \to E_1$ mit $A(x) = y^*(x)$, $x \in Q$.

Aus der Definition der TICHONOW-Topologie und des Punktes $\vec{y}$ folgt, daß für beliebige $x \in Q$ das Element $A(x)$ Häufungspunkt von $C'(x)$ ist. Wir zeigen, daß A ein linearer Operator ist. Es seien $x', x'' \in Q$, $\lambda', \lambda'' \in E^1$ und $x_\lambda = \lambda' x' + \lambda'' x'' \in Q$. Aus der Stetigkeit von $(x', x'') \to \lambda' x' + \lambda'' x''$ in der gegebenen Topologie σ folgt, daß zu jeder Nullumgebung δ_0 in E_1 zwei Nullumgebungen δ_1, δ_2 existieren, so daß gilt

$$\delta_0 \supset \lambda' \delta_1 + \lambda'' \delta_2 \,. \tag{3.13}$$

Wählen wir nun Indizes $\alpha = \alpha(\delta_0, \delta_1, \delta_2)$ mit

$$\left.\begin{aligned} A_\alpha(x') \in A(x') + \delta_1 \,, \quad A_\alpha(x'') \in A(x'') + \delta_2 \,, \\ A_\alpha(\lambda' x' + \lambda'' x'') \in A(\lambda' x' + \lambda'' x'') + \delta_3 \,, \end{aligned}\right\} \tag{3.14}$$

wobei δ_3 eine beliebige Nullumgebung ist, so folgt aus (3.13)

$$\begin{aligned} \lambda' A_\alpha(x') + \lambda'' A_\alpha(x'') \in \lambda' A(x') + \lambda'' A(x'') + \lambda' \delta_1 + \lambda'' \delta_2 \subset \\ \subset \lambda' A(x') + \lambda'' A(x'') + \delta_0 \,. \end{aligned} \tag{3.15}$$

Wegen (3.14), (3.15) und der Linearität von A_α haben die Umgebungen δ_0, δ_3 der Punkte $\lambda' A(x') + \lambda'' A(x'')$ bzw. $A(\lambda' x' + \lambda'' x'')$ einen nichtleeren Durchschnitt. Folglich gilt

$$\lambda' A(x') + \lambda'' A(x'') = A(\lambda' x' + \lambda'' x'') \,.$$

Also ist der Operator A linear. Die Beschränktheit von A auf Q folgt daraus, daß für jedes $x \in Q$ eine von x abhängige Teilfolge $\{\alpha_k\}$ der Indexfolge $\{\alpha\}$ existiert, so daß $\{A_{\alpha_k}(x)\}$ gegen $A(x)$ in der Topologie σ konvergiert. Indem wir die Abgeschlossenheit der Kugel $\{y \in E_1 : ||y|| \leqq \varrho \, ||x||\}$ bezüglich σ und die Ungleichung $||A_\alpha(x)|| \leqq \varrho \, ||x||$ für $\alpha \geqq \alpha(x)$ berücksichtigen, folgt

$$||A(x)|| \leqq \varrho ||x||$$

und damit $||A||_Q \leqq \varrho$. Das Lemma ist bewiesen.

Lemma 4.12: *Die Menge de Funktionale $\varphi \subset L_1(\mathcal{K}, B, \lambda)$, für die fast überall auf der Menge $\mathcal{K}$ gilt*

$$|\varphi(t)| \leqq \bar{\varphi}(t) \quad \text{mit} \quad \bar{\varphi} \in L_1(\mathcal{K}, B, \lambda) \,, \tag{3.16}$$

ist kompakt in der schwachen Topologie von $L_1(\mathcal{K}, B, \lambda)$.

Beweis: Wir betrachten die Einheitskugel C_1 des BANACH-Raumes $L_\infty(\mathcal{K}, B, \lambda)$, d. h. die Gesamtheit der Funktionale $\varphi' \in L_\infty(\mathcal{K}, B, \lambda)$, die fast überall auf der Menge $\mathcal{K}$ der Bedingung $|\varphi'(t)| \leqq 1$ genügen, und bezeichnen die Menge der durch (3.16) definierten Funktionale mit Q. Der Operator $\Psi : L_\infty \to L_1$, durch den jedem Funktional $\varphi' \in L_\infty(\mathcal{K}, B, \lambda)$ das Funktional $\varphi'\bar{\varphi} \in L_1(\mathcal{K}, B, \lambda)$ zugeordnet wird, bildet C_1 in Q ab. Die Menge Q ist ein vollständiges Bild von C_1, da zu jedem $\varphi \in Q$ ein $\varphi' \in C_1$ existiert, so daß gilt

$$\varphi'(t) \cdot \bar{\varphi}(t) = \varphi(t), \qquad t \in \mathcal{K}\,.$$

Man setzt dazu

$$\varphi'(t) = \begin{cases} \dfrac{\varphi(t)}{\bar{\varphi}(t)} & \text{für} \quad t \in \mathcal{K}\,, \quad \bar{\varphi}(t) \neq 0\,, \\ 0 & \text{für} \quad t \in \mathcal{K}\,, \quad \bar{\varphi}(t) = 0\,. \end{cases}$$

$L_\infty(\mathcal{K}, B, \lambda)$ ist zu $L_1(\mathcal{K}, B, \lambda)$ dual; daher ist die Menge C_1 in der schwachen* Topologie kompakt.

Zu zeigen bleibt, daß $\Psi\colon L_\infty \to L_1$ stetig ist, wobei in $L_\infty(\mathcal{K}, B, \lambda)$ die schwache* Topologie und in $L_1(\mathcal{K}, B, \lambda)$ die schwache Topologie erklärt ist. Dann folgt die Behauptung des Lemmas aus der bekannten Aussage, daß das stetige Bild einer kompakten Menge kompakt ist.

Zum Beweis der Stetigkeit von Ψ hat man nur zu zeigen, daß das Urbild einer beliebigen Nullumgebung von $L_1(\mathcal{K}, B, \lambda)$ in einer Nullumgebung des Urbildraumes $L_\infty(\mathcal{K}, B, \lambda)$ enthalten ist. Es sei U eine beliebige Nullumgebung von $L_1(\mathcal{K}, B, \lambda)$, also eine Menge von Funktionalen $\varphi \in L_1(\mathcal{K}, B, \lambda)$ mit

$$\int_{\mathcal{K}} \varphi(t)\, \varphi_\alpha'(t)\, d\lambda < 1\,, \qquad \alpha = 1, 2, \dots, p\,,$$

wobei $\varphi_1', \varphi_2', \dots, \varphi_p'$ ein beliebiges endliches System von Elementen aus dem Raum $L_\infty(\mathcal{K}, B, \lambda)$ ist. Die Menge V der Elemente $\varphi' \in L_\infty(\mathcal{K}, B, \lambda)$ mit

$$\int_{\mathcal{K}} \varphi'(t)\, \bar{\varphi}(t)\, \varphi_\alpha'(t)\, \lambda(dt) < 1\,, \qquad \alpha = 1, 2, \dots, p\,,$$

ist eine Nullumgebung von $L_\infty(\mathcal{K}, B, \lambda)$, und es gilt $\Psi(V) \subset U$. Damit ist die Stetigkeit von Ψ gezeigt.

3.3. Seien E ein Banach-Raum, $S \subset E$ offen und konvex, B_1 das System der λ-meßbaren Teilmengen von $\mathcal{K}$, $F \in B_1$ und

$$f_F(x) = \int_F f(x, t)\, \lambda(dt)\,, \qquad x \in S\,.$$

Insbesondere kann dabei $F = \mathcal{K}$ sein. Nach den zu Beginn von Abschnitt 3.2 gemachten Annahmen sind f_t und f_F endlich und konkav auf S.

Es sei $\int_{\mathcal{K}} |f(x, t)|\, \lambda(dt)$ auf einer gewissen in S enthaltenen Umgebung von $x' \in S$ gleichmäßig beschränkt. Demnach existiert ein $c > 0$ mit

$$\int_{\mathcal{K}} |f(x, t)|\, \lambda(dt) \leqq c \quad \text{für} \quad \|x - x'\| \leqq d\,, \quad d > 0\,. \tag{3.17}$$

Aus (3.17) folgt die Beschränktheit (und damit auch die Stetigkeit) von f_F für beliebiges $F \in B_1$ auf einer gewissen in S liegenden Umgebung von $x' \in S$.

Es sei $\Gamma \subset E$ abzählbar und überall dicht in E. Mit beliebigen $x', x'' \in \Gamma$ und beliebigen rationalen Zahlen r', r'' sei auch $r'x' + r''x'' \in \Gamma$. Mit Hilfe der

Funktionale $y\colon (S \cap \Gamma) \times \mathcal{K} \to E^1$ mit

$$y_x \in L_1(\mathcal{K}, B, \lambda)\,, \quad y_x(t) = y(x, t)\,, \quad t \in \mathcal{K}\,,$$

für jedes feste $x \in S \cap \Gamma$ bildet man die Familie der auf S definierten Funktionale μ_F mit

$$\mu_F = \int_F y(x, t)\, \lambda(dt)\,, \quad F \in B_1\,.$$

Lemma 4.13: *Seien für das Funktional $f\colon S \times \mathcal{K} \to E^1$ mit $f_t\colon S \to E^1$ konkav und stetig, $\varphi_x\colon \mathcal{K} \to E^1$, $\varphi_x \in L_1(\mathcal{K}, B, \lambda)$, und $f_t(x) = f(x, t)$, $x \in S$, $\varphi_x(t) = f(x, t)$, $t \in \mathcal{K}$, die zu Beginn von Abschnitt 3.3 formulierten Bedingungen erfüllt. Die in (3.17) geforderte Zahl c existiere für $x' = 0 \in S$, $f(0, t) = 0$, $t \in \mathcal{K}$. Sei ferner das Funktional μ_F für jedes $F \in B_1$ linear auf $S \cap \Gamma$ und*

$$\mu_F(x) \geqq f_F(x)\,, \quad x \in S \cap \Gamma\,, \quad F \in B_1\,. \tag{3.18}$$

Dann existiert ein Funktional $l\colon E \times \mathcal{K} \to E^1$ mit

$$l_t(x) = l(x, t)\,, \quad x \in E\,, \quad t \in \mathcal{K}\,,$$

das den Bedingungen genügt:

a) *für beliebiges festes $t \in \mathcal{K}$ gilt*

$$l_t \in \Omega(f_t, S, 0)\,,$$

b) *für beliebiges festes $x \in E$ gilt*

$$l \in L_1(\mathcal{K}, B, \lambda)\,,$$

c) *für beliebiges festes $F \in B_1$ gilt $l_F \in E^*$ mit*

$$l_F(x) = \int_F l(x, t)\, \lambda(dt)$$

und

$$l_F(x) = \mu_F(x) \text{ für } x \in S \cap \Gamma.$$

Beweis: Wir setzen für beliebige $x, \alpha x, x_1, x_2, x_1 + x_2 \in S \cap \Gamma$, $\alpha \in E^1$,

$$H(x) = \{t \in \mathcal{K}: y(x, t) < f(x, t)\}\,,$$
$$H_1(x_1, x_2) = \{t \in \mathcal{K}: y(x_1, t) + y(x_2, t) > y(x_1 + x_2, t)\}\,,$$
$$H_2(x_1, x_2) = \{t \in \mathcal{K}: y(x_1, t) + (y(x_2, t) < y(x_1 + x_2, t)\}\,,$$
$$H(x, \alpha) = \{t \in \mathcal{K}: \alpha y(x, t) \neq y(\alpha x, t)\}\,.$$

Offensichtlich sind alle eingeführten Mengen in B_1 enthalten. Aus (3.18) folgt für beliebige $x \in S$

$$\lambda(H(x)) = 0\,,$$

da andernfalls die Beziehung (3.18) für $F = H(x)$ verletzt wäre. Aus der Linearität von μ_F auf $S \cap \Gamma$ folgt

$$\lambda(H_1(x_1, x_2)) = \lambda(H_2(x_1, x_2)) = 0\,,$$

da sonst die Additivität des Funktionals μ_F auf $S \cap \Gamma$ entweder für $F = H_1(x_1, x_2)$ oder für $F = H_2(x_1, x_2)$ verletzt ist. Analog wird $\lambda(H(x, \alpha)) = 0$ gezeigt.

Wir setzen

$$\mathcal{K}' = \mathcal{K} \setminus \{[\bigcup_{x \in S \cap \Gamma} H(x)] \cup [\bigcup_{x_1, x_2 \in S \cap \Gamma} H(x_1, x_2)] \cup [\bigcup_{\substack{x,\, \alpha x \in S \cap \Gamma \\ \alpha \in R}} H(x, \alpha)]\},$$

mit $H(x_1, x_2) = H_1(x_1, x_2) \cup H_2(x_1, x_2)$ und der Menge R der rationalen Zahlen. Wegen der vorangegangenen Betrachtungen und der Abzählbarkeit der Mengen in den geschweiften Klammern ist

$$\lambda(\mathcal{K}) = \lambda(\mathcal{K}'), \tag{3.19}$$

woraus für beliebiges $t \in \mathcal{K}'$ die Linearität von $y: (S \cap \Gamma) \times \mathcal{K} \to E^1$ auf $S \cap \Gamma$ und

$$y(x, t) \geqq f(x, t), \quad x \in S \cap \Gamma, \tag{3.20}$$

folgen. Sei $t \in \mathcal{K}'$. Für beliebiges $x \in S$ wählen wir eine Folge $\{x^{(k)}\}, x^{(k)} \in S \cap \Gamma$, die gegen x konvergiert. Ferner wählen wir für beliebiges $\delta > 0$ eine solche natürliche Zahl $n(\delta)$. daß gilt

$$||x^{(k+p)} - x^{(k)}|| \leqq \delta, \quad k \geqq n(\delta), \quad p = 1, 2, \ldots.$$

Wird δ so klein gewählt, daß S die δ-Umgebung von $0 \in S$ enthält, so ergibt sich für $k \geqq n(\delta)$, $p = 1, 2, \ldots$

$$x^{(k+p)} - x^{(k)} \in S \cap \Gamma, \quad -x^{(k+p)} + x^{(k)} \in S \cap \Gamma.$$

Nach (3.20) ist

$$f(x^{(k+p)} - x^{(k)}, t) \leqq y(x^{(k+p)} - x^{(k)}, t) \leqq -f(x^{(k)} - x^{(k+p)}, t). \tag{3.21}$$

Setzt man

$$\omega_t(\delta) = \sup_{||x|| \leqq \delta,\, x \in S} |f(0, t) - f(x, t)| = \sup_{||x|| \leqq \delta,\, x \in S} |f(x, t)|,$$

so folgt aus (3.21), da f bezüglich x stetig ist,

$$|y(x^{(k+p)} - x^{(k)}, t)| = |y(x^{(k+p)}, t) - y(x^{(k)}, t)| \leqq \omega_t(\delta),$$

wobei $\lim_{\delta \to 0} \omega_t(\delta) = 0$. Für jedes $\varepsilon > 0$ kann daher $\delta_t(\varepsilon)$ so bestimmt werden, daß $\omega_t(\delta) \leqq \varepsilon$ gilt und folglich für $k \geqq n(\delta_t(\varepsilon)) = \bar{n}_t(\varepsilon)$

$$|y(x^{(k+p)}, t) - y(x^{(k)}, t)| \leqq \varepsilon$$

ist. Somit ist $\{y(x^{(k)}, t)\}$ eine Fundamentalfolge, für die wegen der Vollständigkeit von E ein $x \in E$ existiert mit

$$l(x, t) = \lim_{k \to \infty} y(x^{(k)}, t), \quad t \in \mathcal{K}'. \tag{3.22}$$

Der Wert $l(x, t)$ in (3.22) ändert sich nicht, wenn man die Folge $\{x^{(k)}\}$ durch eine andere gegen x konvergierende Folge von Elementen aus $S \cap \Gamma$ ersetzt, so daß $l(x, t)$ für $x \in S$ und $t \in \mathcal{K}'$ eindeutig bestimmt ist. Offensichtlich ist

$$l(x, t) = y(x, t), \quad x \in S \cap \Gamma, \quad t \in \mathcal{K}'.$$

Wir zeigen die Linearität von l auf S für beliebiges $t \in \mathcal{K}'$. Für beliebige $x \in S$ mit $x = \alpha_1 x_1 + \alpha_2 x_2$, $x_1, x_2 \in S$ und $\alpha_1, \alpha_2 \in E^1$ wählt man Folgen

$$\{\alpha_1^{(k)}\}, \{\alpha_2^{(k)}\}, \{x_1^{(k)}\}, \{x_2^{(k)}\} \quad \text{mit} \quad \alpha_1^{(k)}, \alpha_2^{(k)} \in R,$$

$x_1^{(k)}, x_2^{(k)} \in S \cap \Gamma$, $k = 1, 2, \ldots$, die gegen α_1, α_2, x_1 bzw. x_2 konvergieren. Dann erhält man für beliebiges $t \in \mathcal{K}'$

$$\begin{aligned} l(x, t) &= l(\alpha_1 x_1 + \alpha_2 x_2, t) = \lim_{k\to\infty} l(\alpha_1^{(k)} x_1^{(k)} + \alpha_2^{(k)} x_2^{(k)}, t) \\ &= \lim_{k\to\infty} \alpha_1^{(k)} \lim_{k\to\infty} l(x_1^{(k)}, t) + \lim_{k\to\infty} \alpha_2^{(k)} \lim_{k\to\infty} l(x_2^{(k)}, t) = \alpha_1 l(x_1, t) + \alpha_2 l(x_2, t). \end{aligned}$$

Durch

$$l(x, t) = \varrho l\left(\frac{x}{\varrho}, t\right), \qquad \frac{x}{\varrho} \in S, \quad \varrho > 0, \quad x \notin S,$$

setzen wir l für jedes $t \in \mathcal{K}'$ auf den gesamten Raum E fort.

Wegen der Linearität von l auf S ist $l(x, t)$ nicht von ϱ abhängig. Offensichtlich ist l_t mit $l_t(x) = l(x, t)$ für beliebiges $t \in \mathcal{K}'$ auf E linear.

Aus der Definition von l_t und der Stetigkeit von f_t erhalten wir wegen (3.20)

$$l_t(x) = l(x, t) \geqq f(x, t), \quad x \in S, \quad t \in \mathcal{K}'. \tag{3.23}$$

Wenn jetzt zusätzlich für l_t, $t \in \mathcal{K} \setminus \mathcal{K}'$, beliebige Elemente aus $\Omega(f_t, S, 0)$ genommen werden, so ist die Familie der Funktionale $l_t\colon E \to E^1$, $t \in \mathcal{K}$, mit $l_t(x) = l(x, t)$, $x \in E$, bestimmt. Das dadurch definierte Funktional l genügt wegen (3.23) der Bedingung a) des Lemmas und ist für festes $x \in E$ Limes von auf $\mathcal{K}$ erklärten λ-meßbaren Funktionalen. Somit ist l ebenfalls λ-meßbar auf $\mathcal{K}$. Für beliebiges festes $F \in B_1$ folgt aus (3.17) und (3.23) für $\|x\| \leqq d$

$$\begin{aligned} |l(F, x)| &= \left|\int_F l(x, t)\lambda(dt)\right| \leqq \int_F |l(x, t)|\, \lambda(dt) \\ &\leqq \int_F \max\{|f(x, t)|, |f(-x, t)|\}\, \lambda(dt) \leqq 2c. \end{aligned} \tag{3.24}$$

Aus (3.24) folgt die Beschränktheit von l_F und die Gültigkeit der Bedingung b) des Lemmas für l. Daher ist $l_F \in E^*$. Wegen $y(x, t) = l(x, t)$, $x \in S \cap \Gamma$, $t \in \mathcal{K}'$, gilt

$$l_F(x) = \mu_F(x), \; x \in S \cap \Gamma.$$

l genügt also auch der Bedingung c) des Lemmas. Damit ist der Beweis vollständig geführt.

3.4. Der folgende Satz zeigt, daß sich die Menge $\Omega(f, S, x')$ mit Hilfe der Mengen $\Omega(f_t, S, x')$, $t \in \mathcal{K}$, darstellen läßt.

Unter $\int_{\mathcal{K}} \Omega(f_t, S, x')\lambda(dt)$ verstehen wir die Menge aller Integrale $\int_{\mathcal{K}} l(x, t)\,\lambda(dt)$. Für festes $t \in \mathcal{K}$ sei $l_t \in \Omega(f_t, S, x')$ mit $l(x, t) = l_t(x)$, $x \in E$, und für festes $x \in E$ sei $l \in L_1(\mathcal{K}, B, \lambda)$.

Satz 4.14: *Seien E ein separabler* BANACH-*Raum, $S \subset E$ offen und konvex, $f_t: S \to E^1$, $t \in \mathcal{K}$, mit $f_t(x) = f(x, t)$, $x \in S$, konkav und stetig. Sei bei festem $x \in S$ für $\varphi_x \in L_1(\mathcal{K}, B, \lambda)$ mit*

$$\varphi_x(t) = f(x, t), \quad t \in \mathcal{K} ,$$

die Bedingung (3.17) *erfüllt. Dann gilt für beliebiges $x' \in S$*

$$\Omega(f_{\mathcal{K}}, S, x') = \int_{\mathcal{K}} \Omega(f_t, S, x') \, \lambda(dt) . \tag{3.25}$$

Beweis: 1. O. B. d. A. wählen wir $x' = 0$ und $f(0, t) = 0$, $t \in \mathcal{K}$. Dann ergibt sich aus

$$l(x, t) \geqq f(x, t), \quad x \in S ,$$

durch Integration nach t

$$\Omega(f_{\mathcal{K}}, S, 0) \supset \int_{\mathcal{K}} \Omega(f_t, S, 0) \, \lambda(dt) .$$

Zum Beweis der Gültigkeit von (3.25) benötigt man

$$\Omega(f_{\mathcal{K}'}, S, 0) \subset \int_{\mathcal{K}} \Omega(f_t, S, 0) \, \lambda(dt) , \tag{3.26}$$

worauf sich die folgenden Überlegungen beziehen.

2. Sei $\Gamma_1 \subset E$ abzählbar und überall dicht in E und $0 \in \Gamma_1$. Dann ist

$$\Gamma = \bigcup_{\alpha_1, \alpha_2 \in R} [\alpha_1 \Gamma_1 + \alpha_2 \Gamma_2] ,$$

wobei R die Menge der rationalen Zahlen bedeutet, ebenfalls abzählbar. Sei $S \cap \Gamma = \{x_k \colon k = 1, 2, \ldots\}$ und

$$f_k(t) = \max_{1 \leqq q \leqq k} |f(x_q, t)|, \quad t \in \mathcal{K}.$$

Da f_k auf $\mathcal{K}$ λ-summierbar ist, existiert zu jedem $\varepsilon_k > 0$ eine meßbare Menge $T_0^{(k)} \subset \mathcal{K}$ mit

$$\int_{T_0^{(k)}} | f(x_q, t) | \, \lambda(dt) \leqq \int_{T_0^{(k)}} f_k(t) \, \lambda(dt) \leqq \varepsilon_k, \tag{3.27}$$

$$0 < \lambda_k = \lambda(\mathcal{K} \setminus T_0^{(k)}) < \infty ,$$

$$|f(x_q, t)| \leqq f_k(t) \leqq M(k) < \infty , \quad t \in T^{(k)} = \mathcal{K} \setminus T_0^{(k)} ,$$

$$q = 1, 2, \ldots, k .$$

Wir setzen

$$n'(k) = \frac{2M(k)}{\varepsilon_k'} , \qquad \varepsilon_k' = \frac{\varepsilon_k}{\lambda_k} ,$$

und führen die meßbaren Mengen ein

$$T^{(k)}_{i_1, i_2, \ldots, i_k} = \{t \colon -M(k) + i_q \varepsilon_k' \leqq f(x_q, t) \leqq -M(k) + (i_q + 1) \, \varepsilon_k', \; q = 1, 2, \ldots, k\}$$

mit $0 \leqq i_q \leqq n'(k)$, $1 \leqq q \leqq k$, auf denen jeweils die Schwankung des beliebigen Funktionals $f_q \colon \mathcal{K} \to E^1$, $q = 1, 2, \ldots, k$, mit $f_q(t) = f(x_q, t)$, $t \in \mathcal{K}$, ε_k' nicht übersteigt. Die Mengen $T^{(k)}_{i_1,i_2,\ldots,i_k}$ sind paarweise elementfremd; ihre Vereinigung stimmt mit $T^{(k)} = \mathcal{K} \setminus T^{(k)}_0$ überein. Wir bezeichnen die Mengen $T^{(k)}_{i_1,i_2,\ldots,i_k}$ mit Ausnahme derjenigen vom Maße Null vorläufig mit nur einem Index und erhalten dabei die Mengen $T^{(k)}_i$, $i = 1, 2, \ldots, n(k)$, mit folgenden Eigenschaften

$$\bigcup_{0\leqq i\leqq n(k)} T^{(k)}_i = \mathcal{K}, \quad T^{(k)}_{i_1} \cap T^{(k)}_{i_2} = \emptyset, \quad 0 \leqq i_1 < i_2 \leqq n(k)\,, \tag{3.28}$$

$$|f(x_q, t') - f(x_q, t'')| \leqq \frac{\varepsilon_k}{\lambda_k}, \quad t', t'' \in T^{(k)}_i, \quad 1 \leqq q \leqq k\,, \tag{3.29}$$

für $i = 1, 2, \ldots, n(k)$.

3. Sei $l_{\mathcal{K}} \in \Omega(f_{\mathcal{K}}, S, 0)$. Setzen wir

$$f^{(k)}_i(x) = \int_{T^{(k)}_i} f(x, t)\,\lambda(dt), \qquad 0 \leqq i \leqq n(k)\,,$$

so folgt nach (3.28)

$$f_{\mathcal{K}}(x) = \sum_{i=0}^{n(k)} f^{(k)}_i(x), \qquad x \in S\,,$$

und nach (3.17) ergibt sich für $||x|| \leqq d$, $d > 0$,

$$|f^{(k)}_i(x)| \leqq \int_{T^{(k)}_i} |f(x,t)|\,\lambda(dt) \leqq \int_{\mathcal{K}} |f(x, t)|\,\lambda(dt) \leqq c\,.$$

Daraus folgt die Beschränktheit des Funktionals $f^{(k)}_i$ im Punkt $x' = 0$.

Da außerdem $f^{(k)}_i$ offensichtlich auf S konkav ist, kann man unter Verwendung von Lemma 4.2 das Funktional $f_{\mathcal{K}}$ als endliche Summe von Funktionalen darstellen, die auf S konkav und auf einer Umgebung des Punktes $x' = 0$ stetig sind. Somit sind die Voraussetzungen von Satz 4.4 erfüllt. Für das gegebene Funktional $l_{\mathcal{K}} \in \Omega(f_{\mathcal{K}}, S, 0)$ gilt daher

$$l_{\mathcal{K}}(x) = \sum_{i=0}^{n(k)} y^{(k)}_i(x), \quad y^{(k)}_i \in \Omega(f^{(k)}_i, S, 0), \quad x \in S\,.$$

Für die Familie der linearen Funktionale $y^{(k)}_t\colon S \to E^1$ mit

$$y^{(k)}_t(x) = y^{(k)}(x, t) = \begin{cases} \dfrac{y^{(k)}_i(x)}{\lambda_i}, & t \in T^{(k)}_i, \quad i = 1, 2, \ldots, n(k), \\ 0, & t \in T^{(k)}_0\,, \end{cases}$$

wobei $x \in S$, gilt offensichtlich

$$l_{\mathcal{K}}(x) - \int_{\mathcal{K}} y^{(k)}(x, t)\,\lambda(dt) = y^{(k)}_0(x)$$

mit $y^{(k)}_0 \in \Omega(f^{(k)}_0, S, 0)$ und damit

$$f^{(k)}_0(x) \leqq y^{(k)}_0(x) \leqq -f^{(k)}_0(-x), \qquad x, -x \in S\,.$$

Für $x = x_{q'}$, $-x = x_q$, $k(q) = \max\{q, q'\}$ folgt hieraus wegen (3.27)

$$|y_0^{(k)}(x_q)| \leqq \varepsilon_k, \quad k \geqq k(q).$$

Folglich gilt für $-x_q \in S$

$$\left| l_{\mathcal{K}}(x_q) - \int_{\mathcal{K}} y^{(k)}(x_q, t)\, \lambda(dt) \right| \leqq \varepsilon_k, \quad k \geqq k(q), \quad q = 1, 2, \ldots . \tag{3.30}$$

Für $x = x_q$, $1 \leqq q \leqq k$, und $t \in T_i^{(k)}$, $1 \leqq i \leqq n(k)$, erhält man aus (3.29) unter Berücksichtigung der Definition des Funktionals $y_i^{(k)}$

$$y^{(k)}(x_q, t) = \frac{y_i^{(k)}(x_q)}{\lambda_k} \geqq \frac{f_i^{(k)}(x_q)}{\lambda_k} \geqq f(x_q, t) - \frac{\varepsilon_k}{\lambda_k}. \tag{3.31}$$

Für eine beliebige Menge $F \in B_1$ ergibt sich wegen (3.27) und (3.31) die Abschätzung

$$\begin{aligned} \int_F y^{(k)}(x_q, t)\, \lambda(dt) &= \int_{F \cap T^{(k)}} y^{(k)}(x_q, t)\, \lambda(dt) \\ &\geqq \int_F f(x_q, t)\, \lambda(dt) - 2\varepsilon_k , \\ q &= 1, 2, \ldots, k. \end{aligned} \tag{3.32}$$

Wir setzen $\varepsilon_k = 2^{-k}$, $k = 1, 2, \ldots$, und definieren das Funktional $\varphi\colon \mathcal{K} \to E^1$ gemäß

$$\begin{aligned} \varphi(t) &= \frac{\varepsilon_1}{\lambda_1}, \quad t \in T^{(1)}, \\ \varphi(t) &= \frac{\varepsilon_2}{\lambda_2}, \quad t \in T^{(2)} \setminus T^{(1)}, \\ &\ldots\ldots\ldots\ldots\ldots\ldots \\ \varphi(t) &= \frac{\varepsilon_k}{\lambda_k}, \quad t \in T^{(k)} \setminus T^{(k-1)}, \\ &\ldots\ldots\ldots\ldots\ldots\ldots \\ \varphi(t) &= 0, \quad t \in \mathcal{K} \setminus \bigcup_{1 \leqq i < \infty} T^{(i)}. \end{aligned}$$

Es ist offensichtlich

$$\int_{\mathcal{K}} \varphi(t)\, \lambda(dt) \leqq \sum_{i=1}^{\infty} \varepsilon_i = 1 \text{ und somit } \varphi \in L_1(\mathcal{K}, B, \lambda).$$

O. B. d. A. sei $T^{(1)} \subset T^{(2)} \subset \ldots$, also $\lambda_1 \leqq \lambda_2 \leqq \ldots$. Dann folgt aus (3.31)

$$y^{(k)}(x_q, t) \geqq f(x_q, t) - \varphi(t), \quad t \in T^{(k)}, \quad 1 \leqq q \leqq k,$$

woraus wegen $x_{q'} = -x_q \in S$ für $k > k(q) = \max\{q, q'\}$ folgt

$$f(x_q, t) - \varphi(t) \leqq y^{(k)}(x_q, t) \leqq -f(-x_q, t) + \varphi(t), \; t \in T^{(k)}. \tag{3.33}$$

Sei für festes $t \in T^{(k)}$ die Zahl $\xi_q'(t)$ das Maximum der $k(q) + 1$ Zahlen

$$|y^{(i)}(x_q, t)|, \quad i = 1, 2, \ldots, k(q) - 1, \quad |f(x_q, t)|, \quad |f(-x_q, t)|,$$

und sei $\xi_q(t) = \xi'_q(t) + \varphi(t)$. Dann gilt für das Funktional $\xi_q\colon T^{(k)} \to E^1$ offensichtlich $\xi_q \in L_1(\mathcal{K}, B, \lambda)$. Nach Definition von $y_t^{(k)}$ ist

$$y^{(k)}(x, t) = 0, \quad t \in \mathcal{K} \setminus T^{(k)}, \quad x \in S .$$

Daraus folgt wegen der Nichtnegativität von $\xi_q(t)$ und wegen (3.33)

$$|y^{(k)}(x_q, t)| \leqq \xi_q(t), \quad t \in \mathcal{K}, \quad k = 1, 2, \ldots, \quad -x_q \in S . \tag{3.34}$$

Weiterhin folgt aus (3.33) und (3.17) für $||x_q|| \leqq d$ und $k \geqq k(q)$

$$\int_{\mathcal{K}} |y^{(k)}(x_q, t)|\, \lambda(dt) \leqq \int_{\mathcal{K}} \max\{|f(x_q, t)|, |f(-x_q, t)|\}\, \lambda(dt) + \int_{\mathcal{K}} \varphi(t)\, \lambda(dt)$$
$$\leqq 2c + 1 . \tag{3.35}$$

Für beliebiges $x_q \neq 0$, $q = 1, 2, \ldots$, kann man eine rationale Zahl $r_q > 0$ derart wählen, daß gilt

$$\frac{d}{2} \leqq r_q\, ||x_q|| \leqq d . \tag{3.36}$$

Da es ein q_1 gibt mit $x_{q_1} = r_q x_q$, gilt nach (3.35) und (3.36) für $k \geqq k(q_1)$

$$\int_{\mathcal{K}} |y^{(k)}(x_{q_1}, t)|\, \lambda(dt) = r_q \int_{\mathcal{K}} |y^{(k)}(x_q, t)|\, \lambda(dt) \leqq 2c + 1 .$$

Dann folgt mit (3.36)

$$\int_{\mathcal{K}} |y^{(k)}(x_q, t)|\, \lambda(dt) \leqq \varrho\, ||x_q||, \quad \varrho = \frac{2(2\,c + 1)}{d} > 0, \quad k \geqq k'(q). \tag{3.37}$$

4. Wir führen die Familie der Operatoren $A^{(i)}\colon E \to L_1(\mathcal{K}, B, \lambda)$, $i = 1, 2, \ldots$, ein mit

$$A^{(i)}(x) = y_t^{(i)}(x) = y^{(i)}(x, t), \quad t \in \mathcal{K}, \quad x \in E .$$

Offensichtlich ist $A^{(i)}$ ein linearer beschränkter Operator. Für ein beliebiges Element

$$x_q \in S' \cap \Gamma, \quad S' = S \cap (-S) ,$$

genügt die Menge der Bilder $A^{(i)}(x_q)$, $i = 1, 2, \ldots$, der Ungleichung (3.34) und gehört daher nach Lemma 4.12 einer gewissen kompakten Teilmenge des mit der schwachen Topologie versehenen Raumes $L_1(\mathcal{K}, B, \lambda)$ an. Außerdem liegt nach (3.37) für beliebiges $x_q \in S' \cap \Gamma$ die Menge der Bilder $A^{(i)}(x_q)$ für $i \geqq k'(q)$ in einer Kugel um den Ursprung mit dem Radius $\varrho\, ||x_q||$, $\varrho > 0$. Berücksichtigt man ferner die schwache Abgeschlossenheit der Einheitskugel in $L_1(\mathcal{K}, B, \lambda)$, so existiert nach Lemma 4.11 ein linearer beschränkter Operator $A\colon S' \cap \Gamma \to L_1(\mathcal{K}, B, \lambda)$ mit der Eigenschaft, daß für jedes $x \in S' \cap \Gamma$ das Element $A(x) = y_t(x) = y(x, t)$, $t \in \mathcal{K}$, ein Häufungspunkt der Menge $\{y\colon y = A^{(i)}(x),\ i = 1, 2, \ldots\}$ ist im Sinne der schwachen Konvergenz der Elemente von $L_1(\mathcal{K}, B, \lambda)$.

Sei $x \in S' \cap \Gamma$ beliebig, $F \in B_1$. Da das Funktional φ_F mit

$$\varphi_F(t) = \begin{cases} 1, & t \in F , \\ 0, & t \in \mathcal{K} \setminus F , \end{cases}$$

ein Element von $L_\infty(\mathcal{K}, B, \lambda) = L_1^*(\mathcal{K}, B, \lambda)$ ist, existiert eine von x abhängige Folge $\{i_\alpha\}$ mit

$$\lim_{k\to\infty} \int_{\mathcal{K}} y^{(i_\alpha)}(x, t)\varphi_F(t)\lambda(dt) = \lim_{k\to\infty} \int_F y^{(i_\alpha)}(x, t)\,\lambda(dt) = \int_F y(x, t)\,\lambda(dt)\,. \tag{3.38}$$

Für $k = i_\alpha \to \infty$ und $x_q = x$ erhält man aus (3.32) wegen (3.38)

$$f_F(x) = \int_F f(x, t)\,\lambda(dt) \leqq \int_F y(x, t)\,\lambda(dt) = \mu_F(x),\ x \in S' \cap \Gamma\,.$$

μ_F ist aus einem auf $S' \cap \Gamma$ linearen Operator und einem linearen Funktional zusammengesetzt und daher selbst ein lineares Funktional auf $S' \cap \Gamma$.

Da also y den Voraussetzungen von Lemma 4.13 genügt, existiert ein Funktional l mit

$$l(x, t) = l_t(x),\quad x \in S' \cap \Gamma\,,\quad l_t \in \Omega(f_t, S', 0),\ t \in \mathcal{K}\,, \tag{3.39}$$

$$\int_{\mathcal{K}} |l(x, t)|\,\lambda(dt) < \infty\,,$$

so daß

$$\int_{\mathcal{K}} l(x, t)\,\lambda(dt) = l_{\mathcal{K}}^*(x)\,,$$

wobei $l_{\mathcal{K}}^* \in E^*$ mit

$$l_{\mathcal{K}}^*(x) = \int_{\mathcal{K}} y(x, t)\,\lambda(dt),\quad x \in S' \cap \Gamma\,. \tag{3.40}$$

Da 0 innerer Punkt von $S' \subset S$ ist, erhalten wir aus (3.39)

$$l_t \in \Omega(f_t, S, 0),\quad t \in \mathcal{K}\,. \tag{3.41}$$

Aus (3.30) folgt

$$l_{\mathcal{K}}(x) = \int_{\mathcal{K}} y(x, t)\,\lambda(dt),\quad x \in S' \cap \Gamma\,,$$

und mit (3.40)

$$\int_{\mathcal{K}} l(x, t)\,\lambda(dt) = l_{\mathcal{K}}(x),\quad x \in S' \cap \Gamma\,. \tag{3.42}$$

In (3.42) ist $l_{\mathcal{K}} \in E^*$, S' eine offene Menge und Γ überall dicht in S'; somit gilt

$$l_{\mathcal{K}}(x) = \int_{\mathcal{K}} l(x, t)\,\lambda(dt),\ x \in E\,. \tag{3.43}$$

Die Beziehungen (3.41), (3.43) sind äquivalent mit

$$l_{\mathcal{K}} \in \int_{\mathcal{K}} \Omega\,(f_t, S, 0)\,\lambda(dt)\,.$$

Da $l_{\mathcal{K}} \in \Omega(f_{\mathcal{K}}, S, 0)$ beliebig wählbar war, gilt (3.26).
Der Satz ist damit vollständig bewiesen.

3.5. Die Voraussetzungen über f bei der Darstellung (3.25) könnten stark abgeschwächt werden, wenn nicht die Forderung (3.17) wäre. Diese Forderung ist scheinbar stärker als die naheliegende Voraussetzung der Beschränktheit des Funktionals $f_{\mathcal{K}}$, die $\Omega(f_{\mathcal{K}}, S, x') \neq \emptyset$ sichert.

In der Tat ist jedoch die Annahme (3.17) äquivalent mit der Forderung der Beschränktheit des Funktionals $f_{\mathcal{K}}$ im Punkte x'. Diese Tatsache wird in Satz 4.16 bewiesen.

Lemma 4.15[1]**):** *Seien E ein separabler* BANACH-*Raum, $S \subset E$ eine offene Menge und $x' \in S$; $f\colon S \times \mathcal{K} \to E^1$ genüge den in Satz 4.14 genannten Voraussetzungen mit Ausnahme der Forderung* (3.17). *Dann existiert eine Familie linearer Funktionale l_t, $t \in \mathcal{K}$, mit $l_t(x) = l(x, t)$, $x \in S$, für die gilt:*

a) *für beliebiges festes $t \in \mathcal{K}$ ist $l_t \in \Omega(f_t, S, 0)$,*
b) *für beliebiges festes $x \in E$ ist $l \in L_1(\mathcal{K}, B, \lambda)$.*

Beweis: O. B. d. A. sei $x' = 0$ und $f(0, t) = 0$, $t \in \mathcal{K}$. Es sei $x_\alpha \in S'$, $\alpha = 1, 2, \ldots$, ein abzählbares und in S' überall dichtes System von Elementen, wobei $S' = S \cap \{x\colon \|x\| \leqq 1\}$.

Für $x \in S'$ setzen wir

$$V_q(x) = \left\{ t \in \mathcal{K}\colon \frac{1}{q} \leqq |f(x, t)| \right\}, \quad q = 1, 2, \ldots,$$

und

$$\mathcal{K}_0 = \mathcal{K} \setminus \bigcup_{\alpha, q} V_q(x_\alpha)\,.$$

Aus der Stetigkeit von f in x für beliebiges festes $t \in \mathcal{K}$ folgt für $t \in \mathcal{K}_0$

$$f(x, t) = 0 \quad \text{für} \quad x \in S'\,. \tag{3.44}$$

Die Elemente der Folge der λ-meßbaren Mengen $V_q(x_\alpha)$ bezeichnen wir kurz mit V_n, $n = 1, 2, \ldots$. Nach Definition der Mengen V_n und der λ-Summierbarkeit von f ist für beliebiges festes $x \in S$ und jedes natürliche n

$$\mu(V_n) < \infty\,. \tag{3.45}$$

Führen wir für $x \in S'$ und $k = 1, 2, \ldots$ die Mengen

$$U_k(x) = \{t \in \mathcal{K}\colon |f(x, t)| \leqq k\}, \quad x \in S',$$
$$U_k = \{t \in \mathcal{K}\colon \sup_{x \in S'} |f(x, t)| \leqq k\}, \quad k = 1, 2, \ldots,$$

ein, so folgt aus der Stetigkeit von f in x

$$U_k = \bigcap_\alpha U_k(x_\alpha), \quad k = 1, 2, \ldots\,.$$

Aus der λ-Meßbarkeit der Mengen $U_k(x_\alpha)$ ergibt sich die λ-Meßbarkeit jeder der Mengen U_k.

Die Mengen

$$U_k^{(n)} = (V_n \setminus V_{n-1}) \cap (U_k \setminus U_{k-1}), \quad k = 1, 2, \ldots, n = 1, 2, \ldots,$$
$$U_0 = V_0 = \emptyset$$

sind paarweise elementfremd. Erneute Anwendung der Stetigkeit von f in x für festes t ergibt

$$\bigcup_k U_k = \mathcal{K}$$

---

[1]) Der Beweis dieses Lemmas wurde dem Autor von A. D. IOFFE mitgeteilt.

und weiter

$$\bigcup_{k,n} U_k^{(n)} = \bigcup_n V_n = \mathcal{K} \setminus \mathcal{K}_0 . \tag{3.46}$$

Wir setzen für $U_k^{(n)} \neq \emptyset$

$$f_k^{(n)}(x) = \int_{U_k^{(n)}} f(x, t)\, \lambda(dt) .$$

Aus der Definition der Menge $U_k^{(n)}$ erhalten wir wegen (3.45) für jedes $x \in S'$

$$\int_{U_k^{(n)}} |f(x, t)|\, \lambda(dt) \leqq k\lambda(U_k^{(n)}) \leqq k\lambda(V_n) < \infty ; \tag{3.47}$$

also genügt das Funktional f auf der Menge $U_k^{(n)}$ der Forderung (3.17). Gemäß (3.47) ist das Funktional $f_k^{(n)}$ im Punkte $x = 0$ beschränkt und folglich ist $\Omega(f_k^{(n)}, S, 0) \neq \emptyset$. Wir wählen nun ein beliebiges $l_k^{(n)} \in \Omega(f_k^{(n)}, S, 0)$. Da das Funktional $f_k^{(n)}$ allen Voraussetzungen von Satz 4.14 genügt, existiert eine Familie linearer Funktionale $l_t' : S \to E^1$, $t \in U_k^{(n)}$, mit

$$l_t'(x) = l'(x, t), \qquad x \in E ,$$

so daß gilt:

$$l_t' \in \Omega(f_t, S, 0), \qquad t \in U_k^{(n)} . \tag{3.48}$$

Für beliebiges festes $x \in E$ ist das Funktional l' λ-meßbar auf $U_k^{(n)}$. Wir setzen

$$l(x, t) = l_t(x) = \begin{cases} l'(x, t), & t \in \bigcup_{k,n} U_k^{(n)} , \\ 0, & t \in \mathcal{K}_0 , \end{cases} \qquad x \in E ,$$

und erhalten so die gesuchte Familie linearer Funktionale l_t, $t \in \mathcal{K}$.

Tatsächlich besitzen diese Funktionale gemäß (3.44), (3.46) und (3.48) die Eigenschaft a). Die Eigenschaft b) folgt aus der λ-Meßbarkeit von l als Funktional von $t \in \mathcal{K}$ bei beliebigem festen $x \in E$ und aus der Ungleichung

$$\begin{aligned} \int_{\mathcal{K}} |\, l(x, t) \,|\, \lambda(dt) &\leqq \int_{\mathcal{K}} \max \{ |f(x, t)|, |f(-x, t)| \} \lambda(dt) \\ &\leqq \int_{\mathcal{K}} |f(x, t)|\, \lambda(dt) + \int_{\mathcal{K}} |f(-x, t)|\, \lambda(dt) < \infty , \\ & \qquad x \in S ,\ -x \in S , \end{aligned}$$

die sich gemäß Eigenschaft a) ergibt.

Das Lemma ist bewiesen.

Wir beweisen nun die zu Beginn dieses Abschnittes aufgestellte Behauptung in

Satz 4.16: *Seien die in Lemma 4.15 genannten Voraussetzungen erfüllt. Dann ist die Forderung (3.17) zu der Beschränktheit des Funktionals $f_{\mathcal{K}}$ mit*

$$f_{\mathcal{K}}(x) = \int_{\mathcal{K}} f(x, t)\, \lambda(dt), \qquad x \in S ,$$

im Punkte x' äquivalent.

Beweis: 1. Für den Beweis des Satzes genügt es zu zeigen, daß aus der Beschränktheit des Funktionals $f_{\mathcal{K}}$ im Punkt x' die Gültigkeit der Bedingung (3.17) folgt. Wir setzen o. B. d. A. $x' = 0$ und $f(0, t) = 0$, $t \in \mathcal{K}$.

Nach Lemma 4.15 gibt es eine Familie von linearen Funktionalen l_t, $t \in \mathcal{K}$, mit $l_t(x) = l(x, t)$, $x \in S$, die die Eigenschaften a) und b) des Lemmas besitzen. Diese Familie erzeugt einen linearen Operator $A: E \to L_1(\mathcal{K}, B, \lambda)$ gemäß

$$A(x) = l(x, t), \quad t \in \mathcal{K},$$

wobei x ein beliebiges festes Element aus E ist.

Wir zeigen, daß A beschränkt ist, indem wir Satz 1.12 (Satz über den abgeschlossenen Graphen) anwenden. Dazu sei $\{x^{(k)}\}$, $x^{(k)} \in E$, eine beliebige Folge mit $\lim_{k\to\infty} x^{(k)} = 0$, für die

$$l^{(0)} = \lim_{k\to\infty} A(x^{(k)}) \tag{3.49}$$

mit $l^{(0)} \in L_1(\mathcal{K}, B, \lambda)$ existiert.

Wenn wir $l^{(0)} = 0$ zeigen, so folgt nach Satz 1.12 die Beschränktheit des Operators A.

Gemäß (3.49) ist

$$\lim_{k\to\infty} \int_{\mathcal{K}} |l^{(0)}(t) - l(x^{(k)}, t)| \, \lambda(dt) = 0 .$$

Daher existiert nach einer bekannten Eigenschaft des Raumes $L_1(\mathcal{K}, B, \lambda)$ eine Teilfolge $\{k_\alpha\}$ der Folge $\{k\}$ mit

$$\lim_{k\to\infty} l(x^{(k_\alpha)}, t) = l^{(0)}(t), \quad t \in \mathcal{K}', \quad \mathcal{K}' \subset \mathcal{K}, \tag{3.50}$$

wobei $\lambda(\mathcal{K} \setminus \mathcal{K}') = 0$.

Wegen der Eigenschaft a) der Familie l_t, $t \in \mathcal{K}$, ist

$$|l(x, t)| \leqq \max \{ |f(x, t)|, |f(-x, t)| \}, \quad t \in \mathcal{K}, \quad x \in S, \quad -x \in S .$$

Daraus folgt wegen (3.50), der Stetigkeit von f in x und $\lim_{\alpha\to\infty} x^{(k_\alpha)} = 0$

$$l^{(0)}(t) = 0 \quad \text{für} \quad t \in \mathcal{K}', \quad \lambda(\mathcal{K} \setminus \mathcal{K}') = 0 ,$$

also $l^{(0)} = 0$.

Daher ist A ein beschränkter Operator.

2. Sei $F \in B$ beliebig, $||x - x'|| = ||x|| \leqq d$, $x \in S$, wobei

$$\left| \int_{\mathcal{K}} f(x, t) \, \lambda(dt) \right| \leqq c' \quad \text{für} \quad ||x|| \leqq d .$$

Aus der Eigenschaft a) der Familie l_t, $t \in \mathcal{K}$, und der Beschränktheit des Operators A erhalten wir

$$\int_F f(x, t) \, \lambda(dt) \leqq \int_F l(x, t) \, \lambda(dt) \leqq \int_{\mathcal{K}} |l(x, t)| \, \lambda(dt) \leqq c'' \, ||x|| , \tag{3.51}$$

wobei $c'' = ||A||$.

Wir setzen

$$F'_x = \{t\colon f(x,t) \geqq 0, \quad t \in \mathcal{K}\}\,,$$

$$F''_x = \{t\colon f(x,t) < 0, \quad t \in \mathcal{K}\}$$

und erhalten wegen

$$\left|\int_{\mathcal{K}} f(x,t)\,\lambda(dt)\right| = \left|\int_{F'_x} f(x,t)\,\lambda(dt) + \int_{F''_x} f(x,t)\,\lambda(dt)\right| \leqq c'$$

sofort

$$\int_{\mathcal{K}} |f(x,t)|\,\lambda(dt) = \int_{F'_x} f(x,t)\,\lambda(dt) - \int_{F''_x} f(x,t)\,\lambda(dt) \leqq c' + 2\int_{F'_x} f(x,t)\,\lambda(dt)\,. \tag{3.52}$$

Aus (3.52) und (3.51) ergibt sich für $F = F'_x$ die gesuchte Abschätzung (3.17) mit $c = c' + 2c''d$.

Der Satz ist bewiesen.

Als Folgerung aus Satz 4.16 ergibt sich, daß die Bedingungen (3.2) und (3.17), die in Satz 4.9 bzw. Satz 4.14 auftreten, durch die Forderung der Beschränktheit des Funktionals $f_{\mathcal{K}}$ in x' ersetzt werden können.

Satz 4.14 führt zu einer allgemeinen Darstellung der Stützfunktionale von Funktionalen $f = \varphi \circ \Phi$ mit $\varphi \in L_\infty(\mathcal{K}, B, \lambda)$, $\Phi\colon E \to L_1(\mathcal{K}, B, \lambda)$ konvex. Indem man diesen Satz mit Satz 4.5 kombiniert, kann man eine allgemeine Darstellung der Elemente von $\Omega(f, S, x')$ mit $f = \varphi \circ \Phi$ finden, wobei φ ein auf $L_1(\mathcal{K}, B, \lambda)$ monotones konkaves Funktional und Φ der in Satz 4.5 benutzte Operator sind. Auf diese Frage kommen wir im Kapitel 7 zurück.

§ 4. Spezielle duale Probleme und Optimalitätskriterien

4.1. Nach der allgemeinen Vorschrift zur Bildung dualer Probleme in Kapitel 2, § 2, erhielten wir insbesondere duale lineare Probleme. In diesem Paragraphen werden einige Klassen konvexer Optimierungsprobleme der Form

P:

$$f(x) \to \sup\,, \tag{4.1}$$

$$\Phi(x) \geqq 0(G_1)\,, \tag{4.2}$$

$$x \in G\,, \tag{4.3}$$

unter den Annahmen von Kapitel 3, Abschnitt 1.1. untersucht. Eine weitergehende Untersuchung des zu P dualen Problems

D:

$$\psi(\lambda) \to \inf, \tag{4.4}$$

$$\lambda \in G_1^*\,, \tag{4.5}$$

$$\psi(\lambda) = \sup_{x \in G}\,[f(x) + \lambda(\Phi(x))]\,, \tag{4.6}$$

führt zu speziellen Optimalitätskriterien für eine zulässige Lösung des primalen Problems P.

Die Methode zur Gewinnung von äquivalenten dualen Problemen besteht im wesentlichen in einer geeigneten Zerlegung von ψ. Dabei verwendet man die Menge

$$R^* = \{\lambda : \lambda \in G_1^*, \ \psi(\lambda) < \infty\} .$$

Für beliebige $\lambda^{(1)}, \lambda^{(2)} \in E_1^*$ und $0 \leqq \alpha \leqq 1$ gilt

$$\begin{aligned}\psi(\alpha\lambda^{(1)} + (1-\alpha)\lambda^{(2)}) &= \sup_{x\in G} [f(x) + (\alpha\lambda^{(1)} + (1-\alpha)\lambda^{(2)})(\Phi(x))] \\ &\leqq \alpha \sup_{x\in G} [f(x) + \lambda^{(1)}(\Phi(x))] + (1-\alpha) \sup_{x\in G} [f(x) + \lambda^{(2)}(\Phi(x))] \\ &= \alpha\psi(\lambda^{(1)}) + (1-\alpha)\psi(\lambda^{(2)}) .\end{aligned}$$

Daher sind R^* eine konvexe Menge und ψ ein konvexes Funktional.

Das duale Problem D besteht in der Ermittlung des Infimums eines konvexen Funktionals auf einer konvexen Menge, ist also ein konvexes Optimierungsproblem. Diese Tatsache gilt unabhängig davon, ob das primale Problem P ein konvexes Optimierungsproblem ist oder nicht.

Eine für die folgenden Betrachtungen zweckmäßige Darstellung des dualen Problems D ergibt sich durch Verwendung von Eigenschaften der Stützfunktionale.

4.2. Wir beginnen mit der Untersuchung von Optimierungsproblemen mit nichtlinearem Zielfunktional und linearen Restriktionen:

$$f(x) \to \sup , \tag{4.7}$$

$$A(x) \leqq b(G_1) , \tag{4.8}$$

$$x \geqq 0(G) . \tag{4.9}$$

Dabei seien E, E_1 BANACH-Räume, $G_1 \subset E_1$ und $G \subset E$ konvexe Kegel, S eine offene konvexe Teilmenge von E mit $G \subset S$, $f: S \to E^1$ konkav und stetig und $A: E \to E_1$ ein linearer beschränkter Operator.

Das duale Problem hat dann die Form

$$\psi(\lambda) \to \inf , \tag{4.10}$$

$$\lambda \geqq 0(G_1^*) , \tag{4.11}$$

$$\psi(\lambda) = \sup_{x\in G} [f(x) + \lambda(b - A(x))] . \tag{4.12}$$

Wir formen zunächst ψ um.

Sei $l \in \widetilde{S}_f \subset E^*$; dann gilt wegen (2.14)

$$\tilde{f}_S(l) = \sup_{x\in S} [f(x) - l(x)] < \infty .$$

Es ist somit

$$\psi(\lambda) \leqq \psi(\lambda, l) = \sup_{x\in G} [l(x) + \tilde{f}_S(l) + \lambda(b - A(x))]$$

mit $\lambda \geqq 0(G_1^*)$, $l \in \tilde{S}_f$, also

$$\psi(\lambda) \leqq \psi_1(\lambda) = \inf_{l \in \tilde{S}_f} \psi(\lambda, l). \tag{4.13}$$

Wir zeigen $\psi(\lambda) = \psi_1(\lambda)$, $\lambda \geqq 0(G_1^*)$. Im Falle $\psi(\lambda) = \infty$ folgt dies aus (4.13). Im Falle $\psi(\lambda) < \infty$ gilt

$$\lim_{k \to \infty} [f(x^{(k)}) + \lambda(b - A(x))] = \psi(\lambda), \quad x^{(k)} \in G .$$

Wir setzen

$$f_\lambda(x) = f(x) + \varphi_\lambda(x), \quad \varphi_\lambda(x) = \lambda(b - A(x)), \quad x \in G .$$

Gemäß Satz 4.1 existiert ein Funktional $g \in \Omega(f_\lambda, S, \{x^{(k)}\})$ mit

$$\sup_{x \in G} [g(x) + \tilde{f}_\lambda(g)] = \psi(\lambda) . \tag{4.14}$$

Unter Verwendung von Satz 4.3 stellen wir g in der Form

$$g = l' + l'' \tag{4.15}$$

dar, wobei $l' \in \Omega\,(f, S, \{x^{(k)}\})$, $l'' \in \Omega(\varphi_\lambda, E, \{x^{(k)}\})$.

Unter Berücksichtigung von (4.14), (4.15) und (2.15) erhält man

$$\psi(\lambda) = \sup_{x \in G} [l'(x) + l''(x) + \tilde{f}_S(l') + \tilde{\varphi}_{\lambda, E}(l'')] . \tag{4.16}$$

Da sich φ_λ von einem beschränkten, linearen Funktional nur durch eine Konstante unterscheidet, ist nach Lemma 4.8

$$l''(x) + \tilde{\varphi}_{\lambda, E}(l'') = \varphi_\lambda(x), \quad x \in G . \tag{4.17}$$

Aus (4.16) und (4.17) folgt

$$\psi(\lambda) = \sup_{x \in G} [l'(x) + \tilde{f}_S(l') + \lambda(b - A(x))] .$$

Dies beweist zusammen mit (4.13) die Behauptung

$$\psi(\lambda) = \psi_1(\lambda) = \inf_{l \in \tilde{S}_f} \psi(\lambda, l), \quad \lambda \geqq 0(G_1^*) . \tag{4.18}$$

Nach (4.18) hat das duale Problem die Form

$$\psi(\lambda, l) \to \inf , \tag{4.19}$$

$$\lambda \geqq 0(G_1^*), \quad l \in \tilde{S}_f , \tag{4.20}$$

$$\psi(\lambda, l) = \sup_{x \in G} [l(x) + \tilde{f}_S(l) + \lambda(b - A(x))] . \tag{4.20'}$$

Da G ein konvexer Kegel ist, folgt

$$\sup_{x \in G} [l(x) - \lambda(A(x))] = \begin{cases} 0 & \text{für} \quad l - A^*\lambda \leqq 0(G^*) , \\ \infty & \text{sonst.} \end{cases}$$

Wir erhalten auf diese Weise die folgende Darstellung des dualen Problems

$$\psi_1(\lambda, l) = \tilde{f}_S(l) + \lambda(b) \to \inf , \tag{4.21}$$

$$l \leqq A^*\lambda(G^*) , \tag{4.22}$$

$$\lambda \geqq 0(G_1^*), \quad l \in \tilde{S}_f . \tag{4.23}$$

Dabei setzen wir $\inf \psi_1(\lambda, l) = \infty$, wenn die Restriktionen (4.22) und (4.23) unverträglich sind.

Im Falle der Linearität des Funktionals $f = c$ hat man $\tilde{S}_f = \{c\}$, $\tilde{f}_S(c) = 0$ (vgl. Lemma 4.8), und das duale Problem (4.21)–(4.23) stimmt mit dem Problem (2.12) – (2.14) aus Kapitel 2, Abschnitt 2, überein.

Durch die obige Darstellung des dualen Problems erhalten wir ein aussagekräftiges Optimalitätskriterium für eine zulässige Lösung des primalen Problems.

Satz 4.17: *Gegeben seien die dualen Probleme* (4.7)–(4.9) *und* (4.21)–(4.23). *Sei* $\{x^{(k)}\} = X$ *eine zulässige Lösung von* (4.7) – (4.9) *mit* $f(X) < \infty$. *Dann gilt:*

1. *Existieren Folgen* $\{l^{(k)}\}$, $\{\lambda^{(k)}\}$, $\lambda^{(k)} \geqq 0(G_1^*)$, *mit*

$$\lim_{k\to\infty} [l^{(k)}(x^{(k)}) + \tilde{f}_S(l^{(k)})] = \lim_{k\to\infty} f(x^{(k)}), \tag{4.24}$$

$$l^{(k)} \leqq A^*\lambda^{(k)}\,(G^*), \quad k = 1, 2, \ldots, \tag{4.25}$$

$$\lim_{k\to\infty} [l^{(k)}(x^{(k)}) - \lambda^{(k)}(A(x^{(k)}))] = 0, \tag{4.26}$$

$$\lim_{k\to\infty} [\lambda^{(k)}(A(x^{(k)})) - \lambda^{(k)}(b)] = 0, \tag{4.27}$$

so ist $X = \{x^{(k)}\}$ *Lösung von* (4.7)–(4.9).

2. *Ist* $X = \{x^{(k)}\}$ *Lösung von* (4.7) – (4.9) *und gilt die Dualitätsbeziehung* $v = \tilde{v}$, *so existieren Folgen* $\{l^{(k)}\}$, $\{\lambda^{(k)}\}$, $\lambda^{(k)} \geqq 0(G_1^*)$, *so daß die Beziehungen* (4.24) – (4.27) *erfüllt sind.*

Beweis: 1. Sei $X = \{x^{(k)}\}$ eine zulässige Lösung von (4.7) – (4.9), und seien $\{l^{(k)}\}$, $\{\lambda^{(k)}\}$ Folgen, die den Bedingungen (4.24) – (4.27) genügen. Nach Satz 3.14 ist $X = \{x^{(k)}\}$ Lösung, wenn gilt

$$\lim_{k\to\infty} [f(x^{(k)}) + \lambda^{(k)}(b - A(x^{(k)}))] = \lim_{k\to\infty} \sup_{x\in G} [f(x) + \lambda^{(k)}(b - A(x))], \tag{4.28}$$

wobei die Existenz des Grenzwertes auf der linken Seite aus (4.27) folgt.

Aus der Definition des Stützfunktionals und den Beziehungen (4.24) – (4.26) folgt einerseits

$$\begin{aligned}
\alpha &= \lim_{k\to\infty} [f(x^{(k)}) + \lambda^{(k)}(b - A(x^{(k)}))] \\
&= \lim_{k\to\infty} [l^{(k)}(x^{(k)}) + \tilde{f}_S(l^{(k)}) + \lambda^{(k)}(b - A(x^{(k)}))] \\
&= \lim_{k\to\infty} \sup_{x\in G} [l^{(k)}(x) + \tilde{f}_S(l^{(k)}) + \lambda^{(k)}(b - A(x))] \\
&\geqq \overline{\lim_{k\to\infty}} \sup_{x\in G} [f(x) + \lambda^{(k)}(b - A(x))].
\end{aligned}$$

Andererseits gilt

$$\alpha \leqq \underline{\lim_{k\to\infty}} \sup_{x\in G} [f(x) + \lambda^{(k)}(b - A(x))].$$

Hieraus folgt (4.28).

2. Sei $X = \{x^{(k)}\}$ Lösung von (4.7) — (4.9) mit $f(X) < \infty$, und sei die Dualitätsbeziehung $v = \tilde{v}$ erfüllt. Wegen Satz 3.14 existiert dann eine Folge $\{\lambda^{(k)}\}$, $\lambda^{(k)} \geqq 0(G_1^*)$, die den Bedingungen (4.27) und (4.28) genügt. Aus den Überlegungen für die Herleitung des dualen Problems folgt die Existenz eines Funktionals $l^{(k)} \in \tilde{S}_f$ mit

$$\sup_{x \in G} [l^{(k)}(x) + \tilde{f}_S(l^{(k)}) + \lambda^{(k)}(b - A(x))] = \sup_{x \in G} [f(x) + \lambda^{(k)}(b - A(x))] . \quad (4.29)$$

Nach (4.27), (4.28) und (4.29) ist

$$\begin{aligned} &\lim_{k\to\infty} [f(x^{(k)}) + \lambda^{(k)}(b - A(x^{(k)}))] \\ &\quad = \lim_{k\to\infty} [l^{(k)}(x^{(k)}) + \tilde{f}_S(l^{(k)}) + \lambda^{(k)}(b - A(x^{(k)}))] \\ &\quad = \lim_{k\to\infty} \sup_{x \in G} [l^{(k)}(x) + \tilde{f}_S(l^{(k)}) + \lambda^{(k)}(b - A(x))] = f(X) < \infty . \end{aligned} \quad (4.30)$$

Hieraus folgen unmittelbar (4.24), (4.25) und (4.26).

Der Satz ist bewiesen.

Aus Satz 4.17 ergeben sich zwei Folgerungen

Folgerung 4.18: *Sei* (4.7)—(4.9) *ein lineares Optimierungsproblem, also* $f = c$, *wobei* c *ein lineares beschränktes Funktional ist. Sind für eine zulässige Lösung* $X = \{x^{(k)}\}$ *die Bedingungen* (4.25) — (4.27) *mit* $l^{(k)} = c$, $k = 1, 2, \ldots$, *erfüllt, so ist* X *Lösung.*

Folgerung 4.19: *Wenn unter den Voraussetzungen von Satz* 4.17 *das Infimum* $\tilde{v}$ *in dem dualen Problem* (4.21) — (4.23) *angenommen wird, so ist eine zulässige Lösung* $X = \{x^{(k)}\}$ *des Problems* (4.7) — (4.9) *eine Lösung, wenn* (4.25), (4.26) *und* (4.27) *mit* $l^{(k)} = l \in \Omega(f, S, \{x^{(k)}\})$, $\lambda^{(k)} = \lambda \geqq 0(G_1^*)$, $k = 1, 2, \ldots$, *erfüllt sind.*

4.3. Wir behandeln jetzt ein Optimierungsproblem der Form

$$f(x) \to \sup , \quad (4.31)$$

$$f_i(x) \geqq 0, \quad i = 1, 2, \ldots, m, \quad (4.32)$$

$$x \in G . \quad (4.33)$$

Dabei seien E ein BANACH-Raum, $G \subset E$ ein konvexer Kegel, S eine offene konvexe Teilmenge von E mit $G \subset S$, $f\colon S \to E^1$ und $f_i\colon S \to E^1$, $i = 1, 2, \ldots, m$, konkav und stetig.

Das duale Problem lautet

$$\psi(\lambda_1, \lambda_2, \ldots, \lambda_m) \to \inf , \quad (4.34)$$

$$\lambda_i \geqq 0, \quad i = 1, 2, \ldots, m, \quad (4.35)$$

$$\psi(\lambda) = \psi(\lambda_1, \lambda_2, \ldots, \lambda_m) = \sup_{x \in G} \left[f(x) + \sum_{i=1}^{m} \lambda_i f_i(x) \right] . \quad (4.36)$$

Wir formen wie in Abschnitt 4.2 das Zielfunktional ψ um und setzen dazu

$$\psi(\lambda, l, l^{(1)}, l^{(2)}, \ldots, l^{(m)}) = \sup_{x \in G} \left[l(x) + \sum_{i=1}^{m} \lambda_i l^{(i)}(x) + \tilde{f}_S(l) + \sum_{i=1}^{m} \lambda_i \tilde{f}_{i,S}(l^{(i)}) \right].$$

Wir zeigen, daß für $\lambda \geqq 0$ gilt

$$\psi(\lambda) = \psi_1(\lambda) = \inf_{l, l^{(i)}} \psi(\lambda, l, l^{(1)}, \ldots, l^{(m)}) . \tag{4.37}$$

Die Ungleichung

$$\psi(\lambda) \leqq \psi_1(\lambda), \quad \lambda \geqq 0 , \tag{4.38}$$

folgt sofort aus der Definition von $\tilde{f}_S$, $\tilde{f}_{i,S}$ und aus $\lambda_i \geqq 0$, $i = 1, 2, \ldots, m$.

Im Falle $\psi(\lambda) = \infty$ folgt (4.37) aus (4.38). Im Falle $\psi(\lambda) < \infty$ gilt

$$\lim_{k \to \infty} \left[f(x^{(k)}) + \sum_{i=1}^{m} \lambda_i f_i(x^{(k)}) \right] = \psi(\lambda), \quad x^{(k)} \in G .$$

Nach Satz 4.1, Satz 4.4 und (2.15) existieren Funktionale

$$\bar{l} \in \Omega(f, S, \{x^{(k)}\}), \quad \bar{l}^{(i)} \in \Omega(f_i, S, \{x^{(k)}\}), \quad i = 1, 2, \ldots, m,$$

mit

$$\psi(\lambda) = \psi(\lambda, \bar{l}, \bar{l}^{(1)}, \ldots, \bar{l}^{(m)}) .$$

Wegen (4.38) folgt hieraus (4.37).

Da G ein konvexer Kegel ist, folgt

$$\psi_1(\lambda) = \begin{cases} \tilde{f}_S(l) + \sum_{i=1}^{m} \lambda_i \tilde{f}_{i,S}(l^{(i)}) & \text{für} \quad l + \sum_{i=1}^{m} \lambda_i l^{(i)} \leqq 0(G^*) , \\ \infty & \text{sonst.} \end{cases}$$

Damit kann man das duale Problem (4.34) — (4.36) in folgender äquivalenter Form schreiben

$$\tilde{f}_S(l) + \sum_{i=1}^{m} \lambda_i \tilde{f}_{i,S}(l^{(i)}) \to \inf , \tag{4.39}$$

$$l + \sum_{i=1}^{m} \lambda_i l^{(i)} \leqq 0(G^*) , \tag{4.40}$$

$$\left.\begin{aligned} \lambda_i \geqq 0, \quad i = 1, 2, \ldots, m, \; l \in \tilde{S}_f, \quad l^{(i)} \in \tilde{S}_{f_i} , \\ i = 1, 2, \ldots, m . \end{aligned}\right\} \tag{4.41}$$

Aus dieser Darstellung ergibt sich leicht folgendes Optimalitätskriterium.

Satz 4.20: *Gegeben seien die dualen Probleme* (4.31)—(4.33) *und* (4.39)—(4.41). *Sei* $X = \{x^{(k)}\}$ *eine zulässige Lösung von* (4.31) — (4.33) *mit* $f(X) < \infty$. *Dann gilt:*

1. *Existieren Folgen von Funktionalen* $\{l^{(k)}\}$, $\{l^{(i,k)}\}$, $i = 1, 2, \ldots, m$, *und von* m-*dimensionalen Vektoren* $\{\lambda^{(k)}\}$, $\lambda^{(k)} \geqq 0$, *mit*

$$\left.\begin{aligned} &\lim_{k \to \infty} [l^{(k)}(x^{(k)}) + \tilde{f}_S(l^{(k)})] = \lim_{k \to \infty} f(x^{(k)}) , \\ &l^{(k)} + \sum_{i=1}^{m} \lambda_i^{(k)} l^{(i,k)} \leqq 0(G^*), \quad k = 1, 2, \ldots, \end{aligned}\right\} \tag{4.42}$$

$$\left.\begin{aligned} \lim_{k\to\infty}\left[l^{(k)}(x^{(k)}) + \sum_{i=1}^{m} \lambda_i^{(k)} l^{(i,k)}(x^{(k)})\right] &= 0\,, \\ \lim_{k\to\infty}\left[\sum_{i=1}^{m} \lambda_i^{(k)}\left(l^{(i,k)}(x^{(k)}) + \tilde{f}_{i,S}(l^{(i,k)})\right)\right] &= 0\,, \end{aligned}\right\} \tag{4.43}$$

so ist $X = \{x^{(k)}\}$ *Lösung von* (4.31) — (4.33).

2. *Ist* $X = \{x^{(k)}\}$ *Lösung von* (4.31) = (4.33) *und gilt die Dualitätsbeziehung* $v = \tilde{v}$, *so existieren Folgen* $\{l^{(k)}\}$, $\{l^{(i,k)}\}$, $\{\lambda^{(k)}\}$, $\lambda^{(k)} \geqq 0$, *so daß die Beziehungen* (4.42) *und* (4.43) *erfüllt sind.*

Den Beweis von Satz 4.20 übergehen wir, weil er sich fast nicht vom Beweis des Satzes 4.17 unterscheidet. Wir weisen lediglich darauf hin, daß beim Beweis der zweiten Aussage die Äquivalenz der Probleme (4.34) — (4.36) und (4.39) — (4.41) verwendet wird.

4.4. Wir betrachten in diesem Abschnitt Optimierungsprobleme mit differenzierbarem Operator Φ:

$$f(x) \to \sup\,, \tag{4.44}$$

$$\Phi(x) \geqq 0(G_1)\,, \tag{4.45}$$

$$x \in G\,. \tag{4.46}$$

Dabei seien E, E_1 BANACH-Räume, $G \subset E$ und $G_1 \subset E_1$ konvexe Kegel, S eine offene konvexe Teilmenge von E mit $G \subset S$, $f\colon S \to E^1$ konkav und stetig, $\Phi\colon S \to E_1$ konkav bezüglich G_1 und in jedem Punkt von S FRÉCHET-differenzierbar.

Das dazu duale Problem hat die Form

$$\psi(\lambda) \to \inf\,, \tag{4.47}$$

$$\lambda \geqq 0(G_1^*)\,, \tag{4.48}$$

$$\psi(\lambda) = \sup_{x\in G}\,[f(x) + \lambda(\Phi(x))]\,. \tag{4.49}$$

Es sei $x' \in G$. Wenn mit $A_{x'}$ das FRÉCHET-Differential des Operators Φ im Punkte x' bezeichnet wird (nach Definition ist $A_{x'}\colon E \to E_1$ ein linearer beschränkter Operator), so ist

$$\Phi(x) = \Phi(x') + A_{x'}(x - x') + y(x, x')\,, \tag{4.50}$$

wobei

$$\frac{||y(x, x')||}{||x - x'||} \to 0 \quad \text{für} \quad ||x - x'|| \to 0\,.$$

Für beliebiges $\lambda \in E_1^*$ folgt aus (4.50)

$$\lambda(\Phi(x)) = \lambda(\Phi(x')) + \lambda(A_{x'}(x - x')) + \lambda(y(x, x')),$$

wobei offensichtlich gilt

$$\frac{|\lambda(y(x, x'))|}{||x - x'||} \to 0 \quad \text{für} \quad ||x - x'|| \to 0\,.$$

Folglich ist $A_{x'}^*$ das FRÉCHET-Differential des Funktionals $\lambda \circ \Phi$ im Punkt x'.

Für $\lambda \geqq 0(G_1^*)$ ist das Funktional $\lambda \circ \Phi$ auf S konkav, und somit ist $A_{x'}^*$ das einzige Element der Menge $\Omega(\lambda \circ \Phi, S, x')$. Hieraus folgt insbesondere

$$\lambda(\Phi(x)) \leqq \lambda(A_{x'}(x)) + \lambda[\Phi(x') - A_{x'}(x')] \tag{4.51}$$

für beliebige $\lambda \geqq 0(G_1^*)$, $x \in S$.

Im Falle der Abgeschlossenheit von G_1 folgt aus (4.51)

$$\Phi(x) \leqq A_{x'}(x) + \Phi(x') - A_{x'}(x')(G_1), \quad x \in S; \tag{4.52}$$

also ist $A_{x'}$ ein linearer beschränkter Operator, der als Stützoperator (bezüglich G_1) des Operators Φ bezüglich der Menge S im Punkt $x' \in S$ bezeichnet werden könnte.

Wir formen das duale Problem (4.47) — (4.49) analog den Ausführungen in den vorhergehenden Abschnitten um.

Seien $x' \in G$ und $l \in \Omega(f, S, x')$. Wir setzen

$$\psi(\lambda, x', l) = \sup_{x \in G} [l(x) + \lambda(A_{x'}(x)) + f(x') + \lambda(\Phi(x')) - l(x') - \lambda(A_{x'}(x'))] .$$

Dann gilt wegen (4.51)

$$\psi(\lambda) \leqq \inf \psi(\lambda, x', l) = \psi_1(\lambda), \quad \lambda \geqq 0(G_1^*), \tag{4.53}$$

wobei das Infimum über alle $l \in \Omega(f, S, x')$ und $x' \in G$ gebildet wird.

Für die weiteren Überlegungen setzen wir voraus, daß für die Probleme (4.44) bis (4.46) und (4.47) — (4.49) die Dualitätsbeziehung gilt und das Supremum bzw. das Infimum angenommen wird.

Wir zeigen

$$\inf_{\lambda \geqq 0(G_1^*)} \psi(\lambda) = \inf_{\lambda \geqq 0(G_1^*)} \psi_1(\lambda) . \tag{4.54}$$

Seien x^* und λ^* Lösungselemente[1]) der Probleme (4.44) — (4.46) bzw. (4.47) — (4.49). Dann gilt

$$\psi(\lambda^*) = f(x^*) + \lambda^*(\Phi(x^*)) ,$$

und nach Satz 4.1 existiert ein Funktional $l' \in \Omega(f_{\lambda^*}, S, x^*)$ mit

$$(\tilde{f}_{\lambda^*})_S(l') + \sup_{x \in G} l'(x) = \sup_{x \in G} [f_{\lambda^*}(x)] = \psi(\lambda^*) , \tag{4.55}$$

wobei $f_\lambda = f + \lambda \circ \Phi$.

Unter Benutzung von Satz 4.3 stellen wir l' in der Form $l' = l + l''$ mit

$$l \in \Omega(f, S, x^*) , \quad l'' \in \Omega(\lambda^* \cdot \Phi, S, x^*)$$

dar. Wegen $\Omega(\lambda \circ \Phi, S, x^*) = \{A_{x^*}^*(\lambda^*)\}$ erhalten wir

$$l' = l + A_{x^*}^*(\lambda^*) . \tag{4.56}$$

Aus (4.55), (4.56) und (2.15) folgt

$$\psi(\lambda^*, x^*, l) = \psi(\lambda^*)$$

---

[1]) Da die obige Voraussetzung auch für die folgenden Abschnitte dieses Kapitels gilt, werden zur Vereinfachung der Schreibweise bei Lösungselementen die Klammern für die oberen Indizes von nun an weggelassen (Anm. d. H.).

und damit

$$\inf_{\lambda \geqq 0(G_1^*)} \psi_1(\lambda) \leqq \psi_1(\lambda^*) \leqq \psi(\lambda^*) = \inf_{\lambda \geqq 0(G_1^*)} \psi(\lambda) . \tag{4.57}$$

Aus (4.53) und (4.57) folgt (4.54).

Da G ein konvexer Kegel ist, folgt

$$\psi(\lambda, x', l) = \begin{cases} f(x') + \lambda(\Phi(x')) - l(x') - \lambda(A_{x'}(x')) \\ \qquad\qquad \text{für} \quad l + A_{x'}^*(\lambda) \leqq 0(G^*) , \\ \infty \qquad\quad \text{sonst} . \end{cases}$$

Somit ergibt sich folgende äquivalente Form des dualen Problems (4.47)—(4.49):

$$f(x) + \lambda(\Phi(x)) - l(x) - \lambda(A_x(x)) \to \inf , \tag{4.58}$$

$$l + A_x^*(\lambda) \leqq 0(G^*) , \tag{4.59}$$

$$\lambda \geqq 0(G_1^*) , \quad l \in \Omega(f, S, x) , \quad x \geqq 0(G) . \tag{4.60}$$

Wir untersuchen den Zusammenhang zwischen den Problemen (4.44) bis (4.46), (4.47)—(4.49) und (4.58)—(4.60). Wenn x^* und λ^* Lösungen der Probleme (4.44)—(4.46) bzw. (4.47)—(4.49) sind, so existiert nach den obigen Überlegungen ein Funktional l^*, so daß (λ^*, x^*, l^*) Lösung des Problems (4.58)—(4.60) ist.

Ist umgekehrt (λ^*, x^*, l^*) eine Lösung dieses Problems und ist das Funktional $f_{\lambda^*} = f + \lambda^* \circ \Phi$ streng konvex, so sind x^* und λ^* Lösungen der Probleme (4.44)—(4.46) bzw. (4.47)—(4.49).

Sei $\tilde{v}$ das Infimum in den Problemen (4.47)—(4.49) und (4.58)—(4.60). Wegen $\psi(\lambda^*) \leqq \psi(\lambda^*, x^*, l^*) = \tilde{v}$ ist dann λ^* Lösung des Problems (4.47) bis (4.49).

Für das Problem (4.44)—(4.46) hatten wir die Existenz eines Lösungselements x' vorausgesetzt. Daher gilt

$$f_{\lambda^*}(x') = \sup_{x \in G} f_{\lambda^*}(x) = \tilde{v} . \tag{4.61}$$

Offensichtlich ist

$$l^{**} = l^* + A_{x^*}^*(\lambda^*) \in \Omega(f_{\lambda^*}, S, x^*) , \quad \sup_{x \in G} [l^{**}(x) + (\tilde{f}_{\lambda^*})_S (l^{**})] = \tilde{v} .$$

Damit erhalten wir

$$f_{\lambda^*}(x') \leqq l^{**}(x') + (\tilde{f}_{\lambda^*})_S(l^{**}) \leqq \tilde{v} ,$$

woraus mit (4.61) folgt

$$f_{\lambda^*}(x') = l^{**}(x') + (\tilde{f}_{\lambda^*})_S (l^{**}) ;$$

also ist $l^{**} \in \Omega(f_{\lambda^*}, S, x')$.

Wegen der strengen Konvexität des Funktionals f_{λ^*} ist dies nur möglich für $x' = x^*$. Daher ist $x^* = x'$ Lösung des Problems (4.44)—(4.46).

Somit ist das Problem (4.58)—(4.60) äquivalent zum dualen Problem (4.47) bis (4.49).

Für $G = E$ erhalten wir als Sonderfall das duale Problem

$$f(x) + \lambda(\Phi(x)) \to \inf ,$$
$$l + A_x^*(\lambda) = 0 ,$$
$$\lambda \geqq 0(G_1^*) , \quad l \in \Omega(f, E, x) ,$$

welches in der endlichdimensionalen konvexen Optimierung auftritt (vgl. Wolfe [99], Mangasarian [86]).

Damit kann man ein Optimalitätskriterium einer zulässigen Lösung des Problems (4.44)—(4.46) beweisen.

Satz 4.21: *Gegeben seien die dualen Probleme* (4.44)—(4.46) *und* (4.47)—(4.49), *wobei das Infimum im dualen Problem angenommen wird. Ferner sei die Dualitätsbeziehung $v = \tilde{v}$ erfüllt. Ein zulässiges Lösungselement x^* des Problems* (4.44) *bis* (4.46) *ist genau dann Lösung, wenn Funktionale $\lambda^* \geqq 0(G_1^*)$ und $l^* \in \Omega(f, S, x^*)$ existieren mit*

$$l^* + A_{\lambda^*}^*(\lambda^*) \leqq 0(G^*) , \tag{4.62}$$

$$l^*(x^*) + \lambda^*(A_{x^*}(x^*)) = 0 , \tag{4.63}$$

$$\lambda^*(\Phi(x^*)) = 0 . \tag{4.64}$$

Beweis: 1. Sei x^* ein zulässiges Lösungselement des Problems (4.44)—(4.46). Dann gilt wegen (4.62)—(4.64) einerseits

$$\psi(\lambda^*, x^*, l^*) = f(x^*);$$

andererseits ist

$$f(x) \leqq \psi(\lambda^*) \leqq \psi(\lambda^*, x^*, l^*)$$

für beliebige zulässige Lösungselemente x des Problems (4.44)—(4.46).

2. Sei λ^* ein Lösungselement des Problems (4.47)—(4.49). Wie wir gezeigt hatten, existiert dann ein Funktional $l^* \in \Omega(f, S, x^*)$, so daß (λ^*, x^*, l^*) ein Lösungselement des Problems (4.58)—(4.60) ist; es genügt also (4.62), und es gilt

$$f(x^*) = f(x^*) + \lambda^*(\Phi(x^*)) - [l^*(x^*) + \lambda^*(A_{x^*}(x^*))] . \tag{4.65}$$

Wegen

$$\lambda^*(\Phi(x^*)) \geqq 0 , \quad - [l^*(x^*) + \lambda^*(A_{x^*}(x^*))] \geqq 0$$

erhält man aus (4.65) die Beziehungen (4.63) und (4.64).

4.5. Wir betrachten nun Optimierungsprobleme mit unendlich vielen Nebenbedingungen:

$$f(x) \to \sup , \tag{4.66}$$

$$f_i(x) \geqq 0 , \quad i = 1, 2, \ldots, \tag{4.67}$$

$$x \in G . \tag{4.68}$$

Dabei seien E ein Banach-Raum, $G \subset E$ ein konvexer Kegel, S eine offene konvexe Teilmenge von E mit $G \subset S$, $f\colon S \to E^1$ und $f_i\colon S \to E^1$, $i = 1, 2, \ldots,$

konkav und stetig. Außerdem wird vorausgesetzt, daß die Folge von Funktionalen $\{f_i\}$, auf jeder beschränkten Teilmenge von S gleichmäßig konvergiert mit

$$\lim_{i\to\infty} f_i(x) = f_0(x) .$$

Offenbar ist dann das Funktional f_0 auf S konkav und stetig.

Sei E_1 der BANACH-Raum der konvergenten Zahlenfolgen $y = \{y_i\}$ mit $\lim_{i\to\infty} y_i = y_0$ und der Norm

$$||y|| = \sup_i \{|y_i|\} .$$

Die Funktionale f_i, $i = 1, 2, \ldots$, erzeugen den Operator $\Phi\colon E \to E_1$ mit $\Phi(x) = (f_1(x), f_2(x), \ldots)$, $x \in E$, der offensichtlich auf G konkav ist bezüglich des konvexen Kegels

$$G_1 = \{y = (y_1, y_2, \ldots)\colon y_i \geqq 0 , \ i = 1, 2, \ldots, \ y \in E_1\} .$$

Bekanntlich besteht dann E_1^* aus den Folgen

$$\lambda = (\lambda_0, \lambda_1, \lambda_2, \ldots) \quad \text{mit} \quad \sum_{i=0}^{\infty} |\lambda_i| < \infty$$

und

$$\lambda(y) = \sum_{i=1}^{\infty} \lambda_i y_i + \lambda_0 y_0 ,$$

wobei $y = (y_1, y_2, \ldots)$, $y_0 = \lim_{i\to\infty} y_i$ ist. Hieraus folgt insbesondere

$$G_1^* = \{\lambda = (\lambda_0, \lambda_1, \lambda_2, \ldots)\colon \lambda_i \geqq 0 , \ i = 0, 1, 2, \ldots, \ \lambda \in E_1^*\} .$$

Damit ergibt sich das zu (4.66)—(4.68) duale Problem in der Form

$$\psi(\lambda) = \psi(\lambda_0, \lambda_1, \lambda_2, \ldots) \to \inf , \tag{4.69}$$

$$\lambda_i \geqq 0 , \quad i = 0, 1, 2, \ldots, \quad \sum_{i=0}^{\infty} \lambda_i < \infty , \tag{4.70}$$

$$\psi(\lambda) = \psi(\lambda_0, \lambda_1, \lambda_2, \ldots) = \sup_{x\in G} \left[f(x) + \sum_{i=0}^{\infty} \lambda_i f_i(x) \right]. \tag{4.71}$$

Bei den weiteren Überlegungen setzen wir voraus, daß für die dualen Probleme (4.66)—(4.68) und (4.69)—(4.71) die Dualitätsbeziehung $v = \tilde{v}$ erfüllt ist und daß bei diesen Problemen das Supremum bzw. das Infimum angenommen wird.

Nach Satz 3.8 ist hierfür hinreichend, daß im Problem (4.66)—(4.68) das Supremum angenommen wird und daß ein $x^0 \in G$ existiert mit

$$f_i(x^0) \geqq \varrho > 0 , \quad i = 1, 2, \ldots .$$

Sei

$$x' \in G , \quad l \in \Omega(f, S, x') , \quad l_i \in \Omega(f_i, S, x') , \quad i = 0, 1, 2, \ldots .$$

Wir setzen

$$\psi(\lambda, x', l, l_0, l_1, \ldots) = \sup_{x \in G} \Big[l(x) + \sum_{i=0}^{\infty} \lambda_i l_i(x) + f(x') + \sum_{i=0}^{\infty} \lambda_i f_i(x') - l(x') - \sum_{i=0}^{\infty} \lambda_i l_i(x') \Big]$$

und erhalten für beliebige $x' \in G$, $l \in \Omega(f, S, x')$, $l_i \in \Omega(f_i, S, x')$, $i = 0, 1, 2, \ldots$,

$$\psi(\lambda) \leqq \psi(\lambda, x', l, l_0, \ldots) . \tag{4.72}$$

Da G ein konvexer Kegel ist, folgt

$$\psi(\lambda, x', l, l_0, l_1, \ldots) = \begin{cases} f(x') + \sum\limits_{i=0}^{\infty} \lambda_i f_i(x') - l(x') - \sum\limits_{i=0}^{\infty} \lambda_i l_i(x') , \\ \qquad \text{für} \quad l + \sum\limits_{i=0}^{\infty} \lambda_i l_i \leqq 0(G^*) , \\ \infty \qquad \text{sonst.} \end{cases} \tag{4.73}$$

Wir zeigen

$$\inf_{\lambda \geqq 0} \psi(\lambda) = \inf \psi(\lambda, x', l, l_0, l_1, \ldots) , \tag{4.74}$$

wobei das Infimum auf der rechten Seite über alle Argumente $\lambda, x', l, l_0, l_1, \ldots$ des Funktionals gebildet wird.

Seien $\lambda^* = (\lambda_0^*, \lambda_1^*, \ldots, \lambda_i^*, \ldots)$ und x^* Lösungselemente der Probleme (4.69) bis (4.71) bzw. (4.66)—(4.68). Wegen

$$\psi(\lambda^*) = f(x^*) + \sum_{i=0}^{\infty} \lambda_i^* f_i(x^*)$$

nimmt das auf S stetige Funktional $f + \sum\limits_{i=0}^{\infty} \lambda_i^* f_i$ nach Voraussetzung in x^* sein Supremum an. Daher existiert nach Satz 4.1 ein Funktional

$$g \in \Omega\Big(f + \sum_{i=0}^{\infty} \lambda_i^* f_i, S, x^*\Big)$$

mit

$$\sup_{x \in G} \Big[g(x) + f(x^*) + \sum_{i=0}^{\infty} \lambda_i^* f_i(x^*) - g(x^*) \Big] = \psi(\lambda^*) . \tag{4.75}$$

Da auf jeder Umgebung eines beliebigen Punktes $x \in G$ die Funktionale f_i gleichmäßig geschränkt sind und

$$\sum_{i=0}^{\infty} \lambda_i^* < \infty$$

gilt, sind die Voraussetzungen des Satzes 4.4 für die Funktionale f und f_i, $i = 0, 1, 2, \ldots$, erfüllt. Somit existieren Funktionale

$$l^* \in \Omega(f, S, x^*) \quad \text{und} \quad l_i^* \in \Omega(f_i, S, x^*) , \quad i = 0, 1, 2, \ldots,$$

mit

$$g = l^* + \sum_{i=0}^{\infty} \lambda_i^* l_i^* .$$

Damit erhält man aus (4.75)

$$\inf_{\lambda \geqq 0} \psi(\lambda) = \psi(\lambda^*) = \psi(\lambda^*, x^*, l^*, l_0^*, l_1^*, \ldots) ,$$

also

$$\inf_{\lambda \geqq 0} \psi(\lambda) \geqq \inf \psi(\lambda, x, l, l_0, l_1, \ldots) ,$$

wobei das Infimum auf der rechten Seite über alle Argumente $\lambda, x, l, l_0, l_1, \ldots$ des Funktionals gebildet wird.

Zusammen mit (4.72) folgt daraus (4.74). Wegen (4.73) und (4.74) ist das duale Problem (4.69)—(4.71) äquivalent mit

$$f(x) + \sum_{i=0}^{\infty} \lambda_i f_i(x) - l(x) - \sum_{i=0}^{\infty} \lambda_i l_i(x) \to \inf , \tag{4.76}$$

$$l + \sum_{i=0}^{\infty} \lambda_i l_i \leqq 0(G^*) , \tag{4.77}$$

$$l_i \in \Omega(f_i, S, x) , \quad i = 0, 1, 2, \ldots, \quad l \in \Omega(f, S, x) , \quad x \geqq 0(G) , \tag{4.78}$$

$$\lambda_i \geqq 0 , \quad i = 0, 1, \ldots, \quad \sum_{i=0}^{\infty} \lambda_i < \infty . \tag{4.79}$$

Hieraus ergibt sich eine neue Form des Optimalitätskriteriums für das primale Problem.

Satz 4.22: *Gegeben seien die dualen Probleme* (4.66)—(4.68) *und* (4.69)—(4.71), *wobei das Infimum im dualen Problem angenommen wird. Ferner sei die Dualitätsbeziehung* $v = \tilde{v}$ *erfüllt. Ein zulässiges Lösungselement* x^* *des Problems* (4.66)—(4.68) *ist genau dann Lösung, wenn Funktionale* $l^* \in \Omega(f, S, x^*), l_i^* \in \Omega(f_i, S, x^*)$, $i = 0, 1, 2, \ldots$, *sowie Zahlen* $\lambda_i^* \geqq 0$, $i = 0, 1, 2, \ldots$, *mit* $\sum_{i=0}^{\infty} \lambda_i^* < \infty$ *existieren, so daß gilt*

$$l^* + \sum_{i=0}^{\infty} \lambda_i^* l_i^* \leqq 0(G^*) , \tag{4.80}$$

$$l^*(x^*) + \sum_{i=0}^{\infty} \lambda_i^* l_i^*(x^*) = 0 , \tag{4.81}$$

$$\sum_{i=0}^{\infty} \lambda_i^* f_i(x^*) = 0 , \tag{4.82}$$

wobei $f_0(x) = \lim_{i \to \infty} f_i(x), x \in G$.

Beweis: 1. Sei x^* ein zulässiges Lösungselement des Problems (4.66)—(4.68), das den Bedingungen (4.80)—(4.82) genügt. Dann gilt

$$f(x^*) = \psi(\lambda^*, x^*, l^*, l_0^*, l_1^*, \ldots);$$

für jedes weitere zulässige Lösungselement x des Problems (4.66)—(4.68). hat man

$$f(x) \leqq \psi(\lambda^*) \leqq \psi(\lambda^*, x^*, l^*, l_0^*, l_1^*, \ldots) = f(x^*) .$$

2. Sei λ^* ein Lösungselement des Problems (4.69)—(4.71). Wie gezeigt wurde, existieren Funktionale

$$l^* \in \Omega(f, S, x^*) , \quad l_i^* \in \Omega(f_i, S, x^*) , \quad i = 0, 1, \ldots,$$

so daß $(\lambda^*, x^*, l^*, l_0^*, l_1^*, \ldots)$ ein Lösungselement des Problems (4.76)—(4.79) ist. Folglich ist (4.80) erfüllt, und es gilt

$$f(x^*) = f(x^*) + \sum_{i=0}^{\infty} \lambda_i^* f_i(x^*) - l^*(x^*) - \sum_{i=0}^{\infty} \lambda_i^* l_i^*(x^*) . \tag{4.83}$$

Wegen (4.67) und (4.77)—(4.79) hat man

$$\sum_{i=0}^{\infty} \lambda_i^* f_i(x^*) \geqq 0 , \quad l^*(x^*) + \sum_{i=0}^{\infty} \lambda_i l_i^*(x^*) \leqq 0 . \tag{4.84}$$

Aus (4.83) und (4.84) folgen (4.81) und (4.82).

4.6. Abschließend behandeln wir zwei Beispiele von Extremalaufgaben mit unendlich vielen Nebenbedingungen, die durch i. a. nicht differenzierbare Funktionale bestimmt seien. Zur Untersuchung dieser Probleme benutzen wir Satz 4.14.

Gegeben sei das Problem

$$f(x) \to \sup , \tag{4.85}$$

$$f(x, t) \geqq 0 , \quad t \in \mathcal{K} , \tag{4.86}$$

$$x \in G . \tag{4.87}$$

Dabei seien E ein BANACH-Raum, $\mathcal{K}$ ein kompakter HAUSDORFF-Raum, $G \subset E$ ein konvexer Kegel, S eine offene konvexe Teilmenge von E mit $G \subset S$. Ferner seien das Funktional $f\colon S \to E^1$ und die Familie von Funktionalen $f_t\colon S \to E^1$, $t \in \mathcal{K}$, mit $f_t(x) = f(x, t)$, $x \in S$, konkav und stetig; für beliebiges festes $x \in S$ sei f in t stetig auf $\mathcal{K}$.

Die Familie f_t, $t \in \mathcal{K}$, aus (4.86) erzeugt einen Operator $\Phi\colon E \to C(\mathcal{K})$, wobei $C(\mathcal{K})$ der BANACH-Raum der auf $\mathcal{K}$ stetigen Funktionale mit der üblichen Norm ist. Bekanntlich ist zu $C(\mathcal{K})$ der Raum $V(\mathcal{K})$ dual, dessen Elemente σ-additive reguläre Funktionale sind, die auf der σ-Algebra B aller BOREL-Teilmengen von $\mathcal{K}$ erklärt sind, und deren Norm als vollständige Variation über $\mathcal{K}$ der entsprechenden Funktionale erklärt ist.

Daher hat das zu (4.85)—(4.87) duale Problem die Form

$$\psi(\lambda) \to \inf , \tag{4.88}$$

$$\lambda \geqq 0 , \quad \lambda \in V(\mathcal{K}) , \tag{4.89}$$

$$\psi(\lambda) = \sup_{x \in G} \left[f(x) + \int_{\mathcal{K}} f(x, t)\, \lambda(dt) \right] . \tag{4.90}$$

Wir setzen zusätzlich voraus, daß für die Probleme (4.85)—(4.87) und (4.88) bis (4.90) die Dualitätsbeziehung $v = \tilde{v}$ erfüllt ist, daß das Supremum bzw. Infimum angenommen wird und daß für beliebiges $x' \in S$ das Funktional f: $S \times \mathcal{K} \to E^1$ auf einer Menge der Form

$$Q_d(x') = \{(x, t): \|x - x'\| \leqq d\,,\ t \in \mathcal{K}\}\,,$$

$d > 0$, gleichmäßig beschränkt ist. Außerdem sei E separabel.

Die letzten beiden Voraussetzungen ermöglichen die Anwendung von Satz 4.14 auf das durch $\int_{\mathcal{K}} f(x, t)\,\lambda(dt)$ dargestellte Funktional für beliebiges $\lambda \in V(\mathcal{K})$, $\lambda \geqq 0$.

Wie in Abschnitt 4.5 kommen wir zu einer äquivalenten Form des dualen Problems, wenn bei den Überlegungen anstelle von Satz 4.9 der Satz 4.14 herangezogen wird. Es ergibt sich dabei das duale Problem

$$f(x) + \int_{\mathcal{K}} f(x, t)\,\lambda(dt) - l(x) - \int_{\mathcal{K}} l(x, t)\,\lambda(dt) \to \inf; \tag{4.91}$$

$$l(x) + \int_{\mathcal{K}} l(x, t)\,\lambda(dt) \leqq 0\,, \quad x \in G; \tag{4.92}$$

$$l \in \Omega(f, S, x)\,, \quad l_t \in \Omega(f_t\,, S, x),\ t \in \mathcal{K}\,, \quad x \geqq 0(G); \tag{4.93}$$

$$\left.\begin{array}{c} \lambda \in V(\mathcal{K})\,, \quad \lambda \geqq 0\,, \quad l: E \times \mathcal{K} \to E^1 \\ \lambda\text{-meßbar und beschränkt bezüglich } t \text{ bei festem } x \in E. \end{array}\right\} \tag{4.94}$$

Nach Satz 4.14 erhält man als Optimalitätskriterium

Satz 4.23: *Gegeben seien die dualen Probleme* (4.85)—(4.87) *und* (4.88)—(4.90), *wobei das Infimum im dualen Problem angenommen wird. Ferner sei die Dualitätsbeziehung* $v = \tilde{v}$ *erfüllt, der* BANACH-*Raum* E *separabel und für jedes* $x' \in S$ *das Funktional* f: $S \times \mathcal{K} \to E^1$ *auf einer Menge der Form*

$$Q_d(x') = \{(x, t): \|x - x'\| \leqq d\,,\ t \in \mathcal{K}\}\,,$$

$d > 0$, *gleichmäßig beschränkt.*

Ein zulässiges Lösungselement x^* *des Problems* (4.85)—(4.87) *ist genau dann Lösungselement, wenn ein Element* $\lambda^* \in V(\mathcal{K})$, $\lambda^* \geqq 0$, *ein Funktional* $l^* \in \Omega(f, S, x^*)$ *und eine Familie von Funktionalen* $l_t^* \in \Omega(f_t, S, x^*)$, $t \in \mathcal{K}$, *mit* $l_t^*(x) = l^*(x, t)$, $x \in E$, *existieren, so daß gilt:*

l^* ist für ein beliebiges festes $x \in E$ ein beschränktes λ^*-meßbares Funktional bezüglich t; (4.95)

$$l^*(x) + \int_{\mathcal{K}} l^*(x, t)\,\lambda^*(dt) \leqq 0\,, \quad x \in G; \tag{4.96}$$

$$l^*(x^*) + \int_{\mathcal{K}} l^*(x^*, t)\,\lambda^*(dt) = 0; \tag{4.97}$$

$$\int_{\mathcal{K}} f(x^*, t)\,\lambda^*(dt) = 0\,. \tag{4.98}$$

Der Beweis von Satz 4.23 stimmt wörtlich mit dem Beweis von Satz 4.22 überein, wobei lediglich Satz 4.14 anstelle von Satz 4.9 herangezogen wird.

Wir betrachten jetzt das Problem (4.85)—(4.87) unter den Voraussetzungen von Satz 4.23 und nehmen außerdem an, daß für beliebige $x \in S$ gilt $\varphi_x \in L_1(\mathcal{K}, B, \alpha)$ mit

$$\varphi_x(t) = f(x, t), \quad t \in \mathcal{K},$$

wobei $\mathcal{K}$ eine beliebige Menge, B eine σ-Algebra von Teilmengen von $\mathcal{K}$ und α ein auf B definiertes Maß bedeuten.

Wegen $L_1^*(\mathcal{K}, B, \alpha) = L_\infty(\mathcal{K}, B, \alpha)$ erhält man folgende Form des dualen Problems

$$\psi(\varphi) \to \inf; \tag{4.99}$$

$$\varphi(t) \geqq 0 \quad \text{fast überall auf} \quad \mathcal{K}, \varphi \in L_\infty(\mathcal{K}, B, \alpha); \tag{4.100}$$

$$\psi(\varphi) = \sup_{x \in G} \left[f(x) + \int_{\mathcal{K}} f(x, t)\, \varphi(t)\, \alpha(dt) \right]. \tag{4.101}$$

Zusätzlich nehmen wir an, daß für die dualen Probleme (4.85)—(4.87) und (4.99)—(4.101) die Dualitätsbeziehung $v = \tilde{v}$ erfüllt ist und daß beide Probleme Lösungselemente besitzen. Für beliebiges $x \in S$ existiere eine Umgebung, auf der das durch $\int_{\mathcal{K}} f(x, t)\, \alpha(dt)$ dargestellte Funktional beschränkt ist; E sei separabel.

Dann ergibt sich für das duale Problem (4.99)—(4.101) folgende äquivalente Form:

$$f(x) + \int_{\mathcal{K}} f(x, t)\, \varphi(t)\, \alpha(dt) - l(x) - \int_{\mathcal{K}} l(x, t)\, \varphi(t)\, \alpha(dt) \to \inf; \tag{4.102}$$

$$l(x) + \int_{\mathcal{K}} l(x, t)\, \varphi(t)\, \alpha(dt) \leqq 0, \quad x \in G; \tag{4.103}$$

$$l \in \Omega(f, S, x), \quad l_t \in \Omega(f_t, S, x), \quad t \in \mathcal{K}, \quad x \geqq 0(G); \tag{4.104}$$

$$\left.\begin{array}{l} \varphi \in L_\infty(\mathcal{K}, B, \alpha), \quad \varphi(t) \geqq 0 \quad \text{fast überall auf } \mathcal{K}, \\ l_x \in L_1(\mathcal{K}, B, \alpha), \quad x \in E, \quad \text{mit} \quad l_x(t) = l(x, t), \quad t \in \mathcal{K}. \end{array}\right\} \tag{4.105}$$

In diesem Problem (4.102)—(4.105) treten die Unbekannten x, l, l_t und φ auf.

Die Äquivalenz dieses Problems mit (4.99)—(4.101) beweist man mit Hilfe von Satz 4.14.

Abschließend formulieren wir ein Optimalitätskriterium für eine zulässige Lösung des Problems (4.85)—(4.87) unter Verwendung zusätzlicher Voraussetzungen. Der Beweis ergibt sich mit Hilfe von Satz 4.14.

Satz 4.24: *Gegeben seien die dualen Probleme* (4.85)—(4.87) *und* (4.102)—(4.105), *und die bei der Formulierung des dualen Problems gemachten Voraussetzungen seien erfüllt. Ein zulässiges Lösungselement x^* des Problems* (4.85)—(4.87) *ist genau dann Lösungselement, wenn ein Funktional*

$$\varphi^* \in L_\infty(\mathcal{K}, B, \alpha) \quad \text{mit} \quad \varphi^*(t) \geqq 0, \quad t \in \mathcal{K},$$

ein Funktional $l^* \in \Omega(f, S, x^*)$ und eine Familie von Funktionalen $l_t^* \in \Omega(f_t, S, x^*)$, $t \in \mathcal{K}$, mit $l_t^*(x) = l^*(x, t)$, $x \in E$, existieren, so daß gilt $l_x^* \in L_1(\mathcal{K}, B, \alpha)$, $x \in E$, mit $l_x^*(t) = l^*(x, t)$, $t \in \mathcal{K}$,

$$l^*(x) + \int_{\mathcal{K}} l^*(x, t)\, \varphi^*(t)\, \alpha(dt) \leqq 0, \quad x \in G;$$

$$l^*(x^*) + \int_{\mathcal{K}} l^*(x^*, t)\, \varphi^*(t)\, \alpha(dt) = 0; \qquad \int_{\mathcal{K}} f(x^*, t)\, \varphi^*(t)\, \alpha(dt) = 0.$$

KAPITEL 5

ENDLICHDIMENSIONALE KONVEXE OPTIMIERUNGSPROBLEME

In diesem Kapitel werden theoretische Ergebnisse über endlichdimensionale konvexe Optimierungsprobleme dargestellt.

§ 1 enthält Dualitätsaussagen für solche Probleme. Dabei ergeben sich einige Aussagen als Folgerungen aus allgemeineren Sätzen der vorhergehenden Kapitel. Weitere Ergebnisse erhält man, wenn man die endliche Dimension des gegebenen Optimierungsproblems berücksichtigt.

Im § 2 wird ein Zusammenhang zwischen dualen Problemen und Zweipersonen-Nullsummenspielen behandelt. Dabei gewinnen wir einen neuen Zugang zur Dualitätstheorie der konvexen Optimierung.

Stabilität und Marginalwerte von Extremalaufgaben werden in § 3 untersucht.

§ 1. Dualitätssätze und Optimalitätskriterien

1.1. Wir wenden nun die in den vorhergehenden Kapiteln für konvexe Optimierungsprobleme in Funktionenräumen entwickelte Dualitätstheorie auf endlichdimensionale konvexe Probleme an. Wegen der endlichen Dimension der gegebenen Probleme lassen sich dabei einige frühere Ergebnisse verschärfen.

Wir betrachten das endlichdimensionale konvexe Optimierungsproblem

P:
$$v = \sup f(x) \,, \tag{1.1}$$
$$f_i(x) \geqq 0 \,, \quad i = 1, 2, \ldots, m; \tag{1.2}$$
$$x \in G \,. \tag{1.3}$$

Dabei sei v der Wert (Optimalwert) von P, $x = (x_1, x_2, \ldots, x_n) \in E^n$; f, f_i sind konkave Funktionen; $G \subset E^n$ ist eine nichtleere konvexe Menge.

Nach Kapitel 2, § 2, ergibt sich das duale Problem zu P als

D:
$$\tilde{v} = \inf \psi(\lambda) \,, \tag{1.4}$$
$$\lambda_i \geqq 0 \,, \quad i = 1, 2, \ldots, m; \tag{1.5}$$
$$\psi(\lambda) = \psi(\lambda_1, \lambda_2, \ldots, \lambda_m) = \sup_{x \in G} \left[f(x) + \sum_{i=1}^{m} \lambda_i f_i(x) \right] \tag{1.6}$$

mit $\tilde{v}$ als Optimalwert von D.

Die Begriffe zulässige Lösung, Lösung, zulässiges Lösungselement und Lösungselement werden wie in Kapitel 2, § 1, definiert.

Die dort angegebene Definition der verallgemeinerten zulässigen Lösung kann wie folgt modifiziert werden:

Eine Folge $X = \{x^{(k)}\}, x^{(k)} \in G$, heißt *verallgemeinerte zulässige Lösung* von P, wenn

$$f_i(x^{(k)}) \geqq -\varepsilon_k\,, \qquad i = 1, 2, \ldots, m\,, \qquad \varepsilon_k \geqq 0\,, \qquad \lim_{k\to\infty} \varepsilon_k = 0\,,$$

gilt und die Folge $\{f(x^{(k)})\}$ einen eigentlichen oder uneigentlichen Grenzwert

$$f(X) = \lim_{k\to\infty} f(x^{(k)})$$

besitzt.

Mit R bezeichnen wir wieder die *Menge der zulässigen Lösungselemente* und mit $\overline{R}$ die *Menge der verallgemeinerten zulässigen Lösungen* des Problems P.

Das zu P gehörende verallgemeinerte Problem lautet

$$\overline{P}: \overline{v} = \sup_{X \in \overline{R}} f(X)$$

mit dem Optimalwert $\overline{v}$.

Im Falle $R = \emptyset$ und $\overline{R} = \emptyset$ setzen wir $v = -\infty$ bzw. $\overline{v} = -\infty$.

Anwendung von Satz 2.5 auf das Problem P ergibt einen *verallgemeinerten Dualitätssatz* für endlichdimensionale konvexe Optimierungsprobleme.

Satz 5.1: *Gegeben seien die zum konvexen Optimierungsproblem P gehörenden Probleme $\overline{P}$ und D. Dann gilt*

1. $\overline{R} \neq \emptyset \Rightarrow \overline{v} = \tilde{v}$; (1.7)
2. $\overline{R} = \emptyset \Rightarrow$ (*entweder* $\overline{v} = \tilde{v} = -\infty$ *oder* $\overline{v} = -\infty$, $\tilde{v} = \infty$).

Aus Satz 5.1 folgt wie im allgemeinen Fall eine notwendige und hinreichende Bedingung für die Gültigkeit der Dualitätsbeziehung zwischen den Problemen P und D.

Satz 5.2: *Gegeben seien die zum konvexen Optimierungsproblem P gehörenden Probleme $\overline{P}$ mit $\overline{R} \neq \emptyset$ und D. Dann gilt*

$$v = \tilde{v} \Leftrightarrow v = \overline{v}\,. \tag{1.8}$$

1.2. In Kapitel 3 wurden Bedingungen angegeben, die die Gültigkeit der Dualitätsbeziehung $v = \tilde{v}$ sichern.

Wir wenden diese Beziehung jetzt auf den endlichdimensionalen Fall an.

Dann folgt aus Satz 3.6 der

Satz 5.3: *Gegeben seien die Probleme P und D. Außerdem sei G abgeschlossen, und die Menge der Lösungselemente von P sei nichtleer und beschränkt.*

Dann gilt die Dualitätsbeziehung $v = \tilde{v}$.

Unter den Voraussetzungen von Satz 5.3 existiert also ein zulässiges Lösungselement x' von P derart, daß die stationäre Folge $\{x'\}$ Lösung von P ist.

Im dualen Problem existiert im allgemeinen kein derartiges Lösungselement.

Wir betrachten hierzu das folgende Beispiel

$$f(x) = x \to \sup\,, \quad f_1(x) = -x^2\,, \quad G = \{x \in E^1 : x \geqq 0\}\,, \quad m = n = 1\,.$$

Offensichtlich gilt für dieses Problem $R = \{0\}$ und daher $v = 0$, und die Voraussetzungen von Satz 5.3 sind erfüllt.
Das duale Problem lautet

$$\psi(\lambda) = \sup_{x \geqq 0} [x - \lambda x^2] = \begin{cases} \dfrac{1}{4\lambda} & \text{für } \lambda > 0\,. \\ \infty & \text{für } \lambda = 0\,. \end{cases}$$

Offenbar kann $\inf\limits_{\lambda \geqq 0} \psi(\lambda) = 0$ für kein $\lambda \geqq 0$ angenommen werden.

Für die Formulierung des folgenden Satzes ist es zweckmäßig, die in den Nebenbedingungen (1.2) eventuell auftretenden linearen Gleichungen gesondert zu betrachten.

Die Nebenbedingungen (1.2) seien also in der Form

$$\left.\begin{aligned} &f_i(x) \geqq 0\,, \quad i = 1, 2, \ldots, m_1 \leqq m; \\ &\sum_{j=1}^{n} a_{ij} x_j = b_i\,, \quad i = 1, 2, \ldots, s; \\ &(m_1 + s = m)\,, \end{aligned}\right\} \tag{1.9}$$

gegeben.

Wir nehmen an, daß die linearen Gleichungen in (1.9) stets linear unabhängig sind.

Die Indexmenge $I = \{1, 2, \ldots, n\}$ wird in zwei Klassen I_1 und I_2 zerlegt mit

$$I_1 \cap I_2 = \emptyset \quad \text{und} \quad I_1 \cup I_2 = I\,.$$

Dann lassen sich für jede solche Zerlegung die Punkte $x \in E^n$ in der Form schreiben

$$x = (x_{I_1}, x_{I_2}) \quad \text{für} \quad x_{I_k} = \{x_i\}_{i \in I_k}\,, \quad k = 1, 2\,.$$

Die in Kapitel 3, § 2, angegebene verallgemeinerte Slaterbedingung lautet im Falle des vorliegenden Problems P (vgl. hierzu die Bemerkung nach Folgerung 3.10):

Das Problem P besitzt eine zulässige Lösung x^*, und es existiert eine Zerlegung der Indexmenge I in die Klassen I_1 und I_2 mit:
a) $f_i(x^*) > 0\,,\ i = 1, 2, \ldots, m_1$;
b) *$x^*_{I_2}$ ist innerer Punkt der Menge*

$$G(I_2) = \{x_{I_2} : (x^*_{I_1}, x_{I_2}) \in G\}\,,$$

Die Menge I_2 enthält dabei s Elemente; der Rang der Matrix $\|a_{ij}\|_{I_2}$ ($i = 1, 2, \ldots, s$; $j \in I_2$) ist gleich s. Speziell geht für $s = 0$ die verallgemeinerte Slaterbedingung in die bekannte Slaterbedingung über (wobei nur noch die Bedingung a) besteht).

Aus Satz 3.8 ergibt sich unter Beachtung der Bemerkung nach Folgerung 3.10 der

Satz 5.4: *Gegeben seien das Problem P mit* (1.9) *anstelle von* (1.2) *und das dazugehörende Problem D. Für die Nebenbedingungen dieses Problems P sei die verallgemeinerte Slaterbedingung erfüllt. Dann gilt die Dualitätsbeziehung*

$$v = \tilde{v} ,$$

und im Falle $v = \tilde{v} < \infty$ wird in D das Infimum angenommen.

Bekanntlich ist die Ermittlung von Sattelpunkten der LAGRANGE-Funktion

$$F(x, \lambda) = f(x) + \sum_{i=1}^{m} \lambda_i f_i(x) , \quad x \in G , \quad \lambda_i \geqq 0 , \quad i = 1, 2, \ldots, m ,$$

äquivalent mit der Bestimmung von Lösungselementen der Probleme P und D (vgl. Kapitel 3, § 3).

Daher wird durch Satz 5.4 im Falle $v < \infty$ ein Zusammenhang zwischen dem Problem P mit (1.9) anstelle von (1.2) und dem zugehörigen Sattelpunktproblem hergestellt.

Insbesondere ergibt sich für $v < \infty$ und $G = \{x \in E^n : x \geqq 0\}$ eine Verallgemeinerung eines bekannten Resultats von UZAWA [62]. Bei UZAWA wird vorausgesetzt, daß der in der verallgemeinerten Slaterbedingung auftretende Punkt x^* nur positive Koordinaten besitzt und damit ein innerer Punkt von G ist.

Diese Bedingung ist stärker als die Forderung b) in der verallgemeinerten Slaterbedingung. Die Forderung b) ist im Falle einer polyedrischen Menge G und linearer Nebenbedingungen stets erfüllt.

Ist b) nicht erfüllt, so gilt im allgemeinen die Dualitätsbeziehung $v = \tilde{v}$ nicht, wie folgendes Beispiel zeigt.

Man bestimme das Supremum der konkaven Funktion

$$f(x) = f(x_1, x_2) = x_1^{1/2} x_2^{1/2}$$

unter den linearen Nebenbedingungen

$$-x_2 \geqq 0 ,$$

$$x_1 \geqq 0 , \quad x_2 \geqq 0 .$$

Es ist $R = \{x = (x_1, x_2) \in E^2 : x_1 \geqq 0,\ x_2 = 0\}$ und $G \subset E^2$ der nichtnegative Quadrant.

Einerseits ist

$$f(x_1, 0) = 0 \quad \text{für} \quad x_1 \geqq 0 , \quad \text{d. h.} \quad v = 0;$$

andererseits ist

$$\psi(\lambda_1) = \sup_{\substack{x_1 \geqq 0 \\ x_2 \geqq 0}} [x_1^{1/2} x_2^{1/2} - \lambda_1 x_2] = \infty \text{ für beliebiges } \lambda_1 \geqq 0 .$$

Damit folgt

$$\tilde{v} = \inf_{\lambda_1 \geqq 0} \psi(\lambda_1) = \infty , \quad \text{d. h.} \quad v < \tilde{v} .$$

1.3. Wir behandeln nun die Klasse der stückweise linearen Optimierungsprobleme als einen Sonderfall des allgemeinen Problems P.

Seien G eine konvexe polyedrische Menge und f, f_i, $i = 1, 2, \ldots, m$, auf G stückweise lineare, konkave Funktionen der Form

$$f_i(x) = \min_{1 \leqq k \leqq N_i} \left\{ \sum_{j=1}^{n} d_{ij}^{(k)} x_j + d_{i0}^{(k)} \right\}, \quad i = 0, 1, \ldots, m \quad (f \equiv f_0)\,. \tag{1.10}$$

Unter diesen zusätzlichen Voraussetzungen bezeichnen wir P als ein stückweise lineares Problem.

Satz 5.5: *Gegeben seien die Probleme P und D; P sei ein stückweise lineares Problem mit $R \neq \emptyset$. Dann gilt die Dualitätsbeziehung*

$$v = \tilde{v}\,.$$

Im Falle $v = \tilde{v} < \infty$ werden in P das Supremum und in D das Infimum angenommen.

Beweis: Der Fall $v = \infty$ ist trivial. Daher sei $v < \infty$. Wir führen die Menge

$$\mathcal{K} = \{z \in E^{m+1} : x \in G;\ z_0 \leqq f(x)\,,\ z_i \leqq f_i(x),\ i = 1, 2, \ldots, m\}$$

ein.

1. Wir zeigen zunächst, daß $\mathcal{K}$ konvex und polyedrisch ist. Dazu betrachten wir

$$\overline{\mathcal{K}} = \{(z, x) \in E^{m+1+n} : z_0 \leqq f(x),\ z_i \leqq f_i(x),\ i = 1, 2, \ldots, m;\ x \in G\}\,. \tag{1.11}$$

$\overline{\mathcal{K}}$ ist konvex und polyedrisch, da die Funktionen f und f_i stückweise linear sind und G polyedrisch ist.

Nach einem bekannten Darstellungssatz (vgl. z.B. [67], Kapitel 5) läßt sich jeder Punkt von $\overline{\mathcal{K}}$ in der Form

$$w = \sum_{k=1}^{N_1} \alpha_k w_k + \sum_{k=1}^{N_2} \beta_k w_{N_1+k}\,, \quad \alpha_k \geqq 0\,, \quad k = 1, 2, \ldots, N_1$$

$$\beta_k \geqq 0\,, \quad k = 1, 2, \ldots, N_2\,, \quad \sum_{k=1}^{N_1} \alpha_k = 1\,,$$

darstellen. Berücksichtigt man in dieser Darstellung nur die ersten $m + 1$ Komponenten, so folgt für jedes Element $z \in \mathcal{K}$

$$z = \sum_{k=1}^{N_1} \alpha_k z_k + \sum_{k=1}^{N_2} \beta_k z_{N_1+k}\,, \quad \alpha_k \geqq 0\,, \quad \beta_k \geqq 0\,, \quad \sum_{k=1}^{N_1} \alpha_k = 1\,.$$

Daraus folgt, daß $\mathcal{K}$ konvex und polyedrisch ist.

2. Sei $\mathcal{L} = \{z \in E^{m+1} : z_0 \geqq v, z_i = 0,\ i = 1, 2, \ldots, m\}$ ein Strahl in E^{m+1}. Da $\mathcal{K}$ abgeschlossen ist, gilt $z^* = (v, 0, \ldots, 0) \in \mathcal{K} \cap \mathcal{L}$; weitere Punkte von $\mathcal{L}$ liegen nicht in $\mathcal{K}$. Daher ist z^* Randpunkt von $\mathcal{K}$.

Die polyedrische Menge $\mathcal{K}$ ist der Durchschnitt von endlich vielen Halbräumen, die durch Hyperebenen erzeugt werden. Von diesen Hyperebenen enthält mindestens eine den Punkt z^* und verläuft nicht parallel zur z_0-Achse (anderfalls würde nämlich die Menge $\mathcal{K}$ auch Punkte des Strahls $\mathcal{L}$ enthalten, die von z^* verschieden sind).

Sei Π eine solche Hyperebene und $(\lambda_0, \lambda) = (\lambda_0, \lambda_1, \dots, \lambda_m)$ ihr Normalenvektor. Π ist Stützhyperebene an $\mathcal{K}$ im Punkte z^*. Außerdem gilt $\lambda_0 \neq 0$ wegen $\mathcal{L} \not\subset \Pi$.

Wie beim Beweis von Satz 3.8 kann man zeigen, daß $\lambda^* = \lambda/\lambda_0 \geqq 0$ eine Lösung von D ist, für die

$$\tilde{v} = \psi(\lambda^*) = v$$

gilt.

3. Es bleibt zu zeigen, daß das Supremum in P angenommen wird.

Da jedes stückweise lineare Problem auf ein lineares Problem zurückgeführt werden kann und ferner eine auf einer nichtleeren abgeschlossenen Menge beschränkte Linearform ihr Supremum annimmt, wird das Supremum in P angenommen. Damit ist der Satz bewiesen.

Wie bereits gezeigt wurde, gilt die Dualitätsbeziehung $v = \tilde{v}$ im allgemeinen nicht, wenn die Forderung b) in der verallgemeinerten Slaterbedingung nicht erfüllt ist. Wir formulieren einen Dualitätssatz für eine spezielle Klasse von Problemen P, deren Nebenbedingungen nur der Forderung a) der verallgemeinerten Slaterbedingung genügen.

Satz 5.6: *Gegeben seien die Probleme P und D. Seien $G \subset E^n$ eine konvexe polyedrische Menge, $S \supset G$ eine offene konvexe Menge; seien $f, f_i, i = 1, 2, \dots, m$, konkav auf S und insbesondere $f_i, i = m_1 + 1, \dots, m$ $(m_1 \leqq m)$, stückweise linear. $\{x^*\}$ sei eine zulässige Lösung von P mit $f_i(x^*) > 0, i = 1, 2, \dots, m_1$. Dann gilt die Dualitätsbeziehung*

$$v = \tilde{v}\,.$$

Im Falle $v = \tilde{v} < \infty$ wird in D das Infimum angenommen.

Beweis: Der Fall $v = \infty$ ist trivial. Sei daher $v < \infty$. Nach Voraussetzung hat das Problem P folgende Gestalt:

$$f(x) \to \sup\,,$$
$$f_i(x) \geqq 0\,, \quad i = 1, 2, \dots, m_1\,,$$
$$x \in G'\,,$$

mit

$$G' = \{x \in G : f_i(x) \geqq 0\,, \quad i = m_1 + 1, \dots, m\}\,.$$

Die Nebenbedingungen dieses Problems genügen der Slaterbedingung.

Wegen $v < \infty$ existieren nach Satz 5.4 $(s = 0)$ Zahlen $\lambda_i^* \geqq 0, i = 1, 2, \dots, m_1$, die eine Lösung des entsprechenden dualen Problems ergeben, für die

$$v = \sup_{x \in G'} \left[f(x) + \sum_{i=1}^{m_1} \lambda_i^* f_i(x) \right] \tag{1.12}$$

gilt.

Die Funktion $\bar{f}$ mit

$$\bar{f}(x) = f(x) + \sum_{i=1}^{m_1} \lambda_i^* f_i(x)$$

ist konkav und damit auf $S \supset G \supset G'$ stetig.

Nach Satz 4.1 und (1.12) existieren Zahlen $c_0, c_1, \ldots, c_n$ mit

$$\bar{f}(x) \leqq \sum_{i=1}^{n} c_i x_i + c_0 = l(x)\,, \quad x \in S\,, \tag{1.13}$$

$$c_0 + \sup_{x \in G'} \left[\sum_{i=1}^{n} c_i x_i \right] = v\,. \tag{1.14}$$

Wir betrachten nun das stückweise lineare Optimierungsproblem

$$l(x) \to \sup\,,$$

$$f_i(x) \geqq 0\,, \quad i = m_1 + 1, \ldots, m\,,$$

$$x \in G\,.$$

Wegen (1.14) ist das Supremum dieses Problems gleich $v < \infty$. Nach Satz 5.5 existieren Zahlen $\lambda_i^* \geqq 0$, $i = m_1 + 1, \ldots, m$, mit

$$v = \sup_{x \in G} \left[l(x) + \sum_{i=m_1+1}^{m} \lambda_i^* f_i(x) \right]. \tag{1.15}$$

Aus (1.13) folgt damit

$$\tilde{v} \leqq \sup_{x \in G} \left[f(x) + \sum_{i=1}^{m} \lambda_i^* f_i(x) \right] = \sup_{x \in G} \left[\bar{f}(x) + \sum_{i=m_1+1}^{m} \lambda_i^* f_i(x) \right]$$

$$\leqq \sup_{x \in G} \left[l(x) + \sum_{i=m_1+1}^{m} \lambda_i f_i(x) \right] = v\,,$$

woraus wir mit Lemma 2.2

$$v = \tilde{v} = \sup_{x \in G} \left[f(x) + \sum_{i=1}^{m} \lambda_i^* f_i(x) \right], \quad \lambda_i^* \geqq 0\,, \quad i = 1, 2, \ldots, m\,,$$

erhalten.
Damit ist der Satz bewiesen.

Der Dualitätssatz für stückweise lineare Optimierungsprobleme ist ein Sonderfall des Satzes 5.6 ($m_1 = 0$). Die Voraussetzung, daß G polyedrisch ist, kann in Satz 5.6 nicht fallengelassen werden, wie folgendes einfache Beispiel zeigt:

$$x_3 \to \sup\,,$$

$$x_1 - x_2 = 0\,,$$

$$x \in G = \{x : x_1 - \sqrt{x_2^2 + x_3^2} \geqq 0\}\,.$$

Offensichtlich ist G nicht polyedrisch, während alle anderen Voraussetzungen von Satz 5.6 erfüllt sind. Für jedes Element $x = (x_1, x_2, x_3) \in R$ folgt $x_3 = 0$ wegen $x_1 \geqq \sqrt{x_1^2 + x_3^2}$. Daher ist $v = 0$.

Für jedes feste $\alpha > 0$ ist die Folge $\{x^{(k)}\}$ mit

$$x^{(k)} = (k, \sqrt{k^2 - \alpha}, \sqrt{\alpha})\,, \quad k \geqq \sqrt{\alpha}\,,$$

eine verallgemeinerte zulässige Lösung des gegebenen Problems. Hieraus folgt $\tilde{v} = \bar{v} = \infty$, und es gilt $v < \tilde{v}$.

1.4. Wir wenden nun die Ergebnisse von Kapitel 4, § 4, auf das duale Problem D an. Dazu wählen wir

$$G = \{x \in E^n : x_j \geqq 0, j = 1, 2, \ldots, n_1 \leqq n\}; \tag{1.16}$$

$S \supset G$ sei eine offene konvexe Menge; die Funktionen f, f_i, $i = 1, 2, \ldots, m$, seien konkav auf S.

Damit ergibt sich das Problem P mit (1.16) anstelle von (1.3). Dieses primale Problem bezeichnen wir in diesem Kapitel mit P_1.

Unter den getroffenen Voraussetzungen kann das zu P_1 gehörende duale Problem D_1 in folgender Form geschrieben werden:

$$D_1: \qquad \tilde{f}_S(l) + \sum_{i=1}^{m} \lambda_i \tilde{f}_{i,S}(l^{(i)}) \to \inf; \tag{1.17}$$

$$l_j + \sum_{i=1}^{m} \lambda_i l_{ij} \begin{cases} \leqq 0, & j = 1, 2, \ldots, n_1 \leqq n, \\ = 0, & j = n_1 + 1, \ldots, n; \end{cases} \tag{1.18}$$

$$\lambda_i \geqq 0, \quad i = 1, 2, \ldots, m, \tag{1.19}$$

mit

$$\tilde{f}_S(l) = \tilde{f}_S(l_1, l_2, \ldots, l_n) = \sup_{x=(x_1, x_2, \ldots, x_n) \in S} \left[f(x) - \sum_{j=1}^{n} l_j x_j \right],$$

$$\tilde{f}_{i,S}(l^{(i)}) = \tilde{f}_{i,S}(l_{i1}, l_{i2}, \ldots, l_{in}) = \sup_{x \in S} \left[f_i(x) - \sum_{j=1}^{n} l_{ij} x_j \right].$$

Setzen wir zusätzlich voraus, daß P_1 und D_1 Lösungselemente besitzen und daß für beide Probleme die Dualitätsbeziehung $v = \tilde{v}$ gilt, so geht das Problem D_1 in das folgende äquivalente Problem über:

$$D_1^*: \qquad f(x) + \sum_{i=1}^{m} \lambda_i f_i(x) - \sum_{j=1}^{n_1} x_j \left[l_j + \sum_{i=1}^{m} \lambda_i l_{ij} \right] \to \inf; \tag{1.20}$$

$$l_j + \sum_{i=1}^{m} \lambda_i l_{ij} \begin{cases} \leqq 0, & j = 1, 2, \ldots, n_1, \\ = 0, & j = n_1 + 1, \ldots, n; \end{cases} \tag{1.21}$$

$$\lambda_i \geqq 0; \quad i = 1, 2, \ldots, m, \quad x_j \geqq 0, \quad j = 1, 2, \ldots, n_1; \tag{1.22}$$

$$\left. \begin{aligned} & l = (l_1, l_2, \ldots, l_n) \in \Omega(f, S, x), \\ & l^{(i)} = (l_{i1}, l_{i2}, \ldots, l_{in}) \in \Omega(f_i, S, x), \\ & \qquad i = 1, 2, \ldots, m. \end{aligned} \right\} \tag{1.23}$$

Zum Nachweis dieser Äquivalenz genügt es zu bemerken, daß wir uns auf Grund der zusätzlichen Voraussetzungen bei der Ermittlung des Infimums in D_1 auf solche l und $l^{(i)}$ beschränken können, die den Bedingungen in D_1^* genügen und für die D_1 und D_1^* gleiche Optimalwerte haben.

Gilt die Dualitätsbeziehung $v = \tilde{v}$, so lassen sich Optimalitätskriterien angeben, durch die auch die Darstellungen des dualen Problems durch D_1 und D_1^* motiviert werden (vgl. Satz 4.20).

Satz 5.7: *Gegeben seien die Probleme P_1 und D_1; es sei die Dualitätsbeziehung $v = \tilde{v}$ erfüllt. Sei $X = \{x^{(k)}\}$ eine zulässige Lösung von P_1 mit $f(X) < \infty$. Dann gilt: X ist genau dann Lösung von P_1, wenn es Folgen $\{l^{(k)}\}$, $\{l^{(i,k)}\}$, $\{\lambda^{(k)}\}$ gibt mit $l^{(k)}$, $l^{(i,k)} \in E^n$, $i = 1, 2, \ldots, m$, und $\lambda^{(k)} \in E^m$, $\lambda^{(k)} \geqq 0$, für die nachstehende Relationen gelten:*

$$\lim_{k\to\infty} [(l^{(k)}, x^{(k)}) + \tilde{f}_S(l^{(k)})] = \lim_{k\to\infty} f(x^{(k)})\,; \tag{1.24}$$

$$l_j^{(k)} + \sum_{i=1}^{m} \lambda_i^{(k)} l_{ij}^{(k)} \begin{cases} \leqq 0\,, & j = 1, 2, \ldots, n_1\,, \\ = 0\,, & j = n_1 + 1, \ldots, n\,; \end{cases} \tag{1.25}$$

$$\lim_{k\to\infty} \left[(l^{(k)}, x^{(k)}) + \sum_{i=1}^{m} \lambda_i^{(k)} (l^{(i,k)}, x^{(k)}) \right] = 0\,; \tag{1.26}$$

$$\lim_{k\to\infty} \sum_{i=1}^{m} \lambda_i^{(k)} [(l^{(i,k)}, x^{(k)}) + \tilde{f}_{i,S}(l^{(i,k)})] = 0\,. \tag{1.27}$$

Satz 5.8: *Gegeben seien die Probleme P_1 und D_1, und es sei $v = \tilde{v} = \inf_{\lambda \geqq 0} \psi(\lambda) = \psi(\lambda^*)$. Eine zulässige Lösung $\{x^*\}$ von P_1 ist genau dann Lösung, wenn es Vektoren $l = (l_1, l_2, \ldots, l_n)$, $l^{(i)} = (l_{i1}, l_{i2}, \ldots, l_{in})$, $i = 1, 2, \ldots, m$, $\lambda = (\lambda_1, \lambda_2, \ldots, \lambda_m) \geqq 0$ gibt mit*

$$l \in \Omega(f, S, x^*)\,, \quad l^{(i)} \in \Omega(f_i, S, x^*)\,, \quad i = 1, 2, \ldots, m\,;$$

$$l_j + \sum_{i=1}^{m} \lambda_i l_{ij} \begin{cases} \leqq 0 & \text{für} \quad x_j^* = 0, \quad j = 1, 2, \ldots, n_1\,, \\ = 0 & \text{für} \quad x_j^* > 0, \quad j = 1, 2, \ldots, n_1\,, \\ = 0 & \text{für} \quad j = n_1 + 1, \ldots, n\,; \end{cases}$$

$$f_i(x^*) = 0\,, \quad \text{falls } \lambda_i > 0\,.$$

Aus Satz 5.3 und Satz 5.7 kann für das Problem P ein Optimalitätskriterium hergeleitet werden, ohne daß dabei von der Dualitätsbeziehung $v = \tilde{v}$ Gebrauch gemacht wird.

Wir geben dieses Kriterium für das Problem P_1 an.

Satz 5.9: *Gegeben sei das Problem P_1. Eine zulässige Lösung $\{x^*\}$ von P_1 ist genau dann Lösung, wenn es Folgen von Vektoren $\{l^{(k)}\}$, $\{l^{(i,k)}\}$, $i = 1, 2, \ldots, m$, $\{\lambda^{(k)}\}$ und Zahlenfolgen $\{\varrho_j^{(k)}\}$, $j = 1, 2, \ldots, n$, gibt mit $l^{(k)}$, $l^{(i,k)} \in E^n$, $i = 1, 2, \ldots, m$, $\lambda^{(k)} \in E^m$, $\lambda^{(k)} \geqq 0$, so daß gilt:*

$$\lim_{k\to\infty} [l^{(k)}(x^*) + \tilde{f}_S(l^{(k)})] = f(x^*)\,; \tag{1.28}$$

$$l_j^{(k)} + \sum_{i=1}^{m} \lambda_i^{(k)} l_{ij}^{(k)} + \varrho_j^{(k)} \begin{cases} \leqq 0 & \text{für} \quad x_j^* = 0\,, \quad j = 1, 2, \ldots, n_1\,, \\ = 0 & \text{für} \quad x_j^* > 0\,, \quad j = 1, 2, \ldots, n_1\,; \\ = 0\,, & j = n_1 + 1, \ldots, n\,, \end{cases} \tag{1.29}$$

$$\left. \begin{aligned} &\lim_{k\to\infty} \sum_{i=1}^{m} \lambda_i^{(k)} (l^{(i,k)}(x^*) + \tilde{f}_{i,S}(l^{(i,k)})) = 0\,, \\ &\lim_{k\to\infty} \varrho_j^{(k)} = 0\,, \quad j = 1, 2, \ldots, n\,. \end{aligned} \right\} \tag{1.30}$$

Beweis: 1. Zum Problem P_1 fügen wir die Nebenbedingung

$$f_{m+1}(x) = -(x, x) + (x^*, x^*) + 1 \geqq 0$$

hinzu und bezeichnen das neue Problem mit $A(x^*)$. Offensichtlich ist eine zulässige Lösung $\{x^*)$ von P_1 genau dann Lösung, wenn $\{x^*\}$ Lösung von $A(x^*)$ ist.

Da die Menge der zulässigen Lösungen des Problems $A(x^*)$ beschränkt ist, folgt aus Satz 5.3, daß für $A(x^*)$ und das zu $A(x^*)$ duale Problem die Dualitätsbeziehung gilt.

2. Sei nun $\{x^*\}$ Lösung von P_1.

Dann ist $\{x^*\}$ auch Lösung von $A(x^*)$ und erfüllt die Relationen aus Satz 5.7, wobei dort m durch $m + 1$ zu ersetzen ist.

Wir setzen

$$\bar{\varrho}_j^{(k)} = \lambda_{m+1}^{(k)} l_{m+1,j}^{(k)}, \qquad j = 1, 2, ..., n;$$

$$\varrho_j^{(k)} = \begin{cases} -l_j^{(k)} - \sum_{i=1}^{m+1} \lambda_i l_{ij}^{(k)} + \bar{\varrho}_j^{(k)} & \text{für } x_j^* > 0, \quad j = 1, 2, ..., n_1, \\ \bar{\varrho}_j^{(k)} & \text{sonst.} \end{cases}$$

Da alle Summanden in (1.27) nichtnegativ sind, folgt

$$\lim_{k\to\infty} \lambda_{m+1}^{(k)} \left[\sum_{j=1}^{n} l_{m+1,j}^{(k)} x_j^* + \tilde{f}_{m+1,S}(l^{(m+1,k)})\right] = 0 . \tag{1.31}$$

x^* ist ein innerer Punkt der Menge S; daher gibt es ein $d > 0$, so daß für jeden Vektor l mit $||l|| \leqq 1$ gilt

$$(l^{(m+1,k)}, x^*) + \tilde{f}_{m+1,S}(l^{(m+1,k)}) \geqq f_{m+1}(x^* + dl) - d(l^{(m+1,k)}, l) .$$

Für hinreichend kleines $d > 0$ mit

$$f_{m+1}(x^* + dl) \geqq 0$$

und für

$$l = \begin{cases} \dfrac{-l^{(m+1,k)}}{||l^{(m+1,k)}||} & \text{für } ||l^{(m+1,k)}|| > 0 \\ 0 & \text{für } l^{(m+1,k)} = 0 \end{cases}$$

folgt die Beziehung

$$(l^{(m+1,k)}, x^*) + \tilde{f}_{m+1,S}(l^{(m+1,k)}) \geqq d\,||l^{(m+1,k)}|| . \tag{1.32}$$

Aus (1.31) ergibt sich

$$\lim_{k\to\infty} \lambda_{m+1}^{(k)} ||l^{(m+1,k)}|| = 0$$

und damit

$$\lim_{k\to\infty} \bar{\varrho}_j^{(k)} = 0 , \qquad j = 1, 2, ..., n .$$

Die Behauptungen des Satzes folgen nun aus Satz 5.7.

3. Umgekehrt nehmen wir jetzt an, daß die zulässige Lösung $\{x^*\}$ von P_1 den Bedingungen des Satzes genügt.

Man sieht leicht, daß

$$\tilde{f}_{m+1,E}(l) = \sup_{x \in E} [f_{m+1}(x) - (l, x)] = \frac{1}{4} ||l||^2 + ||x^*||^2 + 1$$

gilt mit $E = E^n$.

Wir setzen

$$\lambda_{m+1}^{(k)} = \sqrt{\sum_{j=1}^{n} (\varrho_j^{(k)})^2}, \quad l_{m+1,j}^{(k)} = \begin{cases} \dfrac{\varrho_j^{(k)}}{\lambda_{m+1}^{(k)}} & \text{für} \quad \varrho_j^{(k)} \neq 0, \\ 0 & \text{für} \quad \varrho_j^{(k)} = 0 \end{cases}$$

und erhalten

$$\begin{aligned} 0 &\leqq \lambda_{m+1}^{(k)}[(l^{(m+1,k)}, x^*) + \tilde{f}_{m+1,S}(l^{(m+1,k)})] \\ &\leqq \lambda_{m+1}^{(k)}[(l^{(m+1,k)}, x^*) + \tilde{f}_{m+1,E}(l^{(m+1,k)})] \\ &= \lambda_{m+1}^{(k)}\left[\frac{1}{4} ||l^{(m+1,k)}||^2 + ||x^*||^2 + (l^{(m+1,k)}, x^*) + 1\right]. \end{aligned}$$

Da die rechte Seite dieser Ungleichung wegen

$$||l^{(m+1,k)}|| \leqq 1 \quad \text{und} \quad \lim_{k \to \infty} \varrho_j^{(k)} = 0, \quad j = 1, 2, \ldots, n,$$

für $k \to \infty$ gegen Null strebt, gilt

$$\lim_{k \to \infty} \lambda_{m+1}^{(k)}[(l^{(m+1,k)}, x^*) + \tilde{f}_{m+1,S}(l^{(m+1,k)})] = 0.$$

Zusammen mit (1.30) folgt, daß die zulässige Lösung $\{x^*\}$ der Bedingung (1.27) genügt (wobei m durch $m + 1$ zu ersetzen ist).

Analog kann man die übrigen Bedingungen auf den Satz 5.7 zurückführen (wobei wieder m durch $m + 1$ zu ersetzen ist).

Aus Satz 5.7 folgt, daß $\{x^*\}$ Lösung von $A(x^*)$ und damit auch von P_1 ist.

§ 2. Zweipersonen-Nullsummenspiele und Dualitätssätze für konvexe Optimierungsprobleme

2.1. Für das konvexe Optimierungsproblem P ist

$$F(x, y) = f(x) + \sum_{i=1}^{m} y_i f_i(x), \quad x \in G, \quad y \geqq 0,$$

die Lagrange-Funktion.

Für den Optimalwert von P ergibt sich wegen Lemma 2.1

$$v = \sup_{x \in G} \inf_{y \geqq 0} F(x, y).$$

Der Optimalwert $\tilde{v}$ des dualen Problems D ist gegeben durch

$$\tilde{v} = \inf_{y \geqq 0} \sup_{x \in G} F(x, y).$$

Damit ist die Dualitätsbeziehung $v = \tilde{v}$ für die Probleme P und D mit

$$\sup_{x \in G} \inf_{y \geqq 0} F(x, y) = \inf_{y \geqq 0} \sup_{x \in G} F(x, y) . \tag{2.1}$$

äquivalent.

Die Funktion F ist offenbar konkav in x und linear in y.

Wenn die Mengen $X \subset E^n$, $Y \subset E^m$ kompakt (d. h. abgeschlossen und beschränkt) und konvex sind und die Funktion $F: X \times Y \to E^1$ stetig, konkav in x und konvex in y ist, so gilt nach dem Hauptsatz für Zweipersonen-Nullsummenspiele von v. Neumann [45] die Beziehung

$$\max_{x \in X} \min_{y \in Y} F(x, y) = \min_{y \in Y} \max_{x \in X} F(x, y) .$$

Bei dem von uns behandelten Fall ist jedoch wenigstens eine der Mengen $X = G$, $Y = \{y \in E^m : y \geqq 0\}$ nicht kompakt, da Y nicht beschränkt ist.

Aus diesem Grunde kann die Dualitätsbeziehung nur unter zusätzlichen Voraussetzungen bewiesen werden. Daher hat der Satz von v. Neumann in der konvexen Optimierung bisher kaum Anwendung gefunden. Im allgemeinen werden zur Herleitung von Dualitätssätzen spezielle Überlegungen benutzt. In dieser Weise sind wir auch bisher vorgegangen.

In diesem Paragraphen benutzen wir hingegen eine Verallgemeinerung des Satzes von v. Neumann zum Beweis einiger bereits hergeleiteter Dualitätsaussagen.

Damit wird ein Zusammenhang zwischen Zweipersonen-Nullsummenspielen und der konvexen Optimierung hergestellt.

2.2. Wir betrachten zunächst nicht die zum Problem P gehörende Funktion F, sondern eine beliebige Funktion

$$f: X \times Y \to E^1 ,$$

wobei $X \subset E^n$, $Y \subset E^m$ konvex sind.

Die Funktion f sei konkav in x für jedes feste $y \in Y$ und konvex in y für festes $x \in X$.

Von Kneser [84] wurde folgende Verallgemeinerung des Satzes von v. Neumann angegeben.

Satz 5.10: *Seien $X \subset E^n$, $Y \subset E^m$ nichtleere konvexe Mengen; wenigstens eine von ihnen sei kompakt. Die Funktion $f: X \times Y \to E^1$ sei stetig bezüglich des Vektors, der auf der kompakten Menge variiert, konkav in x und konvex in y. Dann gilt*

$$\sup_{X} \inf_{Y} f(x, y) = \inf_{Y} \sup_{X} f(x, y) . \tag{2.2}$$

Zum Beweis des Satzes benötigen wir die Aussagen der folgenden zwei Lemmata.

Lemma 5.11: *Seien $X \subset E^n$, $Y \subset E^m$ beliebige Mengen. Für jede Funktion $f: X \times Y \to E^1$ gilt*

$$\sup_{X} \inf_{Y} f(x, y) \leqq \inf_{Y} \sup_{X} f(x, y) . \tag{2.3}$$

Beweis: Für beliebige $x \in X$ und $y \in Y$ hat man

$$\varphi(x) = \inf_{Y} f(x, y) \leqq \sup_{X} f(x, y) = \psi(y) .$$

Bildet man auf der linken Seite dieser Ungleichung das Supremum und auf der rechten Seite das Infimum, so folgt die Behauptung.

Lemma 5.12: *Sei $X \subset E^n$ konvex und kompakt; $\varphi: X \to E^1$ sei auf X stetig und konkav; μ sei eine nichtnegative σ-additive Funktion auf der σ-Algebra der* BOREL-*Mengen von X mit $\mu(X) = 1$ und*

$$x_\mu = \int_X x \, d\mu .$$

Dann gilt

$$\varphi(x_\mu) \geqq \int_X \varphi(x) \, d\mu , \quad x_\mu \in X . \tag{2.4}$$

Beweis: Zu beliebigem $\varepsilon > 0$ gibt es $x_i \in X$ und $\mu_i \geqq 0$ mit

$$\left|x_\mu - \sum_i \mu_i x_i\right| \leqq \varepsilon , \quad \left|\int_X \varphi(x) \, d\mu - \sum_i \varphi(x_i) \, \mu_i\right| \leqq \varepsilon , \tag{2.5}$$

$$\sum_i \mu_i = 1 .$$

Da φ konkav auf X ist, gilt

$$\varphi\Bigl(\sum_i \mu_i x_i\Bigr) \geqq \sum_i \mu_i \varphi(x_i) ,$$

$$\sum_i \mu_i x_i \in X .$$

Hieraus folgt mit der vorausgegangenen Ungleichung die Behauptung.

Beweis von Satz 5.10: O. B. d. A. sei X kompakt und f stetig in x für jedes feste $y \in Y$. Sei $C(X)$ der Raum der auf X stetigen Funktionen φ mit $||\varphi|| = \max_{x \in X} |\varphi(x)|$. Sei die Teilmenge $\mathcal{K} \subset C(X)$ erklärt gemäß

$$\mathcal{K} = \{\varphi \in C(X) : \exists\, y \in Y \text{ mit } \varphi(x) \geqq f(x, y) \text{ für alle } x \in X\} .$$

Die Menge $\mathcal{K}$ ist konvex. Sind nämlich $\varphi_1, \varphi_2 \in \mathcal{K}$ und $0 < \alpha < 1$, so gilt

$$\varphi_\alpha(x) = \alpha\varphi_1(x) + (1 - \alpha) \, \varphi_2(x) \geqq \alpha f(x, y_1) + (1 - \alpha) \, f(x, y_2) ,$$

$$y_1, y_2 \in Y .$$

Da f konvex in y ist, folgt

$$\alpha f(x, y_1) + (1 - \alpha) \, f(x, y_2) \geqq f(x, y_\alpha)$$

mit $y_\alpha = \alpha y_1 + (1 - \alpha) \, y_2 \in Y$.

Somit gibt es einen Punkt $y_\alpha \in Y$ mit

$$\varphi(x) \geqq f(x, y_\alpha) , \quad x \in X ;$$

also ist $\varphi_\alpha \in \mathcal{K}$.

Die Menge $\mathcal{K}$ enthält innere Punkte. Sei $y' \in Y$. Dann ist $\overline{\varphi}(\bullet) = f(\bullet, y') + 1$ innerer Punkt von $\mathcal{K}$, weil für beliebiges $\varphi \in C(X)$ mit $\|\varphi\| \leqq 1$ gilt

$$\overline{\varphi}(x) + \varphi(x) \geqq f(x, y'), \quad x \in X,$$

d. h. $\overline{\varphi} + \varphi \in \mathcal{K}$.

Somit ist $\mathcal{K}$ konvex und besitzt innere Punkte.

Sei $\varphi_v^*(x) \equiv v$, $x \in X$. Wir setzen

$$v_1 = \sup_X \inf_Y f(x, y), \quad v_2 = \inf_Y \sup_X f(x, y).$$

Es ist $v_2 < \infty$, denn für jedes $y \in Y$ ist

$$\sup_X f(x, y) < \infty.$$

Sei zunächst $v_2 > -\infty$. Dann gilt für beliebiges $\varepsilon > 0$

$$\varphi_{v_2-\varepsilon}^* \notin \mathcal{K}. \tag{2.6}$$

Andernfalls gibt es ein $\varepsilon > 0$ und ein $y_\varepsilon \in Y$, so daß

$$v_2 - \varepsilon \geqq f(x, y_\varepsilon), \quad x \in X.$$

Hieraus folgt

$$v_2 - \varepsilon \geqq \sup_X f(x, y_\varepsilon) \geqq \inf_Y \sup_X f(x, y) = v_2$$

und damit $\varepsilon \leqq 0$, was $\varepsilon > 0$ widerspricht. Da (2.6) für jedes $\varepsilon > 0$ gilt, kann $\varphi_{v_2}^*$ kein innerer Punkt von $\mathcal{K}$ sein.

Bei Anwendung von Trennungssatz III (Satz 1.6) auf die Menge $\mathcal{K}$ und den Punkt $\varphi_{v_2}^*$ erhält man ein auf $C(X)$ definiertes nicht identisch verschwindendes, beschränktes lineares Funktional l mit

$$l(\varphi) \geqq l(\varphi_{v_2}^*) \tag{2.7}$$

für jedes $\varphi \in \mathcal{K}$.

Wir zeigen $l(\varphi) \geqq 0$ für jedes $\varphi \in C(X)$. Angenommen es gibt eine nichtnegative stetige Funktion $\varphi_0 \in C(X)$ mit

$$l(\varphi_0) < 0. \tag{2.8}$$

O. B. d. A. kann man

$$\varphi_0(x) > \delta > 0, \quad x \in X, \tag{2.9}$$

annehmen. Erfüllt φ_0 diese Bedingung nicht, so kann φ_0 durch die Funktion $\varphi_0 + \varphi_\delta^*$ ersetzt werden, die wegen der Beschränktheit von l die Beziehung (2.8) für hinreichend kleines $\delta > 0$ erfüllt. Aus der Definition der Menge $\mathcal{K}$ folgt für φ_0

$$\lambda\varphi_0 \in \mathcal{K}$$

für hinreichend großes $\lambda > 0$.

Hieraus ergibt sich wegen (2.7) die Beziehung

$$l(\varphi_0) \geqq \lim_{\lambda \to \infty} \left[\frac{1}{\lambda} l(\varphi_{v_2}^*)\right] = 0,$$

im Widerspruch zur Annahme (2.8). Daher ist das Funktional l auf $C(X)$ nichtnegativ.

Nach dem Satz von Riesz (Satz 1.13) kann das nichtnegative beschränkte lineare Funktional l in der Form

$$l(\varphi) = \int_X \varphi(x)\, d\lambda \tag{2.10}$$

dargestellt werden. Dabei ist λ eine auf der σ-Algebra der Borel-Mengen von X erklärte nichtnegative, reguläre σ-additive Funktion mit

$$\|l\| = \lambda(X) > 0$$

Aus (2.7) folgt wegen (2.10) für beliebiges $\varphi \in \mathcal{K}$

$$\int_X \varphi(x)\, d\lambda \geqq \int_X v_2 d\lambda = v_2 \cdot \lambda(X)\,. \tag{2.11}$$

Mit $\lambda^* = \lambda/\lambda(X)$ und $\varphi(\cdot) = f(\cdot, y) \in \mathcal{K}$ für jedes feste $y \in Y$ folgt daraus die Beziehung

$$\int_X f(x, y)\, d\lambda^* \geqq v_2\,, \qquad y \in Y\,. \tag{2.12}$$

Da f stetig und konkav in x ist und außerdem $\lambda^*(X) = 1$ gilt, folgt aus Lemma 5.12

$$f(x_{\lambda^*}, y) \geqq \int_X f(x, y)\, d\lambda^*\,, \qquad x_{\lambda^*} = \int_X x d\lambda^* \in X\,. \tag{2.13}$$

Für diese $x_{\lambda^*} \in X$ und für alle $y \in Y$ folgt aus (2.12) und (2.13)

$$v_2 \leqq \int_X f(x, y)\, d\lambda^* \leqq f(x_{\lambda^*}, y)\,.$$

Damit gilt auch

$$v_2 \leqq \inf_Y f(x_{y^*}, y) \leqq \sup_X \inf_Y f(x, y) = v_1\,. \tag{2.14}$$

Nach Lemma 5.11 ist stets $v_1 \leqq v_2$ und folglich

$$v_1 = \sup_X \inf_Y f(x, y) = v_2 = \inf_Y \sup_X f(x, y)\,.$$

Damit ist der Beweis im Falle $v_2 > -\infty$ geführt.

Im Falle $v_2 = -\infty$ folgt ebenfalls nach Lemma 5.11

$$v_1 = v_2 = -\infty\,.$$

Der Satz ist somit vollständig bewiesen.

2.3. Im folgenden beweisen wir die Beziehung (2.2) in Satz 5.10 unter schwächeren Voraussetzungen. Dazu führen wir die Funktionen φ und ψ mit

$$\varphi(x) = \inf_Y f(x, y)\,, \qquad x \in X\,,$$

$$\psi(y) = \sup_X f(x, y)\,, \qquad y \in Y\,,$$

ein und setzen wie oben

$$v_1 = \sup_X \varphi(x)\,, \qquad v_2 = \inf_Y \psi(y)\,.$$

Für die Funktionen φ und ψ leiten wir einige einfache Eigenschaften her.

Lemma 5.13: *Seien $X \subset E^n$, $Y \subset E^m$ konvexe Mengen und $f: X \times Y \to E^1$.*

1. *Wenn f konkav in x ist, so ist $\varphi(x) = \inf_Y f(x, y)$ konkav auf X.*
2. *Wenn f konvex in y ist, so ist $\psi(y) = \sup_X f(x, y)$ konvex auf Y.*

Beweis: Wir beschränken uns auf den Beweis des ersten Teils. Seien x_1, $x_2 \in X$, und für beliebiges α mit $0 < \alpha < 1$ sei

$$x_\alpha = \alpha x_1 + (1 - \alpha)\, x_2 .$$

Nach Voraussetzung gilt für jedes feste $y \in Y$

$$f(x_\alpha, y) \geqq \alpha f(x_1, y) + (1 - \alpha)\, f(x_2, y) .$$

Hieraus folgt

$$\begin{aligned} \varphi(x_\alpha) = \inf_Y f(x_\alpha, y) &\geqq \inf_Y [\alpha f(x_1, y) + (1 - \alpha)\, f(x_2, y)] \\ &\geqq \alpha \inf_Y f(x_1, y) + (1 - \alpha) \inf_Y f(x_2, y) \\ &= \alpha\varphi(x_1) + (1 - \alpha)\, \varphi(x_2) . \end{aligned}$$

φ ist also konkav.

Lemma 5.14: *Seien $X \subset E^n$, $Y \subset E^m$ konvexe Mengen und $f: X \times Y \to E^1$.*

1. *Wenn f halbstetig nach oben in x für festes $y \in Y$ ist, so ist $\varphi(x) = \inf_Y f(x, y)$ halbstetig nach oben auf X.*
2. *Wenn f halbstetig nach unten in y für festes $x \in X$ ist, so ist $\psi(y) = \sup_X f(x, y)$ halbstetig nach unten auf Y.*

Beweis: Wir beschränken uns wieder auf den Beweis des ersten Teils. Seien $x_0 \in X$ und $\varepsilon > 0$. Aus der Definition von φ folgt die Existenz eines $y_\varepsilon \in Y$ mit

$$\varphi(x_0) \geqq f(x_0, y_\varepsilon) - \frac{\varepsilon}{2} .$$

Da f halbstetig nach oben in x ist, gibt es ein $\delta(\varepsilon) > 0$ derart, daß

$$f(x, y_\varepsilon) - f(x_0, y_\varepsilon) \leqq \frac{\varepsilon}{2}$$

für $\|x - x_0\| \leqq \delta(\varepsilon)$ gilt.
Aus den letzten beiden Ungleichungen folgt unter Berücksichtigung der Definition von φ

$$\varphi(x_0) \geqq f(x_0, y_\varepsilon) - \frac{\varepsilon}{2} \geqq f(x, y_\varepsilon) - \varepsilon \geqq \varphi(x) - \varepsilon$$

für $\|x - x_0\| \leqq \delta(\varepsilon)$, womit das Lemma bewiesen ist.

Bekanntlich nimmt eine nach oben halbstetige (nach unten halbstetige) Funktion auf einer kompakten Menge ihr Supremum (Infimum) an. Nach Lemma 5.14 nimmt daher die Funktion φ auf einer beliebigen kompakten Teilmenge von X ihr Supremum an, und die Funktion ψ nimmt auf einer beliebigen kompakten Teilmenge von Y ihr Infimum an.

Mit den Teilmengen $G \subset X$, $F \subset Y$ setzen wir

$$\varphi_F(x) \equiv \inf_{y \in F} f(x, y)\,, \qquad \psi_G(y) \equiv \sup_{x \in G} f(x, y)\,.$$

Insbesondere gilt dann

$$\varphi(x) \equiv \varphi_Y(x)\,, \qquad \psi(y) \equiv \psi_X(y)\,.$$

Es ist $\varphi_{F_1}(x) \geqq \varphi_{F_2}(x)$ und $\psi_{G_1}(y) \leqq \psi_{G_2}(y)$, falls $F_1 \subset F_2$ bzw. $G_1 \subset G_2$.

Sei z eine auf $T \subset E^n$ definierte Funktion. Die Funktion z' heißt *Majorante* oder *Minorante* von z auf $S \subset T$, wenn gilt

$$z(t) < z'(t)\,, \qquad t \in S\,,$$

bzw.

$$z(t) > z'(t)\,, \qquad t \in S\,.$$

Lemma 5.15: *Seien $X \subset E^n$, $Y \subset E^m$ beliebige Mengen und $G \subset X$, $F \subset Y$ kompakte Teilmengen. Sei ferner $f\colon X \times Y \to E^1$.*

1. *Ist f halbstetig nach oben in x und φ' eine stetige Majorante von $\varphi(x) = \inf_Y f(x, y)$ auf G, so gibt es eine endliche Teilmenge $F_1 \subset Y$ derart, daß φ' Majorante von φ_{F_1} auf G ist.*
2. *Wenn f halbstetig nach unten in y und ψ' eine stetige Minorante von $\psi(y) = \sup_X f(x, y)$ auf F ist, so gibt es eine endliche Teilmenge $G_1 \subset X$ derart, daß ψ' Minorante von ψ_{G_1} auf F ist.*

Beweis: Wir beweisen nur den ersten Teil.

Da φ' Majorante von $\varphi(x) = \inf_Y f(x, y)$ auf G ist, existiert zu jedem $x_0 \in G$ ein $y_0 = y(x_0) \in Y$ mit

$$f(x_0, y_0) < \varphi'(x_0)\,.$$

Da $f(\cdot, y_0)$ halbstetig nach oben in x und φ' stetig sind, gibt es eine Umgebung $U_\delta(x_0)$ von x_0 mit

$$f(x, y_0) < \varphi'(x) \qquad \text{für} \qquad x \in U_\delta(x_0)\,.$$

Die Umgebungen $U_\delta(x)$, $x \in G$, überdecken G. Wegen der Kompaktheit von G gibt es endlich viele Punkte $x_1, x_2, \ldots, x_N \in G$, so daß gilt

$$G \subset \bigcup_{k=1}^{N} U_\delta(x_k)\,.$$

Wir setzen

$$F_1 = \bigcup_{k=1}^{N} \{y_k\}$$

mit $y_k = y(x_k)$.

Sei $x \in G$. Dann gibt es einen Index i mit $x \in U_\delta(x_i)$ und

$$f(x, y_i) < \varphi'(x)$$

mit

$$y_i = y(x_i) .$$

Außerdem gilt

$$\varphi_{F_1}(x) = \min_{1 \leqq k \leqq N} \varphi(x, y_k) \leqq f(x, y_k)$$

und damit $\varphi_{F_1}(x) < \varphi'(x)$.

Das Lemma ist bewiesen.

2.4. Wir führen nun Teilmengen $X^* \subset X$, $Y^* \subset Y$ ein, auf denen φ und ψ ihr Supremum bzw. Infimum annehmen:

$$X^* = \{x \in X : \varphi(x) = \sup_{x' \in X} \varphi(x')\} ,$$

$$Y^* = \{y \in Y : \psi(y) = \inf_{y' \in Y} \psi(y')\} .$$

Wenn die Funktion f konkav in x (konvex in y) ist, so ist nach Lemma 5.13 die Menge $X^*(Y^*)$ konvex. Wenn darüber hinaus die Funktion f stetig auf X (auf Y) ist, so ist X^* (Y^*) abgeschlossen, da $\varphi(\psi)$ nach Lemma 5.14 halbstetig nach oben (halbstetig nach unten) ist.

Wir zeigen nun, daß die Behauptung von Satz 5.10 unter schwächeren Voraussetzungen gilt (wobei die Abschwächung in anderer Weise als in 2.3 erfolgt).

Satz 5.16: *Seien $X \subset E^n$, $Y \subset E^m$ nichtleere konvexe Mengen; wenigstens eine von ihnen sei abgeschlossen. Die Funktion $f: X \times Y \to E^1$ sei stetig bezüglich des Vektors, der auf der abgeschlossenen Menge variiert, konkav in x und konvex in y. Seien*

$$\varphi(x) = \inf_Y f(x, y) , \qquad \psi(y) = \sup_X f(x, y)$$

und

$$X^* = \{x \in X : \varphi(x) = \sup_{x' \in X} \varphi(x')\}$$

oder

$$Y^* = \{y \in Y : \psi(y) = \inf_{y' \in Y} \psi(y')\}$$

sei nichtleer und beschränkt, je nachdem ob X bzw. Y abgeschlossen ist. Dann gilt

$$\sup_X \inf_Y f(x, y) = \inf_Y \sup_X f(x, y) .$$

Beweis: Wir setzen wieder

$$v_1 = \sup_X \varphi(x) , \qquad v_2 = \inf_Y \psi(y) .$$

O.B.d.A. sei Y^* nichtleer und beschränkt, Y abgeschlossen und f stetig in y. Sei zunächst $-\infty < v_2 < \infty$. Dann folgt aus Lemma 5.11

$$-\infty \leqq v_1 \leqq v_2 < \infty . \qquad (2.15)$$

Ist Y beschränkt, so ergibt sich die Behauptung des Satzes aus Satz 5.10.

Im weiteren wird daher Y als unbeschränkt vorausgesetzt. Für $\varepsilon > 0$ erklären wir die folgenden Mengen

$$Y_\varepsilon = \{y \in Y : \varrho(y, Y^*) \leqq \varepsilon\} ,$$

$$\Gamma_\varepsilon = \{y \in Y : \varepsilon \leqq \varrho(y, Y^*) \leqq 2\varepsilon\} .$$

Dabei sei $\varrho(y, Y^*)$ der Abstand des Punktes y von der Menge Y^*. Weil Y^* beschränkt und Y nicht beschränkt ist, sind die Mengen Y_ε und Γ_ε nichtleer und beschränkt. Offensichtlich sind sie auch abgeschlossen. Damit sind Y_ε und Γ_ε nichtleer und kompakt. Aus der Definition von Γ_ε folgt

$$\psi(y) > v_2 , \quad y \in \Gamma_\varepsilon ,$$

v_2 ist also auf Γ_ε eine Minorante von ψ. Nach Lemma 5.15 existiert daher eine endliche Teilmenge $G_1 \subset X$ mit

$$\psi_{G_1}(y) > v_2 , \quad y \in \Gamma_\varepsilon .$$

Ferner gilt

$$\psi(y) > v_2 - \varepsilon , \quad y \in Y_\varepsilon .$$

Daher gibt es eine endliche Teilmenge $G_2 \subset X$ mit

$$\psi_{G_2}(y) > v_2 - \varepsilon , \quad y \in Y_\varepsilon .$$

Setzen wir

$$G = G_1 \cup G_2 = \{x_1, x_2, \ldots, x_N\} ,$$

so hat man

$$\psi_G(y) \geqq \psi_{G_1}(y) > v_2 , \qquad y \in \Gamma_\varepsilon , \tag{2.16}$$

$$\psi_G(y) \geqq \psi_{G_2}(y) > v_2 - \varepsilon , \quad y \in Y_\varepsilon . \tag{2.17}$$

Zu zeigen ist $\psi_G(y) > v_2$ für jedes $y \notin Y_\varepsilon$. Im Falle $y \in \Gamma_\varepsilon$ folgt dies aus (2.16).

Sei nun $y \notin Y_\varepsilon$ und $\varrho(y, Y^*) > 2\varepsilon$. Wir wählen einen beliebigen Punkt $y^* \in Y^*$ und betrachten die Verbindungsstrecke Δ von y^* und y. Da die Funktion $\varrho(y, Y^*)$ stetig ist, gibt es auf Δ einen Punkt $y' \in \Gamma_\varepsilon$. Aus der Annahme

$$\psi_G(y) \leqq v_2$$

folgt, da ψ auf Y konvex ist (vgl. Lemma 5.13),

$$\psi_G(y') \leqq \alpha\psi_G(y^*) + (1 - \alpha)\,\psi_G(y) \quad \text{für} \quad 0 < \alpha < 1 .$$

Wegen $\psi_G(y^*) \leqq \psi(y^*) = v_2$ folgt hieraus $\psi_G(y') \leqq v_2$, $y' \in \Gamma_\varepsilon$, im Widerspruch zu (2.16). Also gilt einerseits

$$\psi_G(y) > v_2 \quad \text{mit} \quad y \notin Y_\varepsilon .$$

Andererseits haben wir für die Funktion ψ_G auf Y^* die Beziehung $\psi_G(y) \leqq \psi(y) = v_2$, so daß für jede Menge $F \supset Y_\varepsilon$ gilt

$$\inf_{y \in F} \psi_G(y) = \inf_{y \in Y_\varepsilon} \psi_G(y) . \tag{2.18}$$

Wir betrachten eine Folge $F_1 \subset F_2 \subset F_3 \subset \cdots \subset F_k \subset \cdots$ konvexer kompakter Mengen mit

$$Y_\varepsilon \subset F_1 , \quad \bigcup_k F_k = Y .$$

Aus (2.17) und (2.18) folgt

$$\inf_{y \in F_k} \psi_G(y) > v_2 - \varepsilon\,, \qquad k = 1, 2, \ldots . \tag{2.19}$$

Bekanntlich ist

$$\psi_G(y) = \max_{1 \leqq i \leqq N} f(x_i, y)\,.$$

Die Funktion ψ_G kann auch in der Form dargestellt werden:

$$\psi_G(y) = \max_{\xi \in D} \sum_{i=1}^{n} f(x_i, y)\, \xi_i$$

mit

$$D = \left\{\xi = (\xi_1, \xi_2, \ldots, \xi_N) \colon \sum_{i=1}^{N} \xi_i = 1, \xi_i \geqq 0, i = 1, 2, \ldots, N\right\}.$$

Setzt man $\tilde{f}(\xi, y) = \sum_{i=1}^{N} f(x_i, y)\, \xi_i$, so folgt aus (2.19)

$$\inf_{y \in F_k} \sup_{\xi \in D} \tilde{f}(\xi, y) > v_2 - \varepsilon\,, \qquad k = 1, 2, \ldots .$$

Die Funktion $\tilde{f}$ ist linear in ξ und konvex in y; die Mengen D und F_k sind konvex und kompakt. Nach Satz 5.10 gilt daher

$$\sup_{\xi \in D} \inf_{y \in F_k} \tilde{f}(\xi, y) = \inf_{y \in F_k} \sup_{\xi \in D} \tilde{f}(\xi, y) > v_2 - \varepsilon\,, \qquad k = 1, 2, \ldots . \tag{2.20}$$

Setzen wir $\sup_{\xi \in D} \inf_{y \in Y} \tilde{f}(\xi, y) = v$, so folgt einerseits

$$\sup_{\xi \in D} \inf_{y \in F_k} \tilde{f}(\xi, y) \geqq v\,.$$

Andererseits existiert nach Lemma 5.15 zu jedem $\delta > 0$ ein Index $k(\delta)$ derart, daß für $k \geqq k(\delta)$

$$\sup_{\xi \in D} \inf_{y \in F_k} \tilde{f}(\xi, y) \leqq v + \delta$$

gilt. Damit folgt

$$\lim_{k \to \infty} \sup_{\xi \in D} \inf_{y \in F_k} \tilde{f}(\xi, y) = v\,, \tag{2.21}$$

woraus wir mit (2.20)

$$\sup_{\xi \in D} \inf_{y \in Y} \tilde{f}(\xi, y) = v > v_2 - \varepsilon \tag{2.22}$$

erhalten. Da f konkav in x ist, hat man

$$\tilde{f}(\xi, y) = \sum_{i=1}^{N} f(x_i, y)\, \xi_i \leqq f\left(\sum_{i=1}^{N} \xi_i x_i, y\right), \qquad \xi \in D\,.$$

Daraus folgt

$$\inf_{y \in Y} \tilde{f}(\xi, y) \leqq \inf_{y \in Y} f(x_\xi, y)\,, \qquad x_\xi = \sum_{i=1}^{N} \xi_i x_i \in X\,,$$

und damit

$$\sup_{\xi \in D} \inf_{y \in Y} \tilde{f}(\xi, y) \leqq \sup_{x \in X} \inf_{y \in Y} f(x, y) = v_1\,. \tag{2.23}$$

Zusammen mit (2.22) ergibt sich

$$v_2 \leqq v_1 + \varepsilon .$$

Da $\varepsilon > 0$ beliebig gewählt werden kann, folgt

$$v_2 \leqq v_1 .$$

Unter Berücksichtigung von (2.15) folgt schließlich

$$v_1 = v_2 .$$

Sei nun $v_2 = -\infty$ oder $v_2 = \infty$.

Im Falle $v_2 = -\infty$ folgt die Behauptung aus Lemma 5.11.
Im Falle $v_2 = \infty$ gilt $\psi(y) \equiv \infty$ und damit $Y^* = Y$. Y ist folglich zusammen mit Y^* kompakt, und die Behauptung folgt aus Satz 5.10.
Damit ist der Satz vollständig bewiesen.

2.5. Wir wenden jetzt Satz 5.16 auf das konvexe Optimierungsproblem P an, wobei P die Voraussetzungen von Satz 5.3 erfüllen soll. Dabei seien

$$X = G \subset E^n \quad \text{und} \quad Y = \{y \in E^m : y \geqq 0\} .$$

Die Menge X sei abgeschlossen, und die Menge

$$X^* = \left\{x \in G : \varphi(x) = \sup_{x' \in X} \varphi(x')\right\} = \left\{x \in R : f(x) = \sup_{x' \in R} f(x')\right\}$$

sei nichtleer und beschränkt. Die zum Problem P gehörende LAGRANGE-Funktion

$$F(x, y) = f(x) + \sum_{i=1}^{m} y_i f_i(x) , \quad x \in G , \quad y \in Y ,$$

sei stetig in x. Damit erfüllt F die Voraussetzungen von Satz 5.16.
Der Satz 5.3 ist somit eine unmittelbare Folgerung von Satz 5.16.

Während in Satz 5.3 vom primalen Problem P auf das duale Problem D geschlossen wird, gehen wir im folgenden Satz von D aus.

Satz 5.17: *Gegeben seien die Probleme P und D. Die Menge der Lösungselemente von D sei nichtleer und beschränkt. Dann gilt die Dualitätsbeziehung $v = \tilde{v}$.*

Beweis: Wir führen den Beweis mit Hilfe von Satz 5.16. Sei

$$Y = \{y \in E^m : y \geqq 0\} .$$

Nach Voraussetzung ist die Menge der Lösungselemente von D nichtleer und beschränkt, also gilt dies auch für die Menge

$$Y^* = \left\{y \in Y : \psi(y) = \inf_{y' \in Y} \sup_{x \in G} \left[f(x) + \sum_{i=1}^{m} y_i f_i(x)\right]\right\} ,$$

da Y^* die Menge aller Lösungselemente von D darstellt.

Die Funktion

$$F(x, y) = f(x) + \sum_{i=1}^{m} y_i f_i(x) , \quad x \in G , \quad y \in Y ,$$

ist auf der abgeschlossenen Menge Y linear und damit dort stetig und konvex. Aus Satz 5.16 folgt mit $X = G$ die Behauptung.

Um zu zeigen, daß Satz 5.4 aus Satz 5.17 folgt, weisen wir nach, daß die Menge Y^* für das Problem D nichtleer und beschränkt ist. Dabei beschränken wir uns auf den Fall, daß die Slaterbedingung erfüllt und $\tilde{v} < \infty$ ist.

Wir wählen ein beliebiges $y' \geqq 0$ mit $\psi(y') < \infty$. Dann gilt für jedes $y \geqq 0$

$$\psi(y) = \sup_{x \in G} \left[f(x) + \sum_{i=1}^{m} y_i f_i(x) \right] \geqq f(x') + \sum_{i=1}^{m} y_i f_i(x')$$

$$\geqq f(x') + \min_i f_i(x') \cdot \sum_{i=1}^{m} y_i = f(x') + \alpha \sum_{i=1}^{m} y_i$$

mit $\alpha = \min\limits_i f_i(x') > 0$; $x' \in G$ erfülle die Slaterbedingung. Sei

$$y \geqq 0 \,, \quad \sum_{i=1}^{m} y_i > \frac{\psi(y') - f(x')}{\alpha} = A \,.$$

Dann gilt $\psi(y) > \psi(y') \geqq \tilde{v}$.

Y^* ist eine Teilmenge der beschränkten Menge

$$Q = \left\{ y : y \geqq 0 \,, \quad \sum_{i=1}^{m} y_i \leqq A \right\} ;$$

weiter gilt

$$\tilde{v} = \inf_{y \geqq 0} \psi(y) = \inf_{y \in Q} \psi(y) \,.$$

Nach Lemma 5.14 ist ψ halbstetig nach unten und nimmt auf der kompakten Menge Q das Infimum an; also ist Y^* nichtleer und beschränkt. Somit erhält man aus Satz 5.16, der eine Verallgemeinerung des Hauptsatzes für Zweipersonen-Nullsummenspiele ist, Dualitätssätze für endlichdimensionale Optimierungsprobleme.

2.6. Bisher wurden konvexe Optimierungsprobleme betrachtet, bei denen die zugehörige LAGRANGE-Funktion konkav in dem einen Variablenvektor und konvex im anderen ist. Im folgenden schwächen wir diese Konvexitätsvoraussetzungen ab.

Sei $X \subset E^n$ eine konvexe Menge. Eine Funktion $f \colon X \to E^1$ heißt auf X *quasikonvex* oder *quasikonkav*, wenn für jede reelle Zahl c die Menge

$$M_c = \{x \in X : f(x) \leqq c\}$$

bzw.

$$M_c = \{x \in X : f(x) \geqq c\}$$

konvex ist.

Jede konkave (konvexe) Funktion ist quasikonkav (quasikonvex). Die Umkehrung dieser Aussage gilt nicht. Zum Beispiel ist die Funktion $f(x) = x^3$, $x \in [-1, 1]$, sowohl quasikonvex als auch quasikonkav, aber weder konvex noch konkav.

Damit ist die Klasse der konkaven (konvexen) Funktionen echt in der Klasse der quasikonkaven (quasikonvexen) Funktionen enthalten.

Seien $X \subset E^n$, $Y \subset E^m$ konvexe Mengen und $f: X \times Y \to E^1$. Wir setzen

$$\varphi(x) = \inf_Y f(x, y)\,, \quad \psi(y) = \sup_X f(x, y)\,.$$

Dann gilt der folgende Satz von NIKAIDO [91], der ebenfalls eine Verallgemeinerung des Satzes von v. NEUMANN darstellt.

Satz 5.18 (Satz von NIKAIDO): *Seien $X \subset E^n$, $Y \subset E^m$ konvexe kompakte Mengen; die Funktion $f: X \times Y \to E^1$ sei quasikonkav in x, quasikonvex in y und stetig in x und y. Dann existiert ein Sattelpunkt von f bezüglich $X \times Y$, und für jeden solchen Sattelpunkt (x_0, y_0) gilt*

$$\varphi(x_0) = \max_X \min_Y f(x, y) = \psi(y_0) = \min_Y \max_X f(x, y) = f(x_0, y_0)\,. \qquad (2.24)$$

Zum Beweis dieses Satzes verwenden wir den Fixpunktsatz von KAKUTANI. Dazu führen wir zunächst einen neuen Begriff ein. Sei Φ eine Punkt-Mengen-Abbildung, die jedem Punkt $z \in Z \subset E^k$ eine Menge $\Phi(z) \subset Z$ zuordnet.

Die *Punkt-Mengen-Abbildung* Φ heißt halbstetig nach oben in $z_0 \in Z$, wenn es zu jedem $\varepsilon > 0$ ein $\delta > 0$ derart gibt, daß für $\|z - z_0\| < \delta$ die Menge $\Phi(z)$ in einer ε-Umgebung der Menge $\Phi(z_0)$ liegt.[1])

Satz 5.19 (Satz von KAKUTANI): *Seien $Z \subset E^k$ eine konvexe kompakte Menge und $K(Z)$ die Familie der abgeschlossenen konvexen Teilmengen von Z. Sei $\Phi: z \to \Phi(z) \subset \mathcal{K}(Z)$ eine nach oben halbstetige Punkt-Mengen-Abbildung. Dann hat Φ einen Fixpunkt, d. h., es existiert ein $z_0 \in Z$ mit $z_0 \in \Phi(z_0)$.*

Beweis von Satz 5.18: Sei $Z = X \times Y$, $z = (x, y) \in Z$. Wir setzen

$$\Phi_x(z) = \left\{x' \in X: f(x', y) = \max_{x'' \in X} f(x'', y)\right\},$$

$$\Phi_y(z) = \left\{y' \in Y: f(x, y') = \min_{y'' \in Y} f(x, y'')\right\},$$

$$\Phi(z) = \Phi_x(z) \times \Phi_y(z)\,.$$

Nach Voraussetzung ist f quasikonkav in x, quasikonvex in y und stetig; daher ist $\Phi(z)$ für beliebiges $z \in Z$ nichtleer, konvex und abgeschlossen.

Wir zeigen, daß $\Phi: z \to \Phi(z)$ in jedem Punkt $z \in Z$ halbstetig nach oben ist. Angenommen, dies ist nicht der Fall. Dann gibt es ein $\varepsilon > 0$ und eine Folge $\{z^{(k)}\}$, $z^{(k)} \in Z$, mit $z^{(k)} \to z$ für $k \to \infty$, derart, daß jedem k ein Punkt $w^{(k)} \in \Phi(z^{(k)})$ zugeordnet werden kann, der nicht in der ε-Umgebung von $\Phi(z)$ liegt, d. h.

$$\varrho\big(w^{(k)}, \Phi(z)\big) \geqq \varepsilon\,, \quad w^{(k)} \in \Phi(z^{(k)})\,, \quad k = 1, 2, \ldots\,.$$

---

[1]) Die Vereinigungsmenge von ε-Umgebungen aller Punkte einer Menge $A \subset E^n$ heißt eine *ε-Umgebung von A.*

Nach Voraussetzung ist Z kompakt. Daher können wir o.B.d.A. annehmen, daß $\{w^{(k)}\}$ konvergent ist. Sei

$$\lim_{k\to\infty} w^{(k)} = w^* = (x^*, y^*) .$$

Dann gilt einerseits

$$\varrho(w^*, \Phi(z)) \geqq \varepsilon > 0 . \tag{2.25}$$

Wegen $w^{(k)} = (\bar{x}^{(k)}, \bar{y}^{(k)}) \in \Phi(z^{(k)})$ mit $z^{(k)} = (x^{(k)}, y^{(k)})$ gilt andererseits

$$f(\bar{x}^{(k)}, y^{(k)}) \geqq f(x', y^{(k)}) , \quad x' \in X ,$$

$$f(x^{(k)}, \bar{y}^{(k)}) \leqq f(x^{(k)}, y') , \quad y' \in Y .$$

Hieraus folgt für $k \to \infty$

$$f(x^*, y) \geqq f(x', y) , \quad x' \in X ,$$

$$f(x, y^*) \leqq f(x, y') , \quad y' \in Y ,$$

d. h.

$$w^* = (x^*, y^*) \in \Phi(z) , \quad z = (x, y) ,$$

im Widerspruch zu (2.25). Die Abbildung Φ ist also halbstetig nach oben, und wir können den Satz von Kakutani anwenden.

Danach gibt es einen Punkt $z_1 = (x_1, y_1) \in Z$ mit

$$z_1 \in \Phi(z_1) ,$$

d. h.

$$f(x_1, y_1) = \max_X f(x, y_1) = \min_Y f(x_1, y) .$$

(x_1, y_1) ist somit Sattelpunkt von f bezüglich $X \times Y$.

Sei jetzt (x_0, y_0) ein beliebiger Sattelpunkt von f bezüglich $X \times Y$, so daß gilt

$$\psi(y_0) = \max_X f(x, y_0) = f(x_0, y_0) = \min_Y f(x_0, y) = \varphi(x_0) . \tag{2.26}$$

Nach Lemma 5.11 hat man für beliebige $x \in X$, $y \in Y$ die Ungleichung

$$\psi(y) \geqq \varphi(x) .$$

Zusammen mit (2.26) erhalten wir daraus die Behauptung.

2.7. Wie in 2.4 führen wir X^* und Y^* als diejenigen Mengen ein, auf denen φ und ψ ihr Supremum bzw. Infimum annehmen. Damit geben wir eine Verallgemeinerung von Satz 5.18 unter Abschwächung der Voraussetzungen über die Mengen X und Y an. Der Beweis kann ähnlich wie bei Satz 5.16 geführt werden (vgl. Golstein/Mowschowitsch [20]).

Satz 5.20: *Seien $X \subset E^n$, $Y \subset E^m$ konvex und abgeschlossen; die Funktion $f: X \times Y \to E^1$ sei stetig auf $X \times Y$, quasikonkav in x und quasikonvex in y. Sei ferner $\varphi(x) = \inf_Y f(x, y)$, $\psi(y) = \sup_X f(x, y)$. Wenigstens eine der beiden Mengen*

$$X^* = \left\{x \in X : \varphi(x) = \sup_{x' \in X} \varphi(x')\right\} , \qquad Y^* = \left\{y \in Y : \psi(y) = \inf_{y' \in Y} \psi(y')\right\}$$

sei nichtleer und beschränkt. Dann gilt:

$$\sup_X \inf_Y f(x, y) = \inf_Y \sup_X f(x, y) .$$

Vergleicht man den Satz 5.16 mit Satz 5.20, stellt man fest, daß in Satz 5.20 anstelle der Konkavität (Konvexität) die Quasikonkavität (Quasikonvexität) vorausgesetzt wird. Dafür wird im Satz 5.20 die Stetigkeit von f in x und y gefordert, während in Satz 5.16 diese Eigenschaft nur bezüglich einer Variablen vorausgesetzt wurde. Folglich ist Satz 5.20 keine Verallgemeinerung von Satz 5.16 und umgekehrt.

Der Satz 5.20 kann ähnlich wie Satz 5.16 zur Herleitung von Dualitätssätzen für Optimierungsprobleme verwendet werden. Im folgenden weisen wir auf einige Schwierigkeiten hin, die sich bei Anwendung von Satz 5.20 ergeben.

Wir modifizieren das Optimierungsproblem P durch die Annahme, daß $G \neq \emptyset$ konvex ist und f, f_i quasikonkav auf G sind. Ein solches Problem heißt *quasikonvexes Optimierungsproblem.* Die zu diesem Problem gehörende LAGRANGE-Funktion lautet

$$F(x, y) = f(x) + \sum_{i=1}^{m} y_i f_i(x) , \quad x \in G , \quad y \geqq 0 . \tag{2.27}$$

Wegen Lemma 2.1 ist das primale Problem äquivalent zu dem Problem

$$\varphi(x) = \inf_{y \geqq 0} F(x, y) \to \sup , \quad x \in G . \tag{2.28}$$

Das duale Problem lautet

$$\psi(y) = \sup_{x \in G} F(x, y) \to \inf , \quad y \geqq 0 .$$

Um Dualitätssätze für quasikonvexe Optimierungsprobleme angeben zu können, sind Bedingungen herzuleiten, damit die Gleichung

$$\sup_X \inf_Y F(x, y) = \inf_Y \sup_X F(x, y) \tag{2.29}$$

gilt. Es wäre naheliegend, Satz 5.20 zum Beweis dieser Beziehung heranzuziehen. Das ist allerdings nicht möglich.

Im Gegensatz zu den konkaven Funktionen ist nämlich die Summe von quasikonkaven Funktionen im allgemeinen nicht wieder quasikonkav, wie man bereits an einfachen Beispielen zeigen kann. Daher ist die LAGRANGE-Funktion in der Gestalt (2.27) nicht quasikonkav in x und folglich nicht geeignet zur Behandlung quasikonvexer Optimierungsprobleme.

Zur Untersuchung solcher Probleme führen wir eine neue LAGRANGE-Funktion ein, die den folgenden beiden Bedingungen genügt:

1. *Die LAGRANGE-Funktion F wird so erklärt, daß das Problem (2.28) äquivalent ist zum primalen quasikonvexen Problem. (Die Menge $Y = \{y \in E^m : y \geqq 0\}$ kann dabei durch eine beliebige konvexe Menge $Y' \subset E^m$ ersetzt werden.)*
2. *F ist quasikonkav in x und quasikonvex in y.*

Ist für eine Klasse quasikonvexer Optimierungsprobleme eine entsprechende LAGRANGE-Funktion bekannt, so kann Satz 5.20 zur Herleitung von Dualitätsaussagen verwendet werden. Die im Kapitel 6 betrachteten hyperbolischen Optimierungsprobleme liefern ein Beispiel für eine solche Klasse.

§ 3. Stabilität und Marginalwerte

3.1. Wir untersuchen im folgenden Optimierungsprobleme, bei denen die Lösungen von einem Parameter abhängen.

Zunächst werden Bedingungen für die Stabilität der Lösungsmenge einer Familie von dualen Problempaaren angegeben (Stabilitätssatz). Als Folgerung leiten wir Formeln für Marginalwerte konvexer Optimierungsprobleme her.

Seien $X \subset E^n$, $Y \subset E^m$ abgeschlossen und konvex und T ein metrischer Raum (bzw. Teilmenge eines metrischen Raumes). Die Funktion $f\colon X \times Y \times T \to E^1$ sei stetig, quasikonkav in x und quasikonvex in y.

Wir setzen

$$\varphi(x, t) = \inf_Y f(x, y, t), \quad \psi(y, t) = \sup_X f(x, y, t)$$

und betrachten folgende Familie von dualen Problempaaren:

$$P_t\colon \qquad \varphi(x, t) \to \sup, \quad x \in X, \tag{3.1}$$

$$D_t\colon \qquad \psi(y, t) \to \inf, \quad y \in Y. \tag{3.2}$$

Mit Hilfe der zugehörigen Optimalwerte

$$v_1(t) = \sup_X \varphi(x, t), \quad v_2(t) = \inf_Y \psi(y, t) \tag{*}$$

führen wir die Mengen der Lösungselemente von P_t und D_t ein:

$$\begin{aligned} X(t) &= \{x \in X : \varphi(x, t) = v_1(t)\}, \\ Y(t) &= \{y \in Y : \psi(y, t) = v_2(t)\}. \end{aligned} \tag{**}$$

Dann gilt der folgende Satz über die Stabilität der Mengen $X(t)$, $Y(t)$ in einem festen Punkt $t \in T$.

Satz 5.21: *Seien $X \subset E^n$, $Y \subset E^m$ abgeschlossene konvexe Mengen, T ein metrischer Raum (bzw. eine Teilmenge eines metrischen Raumes) und $q \in T$ ein Häufungspunkt von T. Die Funktion $f\colon X \times Y \times T \to E^1$ sei stetig, quasikonkav in x und quasikonvex in y. Außerdem seien*

$$\varphi(x, t) = \inf_{y \in Y} f(x, y, t), \quad \psi(y, t) = \sup_{x \in X} f(x, y, t).$$

Die gemäß (**) definierten Mengen $X(q)$, $Y(q)$ seien nichtleer und beschränkt. Dann gibt es eine Umgebung $U(q) \subset T$, so daß für alle $t \in U(q)$ die Mengen $X(q)$, $Y(q)$ nichtleer sind, und es gilt für die in (*) eingeführten Funktionen v_1, v_2 die Beziehung

$$v_1(t) = v_2(t).$$

Außerdem sind die Punkt-Mengen-Abbildungen $t \to X(t)$ und $t \to Y(t)$ im Punkte q halbstetig nach oben.

Beweis: 1. Aus Satz 5.20 folgt

$$\inf_{y \in Y} \sup_{x \in X} f(x, y, q) = \sup_{x \in X} \inf_{y \in Y} f(x, y, q) = f(x_q, y_q, q)$$

mit $(x_q, y_q) \in X(q) \times Y(q)$. Sei

$$v(q) = \max_{x \in X} \varphi(x, q) = \min_{y \in Y} \psi(y, q) . \tag{3.3}$$

Wir wählen $\sigma > 0$ beliebig und setzen

$$X_\sigma = \{x \in X : \varrho(x, X(q)) \leqq \sigma\} .$$

Dann gilt für hinreichend großes σ

$$\underline{\lim_{t \to q}} \sup_{x \in X_\sigma} \varphi(x, t) \geqq v(q) . \tag{3.4}$$

Zum Beweis dieser Behauptung nehmen wir an, daß sie nicht gilt. Dann gibt es aber zu fest vorgegebenem $\sigma > 0$ ein $\delta > 0$ und eine Folge $\{t_k\}$, $t_k \in T$, mit $t_k \to q$, so daß

$$\sup_{x \in X_\sigma} \varphi(x, t_k) < v(q) - \delta \qquad \text{für alle } k$$

gilt. Aus Satz 5.20 folgt

$$\sup_{x \in X_\sigma} \varphi(x, t_k) = \inf_{y \in Y} \sup_{x \in X_\sigma} f(x, y, t_k) < v(q) - \delta ,$$

d. h., es existiert eine Folge $\{y_k\}$, $y_k \in Y$, mit

$$\sup_{x \in X_\sigma} f(x, y_k, t_k) < v(q) - \delta \qquad \text{für alle } k . \tag{3.5}$$

Wir zeigen $||y_k|| \to \infty$ für $k \to \infty$. Dazu nehmen wir an, daß $\{y_k\}$ konvergent ist mit $y_k \to y^* \in Y$ für $k \to \infty$. Dann gilt

$$\sup_{x \in X_\sigma} f(x, y^*, q) \leqq v(q) - \delta .$$

Zusammen mit (3.3) erhalten wir daraus

$$v(q) = \sup_{x \in X_\sigma} \inf_{y \in Y} f(x, y, q) = \inf_{y \in Y} \sup_{x \in X_\sigma} f(x, y, q)$$

$$\leqq \sup_{x \in X_\sigma} f(x, y^*, q) \leqq v(q) - \delta$$

und somit einen Widerspruch; es gilt also

$$\lim_{k \to \infty} ||y_k|| = \infty .$$

Für $y_0 \in Y(q)$ gilt

$$\sup_{x \in X_\sigma} f(x, y_0, q) = v(q) .$$

Da die Funktion $\sup\limits_{x \in X_\sigma} f(x, y_0, t)$ in $t = q$ stetig ist, gibt es zu jedem $\varepsilon > 0$ einen Index $k(\varepsilon)$, so daß für alle $k \geqq k(\varepsilon)$ gilt

$$\sup_{x \in X_\sigma} f(x, y_0, t_k) < v(q) + \varepsilon . \tag{3.6}$$

Für jedes feste $l > \|y_0\|$ definieren wir eine Folge $\{y_k^{(l)}\}$ mit

$$y_k^{(l)} = \frac{l}{\|y_k\|} y_k + \left(1 - \frac{l}{\|y_k\|}\right) y_0 , \quad \|y_k\| \geqq l ,$$

was offenbar wegen $\|y_k\| \to \infty$ für $k \to \infty$ stets möglich ist. Dann gilt

$$l - \|y_0\| \leqq \|y_k^{(l)}\| \leqq l + \|y_0\| . \tag{3.7}$$

Da die Funktion $\sup\limits_{x \in X_\sigma} f(x, y, t_k)$ quasikonvex in y ist, folgt aus (3.5) und (3.6)

$$\sup_{x \in X_\sigma} f(x, y_k^{(l)}, t_k) < v(q) + \varepsilon . \tag{3.8}$$

Wegen (3.7) können wir o.B.d.A. annehmen, daß die Folge $\{y_k^{(l)}\}$ gegen $y^{(l)}$ konvergiert, wobei $y^{(l)}$ von σ abhängig ist, d. h.

$$y^{(l)} = y^{(l)}(\sigma) .$$

Damit folgt aus (3.8)

$$\sup_{x \in X} f(x, y^{(l)}(\sigma), q) \leqq v(q) + \varepsilon ,$$

oder, da $\varepsilon > 0$ beliebig wählbar ist,

$$\sup_{x \in X_\sigma} f(x, y^{(l)}(\sigma), q) \leqq v(q) . \tag{3.9}$$

Aus (3.7) folgt

$$l - \|y_0\| \leqq \|y^{(l)}(\sigma)\| \leqq l + \|y_0\| , \tag{3.10}$$

daher können wir o.B.d.A.

$$\lim_{\sigma \to \infty} y^{(l)}(\sigma) = \bar{y}^{(l)}$$

annehmen. Damit folgt aus (3.9)

$$\psi(\bar{y}^{(l)}, q) = \sup_{x \in X} f(x, \bar{y}^{(l)}, q) \leqq v(q) . \tag{3.11}$$

Wir erhalten so $\bar{y}^{(l)} \in Y(q)$ für beliebiges $l > \|y_0\|$, woraus wegen $\|\bar{y}^{(l)}\| \geqq$ $\geqq l - \|y_0\|$ die Unbeschränktheit von $Y(q)$ folgt, was der Voraussetzung widerspricht.

Damit ist gezeigt, daß für ein gewisses $\sigma > 0$ und jedes $\varepsilon > 0$ eine Umgebung $U_{\delta'_\varepsilon}(q)$ des Punktes q existiert mit

$$\sup_{x \in X_\sigma} \varphi(x, t) \geqq v(q) - \varepsilon , \quad t \in U_{\delta'_\varepsilon}(q) . \tag{3.12}$$

2. Wir zeigen nun, daß ein $\varepsilon > 0$ und eine Umgebung $U_{\delta_\varepsilon}(q) \subset U_{\delta'_\varepsilon}(q)$ von q existieren mit

$$\varphi(x, t) < v(q) - \varepsilon \quad \text{für alle} \quad x \notin X_\sigma , \quad t \in U_{\delta_\varepsilon}(q) . \tag{3.13}$$

Sei

$$\Gamma_\sigma = \{x \in X : \sigma \leqq \varrho(x, X(q)) \leqq 2\sigma, \sigma > 0\}.$$

Nach Lemma 5.14 ist φ halbstetig nach oben in x für $t = q$, so daß für ein gewisses $x' \in \Gamma_\sigma$ gilt

$$\max_{x \in \Gamma_\sigma} \varphi(x, q) = \varphi(x', q).$$

Wegen $X(q) \cap \Gamma_\sigma = \emptyset$ folgt hieraus für ein geeignetes $\varepsilon > 0$

$$\max_{x \in \Gamma_\sigma} \varphi(x, q) < v(q) - \varepsilon. \tag{3.14}$$

Nach Lemma 5.15 gibt es dann eine endliche Menge $F \subset Y$ mit

$$\min_{y \in F} f(x, y, q) < v(q) - \varepsilon, \quad x \in \Gamma_\sigma.$$

Wegen der Stetigkeit von f in t gibt es eine Umgebung $U_{\delta_x}(q) \subset U_{\delta'_\varepsilon}(q)$ mit

$$\varphi(x, t) \leqq \min_{y \in F} f(x, y, t) < v(q) - \varepsilon, \quad x \in \Gamma_\sigma, \quad t \in U_{\delta_x}(q). \tag{3.15}$$

Zu zeigen ist, daß für $U_{\delta_x}(q)$ und für das in (3.14) angegebene ε die Beziehung (3.13) gilt. Andernfalls gibt es ein $x' \notin X_\sigma$ und ein $t' \in U_{\delta_x}(q)$ mit $\varphi(x', t') \geqq v(q) - \varepsilon$. Wir wählen für dieses t' ein $x'' \in X_\sigma$ mit $\varphi(x'', t) \geqq v(q) - \varepsilon$ und bezeichnen mit Δ die Verbindungsstrecke der Punkte x' und x''. Da φ quasikonkav in x ist, gilt für jedes $x \in \Delta$

$$\varphi(x, t') \geqq v(q) - \varepsilon. \tag{3.16}$$

Wegen $\Delta \cap \Gamma_\sigma \neq \emptyset$ existiert ein $x_0 \in \Delta \cap \Gamma_\sigma$, womit aus (3.16)

$$\varphi(x_0, t') \geqq v(q) - \varepsilon, \quad x_0 \in \Gamma_\sigma, \quad t' \in U_{\delta_x}(q)$$

folgt, was (3.15) widerspricht.

Für jedes $t \in U_{\delta_x}(q)$ folgt aus (3.12) und (3.13), daß $X(t)$ bereits durch X_σ bestimmt ist.

Nach Lemma 5.14 folgt wegen der Kompaktheit von X_σ die Aussage $X(t) \neq \emptyset$, und es gilt

$$X(t) \in X_\sigma. \tag{3.17}$$

Entsprechende Aussagen erhält man für die Mengen $Y(t)$ mit $t \in U_{\delta_y}(q)$.

Für $t \in U_\delta(q) = U_{\delta_x}(q) \cap U_{\delta_y}(q)$ sind die Mengen $X(t)$ und $Y(t)$ nichtleer und beschränkt, und folglich gilt für diese t wegen (3.17) nach Satz 5.20

$$v_1(t) = v_2(t).$$

3. Um zu zeigen, daß die Punkt-Mengen-Abbildungen von $t \in U_\delta(q)$ in $X(t)$ bzw. $Y(t)$ im Punkte $t = q$ halbstetig nach oben sind, verwenden wir die Beziehung

$$f(x, y_t, t) \leqq f(x_t, y_t, t) \leqq f(x_t, y, t) \tag{3.18}$$

mit $x \in X$, $y \in Y$, $x_t \in X(t)$, $y_t \in Y(t)$, $t \in U_\delta(q)$ und nehmen an, daß die Abbildung von $t \in U_\delta(q)$ in $X(t)$ nicht halbstetig nach oben in $t = q$ ist. Dann gibt es eine Folge $\{t_k\}$, $t_k \in U_\delta(q)$, mit

$$\varrho(x_k, X(q)) \geqq \varepsilon > 0 \quad \text{für} \quad k = 1, 2, \dots . \tag{3.19}$$

Sei $y_k \in Y(t_k)$ beliebig. Da die Mengen $X(t_k)$ und $Y(t_k)$ gleichmäßig beschränkt sind (vgl. (3.17)), gilt o.B.d.A.

$$x_k \to x^* , \quad y_k \to y^* \quad \text{für} \quad k \to \infty .$$

Dann folgt aus (3.18)

$$f(x, y^*, q) \leqq f(x^*, y^*, q) \leqq f(x^*, y, q) ,$$

wobei $x \in X$, $y \in Y$.

Es ist also $x^* \in X(q)$ im Widerspruch zu (3.19).

Der Satz ist damit vollständig bewiesen.

3.2. Wir verwenden nun Satz 5.21, um Formeln für den Marginalwert von Extremalaufgaben herzuleiten. Seien $X \subset E^n$, $Y \subset E^m$, $T = [0, t_0] \subset E^1$ und ferner $f\colon X \times Y \times T \to E^1$; weiterhin sei $q = 0 \in T$. Wenn die Voraussetzungen von Satz 5.21 erfüllt sind, so existiert ein $t' > 0$ derart, daß für alle t mit $0 \leqq t \leqq t'$ die Mengen $X(t)$ und $Y(t)$ nichtleer sind, und es gilt

$$\varphi(t) = \max_{x \in X} \min_{y \in Y} f(x, y, t) = \min_{y \in Y} \max_{x \in X} f(x, y, t) = f(x_t, y_t, t)$$

mit

$$x_t \in X(t) , \quad y_t \in Y(t) , \quad 0 \leqq t \leqq t' .$$

Im folgenden Satz werden Bedingungen für die Differenzierbarkeit der Funktion φ angegeben und die Ableitung $\varphi'(t)|_{t=0} = \varphi'(0)$ berechnet. Im Falle der Existenz heißt die Zahl $\varphi'(0)$ *Marginalwert* der Familie von dualen Problempaaren P_t, D_t für $t = 0$.

Eine Aussage darüber formulieren wir im folgenden Satz über Marginalwerte von Extremalaufgaben.

Satz 5.22: *Die Voraussetzungen von Satz 5.21 seien erfüllt; außerdem sei die Funktion $f(x, y, .)$ gleichmäßig richtungsdifferenzierbar in $t = +0$ bezüglich aller (x, y) aus einer Umgebung Ω von $X(0) \times Y(0)$, d. h.*

$$\frac{f(x, y, t) - f(x, y, 0)}{t} \to f_t(x, y, 0) \quad \textit{für} \quad t \to +0 .$$

Dann existiert die rechtsseitige Ableitung $\varphi'(0)$ der Funktion

$$\varphi(t) = \sup_{x \in X} \inf_{y \in Y} f(x, y, t) ,$$

und es gilt

$$\varphi'(0) = \max_{x \in X(0)} \min_{y \in Y(0)} f_t(x, y, 0) = \min_{y \in Y(0)} \max_{x \in X(0)} f_t(x, y, 0) . \tag{3.20}$$

Beweis: Nach Satz 5.21 existiert ein $t' > 0$, so daß für $0 \leqq t \leqq t'$ die Mengen $X(t)$ und $Y(t)$ nichtleer sind und

$$f(x_0, y_t, t) \leqq f(x_t, y_t, t) \leqq f(x_t, y_0, t) \tag{3.21}$$

mit

$$(x_0, y_0) \in X(0) \times Y(0)\,, \quad (x_t, y_t) \in X(t) \times Y(t)$$

gilt. Setzen wir

$$\mu(x, y, t) = f(x, y, t) - f(x, y, 0) - tf_t'(x, y, 0)\,, \qquad (x, y) \in \Omega\,,$$

so ist nach Voraussetzung

$$|\mu(x, y, t)| \leqq \mu(t)\,, \qquad (x, y) \in \Omega\,. \tag{3.22}$$

Dabei ist die Funktion $\mu(t)$ von x und y unabhängig, und es gilt

$$\lim_{t \to +0} \frac{\mu(t)}{t} = 0\,. \tag{3.23}$$

Da die Punkt-Mengen-Abbildungen von $t \in [0, t']$ in $X(t)$ bzw. $Y(t)$ halbstetig nach oben sind, können wir o.B.d.A. $X(t) \times Y(t) \subset \Omega$ annehmen. Deshalb folgt aus (3.21) für $t \in [0, t']$ die Beziehung

$$f(x_0, y_t, 0) + tf_t'(x_0, y_t, 0) - \mu(t) \leqq f(x_t, y_t, t) \leqq f(x_t, y_0, 0) + tf_t'(x_t, y_0, 0) + \mu(t). \tag{3.24}$$

Wegen $(x_0, y_0) \in X(0) \times Y(0)$ gilt aber

$$f(x_t, y_0, 0) \leqq f(x_0, y_0, 0) \leqq f(x_0, y_t, 0)\,.$$

Zusammen mit (3.24) erhalten wir damit folgende Abschätzung für den relativen Zuwachs der Funktion φ:

$$f_t'(x_0, y_t, 0) - \frac{\mu(t)}{t} \leqq \frac{\varphi(t) - \varphi(0)}{t} \leqq f_t'(x_t, y_0, 0) + \frac{\mu(t)}{t}\,. \tag{3.25}$$

Diese Abschätzung gilt für beliebige Sattelpunkte

$$(x_0, y_0) \in X(0) \times Y(0) \quad \text{und} \quad (x_t, y_t) \in X(t) \times Y(t)\,.$$

Deshalb folgt daraus

$$\min_{y \in Y(t)} \max_{x \in X(0)} f_t'(x, y, 0) - \frac{\mu(t)}{t} \leqq \frac{\varphi(t) - \varphi(0)}{t} \leqq \max_{x \in X(t)} \min_{y \in Y(0)} f_t'(x, y, 0) + \frac{\mu(t)}{t}\,. \tag{3.26}$$

Seien X_ε und Y_ε ε-Umgebungen der Mengen $X(0)$ bzw. $Y(0)$. Für beliebiges $t > 0$ sei $\varepsilon(t)$ die kleinste der Zahlen ε, für die gilt: $X(t) \subset X_\varepsilon$, $Y(t) \subset Y_\varepsilon$. Wegen Satz 5.21 ist

$$\lim_{t \to +0} \varepsilon(t) = 0\,. \tag{3.27}$$

Somit folgt aus (3.26)

$$\min_{y \in Y_{\varepsilon(t)}} \max_{x \in X(0)} f_t'(x, y, 0) - \frac{\mu(t)}{t} \leqq \frac{\varphi(t) - \varphi(0)}{t} \leqq \max_{x \in X_{\varepsilon(t)}} \min_{y \in Y(0)} f_t'(x, y, 0) + \frac{\mu(t)}{t}\,. \tag{3.28}$$

Aus (3.22) und (3.23) ergibt sich die Stetigkeit der Funktion f_t' auf Ω für $t = 0$. Daher sind die Funktionen

$$\max_{x \in X(0)} f_t'(x, y, 0), \qquad \min_{y \in Y(0)} f_t'(x, y, 0)$$

ebenfalls stetig, und es gilt

$$\left.\begin{aligned}\lim_{t\to+0}\min_{y\in Y_{\varepsilon(t)}}\max_{x\in X(0)} f_t(x, y, 0) &= \min_{y\in Y(0)}\max_{x\in X(0)} f_t(x, y, 0),\\ \lim_{t\to+0}\max_{x\in X_{\varepsilon(t)}}\min_{y\in X(0)} f_t(x, y, 0) &= \max_{x\in X(0)}\min_{y\in Y(0)} f_t(x, y, 0).\end{aligned}\right\} \quad (3.29)$$

Zusammen mit (3.23), (3.27) und der Abschätzung (3.28) ergeben sich die Ungleichungen

$$\overline{\lim_{t\to+0}}\frac{\varphi(t)-\varphi(0)}{t} \leqq \max_{x\in X(0)}\min_{y\in Y(0)} f_t(x, y, 0),$$

$$\underline{\lim_{t\to+0}}\frac{\varphi(t)-\varphi(0)}{t} \geqq \min_{y\in Y(0)}\max_{x\in X(0)} f_t(x, y, 0),$$

und hieraus folgt unter Verwendung der aus Lemma 5.11 sich ergebenden Ungleichung

$$\max_{x\in X(0)}\min_{y\in Y(0)} f_t(x, y, 0) \leqq \min_{y\in Y(0)}\max_{x\in X(0)} f_t(x, y, 0)$$

die Behauptung des Satzes über $\varphi'(0)$.

3.3. Wir betrachten folgende von einem Parameter $t \in [0, t_0]$ abhängende Familie konvexer Optimierungsprobleme

A_t:
$$f(x, t), \to \sup, \quad (3.30)$$
$$f_i(x, t) \geqq 0, \quad i = 1, \dots, m, \quad (3.31)$$
$$x \in X. \quad (3.32)$$

Dabei sind f, f_i, $i = 1, 2, \dots, m$, stetige konkave Funktionen in x für festes $t \in [0, t_0]$.

Es sei $v(t)$ der Optimalwert von A_t. Für dieses Problem führen wir die LAGRANGE-Funktion

$$F(x, y, t) = f(x, t) + \sum_{i=1}^{m} y_i f_i(x, t), \quad x \in X, \quad y \in Y,$$

ein, wobei

$$Y = \{y \in E^m: y \geqq 0\}.$$

Bei festem t wird A_t das duale Problem

B_t:
$$\psi(y, t) = \sup_{x\in X} F(x, y, t) \to \inf, \quad (3.33)$$
$$y \in Y, \quad (3.34)$$

zugeordnet. Aus Satz 5.22 erhalten wir eine Aussage über die Marginalwerte der Familie von Problemen A_t mit $t \in [0, t_0]$.

Satz 5.23: *Die Mengen der Lösungselemente $X(0)$ und $Y(0)$ der Probleme A_0, B_0 seien nichtleer und beschränkt; die Funktionen*

$$f(x, \cdot),\ f_1(x, \cdot), \dots, f_m(x, \cdot)$$

seien in $t = +0$ gleichmäßig richtungsdifferenzierbar bezüglich aller x aus einer Umgebung X' von $X(0)$. Dann besitzt die Funktion

$$v(t) = \sup_{x \in X} \inf_{y \in Y} F(x, y, t)$$

in $t = 0$ die rechtsseitige Ableitung $v'(0)$, und es gilt

$$v'(0) = \max_{x \in X(0)} \min_{y \in Y(0)} \frac{\partial F(x, y, 0)}{\partial t} = \min_{y \in Y(0)} \max_{x \in X(0)} \frac{\partial F(x, y, 0)}{\partial t} . \tag{3.35}$$

Da das Problem A_t nach Lemma 2.1 in die äquivalente Form

$$\varphi(x, t) = \inf_{y \in Y} F(x, y, t) \to \sup, \quad x \in X ,$$

überführt werden kann, ergibt sich Satz 5.23 unmittelbar aus Satz 5.22.

Der Satz 5.23 verallgemeinert einen Satz über den Marginalwert linearer Optimierungsprobleme auf konvexe Optimierungsprobleme. Dieser Satz wurde von Mils [44] angegeben und für den Fall endlicher Matrixspiele bewiesen. Allerdings enthält der von Mils vorgeschlagene Beweis einen Fehler. In Golstein/Judin [14, Kapitel 3, § 5] wurde gezeigt, daß für die Gültigkeit des Satzes über den Marginalwert allgemeiner linearer Optimierungsprobleme die Beschränktheit der Lösungsmengen $X(0)$ und $Y(0)$ der entsprechenden Probleme für $t = 0$ ausreicht.

KAPITEL 6

HYPERBOLISCHE OPTIMIERUNGSPROBLEME

In diesem Kapitel untersuchen wir hyperbolische Optimierungsprobleme in Funktionalräumen.

In § 1 wird gezeigt, wie zu einem vorgegebenen primalen hyperbolischen Optimierungsproblem nach der in Kapitel 2 angegebenen allgemeinen Vorschrift das zugehörige duale Problem bestimmt werden kann; ein verallgemeinerter Dualitätssatz wird formuliert. § 2 enthält Optimalitätskriterien und weitere Dualitätssätze für hyperbolische Optimierungsprobleme. Im § 3 behandeln wir endlichdimensionale Probleme.

§ 1. Ein verallgemeinerter Dualitätssatz

1.1. Seien E und E_2 BANACH-Räume, $G \subset E$ eine beliebige Teilmenge, $G_2 \subset E_2$ ein konvexer Kegel. Φ_1, Φ_2 seien Operatoren der Form

$$\Phi_i\colon G \to E_2, \quad i = 1, 2\,.$$

Wir führen das Funktional f mit

$$f(x) = \inf \frac{\mu(\Phi_1(x))}{\mu(\Phi_2(x))} \tag{1.1}$$

ein, dabei wird das Infimum über alle $\mu \in E_2^*$ mit $||\mu|| = 1$, $\mu \geqq 0(G_2^*)$ gebildet. Der Definitionsbereich des Funktionals f ist die Menge

$$S = \{x \in G\colon \mu(\Phi_2(x)) \neq 0 \text{ für alle } \mu \geqq 0(G_2^*),\ ||\mu|| = 1\}\,.$$

Seien ferner E_1 ein BANACH-Raum, $G_1 \subset E_1$ ein konvexer Kegel und Φ ein Operator $\Phi\colon G \to E_1$, wobei $G \subset S$.

Wir betrachten nun das Optimierungsproblem

$$P\colon \quad f(x) \to \sup\,,$$

$$\Phi(x) \geqq 0(G_1), \tag{1.2}$$

$$x \in G\,. \tag{1.3}$$

Dabei ist in P das Funktional f durch (1.1) gegeben. Mit R und $\overline{R}$ bezeichnen wir die Menge der zulässigen Lösungselemente bzw. der verallgemeinerten zulässigen Lösungen von P.

Wir setzen

$$v = \begin{cases} \sup\limits_{x \in R} f(x), & \text{für} \quad R \neq \emptyset\,, \\ -\infty, & \text{für} \quad R = \emptyset\,; \end{cases}$$

$$\bar{v} = \begin{cases} \sup\limits_{X \in \bar{R}} f(X), & \text{für} \quad \bar{R} \neq \emptyset\,, \\ -\infty, & \text{für} \quad \bar{R} = \emptyset\,, \end{cases}$$

$$F(x, \mu, \lambda) = \frac{\mu(\Phi_1(x)) + \lambda(\Phi(x))}{\mu(\Phi_2(x))}\,, \tag{1.4}$$

wobei $\mu \geqq 0(G_2^*)$, $||\mu|| = 1$, $\lambda \geqq 0(G_1^*)$, $x \in G$. Das durch (1.4) definierte Funktional F heißt LAGRANGE-Funktional von P.

Sei ferner

$$\varphi(x) = \inf_{\substack{\lambda \geqq 0(G_1^*),\ \mu \geqq 0(G_2^*) \\ ||\mu|| = 1}} F(x, \mu, \lambda)\,.$$

Ist der Kegel G_1 abgeschlossen und die unten angeführte Bedingung c) erfüllt, so läßt sich wie beim Beweis von Lemma 2.1 zeigen, daß P äquivalent ist zum Problem

$$\varphi(x) \to \sup\,,$$

$$x \in G$$

mit $v' = \sup \varphi(x)$.

Zur Formulierung des dualen Problems hat man die Reihenfolge der Operationen „inf" und „sup" bezüglich F zu vertauschen.

Dabei ergibt sich das Problem

D:
$$\psi(\mu, \lambda) \to \inf\,, \tag{1.6}$$

$$\mu \geqq 0(G_2^*),\ ||\mu|| = 1;\ \lambda \geqq 0(G_1^*) \tag{1.7}$$

mit

$$\psi(\mu, \lambda) = \sup_{x \in G} F(x, \mu, \lambda)\,. \tag{1.5}$$

Den Optimalwert von D bezeichnen wir wieder mit $\tilde{v}$.

Außerdem werden die folgenden Voraussetzungen verwendet:

a) Φ_1 und Φ sind konkav bezüglich G_2 bzw. G_1;

b) Φ_2 ist konvex (konkav) bezüglich G_2 im Falle $\bar{v} \geqq 0$ ($\bar{v} < 0$);

c) $\inf\limits_{\mu \geqq 0(G_2^*),\ ||\mu|| = 1} \mu(\Phi_2(x)) \geqq \varrho > 0$ für $x \in G$;

d) G ist konvex.

Aus der Voraussetzung c) folgt $G \subset S$.

Ein Problem P, das die Voraussetzungen a) bis d) erfüllt, heißt *hyperbolisches Optimierungsproblem.*

Insbesondere kann E_2 ein endlichdimensionaler (q-dimensionaler) Raum sein. Setzt man

$$\Phi_1(x) = (f_1(x),\ f_2(x), \ldots, f_q(x)),$$
$$\Phi_2(x) = (g_1(x),\ g_2(x), \ldots, g_q(x)) ,$$

so sind die Bedingungen a) bis d) erfüllt, falls die folgenden Voraussetzungen gelten:

a') f_i ist konkav, Φ ist konkav bezüglich G_1;

b') g_i ist konvex (konkav) im Falle $\bar{v} \geqq 0 (\bar{v} < 0)$, $i = 1, \ldots, q$;

c') $\min\limits_{1 \leqq i \leqq q} g_i(x) \geqq \varrho > 0$ für $x \in G$;

d') G ist konvex.

Wir zeigen, daß in diesem Falle das Zielfunktional f übergeht in f' mit

$$f'(x) = \min_{1 \leqq i \leqq q} \frac{f_i(x)}{g_i(x)} . \tag{1.8}$$

Es gilt offensichtlich

$$f'(x) \leqq \frac{f_i(x)}{g_i(x)}, \qquad i = 1, 2, \ldots, q ,$$

d. h.

$$f'(x)\, g_i(x) \leqq f_i(x), \qquad i = 1, 2, \ldots, q .$$

Multipliziert man die i-te Ungleichung mit $\alpha_i \geqq 0$, $i = 1, \ldots, q$, wobei $\sum\limits_{i=1}^{q} \alpha_i = 1$, und summiert die entstehenden Ungleichungen, so folgt einerseits

$$f'(x) \leqq \frac{\sum\limits_{i=1}^{q} \alpha_i f_i(x)}{\sum\limits_{i=1}^{q} \alpha_i g_i(x)} ,$$

d. h.

$$f'(x) \leqq \inf_{\alpha_i \geqq 0,\ \sum\limits_{i=1}^{q} \alpha_i = 1} \frac{\sum\limits_{i=1}^{q} \alpha_i f_i(x)}{\sum\limits_{i=1}^{q} \alpha_i g_i(x)} = f(x) .$$

Andererseits gilt

$$f(x) = \inf_{\alpha_i \geqq 0,\ \sum\limits_{i=1}^{q} \alpha_i = 1} \frac{\sum\limits_{i=1}^{q} \alpha_i f_i(x)}{\sum\limits_{i=1}^{q} \alpha_i g_i(x)} \leqq \min_{1 \leqq i \leqq q} \frac{f_i(x)}{g_i(x)} = f'(x) ,$$

und damit erhalten wir

$$f'(x) = f(x) .$$

Das Funktional f' nennen wir *hyperbolisches Funktional*. Ein Problem P, das den Bedingungen a) bis d) genügt, ist also eine Verallgemeinerung des bekannten endlichdimensionalen hyperbolischen Optimierungsproblems auf Funktionalräume.

Als Sonderfall des hyperbolischen Funktionals f' ergibt sich für $q = 1$, $g_1(x) \equiv 1$ das konkave Funktional f_1. Deshalb umfassen die hyperbolischen Optimierungsprobleme alle konvexen Probleme.

1.2. Wir geben einen Dualitätssatz für die Probleme $\overline{P}$ und D an.

Satz 6.1: *Gegeben seien das hyperbolische Optimierungsproblem P und die dazugehörenden Probleme $\overline{P}$ und D; es sei $\overline{R} \neq \emptyset$. Dann gilt die verallgemeinerte Dualitätsbeziehung*

$$\bar{v} = \tilde{v} \,. \tag{1.9}$$

Der Beweis von Satz 6.1 stützt sich auf die beiden folgenden Lemmata.

Lemma 6.2: *Das Problem P erfülle die Bedingung* c). *Dann gilt*

$$\bar{v} \leqq \tilde{v} \,. \tag{1.10}$$

Beweis: Im Falle $R = \emptyset$ ist nichts zu beweisen. Im Falle $R \neq \emptyset$ sei $X = \{x^{(k)}\}$ eine Lösung von $\overline{P}$. Dann existieren Folgen $\{y_1^{(k)}\}$, $\{y_2^{(k)}\}$, $y_1^{(k)} \in E_1$, $y_2^{(k)} \in E_1$, mit

$$\lim_{k\to\infty} f(x^{(k)}) = \bar{v},\; x^{(k)} \in G,\; \Phi(x^{(k)}) = y_1^{(k)} + y_2^{(k)},\; y_1^{(k)} \geqq 0(G_1)\,,$$

$$\lim_{k\to\infty} ||y_2^{(k)}|| = 0\,.$$

Für beliebige $\mu \geqq 0(G_2^*)$ mit $||\mu|| = 1$, $\lambda \geqq 0(G_1^*)$ ergibt sich

$$\psi(\mu, \lambda) = \sup_{x\in G} F(x, \mu, \lambda) \geqq \frac{\mu(\Phi_1(x^{(k)})) + \lambda(\Phi(x^{(k)}))}{\mu(\Phi_2(x^{(k)}))}$$

$$\geqq \frac{\mu(\Phi_1(x^{(k)}))}{\mu(\Phi_2(x^{(k)}))} - \frac{||\lambda|| \cdot ||y_2^{(k)}||}{\varrho} \geqq f(x^{(k)}) - \frac{||\lambda|| \cdot ||y_2^{(k)}||}{\varrho}\,.$$

Für $k \to \infty$ folgt hieraus $\psi(\mu, \lambda) \geqq \bar{v}$ und damit

$$\tilde{v} = \inf_{\mu\geqq 0,\, ||\mu||=1,\, \lambda\geqq 0} \psi(\mu, \lambda) \geqq \bar{v}\,.$$

Das Lemma ist bewiesen.

Seien E und I_1 Banach-Räume, $Q \subset E$ eine konvexe Menge, $Q_1 \subset I_1$ ein konvexer Kegel; sei ferner T ein Operator der Form $T\colon Q \to I_1$ und T konkav bezüglich Q_1.

Das System

$$T(x) \geqq 0(Q_1), \qquad x \in Q\,, \tag{1.11}$$

heißt *verallgemeinert konsistent*, wenn es eine Folge $\{x^{(k)}\}$, $x^{(k)} \in Q$, gibt mit

$$T(x^{(k)}) = w_1^{(k)} + w_2^{(k)}\,,$$

wobei

$$w_1^{(k)} \geqq 0(Q_1),\; \lim_{k\to\infty} ||w_2^{(k)}|| = 0\,.$$

Eine solche Folge $\{x^{(k)}\}$ heißt *verallgemeinerte Lösung* des Systems (1.11).

Lemma 6.3: *Das System* (1.11) *ist genau dann verallgemeinert konsistent, wenn für jedes (stetige lineare) Funktional* $g \in I_1^*$ *mit* $g \geqq 0(Q_1^*)$ *gilt*

$$\sup_{x \in Q} g(T(x)) \geqq 0 . \tag{1.12}$$

Beweis: 1. Sei $\{x^{(k)}\}$ eine verallgemeinerte Lösung von (1.11). Dann gilt für jedes $g \in I_1^*$ mit $g \geqq 0(Q_1^*)$

$$\sup_{x \in Q} g(T(x)) \geqq g(T(x^{(k)})) = g(w_1^{(k)}) + g(w_2^{(k)}) \geqq g(w_2^{(k)}) .$$

Wegen $||w_2^{(k)}|| \to 0$ für $k \to \infty$ erhalten wir hieraus die Notwendigkeit der Bedingung.

2. Die Hinlänglichkeit folgt aus dem verallgemeinerten Dualitätssatz für konvexe Optimierungsprobleme (Satz 2.5). Wir betrachten dazu das spezielle Problem $f(x) \equiv 0 \to \sup$ unter den Nebenbedingungen (1.11). Das zugehörige duale Problem lautet

$$\tilde{v} = \inf_{g \geqq 0(Q_1^*)} \sup_{x \in Q} g(T(x)) .$$

Aus (1.12) folgt $\tilde{v} = 0$. Nach Satz 2.5 ergibt sich $\bar{v} = 0$ und damit die verallgemeinerte Konsistenz des Systems (1.11). Damit ist das Lemma bewiesen.

Wir kommen nun zum Beweis von Satz 6.1: Die Aussage des Satzes wird nur für den Fall $\bar{v} \geqq 0$ bewiesen (der Fall $\bar{v} < 0$ verläuft analog). Für $\bar{v} = \infty$ folgt die verallgemeinerte Dualitätsbeziehung (1.9) aus Lemma 6.2. Sei nun $\bar{v} < \infty$.

Wir betrachten für beliebiges $\varepsilon > 0$ das System

$$\left.\begin{aligned} &\Phi_1(x) - (\bar{v} + \varepsilon)\, \Phi_2(x) \geqq 0(G_2) , \\ &\Phi(x) \geqq 0(G_1) , \\ &x \in G . \end{aligned}\right\} \tag{1.13}$$

Setzt man $I_1 = E_2 \times E_1$, $Q_1 = G_2 \times G_1$, $Q = G$, $T(x) = w = (y, z)$, wobei

$$y = \Phi_1(x) - (\bar{v} + \varepsilon)\, \Phi_2(x), \qquad z = \Phi(x) ,$$

so geht das System (1.13) in ein System der Form (1.11) über.

Das System (1.13) ist nicht verallgemeinert konsistent. Aus der entgegengesetzten Annahme folgt die Existenz einer Folge $\{x^{(k)}\}$ mit

$$x^{(k)} \in G,\ \Phi(x^{(k)}) = y_1^{(k)} + y_2^{(k)},\ y_1^{(k)} \geqq 0(G_1),\ \lim_{k \to \infty} ||y_2^{(k)}|| = 0; \tag{1.14}$$

$$\Phi_1(x^{(k)}) - (\bar{v} + \varepsilon)\, \Phi_2(x^{(k)}) = z_1^{(k)} + z_2^{(k)}, \qquad z_1^{(k)} \geqq 0(G_2) ,$$

$$\lim_{k \to \infty} ||z_2^{(k)}|| = 0 . \tag{1.15}$$

Aus (1.15) folgt für beliebiges $\mu \in E_2^*$, $\mu \geqq 0(G_2^*)$, $||\mu|| = 1$,

$$\mu[\Phi_1(x^{(k)}) - (\bar{v} + \varepsilon)\, \Phi_2(x^{(k)})] \geqq -\, ||y_2^{(k)}||$$

oder

$$\frac{\mu(\Phi_1(x^{(k)}))}{\mu(\Phi_2(x^{(k)}))} \geqq (\bar{v} + \varepsilon) - \frac{||y_2^{(k)}||}{\varrho}$$

und daher

$$f(x^{(k)}) = \inf_{\mu \geqq 0,\, ||\mu||=1} \frac{\mu(\Phi_1(x^{(k)}))}{\mu(\Phi_2(x^{(k)}))} \geqq (\bar{v} + \varepsilon) - \frac{||y_2^{(k)}||}{\varrho} . \tag{1.16}$$

Sei $\{f(x^{(k_t)})\} = \{f(\bar{x}^{(t)})\}$, $x^{(k_t)} \in G$, eine konvergente Teilfolge von $\{f(x^{(k)})\}$. Dann folgt aus (1.16) für $k_t \to \infty$

$$\lim_{t \to \infty} f(\bar{x}^{(t)}) \geqq \bar{v} + \varepsilon . \tag{1.17}$$

Wegen (1.14) ist $X = \{\bar{x}^{(t)}\}$ eine verallgemeinerte zulässige Lösung von P. Da (1.17) der Definition von v widerspricht, ist das System (1.13) nicht verallgemeinert konsistent. Nach Lemma 6.3 existieren Funktionale $\mu_\varepsilon \geqq 0(G_2^*)$ und $\lambda_\varepsilon \geqq 0(G_1^*)$ mit

$$\sup_{x \in G} [\mu_\varepsilon(\Phi_1(x)) - (\bar{v} + \varepsilon)\, \mu_\varepsilon(\Phi_2(x)) + \lambda_\varepsilon(\Phi(x))] < 0 . \tag{1.18}$$

Es ist $\mu_\varepsilon \neq 0$; denn aus der Annahme $\mu_\varepsilon = 0$ folgt wegen (1.18) und Lemma 6.3, daß die Menge $\bar{R}$ der verallgemeinerten zulässigen Lösungen von P leer ist, im Widerspruch zur Voraussetzung $\bar{R} \neq \emptyset$. O. B. d. A. nehmen wir $||\mu_\varepsilon|| = 1$ an.

Aus (1.18) und der Bedingung c) folgt für jedes $x \in G$

$$\frac{\mu_\varepsilon(\Phi_1(x)) + \lambda_\varepsilon(\Phi(x))}{\mu_\varepsilon(\Phi_2(x))} < \bar{v} + \varepsilon ,$$

d. h.

$$\psi(\mu_\varepsilon, \lambda_\varepsilon) = \sup_{x \in G} \frac{\mu_\varepsilon(\Phi_1(x)) + \lambda_\varepsilon(\Phi(x))}{\mu_\varepsilon(\Phi_2(x))} \leqq \bar{v} + \varepsilon . \tag{1.19}$$

Wegen $\mu_\varepsilon \geqq 0(G_2^*)$, $\lambda_\varepsilon \geqq 0(G_1^*)$, $||\mu_\varepsilon|| = 1$ und $\varepsilon > 0$ beliebig ergibt sich daraus

$$\tilde{v} \leqq \inf_{\varepsilon > 0} \psi(\mu_\varepsilon, \lambda_\varepsilon) \leqq \bar{v} .$$

Zusammen mit (1.10) folgt hieraus die verallgemeinerte Dualitätsbeziehung (1.9). Damit ist der Satz bewiesen.

Bemerkung: Der verallgemeinerte Dualitätssatz (Satz 6.1) gilt auch für allgemeinere Räume. So bleibt der gegebene Beweis dieses Satzes im wesentlichen ungeändert, wenn E ein linearer Raum und E_1 und E_2 lokalkonvexe Räume sind.

§ 2. Dualitätssätze

2.1. Im folgenden geben wir weitere Dualitätssätze für hyperbolische Optimierungsprobleme an. Eine unmittelbare Folgerung aus Satz 6.1 ist

Satz 6.4: *Unter den Voraussetzungen von Satz* 6.1 *gilt*

$$v = \tilde{v} \Leftrightarrow v = \bar{v} . \tag{2.1}$$

Für hyperbolische Optimierungsprobleme gelten Aussagen in Analogie zu Lemma 3.2 bis Lemma 3.4 und Dualitätssätze in Analogie zu Satz 3.5 bis Satz 3.7. Bei den Beweisen der Lemmata gehen wir lediglich auf Besonderheiten ein, die sich aus der speziellen Struktur des Funktionals (1.1) ergeben.

Lemma 6.5: *Neben den Voraussetzungen von Satz* 6.1 *sei für das Funktional f die Beziehung* (1.10) *aus Kapitel* 3 *erfüllt. Ferner seien G und G_1 abgeschlossen; jede beschränkte Teilmenge von G sei schwach kompakt, Φ und Φ_1 seien stetig auf G, Φ_2 sei stetig auf G und linear für $\bar{v} = 0$. Dann gilt*

$$v = \bar{v}\,.$$

Lemma 6.6: *Es seien bis auf die Bedingung* (1.10) *aus Kapitel* 3 *die Voraussetzungen von Lemma* 6.5 *erfüllt. Jede beschränkte Teilmenge von G sei kompakt. Ferner sei entweder $R \neq \emptyset$ beschränkt oder Φ_2 linear und die Menge der Lösungselemente von P nichtleer und beschränkt. Dann gilt*

$$v = \bar{v}\,.$$

Lemma 6.7: *Neben den Voraussetzungen von Satz* 6.1 *sei für das Funktional f die Beziehung* (1.10) *aus Kapitel* 3 *erfüllt. Seien E_0 ein* BANACH-*Raum, $E = E_0^*$, $G \subset E$ schwach* abgeschlossen, G_1 abgeschlossen. Für die Funktionale f und $\lambda \circ \Phi$, $\lambda \in G_1^*$, sei die Beziehung* (1.22) *aus Kapitel* 3 *erfüllt. Dann gilt*

$$v = \bar{v}\,.$$

Beim Beweis von Lemma 3.2 wurde außer der Beziehung (1.10) in Kapitel 3 noch folgende Eigenschaft des Funktionals f verwendet: Für hinreichend kleines $\varepsilon > 0$ ist die Menge

$$Q_\varepsilon(f) = \{x \in G : f(x) \geqq \bar{v} - \varepsilon\}$$

konvex und abgeschlossen. Beim Beweis von Lemma 6.5 hat man daher nur zu zeigen, daß das Funktional (1.1) ebenfalls diese Eigenschaft besitzt.

Nach Voraussetzung erfüllt P die Bedingungen a) bis d). Da die Operatoren Φ_1 und Φ_2 auf G stetig sind und die Bedingung c) erfüllt wird, ist f stetig auf der abgeschlossenen Menge G. Daher ist $Q_\varepsilon(f)$ für beliebiges $\varepsilon > 0$ abgeschlossen. Es gilt

$$Q_\varepsilon(f) = \bigcap_{\mu \geqq 0(G_2^*),\, \|\mu\| = 1} \{x \in G : \mu[\Phi_1(x) - (\bar{v} - \varepsilon)\, \Phi_2(x)] \geqq 0\}\,. \tag{2.2}$$

Im Falle $\bar{v} = 0$ folgt die Konvexität dieser Menge aus der Linearität des Operators Φ_2. Im Falle $\bar{v} \neq 0$ folgt die Konvexität von $Q_\varepsilon(f)$ aus der Bedingung b), sofern $\varepsilon > 0$ hinreichend klein ist.

Zum Beweis von Lemma 6.6 sei bemerkt: Ist R beschränkt, so ist jede verallgemeinerte zulässige Lösung von P eine beschränkte Folge (vgl. Beweis von Lemma 3.3). Ist der andere Teil der Alternative von Lemma 6.6 erfüllt, so ist die Menge $\{x \in G : f(x) \geqq c\}$ konvex und abgeschlossen für jedes reelle c. Der Beweis von Lemma 6.6 entspricht dann dem von Lemma 3.3.

Zum Beweis von Lemma 6.7 sind keine zusätzlichen Überlegungen erforderlich (vgl. Lemma 3.4).

Die folgenden drei Dualitätssätze ergeben sich nach diesen Vorbereitungen unmittelbar aus Satz 6.4.

Satz 6.8: *Gegeben seien das hyperbolische Optimierungsproblem P und die dazugehörenden Probleme $\overline{P}$ und D. Seien $\overline{R} \neq \emptyset$, G und G_1 abgeschlossen und jede beschränkte Teilmenge von G schwach kompakt, Φ und Φ_1 stetig auf G, Φ_2 stetig auf G und linear für $\overline{v} = 0$. Sei ferner die Bedingung* (1.10) *in Kapitel* 3 *für das Funktional f erfüllt. Dann gilt die Dualitätsbeziehung*

$$v = \tilde{v} .$$

Satz 6.9: *Gegeben seien das hyperbolische Optimierungsproblem P und die dazugehörenden Probleme $\overline{P}$ und D. Seien G und G_1 abgeschlossen und jede beschränkte Teilmenge von G kompakt, Φ und Φ_1 stetig auf G, Φ_2 stetig auf G und linear für $\overline{v} = 0$. Ferner sei entweder $R \neq \emptyset$ beschränkt oder Φ_2 linear und die Menge der Lösungselemente von P nichtleer und beschränkt. Dann gilt die Dualitätsbeziehung*

$$v = \tilde{v} .$$

Satz 6.10: *Seien die Voraussetzungen von Satz* 6.1 *erfüllt. Seien E_0 ein* BANACH-*Raum, $E = E_0^*$, $G \subset E$ schwach* abgeschlossen, G_1 abgeschlossen. Die Bedingung* (1.22) *in Kapitel* 3 *sei für die Funktionale f und $\lambda \circ \Phi$, $\lambda \geqq 0(G_1^*)$ und die Bedingung* (1.10) *in Kapitel* 3 *für f erfüllt. Dann gilt die Dualitätsbeziehung*

$$v = \tilde{v} .$$

2.2. Wir betrachten das folgende Optimierungsproblem

$$P_1: \qquad f(x_1, x_2) = \inf_{\substack{\mu \geqq 0(G_2^*) \\ \|\mu\| = 1}} \frac{\mu(\Phi_1(x_1, x_2))}{\mu(\Phi_2(x_1, x_2))} \to \sup , \tag{2.3}$$

$$\Phi_{11}(x_1, x_2) \geqq 0(G_{11}) , \tag{2.4}$$

$$\Phi_{21}(x_1) + A_{22}(x_2) \geqq 0(G_{12}) , \tag{2.5}$$

$$x_1 \in G_{01}, \quad x_2 \in G_{02} . \tag{2.6}$$

(Die Nebenbedingungen (2.4) — (2.6) entsprechen den Nebenbedingungen (2.2) — (2.4) von Kapitel 3.)

Das zu P_1 duale Problem lautet

$$D_1: \qquad \varphi(\mu, \lambda_1, \lambda_2) \to \inf , \tag{2.7}$$

$$\mu \geqq 0(G_2^*), \quad \|\mu\| = 1, \quad \lambda_1 \geqq 0(G_{11}^*), \quad \lambda_2 \geqq 0(G_{12}^*) , \tag{2.8}$$

$$\psi(\mu, \lambda_1, \lambda_2) = \sup_{\substack{x_1 \in G_{01} \\ x_2 \in G_{02}}} \frac{\mu(\Phi_1(x_1, x_2)) + \lambda_1(\Phi_{11}(x_1, x_2)) + \lambda_2(\Phi_{21}(x_1) + A_{22}(x_2))}{\mu(\Phi_2(x_1, x_2))} .$$

Satz 6.11: *Gegeben seien das Problem P_1 und die dazugehörenden Probleme $\overline{P}_1$ und D_1 unter den Voraussetzungen*

a) *Φ_1 und Φ_{11} sind konkav bezüglich der konvexen Kegel G_2 bzw. G_{11} und stetig auf G_{02} für jedes $x_1 \in G_{01}$;*

b) *Φ_2 ist konvex (konkav) bezüglich G_2 für $\bar{v} > 0$ ($\bar{v} < 0$) und linear für $\bar{v} = 0$; Φ_2 ist stetig auf G_{02} für jedes $x_1 \in G_{01}$;*

c) *Φ_{21} ist konkav bezüglich G_{12}; E_{02} und E_{12} sind* BANACH-*Räume; $A_{22}\colon E_{02} \to E_{12}$ ist auf $E_{02} \supset G_{02}$ beschränkt und linear;*

d) $\inf\limits_{\substack{\mu \geqq 0(G_2^*)\\ \|\mu\|=1}} \mu(\Phi_2(x_1, x_2)) \geqq \varrho > 0$ *für* $(y_1, x_2) \in G_{01} \times G_{02}$.

Für die Nebenbedingungen von P_1 sei die verallgemeinerte Slaterbedingung erfüllt. Dann gilt die Dualitätsbeziehung

$$v = \tilde{v}.$$

Im Falle $v = \tilde{v} < \infty$ wird in D_1 das Infimum angenommen.

Beweis: 1. Wir zeigen $v = \bar{v}$. Sei zunächst $\bar{v} < \infty$. Wir betrachten eine beliebige Lösung $\{x^{(k)}\} = \{(x_1^{(k)}, x_2^{(k)})\}$ von $\overline{P}_1$. Für beliebiges $\varepsilon > 0$ gibt es ein $k(\varepsilon)$, so daß für alle $k \geqq k(\varepsilon)$ gilt

$$\frac{\mu(\Phi_1(x_1^{(k)}, x_2^{(k)}))}{\mu(\Phi_2(x_1^{(k)}, x_2^{(k)}))} > \bar{v} - \frac{\varepsilon}{2} \quad \text{für alle} \quad \mu \geqq 0(G_2^*),\ \|\mu\| = 1\,.$$

Hieraus folgt unter Berücksichtigung der Voraussetzung d)

$$\mu(\Phi_1(x_1^{(k)}, x_2^{(k)})) - (\bar{v} - \varepsilon)\, \mu(\Phi_2(x_1^{(k)}, x_2^{(k)})) > \varepsilon \frac{\varrho}{2} > 0 \tag{2.10}$$

für

$$\mu \geqq 0(G_2^*), \quad \|\mu\| = 1, \quad \text{wenn} \quad k \geqq k(\varepsilon)\,.$$

Setzen wir

$$f_\varepsilon(x_1, x_2) = \inf_{\substack{\mu \geqq 0(G_2^*)\\ \|\mu\|=1}} \mu[\Phi_1(x_1, x_2) - (\bar{v} - \varepsilon)\, \Phi_2(x_1, x_2)]\,,$$

so ist der in den eckigen Klammern stehende Operator nach Voraussetzung konkav bezüglich G_2 für hinreichend kleines $\varepsilon > 0$ und stetig auf G_{02} für jedes $x_1 \in G_{01}$. Folglich ist das Funktional f_ε konkav auf $G_{01} \times G_{02}$ und stetig auf G_{02} für jedes x_1.

Wir betrachten nun das Problem

$$T_\varepsilon\colon \qquad f_\varepsilon(x_1, x_2) \to \sup$$

mit den Nebenbedingungen (2.4) — (2.6) und setzen $v_\varepsilon = \sup f_\varepsilon(x_1, x_2)$. Mit $\bar{v}_\varepsilon$ bezeichnen wir den Optimalwert des zu T_ε gehörenden verallgemeinerten Problems $\overline{T}_\varepsilon$. Das Problem T_ε erfüllt die in Satz 3.8 angegebenen Voraussetzungen; daher gilt

$$v_\varepsilon = \bar{v}_\varepsilon\,.$$

Da eine geeignete Teilfolge von $\{x^{(k)}\}$ verallgemeinerte zulässige Lösung von T_ε ist und die Beziehung (2.10) erfüllt, gilt $\overline{v_\varepsilon} > 0$ und damit auch $v_\varepsilon > 0$. Daher existieren eine Folge $\{\bar{x}^{(k)}\} = \{(\bar{x}_1^{(k)}, \bar{x}_2^{(k)})\}$ und ein Index $k_1(\varepsilon)$, so daß für $k \geqq k_1(\varepsilon)$

$$\mu[\Phi_1(\bar{x}_1^{(k)}, \bar{x}_2^{(k)}) - (\bar{v} - \varepsilon)\, \Phi_2(\bar{x}_1^{(k)}, \bar{x}_2^{(k)})] \geqq 0\,, \qquad \mu \geqq 0(G_2^*), \qquad \|\mu\| = 1$$

gilt, wobei alle Glieder der Folge $\{\bar{x}^{(k)}\}$ den Nebenbedingungen (2.4) — (2.6) genügen.

Aus der letzten Beziehung ergibt sich

$$v \geqq \inf_{\substack{\mu \geqq 0(G_2^*) \\ \|\mu\| = 1}} \frac{\mu(\Phi_1(\bar{x}_1^{(k)}, \bar{x}_2^{(k)}))}{\mu(\Phi_2(\bar{x}_1^{(k)}, \bar{x}_2^{(k)}))} \geqq \bar{v} - \varepsilon \quad \text{für} \quad k \geqq k_1(\varepsilon)\,.$$

Da $\varepsilon > 0$ beliebig klein gewählt werden kann, folgt hieraus $v \geqq \bar{v}$. Trivialerweise gilt $v \leqq \bar{v}$, und damit erhalten wir

$$v = \bar{v}\,. \tag{2.11}$$

Im Falle $\bar{v} = \infty$ wird die Beziehung (2.11) in ähnlicher Weise hergeleitet. Dabei ersetzen wir $\bar{v} - \varepsilon/2$ durch $1/\varepsilon$, $\varepsilon > 0$. Wegen $v = \bar{v}$ folgt nach Satz 6.4 die Dualitätsbeziehung

$$v = \tilde{v}\,.$$

2. Sei $v = \tilde{v} < \infty$ und $\{(\mu^{(k)}, \lambda_1^{(k)}, \lambda_2^{(k)})\}$ eine Lösung von D_1. Dann gilt

$$\psi(\mu^{(k)}, \lambda_1^{(k)}, \lambda_2^{(k)}) < v + \varepsilon_k,\ \lim_{k\to\infty} \varepsilon_k = 0\,,$$

$$\mu^{(k)} \geqq 0(G_2^*), \quad \lambda_1^{(k)} \geqq 0(G_{11}^*), \quad \lambda_2^{(k)} \geqq 0(G_{12}^*), \ \|\mu^{(k)}\| = 1\,.$$

Hieraus folgt

$$\sup_{\substack{x_1 \in G_{01} \\ x_2 \in G_{02}}} [\mu^{(k)}\, (\Phi_1(x_1, x_2) - (v + \varepsilon_k)\, \Phi_2(x_1, x_2))$$
$$+ \lambda_1^{(k)}(\Phi_{11}(x_1, x_2)) + \lambda_2^{(k)}(\Phi_{21}(x_1) + A_{22}(x_2))] \leqq 0$$

und daraus weiter

$$\mu^{(k)}(\Phi_1(x_1, x_2) - (v + \varepsilon_k)\, \Phi_2(x_1, x_2)) \leqq 0\,, \tag{2.12}$$

falls $x = (x_1, x_2)$ den Nebenbedingungen (2.4) — (2.6) genügt. Da die Kugel $\|\mu\| \leqq 1$ kompakt bezüglich der schwachen* Topologie des Raumes $E_2^* \supset G_2^*$ ist, existiert ein Funktional $\mu_0 \in E_2^*$, $\|\mu_0\| \leqq 1$, derart, daß sich zu beliebigem $y \in E_2$ eine Teilfolge $\{\mu^{(k_\alpha(y))}\} = \{\mu_y^{(\alpha)}\}$ von $\{\mu^{(k)}\}$ angeben läßt mit

$$\lim_{\alpha\to\infty} \mu_y^{(\alpha)}(y) = \mu_0(y)\,.$$

Offensichtlich gilt $\mu_0 \geqq 0(G_2^*)$.

Sei (x_1, x_2) ein beliebiger Punkt, der den Nebenbedingungen (2.4) — (2.6) genügt. Wir wählen eine Teilfolge $\{k_\alpha\}$ von $\{k\}$ so aus, daß gilt

$$\lim_{\alpha\to\infty} \mu_y^{(\alpha)}\, (\Phi_1(x_1, x_2)) = \mu_0(\Phi_1(x_1, x_2)), \qquad \lim_{\alpha\to\infty} \mu_y^{(\alpha)}\, (\Phi_2(x_1, x_2)) = \mu_0(\Phi_2(x_1, x_2))\,.$$

Für $k = \alpha \to \infty$ geht (2.12) in

$$\mu_0(\Phi_1(x_1, x_2) - v\, \Phi_2(x_1, x_2)) \leqq 0 \tag{2.13}$$

über. Nach Voraussetzung d) folgt

$$\lim_{\alpha\to\infty} \mu_y^{(\alpha)} (\Phi_2(x_1, x_2)) = \mu_0(\Phi_2(x_1, x_2)) \geqq \varrho > 0 ,$$

woraus wir $\mu_0 \neq 0$ schließen. O. B. d. A. können wir $||\mu_0|| = 1$ annehmen. Dann erhalten wir aus (2.13)

$$\sup_{(x_1,x_2)\in R} [\mu_0(\Phi_1(x_1, x_2) - v\,\Phi_2(x_1, x_2))] \leqq 0 , \quad \mu_0 \geqq 0(G_2^*), \quad ||\mu_0|| = 1 . \tag{2.14}$$

Dabei ist R die Menge der zulässigen Lösungselemente von P_1.

Wir betrachten das Optimierungsproblem

$$\mu_0(\Phi_1(x_1, x_2) - v\Phi_2(x_1, x_2)) \to \sup , \qquad \mu_0 \geqq 0(G_2^*), \qquad ||\mu_0|| = 1$$

mit (2.4) — (2.6) als weiteren Nebenbedingungen.

Sei $(\lambda_1^{(0)}, \lambda_2^{(0)})$ ein Lösungselement des dazu dualen Problems. Die Gültigkeit der Dualitätsbeziehung für diese beiden Probleme folgt ebenso aus Satz 3.8 wie die Existenz einer Lösung $\{(\lambda_1^{(0)}, \lambda_2^{(0)})\}$ des dualen Problems.

Daher erhalten wir aus (2.14)

$$\psi(\mu_0, \lambda_1^{(0)}, \lambda_2^{(0)}) \leqq v, \ \mu_0 \geqq 0(G_2^*), \ \lambda_1^{(0)} \geqq 0(G_{11}^*) , \quad \lambda_2^{(0)} \geqq 0(G_{12}^*), \ ||\mu_0|| = 1 .$$

Zusammen mit der trivialerweise geltenden Ungleichung

$$\psi(\mu_0, \lambda_1^{(0)}, \lambda_2^{(0)}) \geqq \tilde{v} \geqq v$$

erhalten wir

$$\psi(\mu_0, \lambda_1^{(0)}, \lambda_2^{(0)}) = v .$$

Also ist $\{(\mu_0, \lambda_1^{(0)}, \lambda_2^{(0)})\}$ eine Lösung von D_1, so daß das Infimum angenommen wird.

Damit ist der Satz bewiesen.

Der Satz 6.11 ist eine Modifikation des Satzes 3.8 für hyperbolische Optimierungsprobleme.

Wird in dem Problem P_1 die Bedingung (2.6) durch eine Nebenbedingung der Form $(x_1, x_2) \in G$ ersetzt, so kann Satz 6.11 ohne Schwierigkeiten auf dieses neue Problem übertragen werden. Dazu ist es erforderlich, die verallgemeinerte Slaterbedingung entsprechend der Bemerkung nach Folgerung 3.10 abzuändern.

2.3. Die Untersuchung der Probleme P und D ist eng verbunden mit der Ermittlung verallgemeinerter Sattelpunkte des Lagrange-Funktionals (1.4) für

$$x \in G, \quad (\mu, \lambda) \geqq 0\ (G_2^* \times G_1^*), \quad ||\mu|| = 1 .$$

Wiederholt man die beim Beweis von Satz 3.11 gemachten Überlegungen für hyperbolische Optimierungsprobleme, so ergibt sich der

Satz 6.12: *Gegeben seien die Probleme P und D, und es sei die Voraussetzung* c) *erfüllt. Dann gilt:*

1. *Wenn die Dualitätsbeziehung*

$$-\infty < v = \tilde{v} < \infty$$

erfüllt ist, so existiert ein verallgemeinerter Sattelpunkt des LAGRANGE-*Funktionals* (1.4) *für*

$$x \in G, \quad (\mu, \lambda) \geqq 0(G_2^* \times G_1^*), \quad \|\mu\| = 1 .$$

Sind dabei $\{x^{(k)}\}$, $\{(\mu^{(k)}, \lambda^{(k)})\}$ *Lösungen von* P *bzw.* D, *so ist* $\{(x^{(k)}, \mu^{(k)}, \lambda^{(k)})\}$ *ein solcher verallgemeinerter Sattelpunkt.*

2. *Wenn das* LAGRANGE-*Funktional* (1.4) *für*

$$x \in G, \quad (\mu, \lambda) \geqq 0(G_2^* \times G_1^*), \quad \|\mu\| = 1 ,$$

einen verallgemeinerten Sattelpunkt besitzt und G_1 *abgeschlossen ist, so gilt die Dualitätsbeziehung*

$$-\infty < v = \tilde{v} < \infty .$$

Ist $\{(x^{(k)}, \mu^{(k)}, \lambda^{(k)})\}$ *ein solcher verallgemeinerter Sattelpunkt und* G_1 *abgeschlossen, so ist* $\{x^{(k)}\}$ *Lösung von* P *und* $\{(\mu^{(k)}, \lambda^{(k)})\}$ *Lösung von* D.

Aus Satz 6.12 folgt eine dem Satz 3.12 entsprechende Aussage für das Funktional (1.4). Auf die Formulierung dieses Satzes wird hier verzichtet.

Mit Hilfe von Satz 6.12 lassen sich Optimalitätskriterien für das Problem P angeben. Eines dieser Kriterien formulieren wir in

Satz 6.13: *Gegeben seien die Probleme* P *und* D, *und es sei die Voraussetzung* c) *erfüllt.* $X = \{x^{(k)}\}$ *sei eine zulässige Lösung von* P *mit* $f(X) < \infty$. *Dann gilt:*
1. *Existieren Folgen* $\{\mu^{(k)}\}$, $\mu^{(k)} \in E_2^*$, $\mu^{(k)} \geqq 0(G_2^*)$, $\|\mu^{(k)}\| = 1$, *und* $\{\lambda^{(k)}\}$, $\lambda^{(k)} \in E_1^*$, $\lambda^{(k)} \geqq 0(G_1^*)$, *mit den Eigenschaften*

$$\lim_{k\to\infty} F(x^{(k)}, \mu^{(k)}, \lambda^{(k)}) = \lim_{k\to\infty} \sup_{x\in G} F(x, \mu^{(k)}, \lambda^{(k)}) , \tag{2.15}$$

$$\lim_{k\to\infty} \frac{\lambda^{(k)}(\Phi_1(x^{(k)}))}{\mu^{(k)}(\Phi_2(x^{(k)}))} = 0 , \tag{2.16}$$

$$\lim_{k\to\infty} \frac{\mu^{(k)}(\Phi_1(x^{(k)}))}{\mu^{(k)}(\Phi_2(x^{(k)}))} = f(X) , \tag{2.17}$$

so ist $X = \{x^{(k)}\}$ *Lösung von* P.

2. *Ist* $X = \{x^{(k)}\}$ *Lösung von* P *und gilt die Dualitätsbeziehung* $v = \tilde{v}$, *so existieren Folgen* $\{\mu^{(k)}\}$ *und* $\{\lambda^{(k)}\}$ *mit den oben genannten Eigenschaften.*

Der Beweis dieses Satzes erfolgt entsprechend dem Beweis von Satz 3.14.

Wird im Satz 6.13 neben der Gültigkeit der Dualitätsbeziehung $v = \tilde{v}$ noch die Existenz eines Lösungselementes von D vorausgesetzt, so kann man die Folgen $\{\mu^{(k)}\}$, $\{\lambda^{(k)}\}$ in (2.15) – (2.17) durch Funktionale $\mu^{(0)}$, $\lambda^{(0)}$ mit $\mu^{(0)} \geqq 0(G_2^*)$, $\|\mu^{(0)}\| = 1$, und $\lambda^{(0)} \geqq 0(G_1^*)$ ersetzen.

Dies ist insbesondere für solche Probleme P_1 möglich, die den Voraussetzungen von Satz 6.11 genügen.

§ 3. Endlichdimensionale hyperbolische Optimierungsprobleme

3.1. Wir untersuchen das folgende *endlichdimensionale hyperbolische Optimierungsproblem*

$$P_e: \qquad f(x) = \min_{1 \leqq i \leqq q} \frac{\varphi_i^{(1)}(x)}{\varphi_i^{(2)}(x)} \to \sup\,, \tag{3.1}$$

$$f_i(x) \geqq 0\,, \quad i = 1, 2, \ldots, m\,, \tag{3.2}$$

$$x \in G\,. \tag{3.3}$$

Dabei sei $x = (x_1, x_2, \ldots, x_n) \in E^n$, und $G \subset E^n$ ist eine nichtleere konvexe Menge; $\varphi_i^{(1)}$, $i = 1, \ldots, q$, und f_i, $i = 1, \ldots, m$, seien konkav auf G; $\varphi_i^{(2)}$, $i = 1, \ldots, q$, seien auf G konkav für $\bar{v} < 0$, konvex für $\bar{v} > 0$ und affin-linear für $\bar{v} = 0$. Dabei ist $\bar{v}$ das Supremum von f auf der Menge $\bar{R}$ der verallgemeinerten zulässigen Lösungen von P_e. (Im Falle $\bar{R} = \emptyset$ setze man $\bar{v} = -\infty$.) Schließlich sei

$$\min_i \varphi_i^{(2)}(x) \geqq \varrho > 0 \qquad \text{für} \quad x \in G\,.$$

In Abschnitt 1.1 wurde bereits gezeigt, daß das Problem P_e ein Sonderfall der bisher betrachteten allgemeinen Problemstellung ist. Entsprechend der dort gegebenen Vorschrift lautet das zu P_e duale Problem

$$D_e: \qquad \psi(\mu, \lambda) \to \inf\,, \tag{3.4}$$

$$\mu = (\mu_1, \mu_2, \ldots, \mu_q) \geqq 0, \quad \sum_{i=1}^{q} \mu_i = 1, \quad \lambda = (\lambda_1, \lambda_2, \ldots, \lambda_m) \geqq 0\,, \tag{3.5}$$

$$\psi(\mu, \lambda) = \sup_{x \in G} \frac{\sum_{i=1}^{q} \mu_i \varphi_i^{(1)}(x) + \sum_{i=1}^{m} \lambda_i f_i(x)}{\sum_{i=1}^{q} \mu_i \varphi_i^{(2)}(x)}\,. \tag{3.6}$$

Mit v und $\tilde{v}$ bezeichnen wir die Optimalwerte von P_e bzw. D_e. Aus Satz 6.1 folgt ein verallgemeinerter Dualitätssatz für endlichdimensionale hyperbolische Optimierungsprobleme.

Satz 6.14: *Gegeben seien das hyperbolische Optimierungsproblem P_e und die dazugehörenden Probleme $\overline{P_e}$ und D_e. Sei $\bar{R} \neq \emptyset$. Dann gilt die verallgemeinerte Dualitätsbeziehung*

$$\bar{v} = \tilde{v}\,. \tag{3.7}$$

Ähnlich wie im allgemeinen Falle folgt aus Satz 6.14 der

Satz 6.15: *Gegeben seien das hyperbolische Optimierungsproblem P_e und die dazugehörenden Probleme $\overline{P_e}$ und D_e. Sei $\bar{R} \neq \emptyset$. Dann gilt*

$$v = \tilde{v} \Leftrightarrow v = \bar{v}\,. \tag{3.8}$$

3.2. Die folgenden beiden Dualitätssätze für endlichdimensionale hyperbolische Optimierungsprobleme erhält man unmittelbar aus den Ergebnissen von § 2. So folgt als Sonderfall von Satz 6.9 der

Satz 6.16: *Gegeben seien die Probleme P_e und D_e; G sei abgeschlossen, und die Funktionen $\varphi_i^{(1)}, \varphi_i^{(2)}, i = 1, 2, \ldots, q, f_i, i = 1, 2, \ldots, m$, seien stetig auf G. Ferner sei entweder $R \neq \emptyset$ beschränkt oder die Funktionen $\varphi_i^{(2)}, i = 1, 2, \ldots, q$, affinlinear und die Menge der Lösungselemente von P_e nichtleer und beschränkt. Dann gilt die Dualitätsbeziehung*

$$v = \tilde{v} .$$

Seien die Nebenbedingungen (3.2) nun in folgender Form gegeben:

$$\left.\begin{aligned} &f_i(x) \geqq 0, \quad i = 1, 2, \ldots, m_1 \leqq m; \\ &\sum_{j=1}^{n} a_{ij} x_j = b_i, \qquad i = 1, 2, \ldots, s \end{aligned}\right\} \tag{3.9}$$
$$(m = m_1 + s) .$$

Die verallgemeinerte Slaterbedingung für die Nebenbedingungen der Form (3.9), (3.3) oder, was dasselbe ist, für die Nebenbedingungen der Form (1.9), (1.3) in Kapitel 5, wurde in Kapitel 5, Abschnitt 1.2, angegeben.

Das zum hyperbolischen Optimierungsproblem P_e mit (3.9) anstelle von (3.2) duale Problem D_e ergibt sich, indem die Bedingung $\lambda \geqq 0$ ersetzt wird durch die Bedingungen $\lambda_i \geqq 0, i = 1, \ldots, m_1 \leqq m$. Außerdem gilt

$$f_i(x) = \sum_{j=1}^{n} a_{i-m_1,j} x_j - b_{i-m_1} , \quad i = m_1 + 1, \ldots, m .$$

Aus Satz 6.11 folgt unter Berücksichtigung der in Abschnitt 2.2 abschließend gemachten Bemerkungen eine zu Satz 5.4 analoge Aussage für hyperbolische Optimierungsprobleme P_e.

Satz 6.17: *Gegeben seien das hyperbolische Optimierungsproblem P_e mit* (3.9) *anstelle von* (3.2) *und das dazugehörende duale Problem D_e. Für die Nebenbedingungen dieses Problems P_e sei die Slaterbedingung erfüllt. Dann gilt die Dualitätsbeziehung*

$$v = \tilde{v} ,$$

und im Falle $v = \tilde{v} < \infty$ wird in D_e das Infimum angenommen.

Eine zu Satz 5.6 analoge Aussage für hyperbolische Probleme enthält

Satz 6.18: *Gegeben seien die Probleme P_e und D_e. Seien $G \subset E^n$ eine konvexe polyedrische Menge, $S \supset G$ eine offene konvexe Menge. Seien $f_i, i = 1, 2, \ldots, m_1$, konkav auf S und insbesondere $f_i, i = m_1 + 1, \ldots, m$ $(m_1 \leqq m)$, stückweise linear (vgl.* (1.10) *in Kapitel* 5); *$\varphi_i^{(1)}, i = 1, \ldots, q$, konkav auf S, $\varphi_i^{(2)}, i = 1, \ldots, q$, konkav (konvex) auf S für $\bar{v} < 0$ $(\bar{v} > 0)$. x^* sei ein zulässiges Lösungselement von P_e mit $f_i(x^*) > 0, i = 1, 2, \ldots, m_1$. Dann gilt die Dualitätsbeziehung*

$$v = \tilde{v} .$$

Im Falle $v = \tilde{v} < \infty$ wird in D_e das Infimum angenommen.

Beweis: Sei $c > 0$ für $\bar{v} > 0$ und $c < 0$ für $\bar{v} < 0$. Wir sagen, daß das Problem P_e die Bedingung (*) erfüllt, wenn bei beliebigem $\lambda = (\lambda_1, \ldots, \lambda_q) \geqq 0$ mit $\sum_{i=1}^{q} \lambda_i = 1$ für das Problem

$$\sum_{i=1}^{q} \lambda_i(\varphi_i^{(1)}(x) - c\varphi_i^{(2)}(x)) \to \sup$$

unter den Nebenbedingungen (3.2), (3.3) mit

$$v_\lambda = \sup \sum_{i=1}^{q} \lambda_i(\varphi_i^{(1)}(x) - c\varphi_i^{(2)}(x))$$

und das dazu duale Problem mit dem Optimalwert $\tilde{v}_\lambda$ die Dualitätsbeziehung

$$v_\lambda = \tilde{v}_\lambda$$

gilt und wenn für $v_\lambda = \tilde{v}_\lambda < \infty$ beim dualen Problem das Infimum angenommen wird.

Analog zum Beweis von Satz 6.11 läßt sich zeigen, daß der Satz 6.17 auch dann gilt, wenn die verallgemeinerte Slaterbedingung durch die Bedingung (*) ersetzt wird. Aus den oben gemachten Voraussetzungen folgt nach Satz 5.6, daß die Bedingung (*) stets erfüllt ist. Daraus ergibt sich die Behauptung.

3.3. Sind alle bei der Formulierung von P_e verwendeten Funktionen f_i, $\varphi_i^{(1)}$, $\varphi_i^{(2)}$ affin-linear, so ergibt sich das Problem

$$P_e: \qquad \min_{1 \leqq i \leqq q} \frac{L_i^{(1)}(x)}{L_i^{(2)}(x)} \to \sup\,, \tag{3.10}$$

$$\sum_{j=1}^{n} a_{ij} x_j = b_i\,, \quad i = 1, 2, \ldots, m, \tag{3.11}$$

$$x_j \geqq 0\,, \quad j = 1, 2, \ldots, n_1 \leqq n\,, \tag{3.12}$$

wobei

$$L_i^{(\gamma)}(x) = \sum_{j=1}^{n} c_{ij}^{(\gamma)} x_j + c_i^{(\gamma)}\,, \quad i = 1, 2, \ldots, q, \quad \gamma = 1, 2\,.$$

Wir setzen wieder voraus, daß gilt

$$\min_{x \in G} L_i^{(2)}(x) > 0\,, \quad i = 1, 2, \ldots, q.$$

Zusammen mit der G definierenden Nebenbedingung (3.12) erhalten wir daher für $i = 1, 2, \ldots, q$

$$c_{ij}^{(2)} \begin{cases} \geqq 0 & \text{für} \quad j = 1, 2, \ldots, n_1\,, \\ = 0 & \text{für} \quad j = n_1 + 1, \ldots, n\,, \end{cases} \qquad c_i^{(2)} > 0\,. \tag{3.13}$$

Wenn das soeben formulierte Problem P_1 die Bedingung (3.13) erfüllt, so sprechen wir von einem *linearen hyperbolischen Optimierungsproblem.*

Sei ferner

$$(c_{1j}^{(2)}, c_{2j}^{(2)}, \ldots, c_{qj}^{(2)}) \begin{cases} \neq 0 & \text{für} \quad j \leqq n_2 \leqq n_1, \\ = 0 & \text{für} \quad n_2 < j \leqq n, \end{cases} \tag{3.14}$$

wobei n_2 eine gewisse natürliche Zahl sein soll.

Das zugehörige duale Problem lautet:

D_e:

$$\psi(\mu, \lambda) = \sup_{x \in G} \frac{\sum_{i=1}^{q} \mu_i L_i^{(1)}(x) + \sum_{i=1}^{m} \lambda_i \left(b_i - \sum_{j=1}^{n} a_{ij} x_j\right)}{\sum_{i=1}^{q} \mu_i L_i^{(2)}(x)} \to \inf, \tag{3.15}$$

$$\mu_i \geqq 0, \quad i = 1, 2, \ldots, q, \quad \sum_{i=1}^{q} \mu_i = 1. \tag{3.16}$$

Zur Umformung der Funktion ψ setzen wir

$$\tilde{L}_j^{(1)}(\mu, \lambda) = \begin{cases} \sum_{i=1}^{q} \mu_i c_{ij}^{(1)} - \sum_{i=1}^{m} \lambda_i a_{ij}, & j = 1, 2, \ldots, n, \\ \sum_{i=1}^{q} \mu_i c_i^{(1)} + \sum_{i=1}^{m} \lambda_i b_i, & j = 0; \end{cases}$$

$$\tilde{L}_j^{(2)}(\mu, \lambda) = \begin{cases} \sum_{i=1}^{q} \mu_i c_{ij}^{(2)}, & j = 1, 2, \ldots, n_2, \\ \sum_{i=1}^{q} \mu_i c_i^{(2)}, & j = 0. \end{cases}$$

Wegen (3.13) und (3.14) ergibt sich

$$\psi(\mu, \lambda) = \begin{cases} \max\limits_{0 \leqq j \leqq n_2} \dfrac{\tilde{L}_j^{(1)}(\mu, \lambda)}{\tilde{L}_j^{(2)}(\mu, \lambda)} & \text{für} \quad \tilde{L}_j^{(1)}(\mu, \lambda) \begin{cases} \leqq 0, & n_2 < j \leqq n_1, \\ = 0, & n_1 < j \leqq n, \end{cases} \\ \infty & \text{sonst.} \end{cases}$$

Daher erhält man für das duale Problem folgende äquivalente Formulierung:

$$\max_{0 \leqq j \leqq n_2} \frac{\tilde{L}_j^{(1)}(\mu, \lambda)}{\tilde{L}_j^{(2)}(\mu, \lambda)} \to \inf; \tag{3.17}$$

$$\left.\begin{aligned} \tilde{L}_j^{(1)}(\mu, \lambda) &\leqq 0, & j &= n_2 + 1, \ldots, n_1, \\ \tilde{L}_j^{(1)}(\mu, \lambda) &= 0, & j &= n_1 + 1, \ldots, n; \end{aligned}\right\} \tag{3.18}$$

$$\sum_{i=1}^{q} \mu_i = 1, \quad \mu_i \geqq 0. \tag{3.19}$$

Ein Problem P_e, das die Bedingung (3.13) erfüllt, genügt den Voraussetzungen von Satz 6.18. Daher gilt für P_e und D_e die Dualitätsbeziehung $v = \tilde{v}$, und im Falle $v = \tilde{v} < \infty$ wird in D_e das Infimum angenommen.

Die letzte Aussage wurde unter stärkeren Voraussetzungen von RUBINSTEIN in [54] bewiesen, wo das Problem P_e erstmalig betrachtet wurde.

3.4. Wir geben nun ein Optimalitätskriterium für das Problem P_e an. Dazu setzen wir voraus, daß P_e und D_e Lösungselemente besitzen und daß die Dualitätsbeziehung $v = \tilde{v}$ erfüllt ist. Mit Hilfe des Optimalwertes v von P_e führen wir folgendes Hilfsproblem $P(v)$ ein:

$P(v)$:
$$t \to \sup , \tag{3.20}$$
$$\varphi_i^{(1)}(x) - v\varphi_i^{(2)}(x) - t \geqq 0 , \quad i = 1, 2, .., q , \tag{3.21}$$
$$f_i(x) \geqq 0, \quad i = 1, 2, ..., m, \tag{3.22}$$
$$x \in G . \tag{3.23}$$

Auf Grund der in P_e an die Funktionen f_i, $\varphi_i^{(1)}$, $\varphi_i^{(2)}$ und an die Menge G gestellten Forderungen ist $P(v)$ ein konvexes Optimierungsproblem.

Ist $\{x^*\}$ Lösung von P_e, so ist $\{(x^*, t^*)\} = \{(x^*, 0)\}$ Lösung von $P(v)$, wie im folgenden gezeigt wird. Zunächst ist offensichtlich $\{(x^*, 0)\}$ eine zulässige Lösung von $P(v)$. Aus der Annahme, daß $P(v)$ eine zulässige Lösung $\{(x, t)\}$ mit $t > 0$ besitzt, folgt

$$\min_{1 \leqq i \leqq q} \frac{\varphi_i^{(1)}(x)}{\varphi_i^{(2)}(x)} \geqq v + t \min_i \frac{1}{\varphi_i^{(2)}(x)} > v .$$

Da außerdem x den Nebenbedingungen von P_e genügt, erhalten wir so einen Widerspruch zur Definition von v. Analog kann man zeigen: Ist $\{(x^*, 0)\}$ Lösung von $P(v)$ für ein gewisses v, so ist $\{x^*\}$ Lösung von P_e, und es gilt $f(x^*) = v$.

Daher ist ein zulässiges Lösungselement x von P_e genau dann erzeugendes Element der Lösung $\{x\}$ dieses Problems, wenn $\{(x, 0)\}$ mit $v = f(x)$ Lösung von $P(v)$ ist. Aus Satz 5.8 folgt somit unmittelbar der

Satz 6.19: *Gegeben seien die Optimierungsprobleme P_e und D_e mit $v = \tilde{v} = \psi(\mu^*, \lambda^*)$. Seien*

$$G = \{x \in E^n : x_j \geqq 0, \quad j = 1, 2, ..., n_1\} ,$$

$S \supset G$ offen und konvex, und es sei für die Funktionen f_i, $\varphi_i^{(1)}$, $\varphi_i^{(2)}$ auf S dasselbe Konvexitätsverhalten wie auf G vorausgesetzt. Eine zulässige Lösung $\{x^*\}$ von P_e ist genau dann Lösung, wenn es Vektoren μ, λ, $l^{(i,\gamma)}$, $l^{(i)}$ gibt mit

$$\mu = (\mu_1, \mu_2, ..., \mu_q) \geqq 0, \quad \sum_{i=1}^{q} \mu_i = 1, \quad \lambda = (\lambda_1, \lambda_2, ..., \lambda_m) \geqq 0 ,$$
$$l^{(i,\gamma)} = (l_{i1}^{(\gamma)}, \quad l_{i2}^{(\gamma)}, ..., l_{in}^{(\gamma)}), \quad \gamma = 1, 2, \quad i \in I_1 , \quad l^{(i)} = (l_{i1}, l_{i2}, ..., l_{in}) ,$$
$$i \in I_2, \quad I_1 = \{i : \mu_i > 0\}, \quad I_2 = \{i : \lambda_i > 0\},$$

derart, daß

$$l^{(i,\gamma)} \in \Omega(\varphi_i^{(\gamma)}, S, x^*), \quad \gamma = 1, 2, \quad i \in I_1 , \quad l^{(i)} \in \Omega(f_i, S, x^*), \quad i \in I_2; \tag{3.24}$$

$$\sum_{i \in I_1} \mu_i (l_{ij}^{(1)} - v_1 l_{ij}^{(2)}) + \sum_{i \in I_2} \lambda_i l_{ij} \begin{cases} \leqq 0 & \textit{für} \quad x_j^* = 0 \; (j = 1, 2, \ldots, n_1) , \\ = 0 & \textit{für} \quad x_j^* > 0 \; (j = 1, 2, \ldots, n_1) , \\ = 0 & \textit{für} \quad j = n_1 + 1, \ldots, n , \end{cases} \tag{3.25}$$

wobei $v = \min\limits_{1 \leqq i \leqq q} \dfrac{\varphi_i^{(1)}(x^*)}{\varphi_i^{(2)}(x^*)}$;

$$\left.\begin{aligned} \mu_i &= 0 \quad \textit{für} \quad \frac{\varphi_i^{(1)}(x^*)}{\varphi_i^{(2)}(x^*)} > v ; \\ \lambda_i &= 0 \quad \textit{für} \quad f_i(x^*) > 0 . \end{aligned}\right\} \tag{3.26}$$

KAPITEL 7

APPROXIMATIONSPROBLEME

In diesem Kapitel behandeln wir Probleme der besten Approximation einer Menge $\mathcal{K}$ aus einem BANACH-Raum durch Elemente einer gegebenen konvexen Teilmenge G des gleichen BANACH-Raumes.

Dabei verwenden wir die Ergebnisse der Kapitel 3 und 4. In § 1 betrachten wir den Fall einer einelementigen Menge $\mathcal{K}$. Insbesondere beweisen wir unter der Voraussetzung, daß G endlichdimensional ist, den sogenannten „Satz vom Zuschnitt".

Approximationskriterien werden in § 2 und § 3 angegeben, wobei $\mathcal{K}$ endlich viele bzw. unendlich viele Elemente enthält.

§ 1. Approximation eines Elementes

1.1. Es seien E ein BANACH-Raum, G eine konvexe, nichtleere Teilmenge von E und x' ein beliebiges Element aus E.

Wir nennen die Größe

$$T(x', G) = \inf_{x \in G} ||x' - x||$$

beste Approximation von x' durch Elemente von G und bezeichnen das Problem der Ermittlung dieser Größe mit $A(x', G)$. Eine Folge $\{x^{(k)}\}$, $x^{(k)} \in G$, mit der Eigenschaft

$$\lim_{k \to \infty} ||x' - x^{(k)}|| = T(x', G)$$

heißt Folge bester Approximation von x' durch Elemente von G (kurz: *beste Approximationsfolge*).

Ist insbesondere eine beste Approximationsfolge stationär, gilt also $\{x^{(k)}\} = \{x^*\}$, $x^* \in G$, so heißt x^* *bestes Approximationselement* von x' durch Elemente von G.

Eine explizite Darstellung der Menge G wird in diesem Kapitel nicht benötigt.

Offenbar besteht ein enger Zusammenhang zwischen Optimierungsproblemen und Approximationsproblemen. Um die Ergebnisse der Kapitel 2 bis 5 auf Approximationsprobleme anwenden zu können, werden letztere als Optimierungsprobleme formuliert.

1.2. Wir betrachten zunächst das Problem $A(x', G)$ der Ermittlung einer besten Approximationsfolge für ein Element x'.

Offensichtlich kann das Problem $A(x', G)$ als Sonderfall des allgemeineren Optimierungsproblems

$$P_1: \qquad f(x) \to \inf\,, \tag{1.1}$$

$$x \in G\,, \tag{1.2}$$

betrachtet werden, wobei f ein auf einer offenen konvexen Teilmenge $S \subset E$ mit $G \subset S$ konvexes stetiges Funktional ist, das auf G ein endliches Infimum hat.

Aus Satz 4.1 leiten wir ein Optimalitätskriterium für das Problem P_1 her.

Es sei

$$\Omega(f, S, \{x^{(k)}\}) = \{\, l \in E^*: l(x) + \tilde{f}_S(l) \leqq f(x),\ x \in S\}$$

mit

$$\tilde{f}_S(l) = \lim_{k\to\infty} [f(x^{(k)}) - l(x^{(k)})]$$

die Menge aller Stützfunktionale von f bezüglich S im verallgemeinerten Punkt $\{x^{(k)}\}$.

Satz 7.1: *Gegeben sei das Problem P_1. Eine Folge $\{x^{(k)}\}$, $x^{(k)} \in G$, ist genau dann Lösung von P_1, wenn es ein lineares Funktional $g \in \Omega(f, S, \{x^{(k)}\})$ mit*

$$\inf_{x\in G} g(x) = \lim_{k\to\infty} g(x^{(k)}) \tag{1.3}$$

gibt.

Beweis: Die Notwendigkeit der Bedingung folgt aus dem Satz 4.1.

Aus (1.3) und aus der Definition des Stützfunktionals bezüglich S für ein konvexes Funktional f im verallgemeinerten Punkt $\{x^{(k)}\}$ folgt

$$\inf_{x\in G} f(x) \geqq \inf_{x\in G} [g(x) + \tilde{f}_S(g)] = \lim_{k\to\infty} [g(x^{(k)}) + \tilde{f}_S(g)] = \lim_{k\to\infty} f(x^{(k)})$$

und damit die Behauptung des Satzes.

Wählt man in P_1 speziell

$$f(x) = \|x' - x\|, \qquad S = E\,,$$

so erhält man das Problem $A(x', G)$.

1.3. Im Falle eines Funktionals f mit $f(x) = \|x' - x\|$, $x \in E$, und $\lim\limits_{k\to\infty} f(x^{(k)}) > -\infty$ kann für die Elemente von $\Omega(f, E, \{x^{(k)}\})$ eine allgemeine Darstellung angegeben werden.

Nach Definition gilt

$$g \in \Omega(f, E, \{x^{(k)}\}) \Leftrightarrow \begin{cases} g(x) + \tilde{f}_E(g) \leqq f(x), & x \in E\,, \\ \lim\limits_{k\to\infty} [g(x^{(k)}) + \tilde{f}_E(g)] = \lim\limits_{k\to\infty} f(x^{(k)})\,. \end{cases}$$

Wegen der speziellen Gestalt von f folgt hieraus

$$g(y) + t \leqq \|y\|, \qquad y \in E\,, \tag{1.4}$$

$$\lim_{k\to\infty} [g(y^{(k)}) + t] = \lim_{k\to\infty} \|y^{(k)}\| \tag{1.5}$$

mit

$$t = \tilde{f}_E(g) + g(x'), \quad y^{(k)} = x^{(k)} - x', \quad y = x - x'.$$

Aus (1.4) folgt für $y = 0$ die Beziehung $t \leqq 0$. Es gilt sogar $t = 0$, denn aus der Annahme $t < 0$ folgt wegen (1.5) die Existenz eines k mit

$$g(y^{(k)}) = ||y^{(k)}|| + \varepsilon, \quad \varepsilon > 0.$$

Wir wählen $\Theta > 0$, so daß $\Theta\varepsilon + t > 0$ gilt.

Dann erhält man

$$g(\Theta y^{(k)}) + t = ||\Theta y^{(k)}|| + \Theta\varepsilon + t > ||\Theta y^{(k)}||$$

im Widerspruch zu (1.4).

Also ist $t = 0$ und damit $\tilde{f}_E(g) = -g(x')$. Somit erhält man für die Funktionale $g \in \Omega(f, E, \{x^{(k)}\}) \neq \emptyset$, wobei $f(x) = ||x' - x||$ ist, die Darstellung

$$||g|| \leqq 1, \tag{1.6}$$

$$\lim_{k\to\infty} g(x^{(k)} - x') = \lim_{k\to\infty} ||x' - x^{(k)}||. \tag{1.7}$$

Da im allgemeinen $x' \notin \overline{G}$, kann wegen (1.7) die Beziehung (1.6) durch

$$||g|| = 1 \tag{1.6'}$$

ersetzt werden.

Im Falle einer stationären Folge $\{x^{(k)}\} = \{x^*\}$, $x^* \in G$, geht (1.7) in

$$g(x^* - x') = ||x' - x^*|| \tag{1.8}$$

über.

Aus Satz 7.1 und aus (1.6), (1.7) folgt unmittelbar ein Approximationskriterium für das Problem $A(x', G)$.

Satz 7.2: *Gegeben sei das Problem $A(x', G)$. Eine Folge $\{x^{(k)}\}$, $x^{(k)} \in G$, ist genau dann beste Approximationsfolge von x' durch Elemente von G, wenn es ein Funktional $g \in E^*$ gibt, das die Bedingungen* (1.3), (1.6) *und* (1.7) *erfüllt.*

Ist G eine lineare Mannigfaltigkeit in E, so kann (1.3) durch

$$g(x) = 0 \quad \text{für alle } x \in G$$

ersetzt werden. Hieraus folgt die Bedingung (1.3) für jede Folge $\{x^{(k)}\}$.

Nimmt man andererseits an, daß für ein $x_0 \in G$

$$g(x_0) \neq 0$$

gilt, so folgt in diesem Fall

$$\inf_{x\in G} g(x) = -\infty,$$

und das ist ein Widerspruch zu (1.7).

Aus Satz 7.2 ergibt sich unmittelbar

Folgerung 7.3: *Gegeben sei das Problem $A(x', G)$, und G sei eine lineare Mannigfaltigkeit.*

Eine Folge $\{x^{(k)}\}$, $x^{(k)} \in G$, *ist genau dann beste Approximationsfolge von* x' *durch Elemente von* G, *wenn es ein Funktional* $g \in E^*$ *mit* $G \subset g^{-1}(0)$ *gibt, das die Bedingungen* (1.6), (1.7) *erfüllt.*

Wenn die beste Approximationsfolge stationär ist, dann ist (1.7) durch (1.8) zu ersetzen, und die Folgerung geht in ein von RUBINSTEIN [57] angegebenes Kriterium über.

Während eine beste Approximationsfolge stets existiert, ist die Existenz eines besten Approximationselementes i. a. nicht gesichert. Daher kann man Satz 7.2 und weitere in diesem Kapitel angegebene Kriterien für beste Approximationsfolgen auf allgemeinere Problemstellungen anwenden.

1.4. Wir betrachten nun das Approximationsproblem $Q_m(M, f)$ im Sinne von TSCHEBYSCHEW, wobei auf einer abgeschlossenen Teilmenge M des Intervalls $[0, 1]$ gegebene stetige Funktion f durch Linearkombination von m stetigen verallgemeinerten Polynomen approximiert wird.

Bekanntlich gibt es eine Menge M_r, die aus $r \leqq m + 1$ Punkten der Menge M besteht, so daß ein beliebiges verallgemeinertes Polynom bester Approximation von $Q_m(M, f)$ auch ein solches von $Q_m(M_r, f)$ ist.

GARKAWI [3] gibt eine interessante Verallgemeinerung dieses Ergebnisses für den Fall an, daß ein Element x' eines BANACH-Raumes E durch Elemente einer gewissen endlichdimensionalen Teilmenge G von E zu approximieren ist. Die entsprechende Aussage heißt „Satz vom Zuschnitt".

CHAWINSON [65] zeigt einen Zusammenhang dieses Satzes mit einem Approximationskriterium. Dadurch kann das Ergebnis von GARKAWI auf den Fall übertragen werden, daß G eine beliebige endlichdimensionale konvexe Teilmenge von E ist. Der folgende Satz kann als Analogon zum „Satz vom Zuschnitt" für das Problem P_1 angesehen werden.

Es sei $Y \subset E$ konvex. Bekanntlich heißt $y \in Y$ *Extremalpunkt* von Y, wenn er nicht in der Form

$$\alpha y' + (1 - \alpha) y'' , \ y', y'' \in Y , \quad y' \neq y'' \ \alpha \in (0, 1) ,$$

darstellbar ist.

Satz 7.4: *Gegeben sei das Problem* P_1 *mit einer* m*-dimensionalen Menge* $G \subset E$; *ferner sei* $\{x^*\}$, $x^* \in G$, *eine Lösung von* P_1. *Dann existieren Extremalpunkte* $g_i \in \Omega(f, S, x^*)$, $i = 1, 2, \dots, r \leqq m + 1$, *derart, daß jede Lösung von* P_1 *zugleich Lösung des folgenden Problems ist:*

$$f_r(x) = \max_{1 \leqq i \leqq r} [g_i(x) + \tilde{f}_S(g_i)] \to \inf , \tag{1.9}$$

$$x \in G , \tag{1.10}$$

wobei außerdem

$$\inf_{x \in G} f_r(x) = \inf_{x \in G} f(x)$$

gilt.

Beweis: O. B. d. A. sei $0 \in G$. Nach Voraussetzung existiert ein m-dimensionaler Unterraum $L_m \subset E$ mit $G \subset L_m$. Wir setzen

$$\Omega_m = \{l \in L_m^* \colon \exists \, g \in \Omega(f, S, x^*) \quad \text{mit} \quad g(x) = l(x) \text{ für alle } x \in L_m\} .$$

Ω_m ist konvex, abgeschlossen und beschränkt.

Nach Satz 7.1 gibt es ein $g' \in \Omega_m$ mit

$$\inf_{x \in G} g'(x) = g'(x^*) . \tag{1.11}$$

Da außerdem die Dimension von Ω_m nicht größer als m ist, gibt es Extremalpunkte $g_i' \in \Omega_m$, $i = 1, 2, \ldots, r \leqq m + 1$, mit

$$g' = \sum_{i=1}^{r} \alpha_i g_i', \quad \alpha_i > 0, \quad \sum_{i=1}^{r} \alpha_i = 1 . \tag{1.12}$$

Sei $\bar{g} \in \Omega_m$. Die Menge

$$\Omega(\bar{g}) = \{g \in \Omega(f, S, x^*) \colon \; g(x) = \bar{g}(x) \text{ für alle } x \in L_m\}$$

ist eine schwach* abgeschlossene Teilmenge von $\Omega(f, S, x^*)$ und damit (wie auch $\Omega(f, S, x^*)$) kompakt in der schwachen* Topologie von E^*.

Da jede kompakte konvexe Menge Extremalpunkte besitzt, gilt dies auch für die Menge $\Omega(\bar{g})$ für jedes $\bar{g} \in \Omega_m$.

Es sei g_i ein Extremalpunkt von $\Omega(g_i')$, $i = 1, 2, \ldots, r \leqq m + 1$. Wir zeigen, daß g_i auch Extremalpunkt von $\Omega(f, S, x^*)$ ist.

Wenn die Beziehung

$$g_i = \gamma g^{(1)} + (1 - \gamma) g^{(2)} , \quad 0 < \gamma < 1, \quad g^{(1)}, g^{(2)} \in \Omega(f, S, x^*),$$

gilt, so ist

$$g_i(x) = g^{(1)}(x) = g^{(2)}(x) \quad \text{für alle} \quad x \in L_m ,$$

da sich andernfalls ein Widerspruch zur Voraussetzung ergibt, daß $g_i' \in \Omega_m$ Extremalpunkt von Ω_m sein sollte. Deshalb gilt $g^{(1)}, g^{(2)} \in \Omega(g_i')$; da $g_i \in \Omega(g_i')$ Extremalpunkt ist, folgt weiter

$$g_i = g^{(1)} = g^{(2)} .$$

Folglich ist g_i Extremalpunkt von $\Omega(f, S, x^*)$.

Zu zeigen bleibt, daß für die Funktionale g_i', $i = 1, 2, \ldots, r$, die Aussage des Satzes gilt.

Es sei

$$g = \sum_{i=1}^{r} \alpha_i g_i , \quad \alpha_i > 0 , \quad \sum_{i=1}^{r} \alpha_i = 1 .$$

wobei die α_i aus (1.12) genommen werden.

Aus der Definition der Funktionale g_i und aus (1.11) folgt

$$\inf_{x \in G} [g(x) + \tilde{f}_S(g)] = g(x^*) + \tilde{f}_S(g) = f(x^*) = \inf_{x \in G} f(x) , \tag{1.13}$$

$$g_i(x) + \tilde{f}_S(g_i) \leqq f(x), \quad x \in S . \tag{1.14}$$

Aus (1.14) ergibt sich einerseits

$$f_r(x) = \max_{1 \leqq i \leqq r} [g_i(x) + \tilde{f}_S(g_i)] \leqq f(x) , \quad x \in S , \tag{1.15}$$

und damit

$$\inf_{x \in G} f_r(x) \leqq \inf_{x \in \mathfrak{G}} f(x) .$$

Andererseits gilt

$$g(x) + \tilde{f}_S(g) = \sum_{i=1}^{r} \alpha_i g_i(x) + \sum_{i=1}^{r} \alpha_i \tilde{f}_S(g_i) \leqq \max_{1 \leqq i \leqq r} [g_i(x) + \tilde{f}_S(g_i)] = f_r(x)$$

und wegen (1.13)

$$\inf_{x \in G} f_r(x) \geqq \inf_{x \in G} f(x) .$$

Folglich hat man

$$\inf_{x \in G} f(x) = \inf_{x \in G} f_r(x) = f(x^*) . \tag{1.16}$$

Für eine beliebige Lösung $\{x^{(k)}\}$ von P_1 gilt daher

$$f_r(x^{(k)}) \geqq f(x^*)$$

und wegen (1.15)

$$f_r(x^{(k)}) \leqq f(x^{(k)}) .$$

Daraus folgt

$$\lim_{k \to \infty} f_r(x^{(k)}) = f(x^*) = \inf_{x \in G} f_r(x) .$$

Der Satz ist damit bewiesen.

Wir betrachten nun wieder das Problem $A(x', G)$. Für $f(x) = ||x' - x||$, $S = E$ gilt dann $\tilde{f}_S(g) = -g(x')$, und die Menge $\Omega(f, E, x^*)$ ist durch die Bedingungen (1.6) und (1.8) definiert.

Ist $x' \notin \overline{G}$, so ist ein Extremalpunkt von $\Omega(f, E, x^*)$ auch Extremalpunkt der Menge

$$\{g \in E^*: ||g|| \leqq 1\} .$$

Ist im Problem $A(x', G)$ insbesondere G eine endlichdimensionale Menge, so existiert stets ein bestes Approximationselement, und es läßt sich der „Satz vom Zuschnitt" von Chawinson [65] als Folgerung von Satz 7.4 angeben.

Satz 7.5: *Gegeben sei das Problem $A(x', G)$ mit $G \subset E$ m-dimensional und $x' \notin \overline{G}$.*

Dann existieren Extremalpunkte g_i, $i = 1, 2, \ldots, r \leqq m + 1$, der Einheitssphäre in E^* derart, daß jedes beste Approximationselement x^* von x' durch Elemente von G Lösung des Problems

$$f_r(x) = \max_{1 \leqq i \leqq r} g_i(x - x') \to \inf, \quad x \in G ,$$

ist, wobei außerdem

$$\inf_{x \in G} f_r(x) = \inf_{x \in G} ||x' - x||$$

gilt.

§ 2. Approximation einer endlichen Menge

2.1. In einem Banach-Raum E seien n Punkte $x_1, x_2, \ldots, x_n$ und eine nichtleere konvexe Menge G gegeben. Wir nennen die Größe

$$T_\varphi(x_1, x_2, \ldots, x_n; G) = \inf_{x \in G} \varphi(||x_1 - x||, ||x_2 - x||, \ldots, ||x_n - x||)$$

beste φ-Approximation von $\{x_1, x_2, \ldots, x_n\}$ durch Elemente von G. Dabei ist φ eine auf einem n-dimensionalen Raum E^n definierte Funktion.

Wir setzen im folgenden voraus, daß

a) φ konvex ist und

b) aus $t' \geqq t''$ stets $\varphi(t') \geqq \varphi(t'')$ folgt.

Eine Folge $\{x^{(k)}\}$, $x^{(k)} \in G$, heißt *beste φ-Approximationsfolge* von $\{x_1, x_2, \ldots, x_n\}$ durch Elemente von G, wenn

$$\lim_{k\to\infty} \varphi(||x_1 - x^{(k)}||, ||x_2 - x^{(k)}||, \ldots, ||x_n - x^{(k)}||) = T_\varphi(x_1, x_2, \ldots, x_n; G)$$

gilt.

Wir untersuchen in diesem Paragraphen das Problem $A(x_1, \ldots, x_n; G; \varphi)$ der Ermittlung einer besten φ-Approximationsfolge von Elementen $\{x_1, x_2, \ldots, x_n\}$ durch Elemente von G.

Dazu betrachten wir das allgemeinere Optimierungsproblem

P_2:
$$f(x) = \varphi(f_1(x), f_2(x), \ldots, f_n(x)) \to \inf, \tag{2.1}$$
$$x \in G\,. \tag{2.2}$$

Dabei sei die Funktion f_i, $i = 1, 2, \ldots, n$, konvex und stetig auf einer offenen konvexen Teilmenge S_i von E mit $G \subset S_i$; φ erfülle die Bedingungen a) und b), und es sei $\inf_{x\in G} f(x) > -\infty$.

Für das Problem P_2 kann folgendes Optimalitätskriterium angegeben werden:

Satz 7.6: *Gegeben sei das Problem P_2. Eine Folge $\{x^{(k)}\}$, $x^{(k)} \in G$, ist genau dann Lösung von P_2, wenn es Funktionale $g_i \in \Omega(f_i, S_i, \{x^{(k)}\})$, $i \in I$, und einen nichtnegativen n-dimensionalen Vektor $(\alpha_1, \alpha_2, \ldots, \alpha_n) \in \Omega(\varphi, E^n, \{t^{(k)}\})$ gibt mit*

$$t^{(k)} = \big(f_1(x^{(k)}), f_2(x^{(k)}), \ldots, f_n(x^{(k)})\big)\,, \qquad I = \{i : \alpha_i > 0,\ i = 1, 2, \ldots, n\}\,,$$

so daß

$$\inf_{x\in G}\Big[\sum_{i\in I} \alpha_i g_i(x)\Big] = \lim_{k\to\infty}\Big[\sum_{i\in I} \alpha_i g_i(x^{(k)})\Big] \tag{2.3}$$

gilt.

Beweis: 1. Sei $\{x^{(k)}\}$ eine Lösung von P_2. Wegen der Voraussetzungen für φ und f_i, $i = 1, 2, \ldots, n$, ist das Funktional

$$f(x) = \varphi(f_1(x), f_2(x), \ldots, f_n(x))$$

konvex und stetig auf $S = \bigcap_{i=1}^{n} S_i$, $S \supset G$.

Nach Satz 7.1 existiert ein lineares Funktional $g \in \Omega(f, S, \{x^{(k)}\})$ mit

$$\inf_{x\in G} g(x) = \lim_{k\to\infty} g(x^{(k)})\,. \tag{2.4}$$

Nach Satz 4.6 existieren Funktionale g_i und Koeffizienten α_i sowie eine Indexmenge I, die die Voraussetzungen des Satzes erfüllen, und es gilt

$$g = \sum_{i\in I} \alpha_i g_i\,. \tag{2.5}$$

Zusammen mit (2.4) erhalten wir (2.3).

2. Nach Satz 4.6 gilt

$$g = \sum_{i \in I} \alpha_i g_i \in \Omega(f, S, \{x^{(k)}\}) .$$

Zusammen mit (2.3) und Satz 7.1 ergibt sich, daß $\{x^{(k)}\}$ Lösung von P_2 ist.

Damit ist der Satz bewiesen.

Existiert kein Grenzwert der Folge $\{||x' - x^{(k)}||\}$, so wird im Falle $f(x) = ||x' - x||$ ein lineares Funktional $g \in \Omega(f, E, \{x^{(k)}\}) \neq \emptyset$ definiert durch (1.6) und

$$\lim_{k\to\infty} [||x' - x^{(k)}|| - g(x^{(k)} - x')] = 0 .$$

Dies kann in ähnlicher Weise gezeigt werden wie bei der Herleitung der Bedingungen (1.6) und (1.7). Damit folgt aus Satz 7.6 ein Approximationskriterium für das Problem $A(x_1, x_2, ..., x_n; G; \varphi)$.

Satz 7.7: *Gegeben sei das Problem* $A(x_1, x_2, ..., x_n; G; \varphi)$. *Eine Folge* $\{x^{(k)}\}$, $x^{(k)} \in G$, *ist genau dann beste φ-Approximationsfolge von* $\{x_1, ..., x_n\}$ *durch Elemente von G, wenn es lineare Funktionale* $g_i \in E^*$, $||g_i|| \leqq 1$, $i \in I$, *und einen nichtnegativen n-dimensionalen Vektor* $(\alpha_1, ..., \alpha_n) \in \Omega(\varphi, E^n, \{t^{(k)}\})$ *mit*

$$t^{(k)} = (||x_1 - x^{(k)}|| , ||x_2 - x^{(k)}||, ..., ||x_n - x^{(k)}||)$$

gibt, so daß

$$\lim_{k\to\infty} [||x_i - x^{(k)}|| - g_i(x^{(k)} - x_i)] = 0 , \quad i \in I , \tag{2.6}$$

$$\inf_{x\in G} \Big[\sum_{i\in I} \alpha_i g_i(x)\Big] = \lim_{k\to\infty} \Big[\sum_{i\in I} \alpha_i g_i(x^{(k)})\Big] , \tag{2.7}$$

mit

$$I = \{i : \alpha_i > 0\}$$

gilt.

2.2. Ist $\varphi_1(t_1, ..., t_n) = \sum_{i=1}^{n} \beta_i t_i$, $\beta_i > 0$, $t \in E^n$, so ist das Problem $A_1(x_1, ..., x_n; G) = A(x_1, ..., x_n; G; \varphi_1)$ offenbar ein Sonderfall von $A(x_1, ..., x_n; G; \varphi)$.

Somit folgt unmittelbar aus Satz 7.7 ein Approximationskriteruim für das Problem $A_1(x_1, ..., x_n; G)$, wobei $(\alpha_1, ..., \alpha_n)$ in Satz 7.7 durch $(\beta_1, ..., \beta_n)$ ersetzt wird. Unter der Voraussetzung der Existenz von besten Approximationselementen hat Rubinstein [57] dieses Kriterium angegeben.

Wir betrachten nun einen weiteren Sonderfall des Problems $A(x_1, ..., x_n; G; \varphi)$:

$$A_2(x_1, x_2, ..., x_n; G) = A(x_1, x_2, ..., x_n; G; \varphi_2)$$

mit

$$\varphi_2(t) = \varphi_2(t_1, t_2, ..., t_n) = \max_{1\leqq j\leqq n} t_j .$$

Eine beste Approximationsfolge von $A_2(x_1, ..., x_n; G)$ heißt *verallgemeinertes* Tschebyschew-*Zentrum* der Punkte $x_1, ..., x_n$ bezüglich G.

Um ein Approximationskriterium für $A_2(x_1, ..., x_n; G)$ angeben zu können, ermitteln wir eine allgemeine Darstellung eines Vektors

$$(\alpha_1, \alpha_2, ..., \alpha_n) \in \Omega(\varphi_2, Q^n, \{t^{(k)}\}) .$$

Lemma 7.8: *Gegeben sei das Problem* $A_2(x_1, ..., x_n; G)$. *Die Menge* $\Omega(\varphi_2, E^n, \{t^{(k)}\})$ *ist genau dann nichtleer, wenn*

$$M = \left\{j : \lim_{k\to\infty} \left(t_j^{(k)} - \varphi_2(t^{(k)})\right) = 0\right\} \neq \emptyset \tag{2.8}$$

gilt.

Gilt (2.8), *so folgt für* $(\alpha_1, ..., \alpha_n) \in \Omega(\varphi_2, E^n, \{t^{(k)}\})$ *die Darstellung*

$$\alpha_j = 0\,, \quad j \notin M; \quad \alpha_j \geqq 0\,, \quad j \in M; \quad \sum_{j\in M} \alpha_j = 1\,. \tag{2.9}$$

Beweis: 1. Wenn (2.8) erfüllt ist und der Vektor $(\alpha_1, ..., \alpha_n)$ die Darstellung (2.9) besitzt, so gilt

$$\sum_{j=1}^n \alpha_j t_j \leqq \max_{1\leqq j\leqq n} t_j \sum_{k=1}^n \alpha_k = \varphi_2(t_1, ..., t_n)\,,$$

$$\lim_{k\to\infty} \left[\varphi_2(t_1^{(k)}, t_2^{(k)}, ..., t_n^{(k)}) - \sum_{j=1}^n \alpha_j t_j^{(k)}\right]$$

$$= \lim_{k\to\infty} \left[\varphi_2(t^{(k)}) - \sum_{j\in M} \alpha_j t_j^{(k)}\right] = \lim_{k\to\infty} \sum_{j\in M} \alpha_j\left(\varphi_2(t^{(k)}) - t_j^{(k)}\right) = 0\,,$$

d. h.

$$(\alpha_1, \alpha_2, ..., \alpha_n) \in \Omega(\varphi_2, Q_j^n\{t^{(k)}\})\,.$$

2. Es sei

$$(\alpha_1, \alpha_2, ..., \alpha_n) \in \Omega(\varphi_2, Q_j^n\{t^{(k)}\})\,. \tag{2.10}$$

Wir betrachten das lineare Optimierungsproblem

$$z - \sum_{j=1}^n \alpha_j t_j \to \inf\,, \quad t \leqq Z\,, \quad j = 1, 2, ..., n\,. \tag{2.11}$$

Die Folge $\left\{t_1^{(k)}, t_2^{(k)}, ..., t_n^{(k)}, \max_{1\leqq j\leqq n} t_j^{(k)}\right\}$ ist zulässige Lösung des Problems (2.11), und wegen (2.10) strebt für diese Folge die Zielfunktion von (2.11) gegen den Optimalwert 0. Für das Problem (2.11) und das zugehörige duale Problem gilt die Dualitätsbeziehung $v = \tilde{v}$. Beide Probleme besitzen zulässige Lösungen, und ihre Optimalwerte werden angenommen. Deshalb existiert ein Vektor $(\gamma_1, \gamma_2, ..., \gamma_n)$ (vgl. Satz 5.8) mit

$$\alpha_j = \gamma_j\,,\ j = 1, 2, ..., n; \ \sum_{j=1}^n \gamma_j = 1\,,\ \gamma_j \geqq 0\,,\ j = 1, 2, ..., n; \tag{2.12}$$

$$\lim_{k\to\infty} \sum_{j=1}^n \left[\varphi_2(t^{(k)}) - t_j^{(k)}\right] \gamma_j = 0\,, \tag{2.13}$$

woraus zunächst

$$\alpha_j = \gamma_j = 0 \quad \text{für} \quad j \notin M \tag{2.14}$$

folgt und sogleich $M \neq \emptyset$; der Vektor $(\alpha_1, \alpha_2, ..., \alpha_n)$ genügt der Bedingung (2.9) des Lemmas.

Damit ist das Lemma bewiesen.

Aus Satz 7.7 und Lemma 7.8 folgt

Satz 7.9: *Gegeben sei das Problem $A_2(x_1, x_2, \ldots, x_n; G)$. Eine Folge $\{x^{(k)}\}$, $x^{(k)} \in G$, ist genau dann ein verallgemeinertes* TSCHEBYSCHEW-*Zentrum der Elemente $x_1, x_2, \ldots, x_n$ bezüglich G, wenn es lineare Funktionale $g_i \in E^*$, $\|g_i\| \leqq 1$, $i \in M$, mit*

$$M = \left\{i: \lim_{k\to\infty} \|x_i - x^{(k)}\| = \lim_{k\to\infty} \max_{1\leqq i\leqq n} \|x_i - x^{(k)}\|\right\},$$

und Zahlen $\alpha_i \geqq 0$, $i \in M$, mit $\sum_{i\in M} \alpha_i = 1$ gibt, so daß

$$\lim_{k\to\infty} g_i(x^{(k)} - x_i) = \lim_{k\to\infty} \|x_i - x^{(k)}\|, \quad i \in M, \tag{2.15}$$

$$\inf_{x\in G} \left[\sum_{i\in M} \alpha_i g_i(x)\right] = \lim_{k\to\infty} \left[\sum_{i\in M} \alpha_i g_i(x^{(k)})\right] \tag{2.16}$$

gilt.

§ 3. Approximation einer beliebigen Menge

3.1. Wir erweitern nun die in § 1 und § 2 behandelten Probleme dahingehend, daß die zu approximierende Menge beliebig viele Elemente enthält.

Es seien E ein BANACH-Raum, $\mathcal{K} \subset E$ eine beschränkte BOREL-Menge, α ein auf der σ-Algebra B der BOREL-Mengen F von $\mathcal{K}$ nichtnegatives σ-additives Funktional mit $\alpha(\mathcal{K}) < \infty$, $G \subset E$ nichtleer und konvex. Wir setzen

$$f(x) = \int_{\mathcal{K}} \|y - x\| \, d\alpha, \quad x \in E, \tag{3.1}$$

und nennen

$$T_f(\mathcal{K}, G) = \inf_{x\in G} f(x)$$

beste Approximation der Menge $\mathcal{K}$ durch Elemente von G. Eine Folge $\{x^{(k)}\}$, $x^{(k)} \in G$, heißt beste Approximationsfolge der Menge $\mathcal{K}$ durch Elemente von G, wenn

$$\lim_{k\to\infty} f(x^{(k)}) = T_f(\mathcal{K}, G)$$

gilt.

Ist insbesondere eine beste Approximationsfolge stationär, gilt also $\{x^{(k)}\} = \{x^*\}$, so heißt x^* bestes Approximationselement von $\mathcal{K}$ durch Elemente von G.

Wir untersuchen im folgenden das Problem $A(\mathcal{K}, G)$ der Ermittlung einer besten Approximationsfolge der Menge $\mathcal{K}$ durch Elemente von G und setzen die Existenz eines besten Approximationselementes x^* von $\mathcal{K}$ durch Elemente von G voraus.

Das folgende Lemma gibt die allgemeine Gestalt eines Stützfunktionals für das Funktional (3.1) an. Dieses Lemma folgt aus Satz 4.14 zusammen mit den Beziehungen (1.6) und (1.8).

Lemma 7.10: *Gegeben sei das Problem $A(\mathcal{K}, G)$. Ist E ein separabler* BANACH-*Raum und x^* bestes Approximationselement von $\mathcal{K}$ durch Elemente von G, so läßt sich jedes Funktional $g_{\mathcal{K}} \in \Omega(f, E, x^*)$ in der Form*

$$g_{\mathcal{K}}(x) = \int_{\mathcal{K}} g(x, y)\, d\alpha\,, \quad x \in E\,, \tag{3.2}$$

darstellen. Dabei ist $\{g(\cdot, y), y \in \mathcal{K}\}$ die Familie der linearen Funktionale $g_y \in E^*$, die den Bedingungen genügt:

a) $\|g_y\| \leqq 1, g(x^* - y, y) = \|y - x^*\|, y \in \mathcal{K}$,

b) $g(x, \cdot)$ *ist α-meßbar bezüglich $\mathcal{K}$ bei festem $x \in E$.*

Aus Lemma 7.10 erhält man ein Kriterium bester Approximation für das Problem $A(\mathcal{K}, G)$.

Satz 7.11: *Gegeben sei das Problem $A(\mathcal{K}, G)$, E sei separabel. Ein $x^* \subset G$ ist genau dann bestes Approximationselement von $\mathcal{K}$ durch Elemente von G, wenn es eine Familie linearer Funktionale $\{g(\cdot, y), y \in \mathcal{K}\} \subset E^*$ gibt, die den Bedingungen genügt:*

a) $\|g_y\| \leqq 1$ *mit* $g_y = g(\cdot, y), g(x^* - y, y) = \|y - x^*\|, y \in \mathcal{K}$,

b) $g(x, \cdot)$ *ist α-meßbar bezüglich $\mathcal{K}$ bei festem $x \in E$,*

c) $\inf\limits_{x \in G} \int_{\mathcal{K}} g(x, y)\, d\alpha = \int_{\mathcal{K}} g(x^*, y)\, d\alpha.$

Beweis: 1. x^* genüge den Bedingungen a), b) und c). Nach a), b) und Lemma 7.10 gehört dann das lineare Funktional g_y zu $\Omega(f, E, x^*)$. Hieraus folgt wegen c) unter Berücksichtigung von Satz 7.1, daß x^* bestes Approximationselement ist.

2. Sei $x^* \in G$ bestes Approximationselement. Nach Satz 7.1 existiert ein Funktional $g \in E^*$, für das gilt

$$g \in \Omega(f, E, x^*)\,, \qquad \inf_{x \in G} g(x) = g(x^*)\,. \tag{3.3}$$

Wegen Lemma 7.10 kann g in der Form (3.2) dargestellt werden; dabei genügt die Familie $\{g(\cdot, y), y \in \mathcal{K}\}$ den Bedingungen a) und b) des Satzes. Wegen (3.3) genügt diese Familie auch der Bedingung c).

3.2. Das in 3.1 betrachtete Problem $A(\mathcal{K}, G)$ ist das kontinuierliche Analogon des Problems $A_1(x_1, x_2, \ldots, x_n; G)$. Wir betrachten nun ein entsprechendes kontinuierliches Analogon des Problems $A(x_1, x_2, \ldots, x_n; G; \varphi)$.

Es seien E ein BANACH-Raum, $\mathcal{K} \subset E$ eine beschränkte BOREL-Menge, α ein auf der σ-Algebra B der BOREL-Mengen F von $\mathcal{K}$ nichtnegatives reguläres σ-additives Funktional, $G \subset E$ nichtleer und konvex, $C(\mathcal{K})$ der reelle normierte Raum der auf $\mathcal{K}$ beschränkten stetigen Funktionale mit der Norm

$$\|\gamma\| = \sup_{y \in \mathcal{K}} |\gamma(y)|\,.$$

Ferner sei φ ein auf $C(\mathcal{K})$ stetiges, konvexes, monoton nicht fallendes Funktional (die Monotonieeigenschaft lautet: Wenn $\gamma'(y) \geqq \gamma''(y)$ für alle $y \in \mathcal{K}$, so $\varphi(\gamma') \geqq \varphi(\gamma'')$). Wir setzen

$$f(x) = \varphi(\gamma_x) \quad \text{mit} \quad \gamma_x = \gamma_x(y) = \|y - x\|\,, \quad x \in E\,. \tag{3.4}$$

Unter den gemachten Voraussetzungen betrachten wir das Problem $A(\mathcal{K}, G, \varphi)$ der besten φ-Approximation von $\mathcal{K}$ durch Elemente von G. Ist dabei unter den zu ermittelnden besten φ-Approximationsfolgen $\{x^{(k)}\}$, $x^{(k)} \in G$, eine Folge stationär, gilt also $\{x^{(k)}\} = \{x^*\}$, $x^* \in G$, so heißt x^* bestes φ-Approximationselement von $\mathcal{K}$ durch Elemente von G (kurz: *bestes Approximationselement* für das Problem $A(\mathcal{K}, G, \varphi)$).

Wir setzen im folgenden die Existenz eines besten Approximationselementes voraus.

Wählt man $\varphi(\gamma) = \int\limits_{\mathcal{K}} \gamma(y)\, d\alpha$, $\gamma \in C(\mathcal{K})$, so geht das Problem $A(\mathcal{K}, G, \varphi)$ in das spezielle Problem $A(\mathcal{K}, G)$ über.

Die Betrachtungen für das Problem $A(\mathcal{K}, G)$ wurden deshalb durchgeführt, weil im folgenden für das allgemeinere Problem $A(\mathcal{K}, G, \varphi)$ die zusätzliche Voraussetzung der Kompaktheit von $\mathcal{K}$ aufgenommen wird. Zur Formulierung eines Approximationskriteriums für $A(\mathcal{K}, G, \varphi)$ benötigt man das

Lemma 7.12: *Gegeben sei das Problem $A(\mathcal{K}, G, \varphi)$. Es seien E separabel, $\mathcal{K}$ kompakt und x^* bestes φ-Approximationselement von $\mathcal{K}$ durch Elemente von G. Dann läßt sich jedes Funktional $g_{\mathcal{K}} \in \Omega(f, E, x^*)$ in der Form* (3.2) *darstellen. Dabei genügt die Familie $\{g(\cdot, y), y \in \mathcal{K}\}$ der linearen Funktionale $g_y \in E^*$ den Bedingungen* a) *und* b) *von Lemma* 7.10 *und das Funktional α der Beziehung*

$$\int\limits_{\mathcal{K}} \gamma(y)\, d\alpha + f(x^*) - \int\limits_{\mathcal{K}} \gamma_{x^*}(y)\, d\alpha \leqq \varphi(\gamma)\,, \quad \gamma \in C(\mathcal{K})\,, \tag{3.5}$$

d. h., das von α erzeugte lineare Funktional liegt in $\Omega(\varphi, C(\mathcal{K}), \gamma_{x^*})$.

Beweis: Sei Φ ein Operator, der aus E in $C(\mathcal{K}) = E_1$ abbildet, mit

$$\Phi(x) = ||y - x|| \quad \text{und} \quad y \in \mathcal{K}\,.$$

Offenbar ist Φ konvex bezüglich $G_1 = \{\gamma \in C(\mathcal{K}) : \gamma(y) \geqq 0, y \in \mathcal{K}\}$. Nach Voraussetzung ist φ konvex, stetig und monoton. Da damit die Voraussetzungen von Satz 4.5 erfüllt sind, gilt für jedes Funktional $g \in \Omega(f, E, x^*)$ mit $f = \varphi \circ \Phi$

$$g \in \Omega(f_l, E, x^*) \tag{3.6}$$

mit

$$f_l = l \circ \Phi\,, \tag{3.7}$$

wobei

$$l \in \Omega(\varphi, C(\mathcal{K}), \Phi(x^*)) \tag{3.8}$$

gilt.

Bekanntlich ist die allgemeine Form eines Funktionals $l \in C^*(\mathcal{K})$ durch

$$l(\gamma) = \int\limits_{\mathcal{K}} \gamma(y)\, d\alpha\,, \quad \gamma \in C(\mathcal{K})\,, \tag{3.9}$$

gegeben. Dabei ist $\alpha \in V(\mathcal{K})$ und $V(\mathcal{K})$ der Raum der auf der σ-Algebra B erklärten regulären σ-additiven Funktionale. Aus (3.8) folgt, daß α nichtnegativ ist. Aus der entgegengesetzten Annahme ergibt sich wegen (3.9) die Existenz eines Funktionals γ mit $\gamma(y) \leqq 0$ für $y \in \mathcal{K}$, so daß $l(\gamma) > 0$ gilt.

Wegen $\lim\limits_{\Theta\to\infty} l(\Theta\gamma) = \infty$ folgt aus (3.8)

$$\lim_{\Theta\to\infty} \varphi(\Theta\gamma) = \infty ,$$

und das widerspricht der Monotonie von φ, wonach

$$\varphi(\Theta\gamma) \leqq \varphi(0)$$

gilt. Aus (3.6) bis (3.9) ergibt sich die allgemeine Form eines Funktionals $g \in \Omega(f, E, x^*)$ gemäß

$$g \in \Omega(f_\alpha, E, x^*) . \tag{3.10}$$

Dabei ist

$$f_\alpha(x) = \int_{\mathcal{K}} ||y - x|| \, d\alpha , \quad x \in E ,$$

und α ist ein beliebiges Funktional, das den Bedingungen von Lemma 7.12 genügt. Die Anwendung von Lemma 7.10 ergibt schließlich die allgemeine Form eines Funktionals mit der Eigenschaft (3.10). Damit ist das Lemma bewiesen.

Aus Lemma 7.12 und Satz 7.11 ergibt sich ein Approximationskriterium für das Problem $A(\mathcal{K}, G, \varphi)$. Der Beweis für dieses Kriterium verläuft analog zu dem von Satz 7.11.

Satz 7.13: *Gegeben sei das Problem $A(\mathcal{K}, G, \varphi)$; dabei seien E separabel und $\mathcal{K}$ kompakt. Ein Element $x^* \in G$ ist genau dann bestes φ-Approximationselement von $\mathcal{K}$ durch Elemente von G, wenn es eine Familie $\{g(\cdot, y), y \in \mathcal{K}\}$ linearer Funktionale $g_y \in E^*$ und ein Funktional $\alpha \in V(\mathcal{K}) = C^*(\mathcal{K})$ mit $\alpha(F) \geqq 0$, $F \in B$, gibt, so daß die Bedingungen* a) *bis* c) *aus Satz* 7.11 *und die Beziehung* (3.5) *erfüllt sind.*

3.3. Wählt man $\varphi(\gamma) = \sup\limits_{y\in\mathcal{K}} \gamma(y) = \max\limits_{y\in\mathcal{K}} \gamma(y)$, so besitzt das Funktional φ die bei der Formulierung des Problems $A(\mathcal{K}, G, \varphi)$ geforderten Eigenschaften. Für dieses spezielle Funktional φ geht das allgemeine Problem $A(\mathcal{K}, G, \varphi)$ in das spezielle Problem $A_2(\mathcal{K}, G)$ über, dem kontinuierlichen Analogon des Problems $A_2(x_1, x_2, \ldots, x_n; G)$ aus Abschnitt 2.2. Ein bestes Approximationselement von $A_2(\mathcal{K}, G)$ heißt TSCHEBYSCHEW-*Zentrum* der kompakten Menge $\mathcal{K}$ bezüglich G.

Für das spezielle Funktional φ geben wir die allgemeine Gestalt eines der Bedingung (3.5) genügenden linearen Funktionals aus $\Omega(\varphi, C(\mathcal{K}), \gamma_{x^*})$ an.

Lemma 7.14: *Gegeben sei das Problem $A_2(\mathcal{K}, G)$. Es seien $\mathcal{K}$ kompakt und x^* bestes Approximationselement für das Problem $A_2(\mathcal{K}, G)$. Die allgemeine Form eines Funktionals $l \in \Omega(\varphi, C(\mathcal{K}), \gamma^*)\gamma^* = \gamma_{x^*}$ ergibt sich gemäß*

$$l(\gamma) = \int_{\mathcal{K}} \gamma(y) \, d\alpha , \quad \alpha \in V(\mathcal{K}); \tag{3.11}$$

$$\alpha(F) \geqq 0 , \quad F \in B , \quad \alpha(\mathcal{K}) = 1; \tag{3.12}$$

$$\alpha(\mathcal{K}_0) = \alpha(\mathcal{K}) , \quad \mathcal{K}_0 = \{y : \gamma^*(y) = \max_{y'\in\mathcal{K}} \gamma^*(y') , \quad y \in \mathcal{K}\} . \tag{3.13}$$

Umgekehrt folgt aus (3.11)–(3.13) *die Eigenschaft $l \in \Omega(\varphi, C(\mathcal{K}), \gamma^*)$.*

Beweis: 1. Das Funktional l genüge den Bedingungen (3.11)–(3.13). Wegen (3.11) gilt $l \in C^*(\mathcal{K})$. Unter Berücksichtigung von (3.12) folgt

$$l(\gamma) \leqq \left[\max_{y \in \mathcal{K}} \gamma(y)\right] \alpha(\mathcal{K}) = \varphi(\gamma)\,, \qquad \gamma \in C(\mathcal{K})\,,$$

und nach (3.13) ergibt sich

$$l(\gamma^*) = \int_{\mathcal{K}_0} \gamma^*(y)\, d\alpha = \left[\max_{y \in \mathcal{K}} \gamma^*(y)\right] \alpha(\mathcal{K}_0) = \varphi(\gamma^*)\,.$$

Somit gilt $l \in \Omega(\varphi, C(\mathcal{K}), \gamma^*)$.

2. Sei $l \in \Omega(\varphi, C(\mathcal{K}), \gamma^*)$. Wegen $l \in C^*(\mathcal{K})$ existiert ein Funktional $\alpha \in V(\mathcal{K})$ mit

$$l(\gamma) = \int_{\mathcal{K}} \gamma(y)\, d\alpha\,, \qquad \gamma \in C(\mathcal{K})\,.$$

Wegen $l \in \Omega(\varphi, C(\mathcal{K}), \gamma^*)$ gilt

$$l(\gamma) + \varphi(\gamma^*) - l(\gamma^*) \leqq \varphi(\gamma)\,, \qquad \gamma \in C(\mathcal{K})\,. \tag{3.14}$$

Ersetzt man in (3.14) γ durch die Funktionale $\gamma \equiv 0$ bzw. $\gamma = 2\gamma^*$ und beachtet $\varphi(\Theta\gamma) = \Theta\varphi(\gamma)$ für $\Theta \geqq 0$, so folgt

$$\varphi(\gamma^*) - l(\gamma^*) \leqq 0\,, \quad l(\gamma^*) \leqq \varphi(\gamma^*)\,, \ \text{d. h.} \ l(\gamma^*) = \varphi(\gamma^*)\,.$$

Deshalb ist (3.14) äquivalent mit den Beziehungen

$$l(\gamma) = \int_{\mathcal{K}} \gamma(y)\, d\alpha \leqq \varphi(\gamma)\,, \qquad \gamma \in C(\mathcal{K})\,, \tag{3.15}$$

$$l(\gamma^*) = \int_{\mathcal{K}} \gamma^*(y)\, d\alpha = \varphi(\gamma^*)\,. \tag{3.16}$$

Wir betrachten nun das lineare Optimierungsproblem

$$t - \int_{\mathcal{K}} \gamma(y)\, d\alpha \to \inf\,, \tag{3.17}$$

$$\gamma(y) \leqq t\,, \qquad y \in \mathcal{K}\,. \tag{3.18}$$

Jedes Paar $(\gamma, t) \in C(\mathcal{K}) \times E^1$ mit $\gamma(y) \leqq t$ für alle $y \in \mathcal{K}$ ist ein zulässiges Lösungselement dieses Problems. Wegen (3.15) gilt einerseits für jedes solche zulässige Lösungselement (γ, t)

$$t - \int_{\mathcal{K}} \gamma(y)\, dx \geqq 0;$$

andererseits folgt aus (3.16) mit

$$\left(\gamma^*, \max_{y \in \mathcal{K}} \gamma^*(y)\right) = \bar{\gamma}^*\,,$$

daß der Optimalwert der Zielfunktion von (3.17) gleich Null ist. Daher ist $\bar{\gamma}^*$ Lösung des Problems (3.17), (3.18).

Die Slaterbedingung ist für das betrachtete Problem erfüllt. Nach Satz 3.15 existiert ein Funktional $\beta \in V(\mathcal{K})$, so daß gilt

$$\beta(F) \geqq 0\,, \qquad F \in B; \tag{3.19}$$

$$\int_{\mathcal{K}} [t^* - \gamma^*(y)]\, d\beta = 0\,, \qquad t^* = \max_{y \in \mathcal{K}} \gamma^*(y); \tag{3.20}$$

$$\inf_{t,\gamma} \left[t(1 - \beta(\mathcal{K})) - \int_{\mathcal{K}} \gamma(y)\, d\alpha + \int_{\mathcal{K}} \gamma(y)\, d\beta \right] = 0\,. \tag{3.21}$$

Aus (3.21) folgt $\alpha(F) = \beta(F)$, $F \in B$, und $\alpha(\mathcal{K}) = 1$. Aus (3.19) und (3.20) ergibt sich

$$\alpha(F) \geqq 0\,, \quad F \in B; \quad \alpha(\mathcal{K}_0) = \alpha(\mathcal{K})\,.$$

Somit besitzt ein beliebiges Funktional $l \in \Omega(\varphi, C(\mathcal{K}), \gamma^*)$ die Form (3.11), und es gelten die Bedingungen (3.12) und (3.13). Damit ist das Lemma bewiesen.

Aus Satz 7.13 und Lemma 7.14 ergibt sich ein Approximationskriterium für $A_2(\mathcal{K}, G)$.

Satz 7.15: *Gegeben sei das Problem $A_2(\mathcal{K}, G)$; dabei seien E separabel und $\mathcal{K}$ kompakt. Ein Element $x^* \in G$ ist genau dann* Tschebyschew*-Zentrum von $\mathcal{K}$ bezüglich G, wenn es eine Familie $\{g(\cdot, y), y \in \mathcal{K}_0\}$ linearer Funktionale $g_y \in E^*$ mit*

$$\mathcal{K}_0 = \{y \in \mathcal{K} : ||y - x^*|| = \max_{y' \in \mathcal{K}} ||y' - x^*||$$

und ein Funktional $\alpha \in V(\mathcal{K}_0)$ gibt, so daß

a) $||g_y|| \leqq 1\,,\ ||y - x^*|| = g(x^* - y, y),\ y \in \mathcal{K}_0,$
b) *$g(x, \cdot)$ ist α-meßbar bezüglich $\mathcal{K}_0$ bei festem $x \in E$,*
c) $\alpha(F) \geqq 0,\ F \subset \mathcal{K}_0,\ F \in B,\ \alpha(\mathcal{K}_0) = 1,$
d) $\inf_{x \in G} \int_{\mathcal{K}_0} g(x, y)\, d\alpha = \int_{\mathcal{K}_0} g(x^*, y)\, d\alpha$

gilt.

Bemerkung: Auf die Voraussetzung der Separabilität des Banach-Raumes E kann in Satz 7.11, Satz 7.13 und Satz 7.15 verzichtet werden, wenn $\mathcal{K}$ abzählbar ist. Diese Aussage folgt aus Satz 4.9.

KAPITEL 8

APPROXIMATIONSPROBLEME MIT NEBENBEDINGUNGEN

In diesem Kapitel behandeln wir Approximationsprobleme, bei denen eine Menge $\mathcal{K}$ durch eine konvexe Menge G approximiert und die Menge G durch ein System von Nebenbedingungen definiert wird.

In § 1 werden für den Fall beliebiger konvexer Nebenbedingungen mit Hilfe der Ergebnisse aus den Kapiteln 2 bis 4 Dualitätssätze und Approximationskriterien hergeleitet.

In § 2 werden Probleme mit linearen Nebenbedingungen behandelt.

§ 1. Dualitätssätze und Approximationskriterien für Probleme mit konvexen Nebenbedingungen

1.1. Während im Kapitel 7 die Menge G nicht näher charakterisiert wurde, setzen wir jetzt voraus, daß G durch ein System von Nebenbedingungen gegeben ist.

Es seien E und E_1 BANACH-Räume, $G \subset E$ nichtleer und konvex, $G_1 \subset E_1$ ein konvexer Kegel, $\Phi\colon G \to E_1$ konkav bezüglich G_1, $x' \in E$.

Wir betrachten das Problem

P:
$$\|x' - x\| \to \inf\,, \tag{1.1}$$
$$\Phi(x) \geqq 0(G_1)\,, \tag{1.2}$$
$$x \in G\,. \tag{1.3}$$

Dieses Problem ist einerseits eine Verallgemeinerung konvexer Polynom-Approximationen und andererseits ein spezielles konvexes Optimierungsproblem. Daher können die Ergebnisse aus den Kapiteln 2 bis 5 herangezogen werden. Insbesondere verwenden wir die Dualitätssätze der Kapitel 2 und 3.

1.2. Es sei $R = \{x \in G\colon \Phi(x) \geqq 0(G_1)\}$. Eine Folge $\{x^{(k)}\}$, $x^{(k)} \in R$, heißt *beste Approximationsfolge* des Problems P, wenn
$$\lim_{k\to\infty} \|x' - x^{(k)}\| = \inf_{x\in R} \|x' - x\|$$
gilt.

Ist insbesondere eine beste Approximationsfolge stationär, also $\{x^{(k)}\} = \{x^*\}$, $x^* \in R$, so heißt x^* *bestes Approximationselement*.

Gemäß Kapitel 2, § 1, ist die zum Problem P gehörende Menge $\bar{R}$ der verallgemeinerten zulässigen Lösungen als Menge von Folgen $X = \{x^{(k)}\}$ definiert, für die

1. $x^{(k)} \in G,\ k = 1, 2, \ldots,$
2. es existiert der eigentliche oder uneigentliche Grenzwert $\lim\limits_{k\to\infty} \|x' - x^{(k)}\|$,
3. $\Phi(x^{(k)}) = y_1^{(k)} + y_2^{(k)},\ y_1^{(k)} \geqq 0(G),\ \lim\limits_{k\to\infty} \|y_2^{(k)}\| = 0$

gilt.

Das Problem

$\bar{P}$:
$$\lim_{k\to\infty} \|x' - x^{(k)}\| \to \inf\,,$$
$$X = \{x^{(k)}\} \in \bar{R}\,,$$

heißt *verallgemeinertes Problem* von P.

Ein $\bar{X} = \{\bar{x}^{(k)}\}$ mit
$$\lim_{k\to\infty} \|x' - \bar{x}^{(k)}\| = \inf_{\bar{R}} \lim_{k\to\infty} \inf \|x' - x^{(k)}\|$$

heißt *beste Approximationsfolge* des Problems $\bar{P}$. Nach Kapitel 2, § 2, lautet das duale Problem zu P

D:
$$\psi(\lambda) \to \sup\,, \tag{1.4}$$
$$\lambda \geqq 0(G_1^*)\,, \tag{1.5}$$
$$\psi(\lambda) = \inf_{x\in G} [\|x - x'\| - \lambda(\Phi(x))]\,. \tag{1.6}$$

Für die Probleme P und D läßt sich ein verallgemeinerter Dualitätssatz angeben, der unmittelbar aus Satz 2.5 folgt.

Nach diesem Satz hat für P und D im Falle
$$\bar{R} = \emptyset\,, \quad \tilde{v} = -\infty$$
die verallgemeinerte Dualitätsbeziehung $\bar{v} = \tilde{v}$ keine Gültigkeit, da für P
$$f(x) = \|x - x'\| \geqq 0 \quad \text{für alle} \quad x \in E$$
gilt, also
$$\tilde{v} = \sup_{\lambda \geqq 0(G_1^*)} \psi(\lambda) > \psi(0) = \inf_{x\in G} \|x - x'\| \geqq 0;$$
somit kann der Fall $\tilde{v} = -\infty$ nicht eintreten.

Seien v und $\bar{v}$ die Optimalwerte der Probleme P bzw. $\bar{P}$.

Im Falle $R = \emptyset$ setzt man $v = \infty$, im Falle $\bar{R} = \emptyset$ setzt man entsprechend $\bar{v} = \infty$.

Damit ergibt sich

Satz 8.1: *Gegeben seien die Probleme $\bar{P}$ und D. Dann gilt die verallgemeinerte Dualitätsbeziehung*
$$\bar{v} = \tilde{v}\,. \tag{1.7}$$

1.3. Aus den Resultaten des Kapitels 3 ergeben sich mehrere Dualitätsaussagen für die Probleme P und D.

Wir treffen folgende Vereinbarungen. Das Problem P besitzt die Eigenschaft c_1, wenn gilt:

a) G ist Teilmenge eines reflexiven Unterraumes E' von E,
b) G und G_1 sind abgeschlossen,
c) Φ ist stetig auf G.

Das Problem P besitzt die Eigenschaft c_2, wenn gilt:

a) G ist Teilmenge eines Unterraumes E' von E; E' ist dual zu einem gewissen Banach-Raum E_0,
b) G ist schwach* abgeschlossen; G_1 ist abgeschlossen,
c) für alle $\lambda \in G_1^*$ und für alle reellen c ist die Menge $\{x \in E : \lambda(\Phi(x)) \geqq c\}$ schwach* abgeschlossen.

Besitzt ein Problem P die Eigenschaft c_1 oder c_2 und ist $R \neq \emptyset$, so existiert für dieses Problem stets ein bestes Approximationselement.

Wegen $\lim\limits_{||x|| \to \infty} ||x' - x|| = \infty$ genügt das Funktional f mit $f(x) = -||x' - x||$, $x \in E$, der Bedingung (1.10) aus Kapitel 3. Außerdem erfüllt dieses Funktional die Beziehung (1.22) in Kapitel 3, da im dualen Raum eine Kugel stets schwach* abgeschlossen ist.

Somit folgt aus Satz 3.5 und Satz 3.7 für das vorliegende Problem P der

Satz 8.2: *Gegeben seien die Probleme P und D. P besitze die Eigenschaft c_1 oder c_2. Dann gilt die Dualitätsbeziehung*

$$v = \tilde{v} .$$

1.4. Die Nebenbedingungen des Problems P seien von der Form

$$\Phi_1(x) = \Phi_1(x_1, x_2) \geqq 0(G_{11}) , \tag{1.8}$$

$$A_{21}(x_1) + A_{22}(x_2) = b , \tag{1.9}$$

$$x_1 \in G_{01} , \quad x_2 \in G_{02} , \tag{1.10}$$

mit

$$x = (x_1, x_2) , \quad G_{01} \subset E_{01} , \quad G_{02} \subset E_{02} , \quad G_{11} \subset E_{11} ,$$
$$E_{01} \times E_{02} \subset E , \quad E_1 = E_{11} \times E_{12} .$$

Dabei seien E_{ti}, $t = 0, 1$; $i = 1, 2$, Banach-Räume, $\Phi_1 : G = G_{01} \times G_{02} \to E_{11}$ konkav bezüglich des konvexen Kegels G_{11}, $A_{2i} : E_{0i} \to E_{12}$, $i = 1, 2$, lineare Operatoren, $b \in E_{12}$.

Ein Problem mit den Nebenbedingungen (1.8)—(1.10) anstelle von (1.2) bis (1.3) bezeichnen wir mit P_S. Wir vereinbaren, daß das Problem P_S die Eigenschaft c_3 besitzt, wenn

a) G_{11} und G_{02} innere Punkte in E_{11} bzw. E_{02} besitzen und wenn es einen Punkt $x^{(0)} = (x_1^{(0)}, x_2^{(0)})$ mit $A_{21}(x_1^{(0)}) + A_{22}(x_2^{(0)}) = b$ gibt, für den $x_1^{(0)} \in G_{01}$, $x_2^{(0)}$ innerer Punkt von G_{02} und $\Phi_1(x_1^{(0)}, x_2^{(0)})$ innerer Punkt von G_{11} ist,

b) A_{22} ein beschränkter Operator ist, der E_{02} auf E_{12} abbildet,

c) der Operator Φ_1 stetig auf G_{02} für jedes feste $x_1 \in G_{01}$ ist.

Aus Satz 3.8 ergibt sich

Satz 8.3: *Gegeben seien das Problem P_S und das dazugehörende duale Problem; P_S besitze die Eigenschaft c_3. Dann gilt die Dualitätsbeziehung*

$$v = \tilde{v} \geqq 0 ,$$

und im dualen Problem wird das Supremum angenommen.

Aus den Dualitätssätzen Satz 8.2 und Satz 8.3 sowie aus Satz 3.14 und Satz 3.15 ergeben sich Approximationskriterien für die Probleme P_S und P.

Satz 8.4: *Gegeben seien die dualen Probleme P und D; P besitze die Eigenschaft c_1 oder c_2. Ein Element $x^* \in R$ ist genau dann bestes Approximationselement für das Problem P, wenn es eine Folge von Funktionalen $\{\lambda^{(k)}\}$, $\lambda^{(k)} \geqq 0(G_1^*)$, gibt, so daß*

$$\lim_{k\to\infty} [||x' - x^*|| - \lambda^{(k)}(\Phi_1(x^*))] = \lim_{k\to\infty} \inf_{x\in G} [||x' - x|| - \lambda^{(k)}(\Phi_1(x))] , \quad (1.11)$$

$$\lim_{k\to\infty} \lambda^{(k)}(\Phi_1(x^*)) = 0 \quad (1.12)$$

gilt.

Satz 8.5: *Gegeben seien das Problem P_S und das dazugehörende duale Problem; P_S besitze die Eigenschaft c_3. Eine Folge $\{x^{(k)}\} = \{x_1^{(k)}, x_2^{(k)}\}$, $x^{(k)} \in R$, ist genau dann beste Approximationsfolge für das Problem P_S, wenn es Funktionale $\lambda_1^* \geqq 0(G_{11}^*)$ und $\lambda_2^* \in E_{12}^*$ gibt, so daß*

$$\lim_{k\to\infty} [||x' - x^{(k)}|| - \lambda_1^*(\Phi_1(x^{(k)})) + \lambda_2^*(b - A_{21}(x_1^{(k)}) - A_{22}(x_2^{(k)}))]$$

$$= \inf_{x\in G = G_{01}\times G_{02}} [||x' - x|| - \lambda_1^*(\Phi_1(x)) + \lambda_2^*(b - A_{21}(x_1) - A_{22}(x_2))] , \quad (1.13)$$

$$\lim_{k\to\infty} \lambda_1^*(\Phi_1(x^{(k)})) = 0 \quad (1.14)$$

gilt.

§ 2. Probleme mit linearen Nebenbedingungen

2.1. Wir betrachten das folgende Approximationsproblem mit linearen Nebenbedingungen:

P_1:
$$||x' - x|| \to \inf , \quad (2.1)$$

$$A_{11}(x_1) + A_{12}(x_2) \geqq b_1(G_{11}) , \quad (2.2)$$

$$A_{21}(x_1) + A_{22}(x_2) = b_2 , \quad (2.3)$$

$$x = (x_1, x_2) \geqq 0(G_{01} \times G_{02}) . \quad (2.4)$$

Dabei seien E und E_{ij}, $i = 0, 1$; $j = 1, 2$, Banach-Räume, $A_{ki}: E_{0i} \to E_{1k}$, $k = 1, 2$; $i = 1, 2$, lineare beschränkte Operatoren, $G_{11} \subset E_{11}$, $G_{0i} \subset E_{0i}$, $i = 1, 2$, konvexe Kegel, $E_{01} \times E_{02} \subset E$ und

$$E_{11} \times E_{12} = E_1 , \quad x' = (x_1', x_2') \in E , \quad b_i \in E_{1i} , \quad i = 1, 2 .$$

Offenbar ist das Problem P_1 ein Sonderfall von P_S und damit auch von P.

Setzt man

$$G = G_{01} \times G_{02}, \quad G_1 = G_{11} \times \{0\}, \quad A = \begin{pmatrix} A_{11} & A_{12} \\ A_{21} & A_{22} \end{pmatrix}, \quad b = \begin{pmatrix} b_1 \\ b_2 \end{pmatrix},$$

so können wir die Nebenbedingungen (2.2)—(2.4) in der folgenden äquivalenten Form

$$A(x) \geqq b(G_1), \tag{2.5}$$

$$x \geqq 0(G) \tag{2.6}$$

schreiben. Entsprechend den Darlegungen in Kapitel 4, Abschnitt 4.2, ergibt sich das zu P_1 duale Problem in folgender Weise: Es sei

$$f(x) = ||x' - x|| , \quad x \in E .$$

Wie in Kapitel 7, Abschnitt 1.3, ausgeführt wurde, gilt

$$\tilde{f}_E(g) = \inf_{x \in G} [f(x) - g(x)] = \begin{cases} -g(x') , & \text{wenn} \quad ||g|| \leqq 1 , \\ -\infty , & \text{wenn} \quad ||g|| > 1 . \end{cases}$$

Daher lautet das zum Problem (2.1), (2.5), (2.6) gehörende duale Problem (vgl. Kapitel 4, Problem (4.21)—(4.23)):

$$-g(x') + \lambda(b) \to \sup ,$$

$$g - A^*\lambda \geqq 0(G^*) , \quad \lambda \geqq 0(G_1^*) , \quad ||g|| \leqq 1 .$$

Dieses Problem ist äquivalent mit

$$g(x') + \lambda(b) \to \sup , \tag{2.7}$$

$$g + A^*\lambda \leqq 0(G^*) , \tag{2.8}$$

$$\lambda \geqq 0(G_1^*) , \quad ||g|| \leqq 1 . \tag{2.9}$$

Hieraus ergibt sich nun das zu P_1 duale Problem

D_1:
$$g_1(x_1') + g_2(x_2') + \lambda_1(b_1) + \lambda_2(b_2) \to \sup , \tag{2.10}$$

$$g_1 + A_{11}^*\lambda_1 + A_{21}^*\lambda_2 \leqq 0(G_{01}^*) , \tag{2.11}$$

$$g_2 + A_{12}^*\lambda_1 + A_{22}^*\lambda_2 \leqq 0(G_{02}^*) , \tag{2.12}$$

$$||(g_1, g_2)|| \leqq 1 , \quad \lambda_1 \geqq 0(G_{11}^*) , \quad \lambda_2 \in E_{12}^* . \tag{2.13}$$

Für die Probleme (2.1), (2.5), (2.6) und (2.7)—(2.9) gilt die Dualitätsbeziehung $v = \tilde{v}$, falls das primale Problem die Eigenschaft c_1 oder c_2 besitzt. Dabei kann man auf die Bedingung c) in der Eigenschaft c_1 verzichten, da der Operator A beschränkt ist. Die Bedingung c) in der Eigenschaft c_2 kann ersetzt werden durch die stärkere, aber leichter nachprüfbare Bedingung

$$A^*g \in E_0 \quad \text{für jedes} \quad g \in E_1^* , \quad \text{wobei} \quad E_0^* = E' \quad \text{und} \quad G \subset E' \subset E . \tag{2.14}$$

Für die Probleme P_1 und D_1 gelten die Dualitätsaussagen von Satz 8.2 bzw. Satz 8.3, falls P_1 eine der Eigenschaften c_1 oder c_2 bzw. die Eigenschaft c_3 besitzt.

2.2. Unter Berücksichtigung von Satz 4.17 können die in Satz 8.4 und Satz 8.5 formulierten Approximationskriterien auf Probleme mit linearen Nebenbedingungen übertragen werden.

Satz 8.6: *Gegeben sei das Problem P_1 mit* (2.5), (2.6) *anstelle von* (2.2)—(2.4), *und dieses Problem besitze die Eigenschaft* c_1 *oder* c_2. *Ein Element* $x^* \in R$ *ist genau dann bestes Approximationselement für dieses Problem, wenn es Folgen von Funktionalen* $\{g^{(k)}\}$, $g^{(k)} \in E^*$, *und* $\{\lambda^{(k)}\}$, $\lambda^{(k)} \in E_1^*$, *gibt, so daß*

$$g^{(k)} + A^*\lambda^{(k)} \leqq 0(G^*)\,, \quad k = 1, 2, \ldots; \tag{2.15}$$

$$\lim_{k\to\infty} [g^{(k)}(x^*) + \lambda^{(k)}(A(x^*))] = 0; \tag{2.16}$$

$$\lim_{k\to\infty} [\lambda^{(k)}(A(x^*) - b)] = 0; \tag{2.17}$$

$$\lambda^{(k)} \geqq 0(G_1^*)\,, \quad ||g^{(k)}|| \leqq 1\,, \quad k = 1, 2, \ldots, \quad \lim_{k\to\infty} g^{(k)}(x' - x^*) = ||x' - x^*|| \tag{2.18}$$

gilt.

Satz 8.7: *Das Problem* P_1 *besitze die Eigenschaft* c_3. *Die Folge* $\{x^{(k)}\} = \{x_1^{(k)}, x_2^{(k)}\}$, $x^{(k)} \in R$, *ist genau dann beste Approximationsfolge für das Problem* P_1, *wenn es Funktionale* $g_i^* \in E_{0i}^*$, $\lambda_i^* \in E_{1i}^*$, $i = 1, 2$, *mit den nachstehenden Eigenschaften gibt:*

$$g_1^* + A_{11}^*\lambda_1^* + A_{21}^*\lambda_2^* \leqq 0(G_{01}^*)\,, \qquad g_2^* + A_{12}^*\lambda_1^* + A_{22}^*\lambda_2^* \leqq 0(G_{02}^*); \tag{2.19}$$

$$\left.\begin{aligned} &\lim_{k\to\infty} [g_1^*(x_1^{(k)}) + \lambda_1^*(A_{11}(x_1^{(k)})) + \lambda_2^*(A_{21}(x_1^{(k)}))] = 0\,,\\ &\lim_{k\to\infty} [g_2^*(x_2^{(k)}) + \lambda_1^*(A_{12}(x_2^{(k)})) + \lambda_2^*(A_{22}(x_2^{(k)}))] = 0; \end{aligned}\right\} \tag{2.20}$$

$$\lim_{k\to\infty} [\lambda_1^*(A_{11}(x_1^{(k)}) + A_{12}(x_2^{(k)}) - b_1)] = 0; \tag{2.21}$$

$$\left.\begin{aligned} &\lambda_1^* \geqq 0(G_{11}^*)\,, \quad ||(g_1^*, g_2^*)|| \leqq 1\,,\\ &\lim_{k\to\infty} [g_1^*(x_1 - x_1^{(k)}) + g_2^*(x_2 - x_2^{(k)})] = \lim_{k\to\infty} ||x' - x^{(k)}||\,. \end{aligned}\right\} \tag{2.22}$$

2.3. Die Mengen G und G_1 in den Nebenbedingungen (2.5), (2.6) sind konvexe Kegel. Sind allgemeiner $G \subset E$ und $G_1 \subset E_1$ beliebige konvexe Mengen, so erhalten wir aus dem Problem (2.1), (2.5), (2.6) das allgemeine Approximationsproblem mit linearen Nebenbedingungen

P_2:

$$||x' - x|| \to \inf\,, \tag{2.23}$$

$$A(x) - b \in G_1\,, \tag{2.24}$$

$$x \in G\,. \tag{2.25}$$

Entsprechend den Überlegungen in Kapitel 2, Abschnitt 2.4, läßt sich ein duales Problem zu P_2 angeben. Dort wurde ein auf E^* definiertes Funktional t_F gemäß

$$t_F(l) = \inf_{x\in F} l(x)\,, \quad l \in E^*\,, \quad F \subset E\,,$$

eingeführt. Die Menge $F^* = \{l \in E^*: t_F(l) > -\infty\}$ ist ein konvexer Kegel (vgl. Kapitel 2, Abschnitt 2.4). Damit ergibt sich das duale Problem

D_2:
$$g(x') + \lambda(b) + t_G(-g - A^*\lambda) + t_{G_1}(\lambda) \to \sup\,, \tag{2.26}$$
$$g + A^*\lambda \leqq 0(G^*)\,, \tag{2.27}$$
$$\|g\| \leqq 1\,, \quad \lambda \geqq 0(G_1^*)\,. \tag{2.28}$$

Für die Probleme P_2 und D_2 gilt die Dualitätsaussage von Satz 8.2 bzw. Satz 8.3, falls P_2 eine der drei Eigenschaften c_1, c_2 oder c_3 besitzt. Tritt im Problem P_2 die Nebenbedingung (2.24) nicht auf, so lautet das entsprechende duale Problem

$$\inf_{x \in G} g(x' - x) \to \sup\,, \qquad \|g\| \leqq 1\,.$$

(P_2 besitzt in diesem Fall die Eigenschaft c_3. Zum Nachweis setzt man $A = I$ (identischer Operator) und $G_1 = E_1$.)

Ähnliche Probleme werden von Garkawi [4] untersucht. Der in [4] formulierte Dualitätssatz ist eine Folgerung aus der verallgemeinerten Dualitätsbeziehung für die Probleme P_2 und D_2. Für das Problem P_2 lassen sich Approximationskriterien mit Hilfe des Problems D_2 angeben. Wir formulieren hier nur eine zum Satz 8.7 analoge Aussage.

Satz 8.8: *Für die Probleme P_2 und D_2 sei die Dualitätsbeziehung $v = \tilde{v}$ erfüllt, und in D_2 werde das Supremum angenommen. Eine Folge $\{x^{(k)}\}$, $x^{(k)} \in R$, ist genau dann beste Approximationsfolge für das Problem P_2, wenn es Funktionale $g^* \in E^*$, $\lambda^* \in E_1^*$, gibt, so daß*

$$g^* + A^*\lambda^* \leqq 0(G^*)\,, \tag{2.29}$$
$$\left.\begin{aligned} &\lim_{k\to\infty} [-g^*(x^{(k)}) - \lambda^*(A(x^{(k)}))] = t_G(-g^* - A^*\lambda^*)\,, \\ &\lim_{k\to\infty} [\lambda^*(A(x^{(k)}) - b)] = t_{G_1}(\lambda^*)\,, \end{aligned}\right\} \tag{2.30}$$
$$\|g^*\| \leqq 1\,, \qquad \lambda^* \geqq 0(G_1^*)\,, \qquad \lim_{k\to\infty} g^*(x' - x^{(k)}) = \lim_{k\to\infty} \|x' - x^{(k)}\| \tag{2.31}$$

gilt.

Der Beweis dieses Satzes beruht auf den Überlegungen in Kapitel 2, Abschnitt 2.4, und Kapitel 4, Abschnitt 4.2.

2.4. Wir behandeln nun ein allgemeineres Approximationsproblem mit Nebenbedingungen. Es seien E, E_2 Banach-Räume, $Q: E \to E_2$ ein beschränkter linearer Operator, $x' \in E_2$. Wir nehmen an, daß $x' \in E_2$ durch Elemente $Q(x)$ approximiert werden soll. Dabei beschränken wir uns auf Probleme mit linearen Nebenbedingungen, also auf Probleme der Form

P_3:
$$\|x' - Q(x)\| \to \inf\,, \tag{2.32}$$
$$A(x) \geqq b(G_1)\,, \tag{2.33}$$
$$x \geqq 0(G)\,. \tag{2.34}$$

Für A, x, b, G_1 und G seien die bei der Formulierung von (2.5) und (2.6) gemachten Voraussetzungen erfüllt.

Offensichtlich ist P_3 äquivalent zu dem (2.1), (2.5), (2.6) entsprechenden Problem

$$||x' - y|| \to \inf\,, \tag{2.35}$$

$$A(x) \geqq b(G_1)\,, \quad Q(x) - y = 0\,, \tag{2.36}$$

$$x \geqq 0(G)\,. \tag{2.37}$$

Für P_3 ergibt sich damit das duale Problem

D_3:
$$g(x') + \lambda(b) \to \sup\,, \tag{2.38}$$

$$Q^*g + A^*\lambda \leqq 0(G^*)\,, \tag{2.39}$$

$$||g|| \leqq 1\,, \quad \lambda \geqq 0(G_1^*)\,. \tag{2.40}$$

Hat das Problem P_3 die Eigenschaft c_3, so besitzt auch das Problem (2.35) bis (2.37) diese Eigenschaft. Folglich gilt für die Probleme P_3 und D_3 die Dualitätsaussage von Satz 8.3; außerdem wird in D_3 das Supremum angenommen.

Wir betrachten jetzt das Problem P_3 hinsichtlich der Eigenschaften c_1 und c_2. Bei der Eigenschaft c_1 hat man zusätzlich zu fordern:

d) $||Q(x)|| \to \infty$ für $||x|| \to \infty$.

Dies ist äquivalent mit der Forderung der Existenz eines beschränkten linearen Operators Q^{-1}. Bei der Eigenschaft c_2 hat man zusätzlich zwei Bedingungen bezüglich des Operators Q zu fordern:

e) Es existiert ein beschränkter linearer Operator Q^{-1};

f) $Q^*g \in E_0$ für $g \in E_2^*$ und $E_0^* = E'$, E' Banach-Raum.

Besitzt das Problem P_3 die Eigenschaft c_1 (einschließlich d)) oder die Eigenschaft c_2 (einschließlich e) und f)), so gilt für P_3 und D_3 die Dualitätsbeziehung $v = \bar{v}$. Auf die Forderung nach Existenz von Q^{-1} kann verzichtet werden, wenn das Zielfunktional (2.32) durch

$$f(x) = ||x' - Q(x)|| + \alpha\,||x|| \quad \text{mit} \quad \alpha > 0 \tag{2.41}$$

ersetzt wird.

Bei gewissen Approximationsproblemen ist die Angabe des Zielfunktionals in der Form (2.41) zweckmäßig. Das zu (2.41), (2.33), (2.34) duale Problem lautet dann

$$g(x') + \lambda(b) \to \sup\,, \tag{2.42}$$

$$Q^*g + g_1 + A^*\lambda \leqq 0(G^*)\,, \tag{2.43}$$

$$||g|| \leqq 1\,, \quad ||g_1|| \leqq \alpha\,, \quad \lambda \geqq 0(G_1^*)\,. \tag{2.44}$$

Wenn man die Äquivalenz der Probleme P_3 und (2.35)—(2.37) berücksichtigt, so folgt aus Satz 8.7 der

Satz 8.9: *Das Problem P_3 besitze die Eigenschaft c_3. Eine Folge $\{x^{(k)}\}$, $x^{(k)} \in R$, ist genau dann beste Approximationsfolge für das Problem P_3, wenn es Funktionale*

$g^* \in E_2^*$, $\lambda^* \in E_1^*$ gibt, die den folgenden Bedingungen genügen:

$$Q^*g^* + A^*\lambda^* \leqq 0(G^*)\,, \tag{2.45}$$

$$\lim_{k\to\infty} [g^*(Q(x^{(k)})) + \lambda^*(A(x^{(k)}))] = 0\,, \tag{2.46}$$

$$\lim_{k\to\infty} [\lambda^*(A(x^{(k)}) - b)] = 0\,, \tag{2.47}$$

$$\|g^*\| \leqq 1\,, \quad \lambda^* \geqq 0(G_1^*)\,, \quad \lim_{k\to\infty} g^*(x' - Q(x^{(k)})) = \lim_{k\to\infty} \|x' - Q(x^{(k)})\|\,. \tag{2.48}$$

2.5. Bisher wurden solche Probleme betrachtet, bei denen ein Element zu approximieren ist. Die für diese Probleme angegebenen Dualitätssätze und Approximationskriterien können unter Verwendung der Ergebnisse von Kapitel 7 auf Probleme übertragen werden, bei denen eine gewisse Menge $\mathcal{K}$ zu approximieren ist. Den Beweis dazu führen wir für Probleme, bei denen das TSCHEBYSCHEW-Zentrum eines Systems von Punkten zu bestimmen ist:

P_4:

$$f(x) = \max_{1\leqq i\leqq n} \|x_i - x\| \to \inf\,, \tag{2.49}$$

$$A(x) \geqq b(G_1)\,, \tag{2.50}$$

$$x \geqq 0(G)\,. \tag{2.51}$$

Nach den Ausführungen in Kapitel 4, Abschnitt 4.2, ergibt sich als duales Problem

D_4':

$$\tilde{f}_E(g) + \lambda(b) \to \sup\,, \tag{2.52}$$

$$g - A^*\lambda \geqq 0(G^*)\,, \tag{2.53}$$

$$\lambda \geqq 0(G_1^*)\,, \quad g \in \tilde{E}_f\,, \tag{2.54}$$

mit

$$\tilde{E}_f = \{g \in E^*: \tilde{f}_E(g) > -\infty\}\,.$$

Das Problem D_4' wird in ein äquivalentes Problem D_4 überführt. Dazu bestimmen wir die Gestalt des Funktionals $\tilde{f}_E$ und die Menge $\tilde{E}_f$.

Es sei

$$g \in \tilde{E}_f$$

und

$$\inf_{x\in E} [f(x) - g(x)] = \lim_{k\to\infty} [f(x^{(k)}) - g(x^{(k)})]\,,$$

d. h.

$$g \in \Omega(f, E, \{x^{(k)}\})\,.$$

Aus Lemma 7.8 und Satz 4.6 folgt

$$g = \sum_{i\in M} \alpha_i g_i \tag{2.55}$$

mit

$$\left.\begin{aligned} &M = \left\{i: \lim_{k\to\infty} [f(x^{(k)}) - \|x_i - x^{(k)}\|] = 0\right\}, \quad \alpha_i \geqq 0\,, \quad \sum_{i\in M} \alpha_i = 1\,;\\ &\|g_i\| \leqq 1\,, \quad \lim_{k\to\infty} g_i(x^{(k)} - x_i) = \lim_{k\to\infty} \|x_i - x^{(k)}\|\,, \quad i \in M\,, \end{aligned}\right\} \tag{2.56}$$

woraus wir

$$\tilde{f}_E(g) = \lim_{k\to\infty} [f(x^{(k)}) - g(x^{(k)})] =$$
$$= \lim_{k\to\infty} \sum_{i\in M} \alpha_i[f(x^{(k)}) - g_i(x^{(k)} - x_i)] - \sum_{i\in M} \alpha_i g_i(x_i) = - \sum_{i\in M} \alpha_i g_i(x_i) \quad (2.57)$$

schließen.

Wir nehmen jetzt an, daß

$$g = \sum_{i=1}^{n} \alpha_i g_i\,, \quad \alpha_i \geqq 0\,, \quad \|g_i\| \leqq 1\,, \quad \sum_{i=1}^{n} \alpha_i = 1\,,$$

gilt, und erhalten

$$\tilde{f}_E(g) = \inf_{x\in E} \sum_{i=1}^{n} \alpha_i[f(x) - g_i(x)] \geqq - \sum_{i=1}^{n} \alpha_i g_i(x_i) > -\infty\,. \quad (2.58)$$

Zusammen mit (2.55) und (2.56) folgt somit

$$\tilde{E}_f = \left\{g \in E^*: g = \sum_{i=1}^{n} \alpha_i g_i\,, \quad \|g_i\| \leqq 1, \alpha_i \geqq 0, \sum_{i=1}^{n} \alpha_i = 1\right\}. \quad (2.59)$$

Wir betrachten nun das Optimierungsproblem

$$\tilde{D}: \qquad - \sum_{i=1}^{n} \alpha_i g_i(x_i) + \lambda(b) \to \sup\,, \quad (2.60)$$

$$\sum_{i=1}^{n} \alpha_i g_i - A^*\lambda \geqq 0(G^*)\,, \quad (2.61)$$

$$\|g_i\| \leqq 1\,, \quad \alpha_i \geqq 0\,, \quad i = 1, 2, \ldots, n\,, \quad \sum_{i=1}^{n} \alpha_i = 1\,, \quad \lambda \geqq 0(G_1^*)\,. \quad (2.62)$$

Seien $\tilde{v}_1$ und $\tilde{v}_2$ die Optimalwerte der Probleme D_4' bzw. $\tilde{D}$. Wegen (2.58) und (2.59) gilt einerseits $\tilde{v}_1 \geqq \tilde{v}_2$. Andererseits ergibt sich für alle $g \in \tilde{E}_f$ aus (2.55)–(2.57) $\tilde{v}_1 \leqq \tilde{v}_2$. Damit gilt $\tilde{v}_1 = \tilde{v}_2$, und die Probleme D_4' und $\tilde{D}$ sind äquivalent.

Offensichtlich ist das Problem

$$D_4: \qquad \sum_{i=1}^{n} \alpha_i g_i(x_i) + \lambda(b) \to \sup\,, \quad (2.63)$$

$$\sum_{i=1}^{n} \alpha_i g_i + A^*\lambda \leqq 0(G^*)\,, \quad (2.64)$$

$$\|g_i\| \leqq 1\,, \quad \alpha_i \geqq 0\,, \quad i = 1, 2, \ldots, n\,, \quad \sum_{i=1}^{n} \alpha_i = 1\,, \quad \lambda \geqq 0(G_1^*)\,, \quad (2.65)$$

zum Problem $\tilde{D}$ äquivalent.

Nach den vorangegangenen Betrachtungen ist das Problem D_4 dual zu P_4. Das Funktional f in (2.49) genügt der Bedingung (1.10) in Kapitel 3. Gilt außerdem $G \subset E' = E_0^*$, so erfüllt dieses Funktional auch die Bedingung (1.22) in Kapitel 3. Somit stimmen die Eigenschaften c_1 und c_2 für das Problem P_4

mit denen für das Problem (2.1), (2.5), (2.6) überein. Jede der Eigenschaften c_1 und c_2 ist hinreichend für die Gültigkeit der Dualitätsbeziehung $v = \tilde{v}$ zwischen den Problemen P_4 und D_4.

Die Eigenschaft c_3 hingegen ist unabhängig von der Form des stetigen Zielfunktionals f. Deshalb ist diese Eigenschaft hinreichend dafür, daß für die dualen Probleme P_4 und D_4 die Dualitätsbeziehung $v = \tilde{v}$ gilt und daß in D_4 das Supremum angenommen wird.

Für die Probleme P_4 und D_4 gelten Aussagen, die denen in Satz 8.6 und Satz 8.7 entsprechen. So läßt sich z.B. für P_4 das folgende Approximationskriterium angeben.

Satz 8.10: *Das Problem P_4 besitze die Eigenschaft c_3. Eine Folge $\{x^{(k)}\}$, $x^{(k)} \in R$, ist genau dann beste Approximationsfolge für das Problem P_4, wenn es Funktionale $g_i^* \in E^*$, $i \in M$, $\lambda^* \in E_1^*$ mit*

$$M = \left\{i\colon \lim_{k\to\infty} \|x_i - x^{(k)}\| = \lim_{k\to\infty} f(x^{(k)})\right\}$$

und Zahlen α_i^*, $i \in M$, gibt, so daß die Bedingungen

$$\sum_{i\in M} \alpha_i^* g_i^* + A^*\lambda^* \leqq 0(G^*)\,, \tag{2.66}$$

$$\lim_{k\to\infty} \Big[\sum_{i\in M} \alpha_i^* g_i^*(x^{(k)}) + \lambda^*\big(A(x^{(k)})\big)\Big] = 0\,, \tag{2.67}$$

$$\lim_{k\to\infty} \lambda^*\big(A(x^{(k)}) - b\big) = 0\,, \tag{2.68}$$

$$\|g_i\| \leqq 1\,, \quad \alpha_i^* \geqq 0\,, \quad \lim_{k\to\infty} g_i^*(x_i - x^{(k)}) = \lim_{k\to\infty} \|x_i - x^{(k)}\|\,, \tag{2.69}$$

$$i \in M\,, \quad \sum_{i\in M} \alpha_i^* = 1, \quad \lambda^* \geqq 0(G_1^*)$$

erfüllt sind.

Die Richtigkeit dieses Satzes folgt aus Satz 4.17 unter Beachtung von (2.55) und (2.56).

KAPITEL 9

SPEZIELLE APPROXIMATIONSPROBLEME MIT NEBENBEDINGUNGEN

In diesem Kapitel untersuchen wir einige spezielle Approximationsprobleme mit Nebenbedingungen, die Sonderfälle der in Kapitel 8 betrachteten Probleme sind. Die Nebenbedingungen sind dabei durch ein System von Funktionalen definiert.

In § 1 behandeln wir die Approximation durch verallgemeinerte Polynome. Die Koeffizienten genügen dabei linearen Nebenbedingungen.

In § 2 werden für die Approximationsprobleme BANACH-Räume mit TSCHEBYSCHEW-Metrik zugrunde gelegt. Insbesondere ergibt sich eine zum Satz über die TSCHEBYSCHEW-Alternante analoge Aussage für Probleme mit Nebenbedingungen.

In § 3 wird ein zum Satz von HAAR analoger Unitätssatz für Probleme der TSCHEBYSCHEW-Approximation mit Nebenbedingungen angegeben.

Approximationsprobleme mit nichtlinearen Nebenbedingungen und einer endlichdimensionalen approximierenden Menge bzw. Probleme mit linearen Nebenbedingungen und einer unendlichdimensionalen approximierenden Menge werden in § 4 behandelt.

§ 1. Approximation durch verallgemeinerte Polynome mit Nebenbedingungen für die Koeffizienten

1.1. Wir betrachten das Approximationsproblem

P:
$$\left\| x' - \sum_{j=1}^{n} d_j x_j \right\| \to \inf\,, \tag{1.1}$$

$$\sum_{j=1}^{n} d_j a_j(t) \geqq b(t)\,, \qquad t \in \mathcal{K}\,, \tag{1.2}$$

$$\sum_{j=1}^{n} d_j a_{ij} = b_i\,, \qquad i = 1, 2, \ldots, r\,. \tag{1.3}$$

Dabei sind $x', x_1, x_2, \ldots, x_n$ beliebige, aber feste Elemente eines BANACH-Raumes E, $\mathcal{K}$ ein kompakter metrischer Raum, die Funktionale $a_j\colon \mathcal{K} \to E^1$, $j = 1, 2, \ldots, n$, und $b\colon \mathcal{K} \to E^1$ stetig und $x_1, x_2, \ldots, x_n$ sowie die Gleichungen in (1.3) linear unabhängig.

Dieses Problem P ist eine allgemeine Formulierung für die Approximation durch verallgemeinerte Polynome, deren Koeffizienten linearen Nebenbedingungen genügen. Insbesondere ist P eine Verallgemeinerung einer von Markow [43] und Pscheborski [47] betrachteten Aufgabe, wobei diese Autoren nur Nebenbedingungen der Form (1.3) und Banach-Räume mit Tschebyschew-Metrik verwendeten. Gleichzeitig ist P ein Sonderfall des Problems P_1 aus Kapitel 8. Dazu seien $E_{01} = \{0\}$, $E_{02} = G = G_{02}$ ein durch $x_1, x_2, \ldots, x_n$ erzeugter n-dimensionaler Unterraum von E, $E_{11} = C(\mathcal{K})$ der Raum der auf $\mathcal{K}$ stetigen Funktionale, E_{12} ein r-dimensionaler Raum, G_{11} die Menge der auf $\mathcal{K}$ nichtnegativen Funktionale, $A_{12}\colon E_{02} \to C(\mathcal{K})$ ein Operator mit $A_{12}(x_j) = a_j$, $j = 1, 2, \ldots, n$, und der Operator A_{22} durch die Matrix (a_{ij}) aus (1.3) definiert.

Berücksichtigt man $E_{11}^* = C^*(\mathcal{K}) = V(\mathcal{K})$, $G_{02}^* = \{g \in E^*\colon g(x) \equiv 0 \text{ auf } E_{02}\}$ sowie das Problem D_1 aus Kapitel 8, so erhält man das folgende zu P duale Problem

$$D\colon \qquad g(x') + \int_{\mathcal{K}} b(t)\, d\lambda + \sum_{i=1}^{r} \lambda_i b_i \to \sup; \tag{1.4}$$

$$g(x_j) + \int_{\mathcal{K}} a_j(t)\, d\lambda + \sum_{i=1}^{r} \lambda_i a_{ij} = 0, \qquad j = 1, 2, \ldots, n; \tag{1.5}$$

$$||g|| \leqq 1, \quad \lambda \in V^+(\mathcal{K})\,. \tag{1.6}$$

Dabei sind $V^+(\mathcal{K})$ die Menge aller nichtnegativen Funktionale von $V(\mathcal{K})$ und $V(\mathcal{K})$ der Raum der auf der σ-Algebra B regulären σ-additiven Funktionale von beschränkter Variation.

Da im Problem P die Menge $G = G_{02}$ endlichdimensional ist, erfüllt P die Bedingung a) der Eigenschaft c_1 aus Kapitel 8, § 1. Aus der Definition der Mengen $G = G_{02}$ und $G_1 = G_{11} \times \{0\}$ folgt ihre Abgeschlossenheit, so daß auch die Bedingung b) der Eigenschaft c_1 erfüllt ist. Schließlich folgt die Stetigkeit der Operatoren A_{12} und A_{22} auf G_{02} aus der linearen Unabhängigkeit der Elemente $x_1, x_2, \ldots, x_n$, die G_{02} erzeugen. Somit besitzt P die Eigenschaft c_1, und aus Satz 8.2 folgt

Satz 9.1: *Gegeben seien die Probleme P und D. Dann gilt die Dualitätsbeziehung*

$$v = \tilde{v}\,. \tag{1.7}$$

Dabei ist $v = \infty$ zu setzen, falls sich die Nebenbedingungen (1.2), (1.3) *widersprechen.*

1.2. Im Falle $v < \infty$ besitzt P eine zulässige Lösung, so daß die Existenz eines besten Approximationselementes für P gesichert ist. Im folgenden setzen wir $v > 0$ voraus; x' kann dann nicht als Linearkombination der Elemente $x_1, x_2, \ldots, x_n$ mit Koeffizienten dargestellt werden, die den Nebenbedingungen (1.2), (1.3) genügen.

Eine Folgerung aus Satz 8.6 ist das folgende Approximationskriterium für das Problem P.

Satz 9.2: *Gegeben sei das Problem P. Sei $d^* = (d_1^*, \ldots, d_n^*)$ ein Vektor, der den Nebenbedingungen (1.2), (1.3) genügt.*

Das Element

$$x^* = \sum_{j=1}^{n} d_j^* x_j$$

ist genau dann bestes Approximationselement für P, wenn es eine Folge $\{g^{(k)}\}$, $g^{(k)} \in E^*$, von Funktionalen, eine Folge $\{\lambda^{(k)}\}$, $\lambda^{(k)} \in V^+(\mathcal{K})$, von Funktionalen von beschränkter Variation und Zahlenfolgen $\{\lambda_i^{(k)}\}$, $i = 1, 2, \ldots, r$, gibt, so daß die nachstehenden Beziehungen gelten:

$$g^{(k)}(x_j) + \int_{\mathcal{K}} a_j(t)\, d\lambda^{(k)} + \sum_{i=1}^{r} \lambda_i^{(k)} a_{ij} = 0, \qquad j = 1, 2, \ldots, n; \tag{1.8}$$

$$\lim_{k\to\infty} \int_{\mathcal{K}} \left[\sum_{j=1}^{n} d_j^* a_j(t) - b(t) \right] d\lambda^{(k)} = 0; \tag{1.9}$$

$$\|g^{(k)}\| = 1, \quad \lim_{k\to\infty} g^{(k)}\,(x' - x^*) = \|x' - x^*\|. \tag{1.10}$$

Für beliebige Probleme P, D gilt der Dualitätssatz und das damit verbundene Approximationskriterium.

Um Satz 9.2 zu verschärfen, beschränken wir uns auf solche Probleme P, die die Eigenschaft c_3 aus Kapitel 8, § 1, besitzen.

Offensichtlich ist für das vorliegende Problem P die Eigenschaft c_3 äquivalent mit der folgenden Eigenschaft C: Es existiert ein Vektor $(d_1^{(0)}, \ldots, d_n^{(0)})$ mit

$$\sum_{j=1}^{n} d_j^{(0)} a_j(t) > b(t), \qquad t \in \mathcal{K}; \qquad \sum_{j=1}^{n} d_j^{(0)} a_{ij} = b_i\,, \qquad i = 1, 2, \ldots, r\,.$$

Diese Eigenschaft sichert, daß im Problem D das Supremum angenommen wird.

Aus Satz 8.7 folgt unmittelbar

Satz 9.3: *Gegeben sei das Problem P; P besitze die Eigenschaft C. Sei $d^* = (d_1^*, d_2^*, \ldots, d_n^*)$ ein Vektor, der den Nebenbedingungen (1.2), (1.3) genügt.*

Das Element

$$x^* = \sum_{j=1}^{n} d_j^* x_j$$

ist genau dann bestes Approximationselement für P, wenn es ein Funktional $g^* \in E^*$, ein Funktional $\lambda^* \in V^+(\mathcal{K})$ von beschränkter Variation und Zahlen γ_i^*, $i = 1, 2, \ldots, r$, gibt, so daß

$$\left.\begin{aligned} & g^*(x_j) + \int_{\mathcal{K}} a_j(t)\, d\lambda^* + \sum_{i=1}^{r} \gamma_i^* a_{ij} = 0, \qquad j = 1, 2, \ldots, n, \\ & \int_{\mathcal{K}} \left[\sum_{j=1}^{n} d_j^* a_j(t) - b(t) \right] d\lambda^* = 0\,, \end{aligned}\right\} \tag{1.11}$$

$$\|g^*\| = 1, \quad g^*(x' - x^*) = \|x' - x^*\| \tag{1.12}$$

gilt.

1.3. Um eine weitere Verschärfung von Satz 9.2 angeben zu können, führen wir folgende Bezeichnungen ein:

$$h(g) = \big(g(x_1),\ g(x_2), \ldots, g(x_n), 1\big), \qquad g \in E^*;$$
$$\bar{a}(t) = \big(a_1(t),\ a_2(t), \ldots, a_n(t), 0\big), \qquad t \in \mathcal{K};$$
$$\bar{a}_i = (a_{i1}, a_{i2}, \ldots, a_{in}, 0), \qquad i = 1, 2, \ldots, r .$$

Ein Funktional $g \in E^*$ heißt *extremal*, wenn es Extremalpunkt der Einheitskugel in E^* ist.

Satz 9.4: *Gegeben sei das Problem P; P besitze die Eigenschaft C. Sei $d^* = (d_1^*, d_2^*, \ldots, d_n^*)$ ein Vektor, der den Nebenbedingungen (1.2), (1.3) genügt.*

Das Element

$$x^* = \sum_{j=1}^{n} d_j^* x_j$$

ist genau dann bestes Approximationselement für P, wenn es extremale Funktionale g_i mit

$$g_i(x' - x^*) = \|x' - x^*\|, \qquad i = 1, 2, \ldots, p, \qquad p \geqq 1,$$

und Elemente $t_i \in \mathcal{K}$, $i = 1, 2, \ldots, s$, mit

$$\sum_{j=1}^{n} d_j^* a_j(t_i) = b(t_i) \quad i = 1, 2, \ldots, s,$$

gibt, so daß

$$\sum_{i=1}^{p} \alpha_i h(g_i) + \sum_{i=1}^{s} \beta_i \bar{a}(t_i) + \sum_{i=1}^{r} \gamma_i \bar{a}_i = e_{n+1} \tag{1.13}$$

gilt.

Dabei ist

$$e_{n+1} = (0, 0, \ldots, 0, 1), \quad \alpha_i > 0, \quad i = 1, 2, \ldots, p; \beta_i > 0, \quad i = 1, 2, \ldots, s; \tag{1.14}$$

das Vektorsystem $h(g_i)$, $\bar{a}(t_i)$, $\bar{a}_i$ ist linear unabhängig (1.15)

Der Beweis dieses Satzes beruht auf

Lemma 9.5: *Seien $\mathcal{K}$ ein kompakter metrischer Raum, E^m ein m-dimensionaler Raum, $F \subset \mathcal{K}$ eine abgeschlossene Menge, q: $F \to E^m$ stetig, $\lambda \in V^+(\mathcal{K})$ und $\lambda(F) > 0$. Dann existieren Elemente $t_i \in F$, $i = 1, 2, \ldots, l \leqq m + 1$, so daß*

$$q = \int_F q(t)\, d\lambda = \sum_{i=1}^{l} \delta_i q(t_i); \tag{1.16}$$

$$\delta_i > 0, \qquad i = 1, 2, \ldots, l, \qquad \sum_{i=1}^{l} \delta_i = \lambda(F) \tag{1.17}$$

gilt.

Beweis: Wir nehmen o. B. d. A. an, daß F mehr als $m + 1$ Elemente enthält. Es sei $\varepsilon > 0$ beliebig. Da F kompakt und q stetig sind, kann für beliebiges

$\varepsilon > 0$ die Menge F als Summe endlich vieler disjunkter BOREL-Mengen $F_i \subset F$, $i = 1, 2, \ldots, N(\varepsilon) \geqq m + 1$, mit

$$\|q(t') - q(t'')\| \leqq \frac{\varepsilon}{\lambda(F)} \quad \text{für} \quad t', t'' \in F_i \tag{1.18}$$

dargestellt werden.

Wir wählen aus jeder Menge F_i ein Element $t_i^{(\varepsilon)}$ und setzen

$$q_\varepsilon = \sum_{i=1}^{N(\varepsilon)} q(t_i^{(\varepsilon)})\, \lambda(F_i)\,.$$

Aus (1.18) folgt

$$\|q - q_\varepsilon\| \leqq \varepsilon\,. \tag{1.19}$$

Da $\bar{q}_\varepsilon = q_\varepsilon\, 1/\lambda(F)$ eine konvexe Linearkombination der endlich vielen Elemente $q(t_i^{(\varepsilon)})$, $i = 1, 2, \ldots, N(\varepsilon)$, ist, gibt es $m + 1$ Elemente $q(\bar{t}_i^{(\varepsilon)})$, $i = 1, 2, \ldots, m + 1$, so daß

$$\bar{q}_\varepsilon = \sum_{i=1}^{m+1} \alpha_i^{(\varepsilon)} q(\bar{t}_i^{(\varepsilon)}), \quad \alpha_i^{(\varepsilon)} \geqq 0, \quad \sum_{i=1}^{m+1} \alpha_i^{(\varepsilon)} = 1\,,$$

gilt.

Wegen der Kompaktheit von $\mathcal{K}$, der Stetigkeit von q und der Beschränktheit der Koeffizienten $\alpha_i^{(\varepsilon)}$ existiert eine Nullfolge $\{\varepsilon_k\}$ mit

$$\lim_{k\to\infty} \alpha_i^{(\varepsilon_k)} = \alpha_i, \quad \lim_{k\to\infty} q(\bar{t}_i^{(\varepsilon_k)}) = q(\bar{t}_i), \quad \bar{t}_i \in F\,, \tag{1.20}$$
$$i = 1, 2, \ldots, m + 1\,.$$

Zusammen mit (1.19) folgt hieraus für $k \to \infty$

$$\bar{q} = \sum_{i=1}^{m+1} \alpha_i q(\bar{t}_i), \quad \alpha_i \geqq 0, \quad \sum_{i=1}^{m+1} \alpha_i = 1\,. \tag{1.21}$$

Aus (1.21) ergibt sich unmittelbar (1.16), (1.17), wobei

$$\delta_s = \lambda(F)\alpha_{i_s}, \quad t_s = \bar{t}_{i_s}, \quad s = 1, 2, \ldots, l,$$
$$\bar{q} = \sum_{s=1}^{l} \alpha_{i_s} q(\bar{t}_{i_s}), \quad \alpha_{i_s} > 0, \quad \sum_{s=1}^{l} \alpha_{i_s} = 1\,,$$

zu setzen ist.

1.4. Beweis von Satz 9.4:

1. Die Bedingungen (1.13) – (1.15) sind nach Satz 9.3 hinreichend, da (1.11) und (1.12) für

$$g^* = \sum_{i=1}^{p} \alpha_i g_i, \quad \gamma_i^* = \gamma_i, \quad i = 1, 2, \ldots, r\,,$$
$$\lambda^*(F) = \sum_{i\in I(F)} \beta_i, \quad I(F) = \{i : t_i \in F, \quad i = 1, 2, \ldots, s\}$$

erfüllt sind.

2. Die Bedingungen (1.13) – (1.15) sind auch notwendig. Es sei R die Menge der Elemente $x = \sum_{j=1}^{n} d_j x_j$, wobei der Vektor $d = (d_1, d_2, \ldots, d_n)$ den Nebenbe-

dingungen (1.2), (1.3) genügt. Da die Dimension von R nicht größer als n ist, existieren nach Satz 7.4 extremale Funktionale g_i, $i = 1, 2, \dots, \bar{p} \leqq n + 1$, mit

$$g_i(x' - x^*) = ||x' - x^*||, \quad i = 1, 2, \dots, \bar{p}. \tag{1.22}$$

Außerdem ist $\{x^*\}$ Lösung der Aufgabe

$$\max_{1 \leqq i \leqq \bar{p}} g_i(x' - x) \to \inf, \tag{1.23}$$

$$x \in R. \tag{1.24}$$

Dieses Problem kann in der folgenden äquivalenten Form geschrieben werden:

$$v \to \inf; \tag{1.25}$$

$$g_i\left(x' - \sum_{j=1}^{n} d_j x_j\right) \leqq v, \quad i = 1, 2, \dots, \bar{p}; \tag{1.26}$$

$$\sum_{j=1}^{n} d_j a_j(t) \geqq b(t), \quad t \in \mathcal{K}; \tag{1.27}$$

$$\sum_{j=1}^{n} d_j a_{ij} = b_i, \quad i = 1, 2, \dots, r. \tag{1.28}$$

Da die Nebenbedingungen (1.2), (1.3) die Eigenschaft C besitzen, erfüllt das Problem (1.25) — (1.28) die verallgemeinerte Slaterbedingung. Also wird in dem zugehörigen dualen Problem das Supremum angenommen, und nach Folgerung 4.18 und Folgerung 4.19 existieren Zahlen $\bar{\alpha}_i$, $i = 1, 2, \dots, \bar{p}$, und $\bar{\gamma}_i$, $i = 1, 2, \dots, r$, und ein Funktional $\lambda^* \in V^+(\mathcal{K})$, so daß

$$\sum_{i=1}^{\bar{p}} \bar{\alpha}_i h(g_i) + \sum_{i=1}^{r} \bar{\gamma}_i \bar{a}_i + \int_{\mathcal{K}(x^*)} \bar{a}(t)\, d\lambda^* = e_{n+1} \tag{1.29}$$

mit

$$\bar{\alpha}_i \geqq 0, \quad i = 1, 2, \dots, \bar{p},$$

und

$$\mathcal{K}(x^*) = \left\{t\colon \sum_{j=1}^{n} d_j^* a_j(t) = b(t), \quad t \in \mathcal{K}\right\}$$

gilt.

Da $\mathcal{K}(x^*)$ eine abgeschlossene Teilmenge von $\mathcal{K}$ ist, gilt nach Lemma 9.5

$$\int_{\mathcal{K}(x^*)} \bar{a}(t)\, d\lambda^* = \sum_{i=1}^{\bar{s}} \bar{\beta}_i \bar{a}(t_i), \quad t_i \in \mathcal{K}(x^*), \quad \beta_i > 0, \quad \bar{s} \leqq n + 1 .$$

(Dabei wird $\bar{s} = 0$ im Falle $\lambda^*(\mathcal{K}(x^*)) = 0$ gesetzt.) Somit kann (1.29) in der Form

$$\sum_{i=1}^{\bar{p}} \bar{\alpha}_i h(g_i) + \sum_{i=1}^{\bar{s}} \bar{\beta}_i \bar{a}(t_i) + \sum_{i=1}^{r} \bar{\gamma}_i \bar{a}_i = e_{n+1} \tag{1.30}$$

geschrieben werden, wobei

$$\bar{\alpha}_i \geqq 0, \quad \bar{\beta}_i > 0, \quad t_i \in \mathcal{K}(x^*) .$$

Wir betrachten jetzt eine solche Darstellung von e_{n+1}, bei der die Anzahl der Vektoren $h(g_i)$ und $\bar{a}(t_i)$ minimal ist.

Dazu nehmen wir an, daß in (1.30) p Vektoren $h(g_i)$ und s Vektoren $\bar{a}(t_i)$ auftreten, so daß

$$\sum_{i=1}^{p} \alpha_i h(g_i) + \sum_{i=1}^{s} \beta_i \bar{a}(t_i) + \sum_{i=1}^{r} \gamma_i \bar{a}_i = e_{n+1}, \tag{1.31}$$

$$\alpha_i > 0, \quad i = 1, 2, \ldots, p, \quad \beta_i > 0, \quad i = 1, 2, \ldots, s,$$

gilt.

Offenbar ist $p \geqq 1$.

Wir zeigen abschließend, daß das Vektorsystem $h(g_i)$, $a(t_i)$, a_i linear unabhängig ist.

Dazu nehmen wir an, daß in

$$\sum_{i=1}^{p} \alpha_i' h(g_i) + \sum_{i=1}^{s} \beta_i' \bar{a}(t_i) + \sum_{i=1}^{r} \gamma_i' \bar{a}_i = 0$$

wenigstens eine der Zahlen α_i', β_i', γ_i' von Null verschieden ist.

Da die Vektoren a_i, $i = 1, 2, \ldots, r$, linear unabhängig sind, ist ferner wenigstens eine der Zahlen α_i' und β_i' von Null verschieden. Seien o. B. d. A. gewisse Zahlen α_i', β_i' positiv.

Wir setzen

$$\alpha_i' = \alpha_i - \delta\alpha_i'', \qquad i = 1, 2, \ldots, p,$$

$$\beta_i'' = \beta_i - \delta\beta_i', \qquad i = 1, 2, \ldots, s,$$

$$\gamma_i'' = \gamma_i - \delta\gamma_i', \qquad i = 1, 2, \ldots, r,$$

wobei

$$\delta = \min\left\{\min_{\alpha_i'>0} \frac{\alpha_i}{\alpha_i'}, \quad \min_{\beta_i'>0} \frac{\beta_i}{\beta_i'}\right\}.$$

Offenbar ist $\alpha_i'' \geqq 0$ und $\beta_i'' \geqq 0$.

In der Darstellung

$$\sum_{i=1}^{p} \alpha_i'' h(g_i) + \sum_{i=1}^{s} \beta_i'' \bar{a}(t_i) + \sum_{i=1}^{r} \gamma_i'' \bar{a}_i = e_{n+1}$$

ist die Anzahl der von Null verschiedenen Koeffizienten α_i'', β_i'' nicht größer als $p + s - 1$. Dies widerspricht jedoch der Darstellung (1.31).

1.5. Als Folgerung aus Satz 9.4 erhält man eine Verschärfung des „Satzes vom Zuschnitt" (vgl. Satz 7.4) für das Problem P.

Satz 9.6: *Gegeben sei das Problem P mit der Eigenschaft C. Dann existieren extremale Funktionale g_i, $i = 1, 2, \ldots, p$, und Elemente $t_i \in \mathcal{K}$, $i = 1, 2, \ldots, s$, so* *daß ein beliebiges bestes Approximationselement von P zugleich Lösung des folgenden Problems ist:*

$$\max_{1\leq i\leq p} g_i\left(x' - \sum_{j=1}^{n} d_j x_j\right) \to \inf\,, \tag{1.32}$$

$$\sum_{j=1}^{n} d_j a_j(t_i) \geqq b(t_i), \qquad i = 1, 2, \ldots, s, \tag{1.33}$$

$$\sum_{j=1}^{n} d_j a_{ij} = b_j\,, \qquad i = 1, 2, \ldots, r. \tag{1.34}$$

Außerdem stimmen die Optimalwerte von (1.1) *und* (1.32) *überein, und es gilt* $p + s + r \leqq n + 1$.

Beweis: Es sei

$$x^* = \sum_{j=1}^{n} d_j^* x_j$$

ein bestes Approximationselement von P. Nach Satz 9.4 existieren extremale Funktionale g_i, $g_i(x' - x) = ||x' - x||$, $i = 1, 2, \ldots, p$, $p \geqq 1$, und Elemente $t_i \in \mathcal{K}(x^*)$, $i = 1, 2, \ldots, s$, die die Bedingungen (1.13) — (1.15) erfüllen.

Aus (1.15) folgt $p + s + r \leqq n + 1$. Wegen (1.13), (1.14) ist der Vektor $(d_1^*, d_2^*, \ldots, d_n^*, v^*)$ mit $v^* = ||x' - x^*||$ eine Lösung des folgenden linearen Optimierungsproblems

$$v \to \inf, \tag{1.35}$$

$$v + \sum_{j=1}^{n} d_j g_i(x_j) \geqq g_i(x'), \qquad i = 1, 2, \ldots, p\,, \tag{1.36}$$

$$\sum_{j=1}^{n} d_j a_j(t_i) \geqq b(t_i), \qquad i = 1, 2, \ldots, s\,, \tag{1.37}$$

$$\sum_{j=1}^{n} d_j a_{ij} = b_i\,, \qquad i = 1, 2, \ldots, r\,. \tag{1.38}$$

Dieses Problem ist äquivalent mit dem Problem (1.32) — (1.34). Folglich ist $\{x^*\}$ eine Lösung des Problems (1.32) — (1.34).

Ist $x'' = \sum_{j=1}^{n} d_j'' x_j$ ein bestes Approximationselement von P, so ist der Vektor $(d_1'', d_2'', \ldots, d_n'', v^*)$ ein zulässiges Lösungselement und $(d_1'', d_2'', \ldots, d_n'', v^*)$ Lösung von (1.35) — (1.38); somit ist $\{x''\}$ Lösung des Problems (1.32) — (1.34).

§ 2. Approximationskriterien mit Tschebyschew-Metrik

2.1. Wir betrachten nun einen Sonderfall des Problems P. Sei T ein kompakter metrischer Raum und $E = C(T)$ der Raum der auf T stetigen reellen Funktionale. Seien weiterhin die Funktionale φ': $T \to E^1$, φ_i: $T \to E^1$, $i = 1, 2, \ldots, n$, stetig und $\varphi_1, \varphi_2, \ldots, \varphi_n$ linear unabhängig.

Wir betrachten das Approximationsproblem

$$P_T: \quad \max_{\tau \in T} \left| \varphi'(\tau) - \sum_{j=1}^{n} d_j \varphi_j(\tau) \right| \to \inf , \tag{2.1}$$

$$\sum_{j=1}^{n} d_j a_j(t) \geqq b(t), \qquad t \in \mathcal{K} , \tag{2.2}$$

$$\sum_{j=1}^{n} d_j a_{ij} = b_i , \qquad i = 1, 2, \ldots, r . \tag{2.3}$$

Offenbar stimmen die Nebenbedingungen (2.2), (2.3) mit (1.2), (1.3) überein. Berücksichtigt man $E^* = C^*(T) = V(T)$ sowie das Problem D, so erhält man das folgende zu P_T duale Problem

$$D_T: \quad \int_T \varphi'(\tau)\, d\mu + \int_{\mathcal{K}} b(t)\, d\lambda + \sum_{i=1}^{r} \lambda_i b_i \to \sup , \tag{2.4}$$

$$\int_T \varphi_j(\tau)\, d\mu + \int_{\mathcal{K}} a_j(t)\, d\lambda + \sum_{i=1}^{r} \lambda_i a_{ij} = 0 , \qquad j = 1, 2, \ldots, n, \tag{2.5}$$

$$\mu \in V(T), \quad \operatorname{var}_T \mu \leqq 1, \quad \lambda \in V^+(\mathcal{K}) . \tag{2.6}$$

Dabei sind $V^+(Q)$ die Menge aller nichtnegativen Funktionale von $V(Q)$ und $V(Q)$ der Raum der auf der σ-Algebra B der BOREL-Mengen der kompakten Menge Q regulären σ-additiven Funktionale von beschränkter Variation.

Unter $\operatorname{var}_Q \mu$ verstehen wir die Variation von $\mu \in V(Q)$ auf Q.

Nach Satz 9.1 gilt für P_T und D_T die Dualitätsbeziehung $v = \tilde{v}$.

Der folgende Satz ergibt ein zum Satz 9.2 analoges Approximationskriterium für P_T.

Satz 9.7: *Gegeben sei das Problem P_T. Es sei $d^* = (d_1^*, \ldots, d_n^*)$ ein Vektor, der den Nebenbedingungen* (2.2), (2.3) *genügt.*

Das Element

$$\varphi^*(\tau) = \sum_{j=1}^{n} d_j^* \varphi_j(\tau), \qquad \tau \in T ,$$

ist genau dann bestes Approximationselement für P_T, wenn es Folgen von Funktionalen $\{\mu_1^{(k)}\}$, $\{\mu_2^{(k)}\}$ mit μ_1 $\mu_2^{(k)} \in V^+(T)$ und $\{\lambda^{(k)}\}$ mit $\lambda^{(k)} \in V^+(\mathcal{K})$ und Zahlenfolgen $\{\lambda_i^{(k)}\}$, $i = 1, 2, \ldots, r$, gibt, so daß

$$\left. \begin{aligned} &\int_T \varphi_j(\tau)\, d\mu_1^{(k)} - \int_T \varphi_j(\tau)\, d\mu_2^{(k)} + \int_T a_j(t)\, d\lambda^{(k)} + \sum_{i=1}^{r} \lambda_i^{(k)} a_{ij} = 0 , \\ &\qquad j = 1, 2, \ldots, n, \qquad k = 1, 2, \ldots, \end{aligned} \right\} \tag{2.7}$$

$$\lim_{k \to \infty} \int_{\mathcal{K}} \left[\sum_{j=1}^{n} d_j^* a_j(t) - b(t) \right] d\lambda^{(k)} = 0 , \tag{2.8}$$

$$\left. \begin{aligned} &\lim_{k \to \infty} \int_T [v - \varphi'(\tau) + \varphi^*(\tau)]\, d\mu_1^{(k)} = \lim_{k \to \infty} \int_T [v + \varphi'(\tau) - \varphi^*(\tau)] d\mu_2^{(k)} = 0 , \\ &\qquad \mu_1^{(k)}(T) + \mu_2^{(k)}(T) = 1, \qquad k = 1, 2, \ldots, \end{aligned} \right\} \tag{2.9}$$

wobei

$$v = \max_{\tau \in T} |\varphi'(\tau) - \varphi^*(\tau)|$$

gilt.

Zum Beweis des Satzes hat man lediglich in (1.10) eine geeignete Darstellung für die Funktionale $g^{(k)}$ zu verwenden.

2.2. Für beliebiges $\varepsilon \geqq 0$ setzen wir

$$\mathcal{K}(\varphi, \varepsilon) = \left\{t: \sum_{j=1}^{n} d_j a_j(t) \leqq b(t) + \varepsilon, \quad t \in \mathcal{K}\right\},$$

$$T'(\varphi, \varepsilon) = \{\tau: \varphi'(\tau) - \varphi(\tau) \geqq v - \varepsilon, \quad \tau \in T\},$$

$$T''(\varphi, \varepsilon) = \{\tau: \varphi'(\tau) - \varphi(\tau) \leqq -v + \varepsilon, \quad \tau \in T\},$$

$$\varphi(\tau) = \sum_{j=1}^{n} d_j \varphi_j(\tau), \qquad v = \max_{\tau \in T} |\varphi'(\tau) - \varphi(\tau)|,$$

$$\mathcal{K}(\varphi) = \mathcal{K}(\varphi, 0), \quad T'(\varphi) = T'(\varphi, 0), \quad T''(\varphi) = T''(\varphi, 0).$$

Ein dem Satz 9.3 entsprechendes Resultat für das Problem P_T enthält der

Satz 9.8: *Gegeben sei das Problem P_T; P_T besitze* die *Eigenschaft C. Es sei $d^* = (d_1^*, \dots, d_n^*)$ ein Vektor, der den Nebenbedingungen* (2.2), (2.3) *genügt. Das Element*

$$\varphi^*(\tau) = \sum_{j=1}^{n} d_j^* \varphi_j(\tau), \qquad \tau \in T,$$

ist genau dann bestes Approximationselement für P_T, wenn es Funktionale $\mu_1^*, \mu_2^* \in V^+(T), \lambda^* \in V^+(\mathcal{K})$, und Zahlen $\lambda_i^*, i = 1, 2, \dots, r$, gibt, so daß für $j = 1, 2, \dots, n$ gilt

$$\int_{T'(\varphi^*)} \varphi_j(\tau)\, d\mu_1^* - \int_{T''(\varphi^*)} \varphi_j(\tau)\, d\mu_2^* + \int_{\mathcal{K}(\varphi^*)} a_j(t)\, d\lambda^* + \sum_{i=1}^{r} \lambda_i^* a_{ij} = 0, \tag{2.10}$$

$$\mu_1^*(T'(\varphi^*)) + \mu_2^*(T''(\varphi^*)) = 1. \tag{2.11}$$

Wir setzen

$$\overline{\Phi}_1(\tau) = (\varphi_1(\tau), \varphi_2(\tau), \dots, \varphi_n(\tau), 1),$$

$$\overline{\Phi}_2(\tau) = (-\varphi_1(\tau), -\varphi_2(\tau), \dots, -\varphi_n(\tau), 1), \quad \tau \in T.$$

Bekanntlich wird die allgemeine Gestalt eines extremalen Funktionals $g \in C^*(T) = V(T)$ durch die Beziehung $g(\varphi) = \pm\varphi(\tau)$ definiert. Dabei ist $\varphi \in C(T)$ und τ ein Element von T.

Mit Hilfe von Satz 9.4 erhält man nun das folgende Approximationskriterium für das Problem P_T.

Satz 9.9: *Gegeben sei das Problem P_T; P_T besitze die Eigenschaft C. Es sei $d^* = (d_1^*, \dots, d_n^*)$ ein Vektor, der den Nebenbedingungen* (2.2), (2.3) *genügt.*

Das Element

$$\varphi^*(\tau) = \sum_{j=1}^{n} d_j^* \varphi_j(\tau), \qquad \tau \in T,$$

ist genau dann bestes Approximationselement für P_T, wenn es Elemente $\tau_i' \in T'(\varphi^*)$, $i = 1, 2, \ldots, p'$, $\tau_i'' \in T''(\varphi^*)$, $i = 1, 2, \ldots, p''$, $p' + p'' \geqq 1$, $t_i \in \mathcal{K}(\varphi^*)$, $i = 1, 2, \ldots, s$, gibt, so daß

$$\sum_{i=1}^{p'} \alpha_i' \overline{\Phi}_1(\tau_i') + \sum_{i=1}^{p''} \alpha_i'' \overline{\Phi}_2(\tau_i'') + \sum_{i=1}^{s} \beta_i \bar{a}(t_i) + \sum_{i=1}^{r} \gamma_i \bar{a}_i = e_{n+1}; \tag{2.12}$$

$$\left.\begin{array}{c} \alpha_i' > 0, \ i = 1, 2, \ldots, p'; \quad \alpha_i'' > 0, \ i = 1, 2, \ldots, p''; \\ \beta_i > 0, \quad i = 1, 2, \ldots, s, \end{array}\right\} \tag{2.13}$$

gilt und das Vektorsystem

$$\overline{\Phi}_1(\tau_i'), \quad \overline{\Phi}_2(\tau_i''), \quad \bar{a}(t_i), \ \bar{a}_i \tag{2.14}$$

linear unabhängig ist.

Für das Problem P_T kann eine Verschärfung des Satzes vom Zuschnitt (vgl. Satz 9.6) angegeben werden.

Satz 9.10: *Gegeben sei das Problem P_T mit der Eigenschaft C. Dann existieren Elemente $\tau_i \in T$, $i = 1, 2, \ldots, p$, $t_i \in \mathcal{K}$, $i = 1, 2, \ldots, s$, $p \geqq 1$, $p + s \leqq n + 1 - r$, so daß ein beliebiges bestes Approximationselement für P_T zugleich Lösung eines solchen Problems ist, bei dem in P_T der Raum T durch $\{\tau_1, \ldots, \tau_p\}$ und die Menge $\mathcal{K}$ durch $\{t_1, \ldots, t_s\}$ ersetzt wird.*

Außerdem stimmen die Optimalwerte der beiden Probleme überein.

2.3. Die Eigenschaft C ist für die Gültigkeit der Sätze 9.8–9.10 wesentlich. Ein einfaches Beispiel zeigt, daß diese Sätze nicht mehr zu gelten brauchen, wenn das Problem P_T die Eigenschaft C nicht besitzt.

Das Problem

$$\max_{0 \leqq \tau \leqq 1} |\tau^2 - d_1 - d_2 \tau| \to \inf, \tag{2.15}$$

$$|d_1 + d_2 \sqrt{t}\,| \leqq t, \quad 0 \leqq t \leqq 1, \tag{2.16}$$

besitzt offensichtlich nur das zulässige Lösungselement (0, 0). Daher ist $\varphi^*(\tau) \equiv 0$ ein bestes Approximationselement von (2.15), (2.16). Weiterhin hat man

$$\mathcal{K}(\varphi^*) = \{0\}, \ T'(\varphi^*) = \{1\}, \ T''(\varphi^*) = \emptyset.$$

Das vorliegende Problem besitzt die Eigenschaft C nicht. Wendet man trotzdem Satz 9.8 und Satz 9.9 an, so muß insbesondere für ein gewisses $\beta \in E^1$ gelten

$$(1, 1, 1) + \beta(1, 0, 0) = (0, 0, 1),$$

was jedoch nicht möglich ist.

Es sei $0 < \varepsilon < 1$ und $\delta_\varepsilon = \{0 \cup [\varepsilon, 1]\}$. Ersetzt man in (2.16) das Intervall $[0, 1]$ durch δ_ε, so ist für jedes noch so kleine $\varepsilon > 0$ die Funktion

$$\varphi^*(\tau) \equiv 0$$

kein bestes Approximationselement, und der Satz 9.10 gilt ebenfalls nicht.

2.4. Wenn $\mathcal{K}$ aus endlich vielen Elementen besteht, so kann auf die Eigenschaft C verzichtet werden.

Wir zeigen, daß für eine spezielle Klasse von Problemen P_T die Sätze 9.8 bis 9.10 gelten, wobei für diese Probleme die Eigenschaft C durch eine andere Eigenschaft ersetzt wird.

Wir setzen

$$\Phi(\tau) = (\varphi_1(\tau), \varphi_2(\tau), \dots, \varphi_n(\tau)),$$
$$a(t) = (a_1(t), a_2(t), \dots, a_n(t)),$$
$$a_i = (a_{i1}, a_{i2}, \dots, a_{in})$$

und sagen, daß das Problem P_T die Eigenschaft C' besitzt, wenn für beliebige voneinander verschiedene $\tau_i \in T$, $i = 1, 2, \dots, p \geqq 1$, und $t_i \in \mathcal{K}$, $i = 1, 2, \dots, s$, $p + s \leqq n - r$, das Vektorsystem

$$\Phi(\tau_i),\ i = 1, 2, \dots, p, \quad a(t_i),\ i = 1, 2, \dots, s,$$
$$a_i,\ i = 1, 2, \dots, r,$$

linear unabhängig ist.

Satz 9.11: *Gegeben sei das Problem P_T mit der Eigenschaft C'. Dann gelten für dieses Problem die Aussagen der Sätze* 9.8 *bis* 9.10.

Beweis: 1. Offenbar genügt es zu zeigen, daß die Aussage von Satz 9.9 richtig ist, wenn man die Eigenschaft C durch die Eigenschaft C' ersetzt. Wir zeigen, daß die Bedingungen (2.12) — (2.14) notwendig sind.

Es sei

$$\varphi^*(\tau) = \sum_{j=1}^{n} d_j^* \varphi_j(\tau), \qquad \tau \in T,$$

bestes Approximationselement für das Problem P_T. Nach Satz 9.7 gibt es Folgen von Funktionalen

$$\{\mu_1^{(k)}\},\ \{\mu_2^{(k)}\},\ \mu_1^{(k)},\ \mu_2^{(k)} \in V^+(T), \qquad \{\lambda^{(k)}\}, \lambda^{(k)} \in V^+(\mathcal{K})$$

und Zahlenfolgen $\{\lambda_i^{(k)}\}$, $i = 1, 2, \dots, r$, die den Bedingungen (2.7) — (2.9) genügen. Aus (2.8) und (2.9) folgt für beliebiges $\varepsilon > 0$

$$\lim_{k\to\infty} \mu_1^{(k)}(T \setminus T'(\varphi^*, \varepsilon)) = \lim_{k\to\infty} \mu_2^{(k)}(T \setminus T''(\varphi^*, \varepsilon)) =$$
$$= \lim_{k\to\infty} \lambda^{(k)}(\mathcal{K} \setminus \mathcal{K}(\varphi^*, \varepsilon)) = 0\,. \qquad (2.17)$$

Nach (2.17) und (2.7) kann man eine Nullfolge $\{\varepsilon(k)\}$ mit positiven Gliedern finden, so daß

$$\left.\begin{aligned}&\lim_{k\to\infty}\Bigg[\int_{T_k'}\varphi_j(\tau)\,d\mu_1^{(k)}-\int_{T_k''}\varphi_j(\tau)\,d\mu_2^{(k)}\\&\qquad+\int_{\mathcal{K}_k}a_j(t)\,d\lambda^{(k)}+\sum_{i=1}^{r}\lambda_i^{(k)}a_{ij}\Bigg]=0,\quad j=1,2,\dots,n,\\&\lim_{k\to\infty}[\mu_1^{(k)}(T_k')+\mu_2^{(k)}(T_k'')]=1\end{aligned}\right\}\tag{2.18}$$

mit

$$T_k'=T'(\varphi^*,\varepsilon(k)),\ T_k''=T''(\varphi^*,\varepsilon(k)),\ \mathcal{K}_k=\mathcal{K}(\varphi^*,\varepsilon(k))$$

gilt. Nach Lemma 9.5 gibt es zu jedem k gewisse Elemente

$$\tau_{i,k}'\in T_k',\ i=1,2,\dots,p_k';\ \tau_{i,k}''\in T_k'',\ i=1,2,\dots,p_k'';$$

$$t_{i,k}\in\mathcal{K}_k,\quad i=1,2,\dots,s_k,$$

mit

$$\left.\begin{aligned}&\int_{T_k'}\varphi_j(\tau)\,d\mu_1^{(k)}-\int_{T_k''}\varphi_j(\tau)\,d\mu_2^{(k)}+\int_{\mathcal{K}_k}a_j(t)\,d\lambda^{(k)}\\&=\sum_{i=1}^{p_k'}\varphi_j(\tau_{i,k}')\,\mu_{1,i}^{(k)}-\sum_{i=1}^{p_k''}\varphi_j(\tau_{i,k}'')\,\mu_{2,i}^{(k)}+\sum_{i=1}^{s_k}a_j(t_{i,k})\,\bar\lambda_i^{(k)},\\&\qquad\qquad j=1,2,\dots,n;\\&\sum_{i=1}^{p_k'}\mu_{1,i}^{(k)}+\sum_{i=1}^{p_k''}\mu_{2,i}^{(k)}=\mu_1^{(k)}(T_k')+\mu_2^{(k)}(T_k''),\\&\qquad\qquad\mu_{1,i}^{(k)}>0,\quad\mu_{2,i}^{(k)}>0,\quad\bar\lambda_i^{(k)}>0.\end{aligned}\right\}\tag{2.19}$$

Aus (2.19) erhält man

$$\mu_1^{(k)}(T_k')>0,\ \mu_2^{(k)}(T_k'')>0,\ \lambda^{(k)}(\mathcal{K}_k)>0.$$

Wir setzen o. B. d. A. voraus, daß alle diese Größen positiv sind. (Sind einige dieser Größen gleich Null, so verschwinden die entsprechenden Summanden auf der linken und rechten Seite von (2.19).) Aus den Beziehungen (2.18) und (2.19) folgt

$$\left.\begin{aligned}&\lim_{k\to\infty}\Bigg[\sum_{i=1}^{p_k'}\bar\Phi_1(\tau_{i,k}')\,\mu_{1,i}^{(k)}+\sum_{i=1}^{p_k''}\bar\Phi_2(\tau_{i,k}'')\,\mu_{2,i}^{(k)}\\&\qquad+\sum_{i=1}^{s_k}\bar a(t_{i,k})\,\bar\lambda_i^{(k)}+\sum_{i=1}^{r}\bar a_i\lambda_i^{(k)}\Bigg]=e_{n+1},\end{aligned}\right\}\tag{2.20}$$

wobei

$$\mu_{1,i}^{(k)}>0,\ \mu_{2,i}^{(k)}>0,\ \bar\lambda_i^{(k)}>0,\ \tau_{i,k}'\in T_k',\ \tau_{i,k}''\in T_k'',\ t_{i,k}\in\mathcal{K}_k.$$

O. B. d. A. sei die aus der Darstellung (2.20) folgende Zahl $p_k' + p_k'' + s_k$ minimal. Dann sind in (2.20) die zur Darstellung von e_{n+1} dienenden Vektoren linear unabhängig, und es gilt

$$p_k' + p_k'' + s_k \leqq n + 1 - r .$$

Für hinreichend großes k gilt wegen (2.20)

$$p_k' + p_k'' \geqq 1 .$$

Unter Berücksichtigung der Kompaktheit von T und $\mathcal{K}$ gibt es eine Folge natürlicher Zahlen $\{k_\gamma\}$ mit

$$p_{k_\gamma}' = p', \ p_{k_\gamma}'' = p'', \ s_{k_\gamma} = s ,$$
$$p' + p'' \geqq 1, \quad p' + p'' + s \leqq n + 1 - r, \quad \gamma = 1, 2, ...,$$

so daß die Folgen $\{\tau_{i,k_\gamma}'\}$, $\{\tau_{i,k_\gamma}''\}$, $\{t_{i,k_\gamma}\}$ konvergieren und die Grenzwerte τ_i', τ_i'' bzw. t_i besitzen.

Offensichtlich gilt

$$\tau_i' \in \bigcap_{k=1}^{\infty} T_k' = T'(\varphi^*), \quad \tau_i'' \in \bigcap_{k=1}^{\infty} T_k'' = T''(\varphi^*), \qquad t_i \in \bigcap_{k=1}^{\infty} \mathcal{K}_k = \mathcal{K}(\varphi^*) . \quad (2.21)$$

Unter den Elementen τ_i' bzw. τ_i'' bzw. t_i seien $\bar{p}'$ bzw. $\bar{p}''$ bzw. $\bar{s}$ voneinander verschieden. Offenbar gilt

$$\bar{p}' + \bar{p}'' + \bar{s} \leqq n + 1 - r, \qquad \bar{p}' + \bar{p}'' \geqq 1 .$$

Wegen

$$v^* = \max_{\tau \in T} |\varphi'(\tau) - \varphi^*(\tau)| > 0$$

gilt

$$T'(\varphi^*) \cap T''(\varphi^*) = \emptyset .$$

Somit sind auch die Elemente τ_i', $i = 1, 2, ..., \bar{p}'$, τ_i'', $i = 1, 2, ..., \bar{p}''$, paarweise voneinander verschieden.

2. Wir zeigen, daß das Vektorsystem $\bar{Q}$ mit den Vektoren

$$\bar{\Phi}_1(\tau_i'), \quad i = 1, 2, ..., \bar{p}'; \qquad \bar{\Phi}_2(\tau_i''), \quad i = 1, 2, ..., \bar{p}'';$$
$$\bar{a}(t_i), \quad i = 1, 2, ..., \bar{s}; \qquad \bar{a}_i, \quad i = 1, 2, ..., r,$$

linear unabhängig ist.

Im Falle $\bar{p}' + \bar{p}'' + \bar{s} + r \leqq n$ folgt die lineare Unabhängigkeit aus der Eigenschaft C'.

Im Falle $\bar{p}' + \bar{p}'' + \bar{s} + r = n + 1$ hat man zunächst

$$\bar{p}' = p', \qquad \bar{p}'' = p'', \qquad \bar{s} = s .$$

Sei Q eine Matrix, deren Spalten aus folgenden Vektoren gebildet werden:

$$\Phi(\tau_i'), \quad i = 1, 2, ..., p'; \qquad \Phi(\tau_i''), \quad i = 1, 2, ..., p'';$$
$$a(t_i), \quad i = 1, 2, ..., s; \qquad a_i, \quad i = 1, 2, ..., r .$$

Seien ferner Δ_i', Δ_i'' die Determinanten derjenigen Matrizen, die aus Q durch Streichen der Spalte $\Phi(\tau_i')$ bzw. $\Phi(\tau_i'')$ entstehen und $\Delta_i'(\gamma)$, $\Delta_i''(\gamma)$ entsprechende Determinanten, wobei τ_i', τ_i'' und t_i durch τ_{i,k_γ}', τ_{i,k_γ}'' bzw. t_{i,k_γ} ersetzt werden. Aus der Eigenschaft C' folgt $\Delta_i \neq 0$, $\Delta_i'' \neq 0$.

Offenbar gilt $\Delta_i'(\gamma) \to \Delta_i'$, $\Delta_i''(\gamma) \to \Delta_i''$ für $\gamma \to \infty$. Aus (2.20) ergibt sich

$$\mu_{1,i}^{(k_\gamma)} = \frac{(-1)^i \Delta_i'(\gamma)}{\Delta(\gamma)} + \delta_\gamma', \quad i = 1, 2, \ldots, p',$$

$$\mu_{2,i}^{(k_\gamma)} = \frac{(-1)^{i+p'+1} \Delta_i''(\gamma)}{\Delta(\gamma)} + \delta_\gamma'', \quad i = 1, 2, \ldots, p'',$$

mit

$$\Delta(\gamma) = \sum_{i=1}^{p'} (-1)^i \Delta_i'(\gamma) + \sum_{i=1}^{p''} (-1)^{p'+i+1} \Delta_i''(\gamma)$$

und

$$\lim_{\gamma\to\infty} \delta_\gamma' = \lim_{\gamma\to\infty} \delta_\gamma'' = 0\,.$$

Da $\mu_{1,i}^{(k_\gamma)}$, $\mu_{2,i}^{(k_\gamma)}$ positive Zahlen sind, haben $(-1)^i\Delta_i'(\gamma)$, $i = 1, 2, \ldots, p'$, und $(-1)^{i+p'+1} \Delta_i''(\gamma)$, $i = 1, 2, \ldots, p''$, stets dasselbe Vorzeichen. Folglich besitzen

$$(-1)^i\Delta_i', \quad i = 1, 2, \ldots, p', \quad (-1)^{i+p'+1} \Delta_i'', \quad i = 1, 2, \ldots, p'',$$

dasselbe Vorzeichen. Die Determinante

$$\bar{\Delta} = \pm \left[\sum_{i=1}^{p'} (-1)^i \Delta_i' + \sum_{i=1}^{p''} (-1)^{i+p'+1} \Delta_i''\right]$$

ist als Summe nichtverschwindender Zahlen gleichen Vorzeichens von Null verschieden. Somit ist das Vektorsystem linear unabhängig.

3. Wir zeigen, daß die Menge der Zahlen $\bar{\lambda}_i^{(k_\gamma)}$, $i = 1, 2, \ldots, s$, $|\lambda_i^{(k_\gamma)}|$, $i = 1, 2, \ldots, r$, beschränkt ist. Aus der Annahme, daß dies nicht der Fall ist, folgt o. B. d. A.

$$\lim_{\gamma\to\infty} \alpha_{k_\gamma} = \lim_{\gamma\to\infty} \left[\sum_{i=1}^{p'} \mu_{1,i}^{(k_\gamma)} + \sum_{i=1}^{p'} \mu_{2,i}^{(k_\gamma)} + \sum_{i=1}^{s} \bar{\lambda}_i^{(k_\gamma)} + \sum_{i=1}^{r} |\lambda_i^{(k_\gamma)}|\right] = \infty\,.$$

Dividiert man in (2.20) den Ausdruck in der eckigen Klammer bei festem $k = k_\gamma$ durch α_{k_γ} und führt anschließend den Grenzübergang aus, so folgt

$$\sum_{i=1}^{p'} \mu_{1,i}^{(0)} \bar{\Phi}_1(\tau_1') + \sum_{i=1}^{p''} \mu_{2,i}^{(0)} \bar{\Phi}_2(\tau_i'') + \sum_{i=1}^{s} \bar{\lambda}_i^{(0)} \bar{a}(t_i) + \sum_{i=1}^{r} \lambda_i^{(0)} \bar{a}_i = 0\,,$$

$$\mu_{1,i}^{(0)} \geqq 0, \quad \mu_{2,i}^{(0)} \geqq 0, \quad \bar{\lambda}_i^{(0)} \geqq 0,$$

$$\sum_{i=1}^{p'} \mu_{1,i}^{(0)} + \sum_{i=1}^{p''} \mu_{2,i}^{(0)} + \sum_{i=1}^{s} \bar{\lambda}_i^{(0)} + \sum_{i=1}^{r} |\lambda_i^{(0)}| = 1\,,$$

im Widerspruch zur linearen Unabhängigkeit des Vektorsystems $\bar{Q}$.

4. Seien o. B. d. A. die Folgen $\{\mu_{1,i}^{(k_\gamma)}\}$, $\{\mu_{2,i}^{(k_\gamma)}\}$, $\{\lambda_i^{(k_\gamma)}\}$ und $\{\bar{\lambda}_i^{(k_\gamma)}\}$ konvergent. Dann geht (2.20) über in

$$\bar{Q}z = e_{n+1}\,,$$

wobei die ersten $\bar{p}' + \bar{p}'' + \bar{s}$ Komponenten von z nichtnegativ sind. Diese Beziehung ist zusammen mit (2.21) den Bedingungen (2.12) — (2.14) äquivalent.

Damit ist der Satz vollständig bewiesen.

Bemerkung 1: Offensichtlich ist für Probleme P_T mit der Eigenschaft C' die Anzahl der in (2.12) auftretenden Vektoren $p' + p'' + s + r$, und diese ist gleich $n + 1$.

Bemerkung 2: Ein Problem P_T, bei dem in den Nebenbedingungen (2.2) Ungleichungen der Form

$$b' \leqq \sum_{j=1}^{n} d_j a_j \leqq b''$$

vorkommen, besitzt nicht die Eigenschaft C'. Dennoch kann für ein solches Problem eine zum Satz 9.11 analoge Aussage angegeben werden. Dazu modifizieren wir die Eigenschaft C'.

Den Nebenbedingungen (2.2), (2.3) wird eine Nebenbedingung der Form

$$b'(t) \leqq \sum_{j=1}^{n} d_j a_j(t) \leqq b''(t), \qquad t \in \mathcal{K}', \tag{2.22}$$

hinzugefügt. Dabei sind $\mathcal{K}'$ ein kompakter metrischer Raum, $\mathcal{K} \cap \mathcal{K}' = \emptyset$ und a_j, b', b'' auf $\mathcal{K}'$ stetige Funktionale.

Wir sagen, daß das Problem P_T mit der zusätzlichen Nebenbedingung (2.22) die Eigenschaft C'' besitzt, wenn gilt:

1. P_T besitzt die Eigenschaft C'. (Dabei ist $\mathcal{K}$ durch $\mathcal{K} \cup \mathcal{K}'$ zu ersetzen.)
2. $b'(t) < b''(t)$, $t \in \mathcal{K}'$.

Für Probleme P_T mit der zusätzlichen Nebenbedingung (2.22), die die Eigenschaft C'' besitzen, gilt Satz 9.11 ebenfalls. Der Beweis hierfür verläuft wie bei Satz 9.11.

2.5. Die Bedingungen (2.12)—(2.14) in Satz 9.9 können für gewisse spezielle Probleme P_T näher charakterisiert werden. Wir betrachten hierzu ein Beispiel.

Seien die Funktionen $\varphi'\colon [a, b] \to E^1$, $\varphi_j\colon [a, b] \to E^1$, $j = 1, 2, \ldots, n$, mit $-\infty < a < b < \infty$ stetig und die φ_j so gewählt, daß sie auf $[a, b]$ ein Tschebyschew-System bilden, d. h., für beliebige Punkte $\tau_i \in [a, b]$, $i = 1, 2, \ldots, n$, mit

$$\tau_1 < \tau_2 < \cdots < \tau_n$$

sei die Determinante $|\tau_i(\varphi_j)|_{\substack{j=1,\ldots,n\\ i=1,\ldots,n}}$ von Null verschieden.

Wir betrachten folgendes Problem:

$$\max_{\tau \in \delta_0} \left| \varphi'(\tau) - \sum_{j=1}^{n} d_j \varphi_j(\tau) \right| \to \inf\,, \tag{2.23}$$

$$b'(t) \leqq \sum_{j=1}^{n} d_j \varphi_j(t) - \varphi'(t) \leqq b''(t), \qquad t \in \delta_1; \tag{2.24}$$

$$\sum_{j=1}^{n} d_j\varphi_j(t) - \varphi'(t) \leqq b''(t), \qquad t \in \delta_2; \tag{2.25}$$

$$b'(t) \leqq \sum_{j=1}^{n} d_j\varphi_j(t) - \varphi'(t), \qquad t \in \delta_3; \tag{2.26}$$

$$\sum_{j=1}^{n} d_j\varphi_j(t_i) = \varphi'(t_i), \quad i = 1, 2, \ldots, r, \quad r < n. \tag{2.27}$$

Dabei sind δ_j, $j = 0, \ldots, 3$, paarweise disjunkte abgeschlossene Teilmengen von $[a, b]$, $t_i \notin \bigcup_{\alpha=1}^{3} \delta_\alpha$, $i = 1, 2, \ldots, r$, und b', b'' stetige Funktionen auf $\bigcup_{\alpha=1}^{3} \delta_\alpha$. Wie üblich nehmen wir dann an, daß der Wert v^* für eine beste Approximation positiv ist. Weiterhin sei

$$\varphi(\tau) = \sum_{j=1}^{n} d_j\varphi_j(\tau),$$

$$v = \max_{\tau\in\delta_0} |\varphi'(\tau) - \varphi(\tau)| .$$

Wir setzen

$$\delta_0'(\varphi) = \{\tau \in \delta_0 \colon \varphi'(\tau) - \varphi(\tau) = v\},$$

$$\delta_0''(\varphi) = \{\tau \in \delta_0 \colon \varphi'(\tau) - \varphi(\tau) = -v\},$$

$$\delta_1'(\varphi) = \left\{t \in \delta_1 \colon \sum_{j=1}^{n} d_j\varphi_j(t) - \varphi'(t) = b'(t)\right\},$$

$$\delta_1''(\varphi) = \left\{t \in \delta_1 \colon \sum_{j=1}^{n} d_j\varphi_j(t) - \varphi'(t) = b''(t)\right\},$$

$$\delta_2(\varphi) = \left\{t \in \delta_2 \colon \sum_{j=1}^{n} d_j\varphi_j(t) - \varphi'(t) = b''(t)\right\},$$

$$\delta_3(\varphi) = \left\{t \in \delta_3 \colon \sum_{j=1}^{n} d_j\varphi_j(t) - \varphi'(t) = b'(t)\right\},$$

$$\delta_0(\varphi) = \delta_0'(\varphi) \cup \delta_0''(\varphi), \quad \delta'(\varphi) = \delta_0'(\varphi) \cup \delta_1'(\varphi) \cup \delta_3(\varphi),$$

$$\delta''(\varphi) = \delta_0''(\varphi) \cup \delta''\ (\varphi) \cup \delta_2(\varphi), \quad \delta(\varphi) = \delta'(\varphi) \cup \delta''(\varphi).$$

Satz 9.12: *Gegeben sei das spezielle Problem P_T in der Form* (2.23)—(2.27). *Es seien $b'(t) < b''(t)$ für $t \in \delta_1$ und $d^* = (d_1^*, d_2^*, \ldots, d_n^*)$ ein Vektor, der den Nebenbedingungen* (2.24) — (2.27) *genügt.*

Das Element $\varphi^*(\tau) = \sum_{j=1}^{n} d_j^*\varphi_j(\tau)$, $\tau \in T$, ist genau dann bestes Approximationselement des Problems (2.23) — (2.27), *wenn es $n + 1 - r$ Punkte*

$$a \leqq \tau_1^* < \tau_2^* < \cdots < \tau_{n+1-r}^* \leqq b$$

gibt, so daß gilt:

a) $\tau_i^* \in \delta(\varphi^*)$, $i = 1, 2, \ldots, n + 1 - r$;

b) $\tau_i^* \neq t_\alpha$, $\alpha = 1, 2, \ldots, r$; $i = 1, 2, \ldots, n + 1 - r$;

c) $\tau_i^* \in \delta_0(\varphi^*)$ *für mindestens ein* i;

d) *ist* p_i *die Anzahl der Punkte* t_α, *die zum Intervall* $[\tau_i^*, \tau_{i+1}^*]$ *gehören, so gehören für gerades* p_i *der eine der beiden Punkte* τ_i^* *und* τ_{i+1}^* *der Menge* $\delta'(\varphi^*)$ *und der andere der Menge* $\delta''(\varphi^*)$ *und für ungerades* p_i *beide Punkte einer der beiden Mengen* $\delta'(\varphi^*)$ *bzw.* $\delta''(\varphi^*)$ *an.*

Beweis: 1. Das Problem (2.23) — (2.27) besitze die Eigenschaft C''. Folglich gilt für dieses Problem der Satz 9.9 (vgl. Bemerkung 2 in Abschnitt 2.4). Nach diesem Satz und der Bemerkung 1 in Abschnitt 2.4 ist $\varphi^*(\tau)$ genau dann bestes Approximationselement für das Problem (2.23)—(2.27), wenn es Punkte t_i^*, $i = 1, 2, \ldots, n+1$, gibt mit

$$t_1^* < t_2^* < \cdots < t_{n+1}^*,$$

wobei für r Punkte $t_i^* = t_i$ gilt und die übrigen $n + 1 - r$ Punkte zu $\delta(\varphi^*)$ gehören, so daß insgesamt

$$\left.\begin{aligned} &\sum_{i=1}^{n+1} \alpha_i \varphi_j(t_i^*) (-1)^{\nu_i} = 0, \qquad j = 1, 2, \ldots, n, \\ &\sum_{t_i^* \in \delta_0(\varphi^*)} \alpha_i = 1, \end{aligned}\right\} \tag{2.28}$$

wobei

$$\nu_i = \begin{cases} 0 & \text{für} \quad t_i^* \in \delta'(\varphi^*), \\ 1 & \text{für} \quad t_i^* \in \delta''(\varphi^*), \end{cases} \tag{2.29}$$

$$\alpha_i > 0 \quad \text{für} \quad t_i^* \in \delta(\varphi^*). \tag{2.30}$$

Dabei ist der Rang des Gleichungssystems (2.28) gleich $n + 1$.

Es sei Δ_i die Determinante derjenigen Matrix, die man aus der Koeffizientenmatrix von (2.28) durch Streichen der i-ten Spalte und letzten Zeile erhält. Wir lösen das System (2.28) mit Hilfe der Cramerschen Regel und erhalten

$$\left.\begin{aligned} &\alpha_i = \frac{(-1)^{\nu_i + i} \Delta_i}{\Delta}, \qquad i = 1, 2, \ldots, n+1, \\ &\Delta = \sum_{t_i^* \in \delta_0(\varphi^*)} (-1)^{\nu_i + i} \Delta_i. \end{aligned}\right\} \tag{2.31}$$

2. Alle Zahlen Δ_i, $i = 1, 2, \ldots, n+1$, besitzen dasselbe Vorzeichen. Zum Nachweis hierfür zeigen wir, daß für beliebige

$$t_1' < t_2' < \cdots < t_n', \qquad t_i' \in [a, b],$$

$$t_1'' < t_2'' < \cdots < t_n'', \qquad t_i'' \in [a, b],$$

gilt

$$\operatorname{sign} [\Delta(t_1', t_2', \ldots, t_n')] = \operatorname{sign} [\Delta(t_1'', t_2'', \ldots, t_n'')], \tag{2.32}$$

wobei

$$\Delta(t_1, t_2, \ldots, t_n) = |\Phi(t_1), \Phi(t_2), \ldots, \Phi(t_n)|.$$

Der Beweis erfolgt durch vollständige Induktion nach p, wobei p definiert wird durch

$$t_i' = t_i'' \quad \text{für} \quad i \leqq p, \qquad t_{p+1}' \neq t_{p+1}''.$$

Für $p = n$ gilt offenbar die Behauptung. Wir zeigen, daß aus der Gültigkeit der Behauptung für $p = q$, $q > 1$, auch die Gültigkeit für $p = q - 1$ folgt. Es seien $t_i' = t_i''$ für $i = 1, 2, \ldots, q-1$, $t_q' \neq t_q''$ und o. B. d. A. $t_q' > t_q''$. Wir setzen

$$\Delta(\lambda) = \Delta(t_1', t_2', \ldots, t_{q-1}', \lambda t_q' + (1-\lambda)\, t_q'', t_{q+1}', \ldots, t_n') \qquad (0 \leqq \lambda \leqq 1).$$

Offenbar gilt

$$t_{q-1}' < \lambda t_q' + (1-\lambda)\, t_q'' < t_{q+1}' \qquad (0 \leqq \lambda \leqq 1).$$

Da die Funktionen $\varphi_1, \varphi_2, \ldots, \varphi_n$ ein TSCHEBYSCHEW-System auf $[a, b]$ bilden, hat man außerdem $\Delta(\lambda) \neq 0$ für $0 \leqq \lambda \leqq 1$. Da $\Delta(\lambda)$ stetig in λ ist, gilt

$$\operatorname{sign} \Delta(0) = \operatorname{sign} \Delta(1).$$

Nach Induktionsvoraussetzung ist

$$\begin{aligned} \operatorname{sign} \Delta(0) &= \operatorname{sign} \Delta(t_1'', t_2'', \ldots, t_q'', t_{q-1}', \ldots, t_n') \\ &= \operatorname{sign} (t_1'', t_2'', \ldots, t_n''), \end{aligned}$$

und daraus folgt

$$\operatorname{sign} \Delta(t_1', t_2', \ldots, t_n') = \operatorname{sign} \Delta(1) = \operatorname{sign} \Delta(0) = \operatorname{sign} \Delta(t_1'', t_2'', \ldots, t_n'').$$

Somit gilt (2.32), und folglich ist

$$\operatorname{sign} \Delta_1 = \operatorname{sign} \Delta_2 = \cdots = \operatorname{sign} \Delta_{n+1}. \tag{2.33}$$

3. Wegen (2.31) ist (2.30) gleichbedeutend mit

$$(-1)^{\nu_i + i} \operatorname{sign} \Delta_i = (-1)^{\nu} \quad \text{für} \quad t_i^* \in \delta(\varphi^*).$$

Dies ist wegen (2.33) äquivalent mit folgender Aussage:

$$(-1)^{\nu_i + i} \text{ hat dasselbe Vorzeichen für alle } t_i^* \in \delta(\varphi^*). \tag{2.34}$$

Aus dem System von Punkten t_i^*, $i = 1, 2, \ldots, n+1$, wählen wir $n + 1 - r$ Punkte

$$\tau_1^* = t_{i_1} < \tau_2^* = t_{i_2}^* < \cdots < \tau_{n+1-r}^* = t_{i_{n+1-}}^*$$

mit $t_i^* \in \delta(\varphi^*)$ aus. Die Behauptung kann dann in der Form

$$(-1)^{\nu_{i_s} - \nu_{i_s+1}} = (-1)^{i_{s+1} - i_s} = (-1)^{p_s}, \qquad s = 1, 2, \ldots, n-r,$$

geschrieben werden. Diese Bedingung ist unter Beachtung von (2.29) äquivalent mit der Bedingung d) des vorliegenden Satzes. Denn gemäß (2.29) gehören für eine gerade Zahl $\nu_{i_s} - \nu_{i_{s+1}}$ die Punkte $t_{i_s}^*$, $t_{i_{s+1}}^*$ einer der Mengen $\delta'(\varphi^*)$ bzw. $\delta''(\varphi^*)$ an und für eine ungerade Zahl $\nu_{i_s} - \nu_{i_{s+1}}$ verschiedenen Mengen des Paares $\delta'(\varphi^*)$, $\delta''(\varphi^*)$ an. Aus (2.28) — (2.30) folgt, daß die ausgewählten Punkte $t_i^* \in \delta(\varphi^*)$ den Bedingungen a) bis d) des Satzes genügen.

Werden nun die Punkte τ_i^*, $i = 1, 2, \ldots, n + 1 - r$, die den Bedingungen a) bis d) des Satzes genügen, durch die Punkte t_i, $i = 1, 2, \ldots, r$, ergänzt, so bilden diese ein System, das (2.28) — (2.30) erfüllt. Daher ist die Existenz von Punkten τ_i^* mit den Eigenschaften a) bis d) notwendig und hinreichend dafür, daß $\varphi^*(\tau)$ bestes Approximationselement für das Problem (2.23) — (2.27) ist.

Bemerkung 3: Wir betrachten den Sonderfall des Problems (2.23)—(2.27), bei denen die Nebenbedingungen (2.24) — (2.27) fehlen und $\delta_0 = [a, b]$ ist. Es handelt sich dabei um die beste TSCHEBYSCHEW-Approximation der Funktion φ' durch Linearkombinationen der Funktionen φ_j, $j = 1, 2, \ldots, n$. Für dieses Problem gilt offenbar

$$\delta(\varphi^*) = \delta_0(\varphi^*), \quad \delta'(\varphi^*) = \delta_0'(\varphi^*), \quad \delta''(\varphi^*) = \delta_0''(\varphi^*), \quad r = 0, \quad p_i = 0.$$

Die Bedingungen a) bis d) von Satz 9.12 ergeben ein bekanntes Kriterium von TSCHEBYSCHEW über die Existenz einer Alternante.

Satz 9.13 (Satz über die TSCHEBYSCHEW-Alternante): *Gegeben sei das Problem* (2.23). *Das Element*

$$\varphi^*(\tau) = \sum_{j=1}^{n} d_j^* \varphi_j(\tau), \quad \tau \in T,$$

ist genau dann bestes Approximationselement für (2.23), *wenn es ein als Alternante bezeichnetes System von Punkten*

$$\tau_1^* < \tau_2^* < \cdots < \tau_{n+1}^*, \quad \tau_i^* \in [a, b],$$

gibt, das den Bedingungen

$$\tau_i^* \in \delta_0(\varphi^*), \quad i = 1, 2, \ldots, n + 1,$$

genügt. Außerdem gehören benachbarte Punkte der Alternante voneinander verschiedener Mengen des Paares $\delta_0'(\varphi^*)$, $\delta_0''(\varphi^*)$ an.

§ 3. Ein Unitätssatz für beste TSCHEBYSCHEW-Approximation

3.1. Während wir im vorangehenden Abschnitt aus Satz 9.9 Approximationskriterien für einige spezielle Probleme vom Typ P_T hergeleitet haben, kann Satz 9.9 auch zum Beweis von Aussagen über TSCHEBYSCHEW-Approximation mit Nebenbedingungen herangezogen werden.

Im folgenden benutzen wir diesen Satz, um einen Unitätssatz für das Problem P_T zu beweisen.

Satz 9.14: *Gegeben sei das Problem P_T mit der Eigenschaft C. P_T besitzt dann und nur dann genau ein bestes Approximationselement, wenn für beliebige Elemente $\tau_i \in T$, $i = 1, \ldots, p \geqq 1$, $t_i \in \mathcal{K}$, $i = 1, \ldots, s$, $p + s + r \leqq n$, die Bedingungen*

a) $$\sum_{i=1}^{p} \alpha_i \Phi(\tau_i) + \sum_{i=1}^{s} \beta_i a(t_i) + \sum_{i=1}^{r} \gamma_i a_i = 0$$

und

b) $\beta_i > 0, \quad i = 1, 2, \ldots, s; \quad \alpha_i \neq 0, \quad i = 1, 2, \ldots, p,$

nicht gleichzeitig erfüllt sind.

Beweis: 1. Es seien für $p + s + r \leqq n$ die Bedingungen a) und b) nicht gleichzeitig erfüllt und

$$\varphi^*(\tau) = \sum_{j=1}^{n} d_j^* \varphi_j(\tau), \quad \tau \in T,$$

bestes Approximationselement für P_T. O. B. d. A. setzen wir voraus

$$v = \max_{\tau \in T} |\varphi'(\tau) - \varphi^*(\tau)| > 0 .$$

Nach Satz 9.9 existieren Elemente

$$\tau_i' \in T'(\varphi^*), \quad i = 1, 2, \ldots, p'; \quad \tau_i'' \in T''(\varphi^*), \quad i = 1, 2, \ldots, p'',$$

$$p' + p'' = p \geqq 1; \quad t_i \in \mathcal{K}(\varphi^*), \quad i = 1, 2, \ldots, s,$$

mit

$$\left.\begin{aligned} &\sum_{i=1}^{p'} \alpha_i' \varphi_j(\tau_i') - \sum_{i=1}^{p''} \alpha_i'' \varphi_j(\tau_i'') + \sum_{i=1}^{s} \beta_i a_j(t_i) + \sum_{i=1}^{r} \gamma_i a_{ij} = 0, \\ &\qquad j = 1, 2, \ldots, n. \\ &\sum_{i=1}^{p'} \alpha_i' + \sum_{i=1}^{p''} \alpha_i'' = 1 ; \end{aligned}\right\} \tag{3.1}$$

$$\alpha_i' > 0, \quad \alpha_i'' > 0, \quad \beta_i > 0; \tag{3.2}$$

das Vektorsystem $\overline{\Phi}_1(\tau_i'), \overline{\Phi}_2(\tau_i''), \bar{a}(t_i), \bar{a}_i$ ist linear unabhängig.

Es gilt $p' + p'' + s + r = n + 1$, da sich andernfalls die Beziehungen (3.1) und (3.2) widersprechen. Die Matrix Q des Systems (3.1) ist vom Typ $(n + 1, n + 1)$, und es gilt $|Q| \neq 0$.

Wir setzen

$$\bar{d}^* = (d_1^*, d_2^*, \ldots, d_n^*, v^*),$$

$$c = (\varphi'(\tau_1'), \ldots, \varphi'(\tau_{p'}'), -\varphi'(\tau_1''), \ldots, -\varphi'(\tau_{p''}''), b(t_1), \ldots, b(t_s), b_1, \ldots, b_r) .$$

Unter Berücksichtigung der Eigenschaften der Punkte τ_i', τ_i'', t_i folgt

$$\bar{d}^* Q = c . \tag{3.3}$$

Aus (3.1) und (3.3) ergibt sich

$$v^* = \sum_{i=1}^{p'} \alpha_i' \varphi'(\tau_i') - \sum_{i=1}^{p''} \alpha_i'' \varphi'(\tau_i'') + \sum_{i=1}^{s} \beta_i b(t_i) + \sum_{i=1}^{r} \gamma_i b_i . \tag{3.4}$$

Sei nun

$$\varphi(\tau) = \sum_{j=1}^{n} d_j \varphi_j(\tau), \quad \tau \in T,$$

ein beliebiges bestes Approximationselement für P_T.

Für $\bar{d} = (d_1, \ldots, d_n, v^*)$ ist

$$(\bar{d}Q)_\alpha \geqq (c)_\alpha, \quad \alpha = 1, 2, \ldots, p' + p'' + s\,. \tag{3.5}$$

Aus der Annahme $\bar{d}Q \neq c$ folgt wegen (3.5) ein Widerspruch zu (3.4). Folglich gilt

$$\bar{d}Q = c\,. \tag{3.6}$$

Wegen $|\,Q| \neq 0$ erhalten wir aus (3.3) und (3.6)

$$\bar{d}^* = \bar{d}\,,$$

woraus die eindeutige Bestimmtheit des besten Approximationselements für P_T folgt.

2. Wir zeigen indirekt, daß für $p + s + r \leqq n$ die Bedingungen a) und b) nicht gleichzeitig erfüllt sein können. Aus der Annahme, daß diese Bedingungen beide gelten, folgt

$$\alpha_i > 0, \quad i = 1, 2, \ldots, p'; \quad \alpha_i < 0, \quad i = p' + 1, \ldots, p' + p'' = p\,.$$

Weiterhin seien o. B. d. A. die Vektoren

$$\begin{array}{llll} \bar{\Phi}_1(\tau_i), & i = 1, 2, \ldots, p'; & \bar{\Phi}_2(\tau_i), & i = p' + 1, \ldots, p; \\ \bar{a}(t_i), & i = 1, 2, \ldots, s; & \bar{a}_i, & i = 1, 2, \ldots, r\,, \end{array}$$

linear unabhängig, und es sei

$$\left.\begin{array}{c} \sum\limits_{i=1}^{p'} \alpha_i \bar{\Phi}_1(\tau_i) + \sum\limits_{i=p'+1}^{p} |\alpha_i|\, \bar{\Phi}_2(\tau_i) + \sum\limits_{i=1}^{s} \beta_i \bar{a}(t_i) + \sum\limits_{i=1}^{r} \gamma_i \bar{a}_i = e_{n+1} \\ (p \geqq 1, \quad \alpha_i \neq 0, \quad \beta_i > 0)\,. \end{array}\right\}. \tag{3.7}$$

Die Matrix Q des Systems (3.7) besitzt $p + s + r \leqq n$ linear unabhängige Spaltenvektoren und $n + 1$ Zeilenvektoren.

Das lineare Gleichungssystem

$$\bar{d}Q = c \tag{3.8}$$

mit $\bar{d} = (d_1, \ldots, d_n, v)$, $c = (c_1, c_2, \ldots, c_{p+s+r})$ besitzt für beliebiges c stets mehr als eine Lösung. Es sei $(d_1^{(0)}, d_2^{(0)}, \ldots, d_n^{(0)})$ eine Lösung des Systems (2.3). Die Komponenten des Vektors $c^{(0)}$ seien so gewählt, daß sie den folgenden Bedingungen genügen:

$$\left.\begin{array}{c} c_{p+i}^{(0)} < \sum\limits_{j=1}^{n} d_j^{(0)} a_j(t_i) - 1\,, \quad i = 1, 2, \ldots, s; \\ c_{p+s+i}^{(0)} = b_i, \quad i = 1, 2, \ldots, r; \\ \sum\limits_{i=1}^{p} \alpha_i c_i^{(0)} + \sum\limits_{i=1}^{s} \beta_i c_{p+i}^{(0)} + \sum\limits_{i=1}^{r} \gamma_i b_i = v^{(0)} > 0\,. \end{array}\right\} \tag{3.9}$$

Es seien nun

$$\bar{d}^* = (d_1^*, d_2^*, \ldots, d_n^*, v^*) \quad \text{und} \quad \bar{d}' = (d_1', d_2', \ldots, d_n', v')$$

zwei voneinander verschiedene Lösungen des Systems (3.8) für $c = c^{(0)}$. Wegen (3.7) und (3.8) gilt

$$v^* = v' = v^{(0)} > 0 \tag{3.10}$$

und damit

$$d^* = (d_1^*, d_2^*, \ldots, d_n^*) \neq d' = (d_1', d_2', \ldots, d_n') .$$

Ferner sei

$$\bar{d}^{**} = \bar{d}^* + \varepsilon(\bar{d'} - \bar{d}^*), \qquad d^{**} = d^* + \varepsilon(d' - d^*) ,$$

wobei $\varepsilon > 0$ der Bedingung

$$\varepsilon \max_{\tau \in T} \left| \sum_{j=1}^{n} \varphi_j(\tau)\,(d_j^* - d_j') \right| < 2v^{(0)} \tag{3.11}$$

genügt.

Schließlich seien die Funktionale φ' und b so gewählt, daß

$$\varphi^*(\tau) = \sum_{j=1}^{n} d_j^* \varphi_j(\tau) \qquad \text{und} \qquad \varphi^{**}(\tau) = \sum_{j=1}^{n} d_j^{**} \varphi_j(\tau)$$

beste Approximationselemente für P_T mit

$$v^{(0)} = v^* = v^{**}$$

sind.

Wir setzen

$$b(t) = \min \left\{ \sum_{j=1}^{n} d_j^* a_j(t),\ \sum_{j=1}^{n} d_j^{**} a_j(t),\ \sum_{j=1}^{n} d_j^{(0)} a_j(t) - 1 \right\}, \qquad t \in \mathcal{K} ,$$

$$\varphi'(\tau) = \lambda(\tau) \left[\min \left\{ \sum_{j=1}^{n} d_j^* \varphi_j(\tau),\ \sum_{j=1}^{n} d_j^{**} \varphi_j(\tau) \right\} + v^{(0)} \right]$$
$$+ (1 - \lambda(\tau)) \left[\max \left\{ \sum_{j=1}^{n} d_j^* \varphi_j(\tau),\ \sum_{j=1}^{n} d_j^{**} \varphi_j(\tau) \right\} - v^{(0)} \right],$$

wobei λ ein stetiges Funktional auf T mit

$$0 \leqq \lambda(\tau) \leqq 1, \quad \tau \in T; \quad \lambda(\tau_i) = \begin{cases} 1, & i = 1, 2, \ldots, p', \\ 0, & i = p' + 1, \ldots, p , \end{cases} \tag{3.12}$$

ist. Aus der Definition des Funktionals b und aus (3.9) folgt

$$\sum_{j=1}^{n} d_j^* a_i(t) \geqq b(t), \quad \sum_{j=1}^{n} d_j^{**} a_j(t) \geqq b(t), \qquad t \in \mathcal{K} ; \tag{3.13}$$

$$\sum_{j=1}^{n} d_j^* a_j(t_i) = \sum_{j=1}^{n} d_j^{**} a_j(t_i) = c_{p+1}^{(0)} = b(t_i), \qquad i = 1, 2, \ldots, s; \tag{3.14}$$

$$\sum_{j=1}^{n} d_j^{(0)} a_j(t) > b(t), \qquad t \in \mathcal{K} . \tag{3.15}$$

15*

Aus der Definition des Funktionals φ' und aus den Bedingungen (3.10) — (3.12) folgt

$$|\varphi'(\tau) - \varphi^*(\tau)| \leqq v^{(0)} = v^*, \ |\varphi'(\tau) - \varphi^{**}(\tau)| \leqq v^{(0)} = v^{**}, \quad \tau \in T; \quad (3.16)$$

$$\varphi'(\tau_i) - \varphi^*(\tau_i) = \varphi'(\tau_i) - \varphi^{**}(\tau_i) = \begin{cases} v^{(0)}, & i = 1, 2, ..., p', \\ -v^{(0)}, & i = p' + 1, ..., p. \end{cases} \quad (3.17)$$

Da d^*, d^{**} Lösungen von (3.3) sind und (3.13) genügen, erfüllen sie auch (2.2) und (2.3). Weiterhin genügen φ^*, φ^{**} wegen (3.7), (3.14), (3.16) und (3.17) allen in Satz 9.9 genannten Bedingungen und sind daher beste Approximationselemente für P_T. Nach Konstruktion ist $\varphi^* \neq \varphi^{**}$. Wegen (3.15) ist die Eigenschaft C' erfüllt.

Da nach Voraussetzung $p + s + r \leqq n$ ist und die Bedingungen a) und b) gleichzeitig erfüllt sein sollen, existieren Funktionale φ' und b, für die das Problem P_T nicht genau ein bestes Approximationselement besitzt, obwohl die Bedingung C' erfüllt ist. Dies widerspricht der Aussage im ersten Teil des Satzes. Damit ist der Satz bewiesen.

3.2. Setzt man in Satz 9.14 $\mathcal{K} = \emptyset$ und $r = 0$, so erhält man einen bekannten Unitätssatz von Haar [80] für das klassische Approximationsproblem von Tschebyschew.

Satz 9.15 (Satz von Haar): *Das Problem* (2.1) *besitzt dann und nur dann genau ein bestes Approximationselement, wenn das Vektorsystem*

$$\Phi(\tau_1), \ \Phi(\tau_2), ..., \Phi(\tau_n)$$

für beliebige

$$\tau_1 < \tau_2 < \cdots < \tau_n, \quad \tau_i \in T, \quad i = 1, ..., n,$$

linear unabhängig ist, d. h. wenn die Funktionale φ_j: $T \to E^1$, $j = 1, 2, ..., n$, *ein* Tschebyschew-*System bilden.*

Bemerkung 1: Satz 9.14 kann auf solche Probleme P_T übertragen werden, bei denen die zusätzliche Nebenbedingung (2.22) auftritt. Wir verzichten auf die Formulierung des entsprechenden Satzes.

Bemerkung 2: Aus Satz 9.11 und Satz 9.14 folgt, daß die Eigenschaft C' hinreichend ist für die eindeutige Bestimmtheit eines besten Approximationselements für P_T mit der zusätzlichen Nebenbedingung (2.22). Insbesondere besitzt auch das Problem (2.23) — (2.27) genau ein bestes Approximationselement, falls sich die Nebenbedingungen (2.24) — (2.27) nicht widersprechen und

$$b'(t) < b''(t), \quad t \in \delta_1,$$

gilt.

§ 4. Weitere Approximationsprobleme mit Nebenbedingungen

4.1. Wir behandeln folgende zwei Klassen von Approximationsproblemen mit Nebenbedingungen:

1. Die approximierende Menge ist endlichdimensional; sie wird durch ein System nichtlinearer Nebenbedingungen definiert.
2. Die approximierende Menge ist unendlichdimensional; sie wird durch ein System linearer Nebenbedingungen definiert.

In dem Problem

$$P_e: \quad \left\| x' - \sum_{j=1}^{n} d_j x_j \right\| \to \inf\,, \tag{4.1}$$

$$f(t, d) \geqq 0, \quad t \in \mathcal{K}\,, \tag{4.2}$$

$$\sum_{j=1}^{n} a_{ij} d_j = b_i, \quad i = 1, 2, \dots, r < n\,, \tag{4.3}$$

seien E ein Banach-Raum, $\mathcal{K}$ ein kompakter metrischer Raum, $x', x_1, x_2, \dots, x_n \in E$ beliebig aber fest und $x_1, x_2, \dots, x_n$ sowie die Gleichungen in (4.3) linear unabhängig. Weiterhin seien E^n ein n-dimensionaler Raum von Punkten $d = (d_1, d_2, \dots, d_n)$, $f\colon \mathcal{K} \times E^n \to E^1$ stetig und konkav auf H^n bei festem $t \in \mathcal{K}$. O. B. d. A. sei wieder der Optimalwert von (4.1) positiv.

Wir sagen, daß das Problem P_e die Eigenschaft $\widetilde{C}$ besitzt, wenn es einen Vektor $d^{(0)} = (d_1^{(0)}, d_2^{(0)}, \dots, d_n^{(0)})$ gibt, der (4.3) genügt und für den gilt

$$f(t, d^{(0)}) > 0\,, \quad t \in \mathcal{K}\,.$$

Das folgende Approximationskriterium für P_e überträgt die Aussage von Satz 9.4 auf Probleme mit nichtlinearen Nebenbedingungen.

Satz 9.16: *Gegeben sei das Problem P_e mit der Eigenschaft $\widetilde{C}$. Es sei $d^* = (d_1^*, d_2^*, \dots, d_n^*)$ ein Vektor, der den Nebenbedingungen (4.2) und (4.3) genügt. Das Element $x^* = \sum_{j=1}^{n} d_j^* x_j$ ist genau dann bestes Approximationselement für P_e, wenn es extremale Funktionale $g_i \in E^*$ mit*

$$g_i(x' - x^*) = \|x' - x^*\|, \quad i = 1, 2, \dots, p, \quad p \geqq 1\,,$$

und Elemente

$$t_i \in \mathcal{K}, \quad f(t_i, d^*) = 0, \quad i = 1, 2, \dots, s\,,$$

gibt, so daß

$$\sum_{i=1}^{p} \alpha_i h(g_i) + \sum_{i=1}^{s} \beta_i \bar{l}(t_i) + \sum_{i=1}^{r} \gamma_i \bar{a}_i = e_{n+1}\,; \tag{4.4}$$

$$\alpha_i > 0, \quad i = 1, 2, \dots, p; \quad \beta_i > 0, \quad i = 1, 2, \dots, s; \tag{4.5}$$

gilt und das Vektorsystem $h(g_i)$, $l(t_i)$, $\bar{a}_i$ linear unabhängig ist. (4.6)

Hierbei gilt $l \in \Omega(f_t, E^n, d^*)$, $\bar{l} = (l, 0)$,

$$h(g) = \big(g(x_1), g(x_2), \dots, g(x_n), 1\big), \quad g \in E^*,$$

$$\bar{a}_i = (a_{i1}, a_{i2}, \dots, a_{in}, 0), \quad i = 1, 2, \dots, r.$$

Der Beweis dieses Satzes beruht auf

Lemma 9.17: *Es seien $\mathcal{K}$ ein kompakter metrischer Raum, $F \subset \mathcal{K}$ eine abgeschlossene Menge, E^n ein n-dimensionaler Raum, $l\colon F \to Q^n$ λ-meßbar, wobei $\lambda \in V^+(\mathcal{K})$, $\lambda(F) > 0$ und*

$$l \in \Omega(f_t, E^n, d^*).$$

Dann existieren Elemente $t_j \in F$, $j = 1, 2, \dots, q \leqq n + 1$, so daß gilt

$$\int_F l(t)\, d\lambda = \sum_{j=1}^{q} \delta_j l^{(j)}, \quad \delta_j > 0, \quad \sum_{j=1}^{q} \delta_j = \lambda(F), \quad l^{(j)} \in \Omega(f_{t_j}, E^n, d^*). \tag{4.7}$$

Beweis: F besitze o. B. d. A. mehr als $n + 1$ Elemente. Offenbar gilt

$$|l_i(t)| \leqq M, \quad i = 1, 2, \dots, n, \quad t \in F,$$

mit $l(t) = \big(l_1(t), l_2(t), \dots, l_n(t)\big)$, $t \in F$, und $M = \text{const}$. Für beliebiges $\varepsilon > 0$ setzen wir

$$F(\alpha_1, \alpha_2, \dots, \alpha_n) = \{t \in F\colon \alpha_i \Delta < l_i(t) \leqq (\alpha_i + 1)\Delta,\ i = 1, 2, \dots, n,\},$$

wobei

$$\Delta = \frac{\varepsilon}{\lambda(F)}, \quad \alpha_i = 0, \quad \pm 1, \dots, \pm N(\varepsilon), \quad N(\varepsilon) > \frac{M}{\Delta}.$$

Werden die nichtleeren Mengen $F(\alpha_1, \alpha_2, \dots, \alpha_n)$ durchnumeriert, so erhalten wir ein Mengensystem

$$F_\beta \subset F, \quad \beta = 1, 2, \dots, \bar{N}(\varepsilon),$$

mit $\bar{N}(\varepsilon) \leqq \big(2N(\varepsilon) + 1\big)^n$. Wählt man aus jeder Menge F_β ein beliebiges Element $t_\beta^{(\varepsilon)}$ und setzt

$$l_i^{(\varepsilon)} = \sum_{\beta=1}^{\bar{N}(\varepsilon)} l_i(t_\beta^{(\varepsilon)})\, \lambda(F_\beta), \quad i = 1, 2, \dots, n,$$

so folgt

$$\left| \int_F l_i(t)\, d\lambda - l_i^{(\varepsilon)} \right| \leqq \varepsilon, \quad i = 1, 2, \dots, n.$$

Wie im Beweis von Lemma 9.5 gezeigt, existieren $l^{(j)}$, $j = 1, 2, \dots, q \leqq n + 1$, mit

$$\int_F l(t)\, d\lambda = \sum_{j=1}^{q} \delta_j l^{(j)}, \quad \delta_j > 0, \quad \sum_{j=1}^{q} \delta_j = \lambda(F).$$

Außerdem gilt

$$l^{(j)} = \lim_{\alpha \to \infty} l(\bar{t}_j^{(\alpha)}), \quad \lim_{\alpha \to \infty} \bar{t}_j^{(\alpha)} = t_j, \quad \bar{t}_j^{(\alpha)} \in F, \quad j = 1, 2, \dots, q. \tag{4.8}$$

Nach Voraussetzung ist

$$l(\bar{t}_j^{(\alpha)}, d - d^*) \geqq f(\bar{t}_j^{(\alpha)}, d) - f(\bar{t}_j^{(\alpha)}, d^*), \quad d \in E^n. \tag{4.9}$$

Zusammen mit (4.8) erhalten wir

$$l(t_j, d - d^*) \geqq f(t_j, d) - f(t_j, d^*), \qquad d \in E^n ,$$

d. h., es ist $l^{(j)} \in \Omega(f_{t_j}, E^n, d^*)$.

4.2. Beweis von Satz 9.16: Das Problem P_e ist ein Sonderfall des Problems (4.85) — (4.87) aus Kapitel 4. Deshalb können wir Satz 4.23 auf P_e anwenden. Aus diesem Satz folgt unmittelbar, daß die Bedingungen (4.4) — (4.6) hinreichend sind.

Daß diese Bedingungen auch notwendig sind, kann in folgender Weise gezeigt werden. Es sei

$$G' = \left\{x \colon x = \sum_{j=1}^{n} d_j x_j,\ d = (d_1, d_2, \ldots, d_n) \text{ genügt } (4.2), (4.3)\right\}.$$

Da die Dimension von G' nicht größer als n ist, existieren nach Satz 7.4 extremale Funktionale

$$g_i, \ i = 1, 2, \ldots, \bar{p}, \qquad 1 \leqq \bar{p} \leqq n + 1 ,$$

mit

$$g_i(x' - x^*) = \|x' - x^*\|, \qquad i = 1, 2, \ldots, \bar{p} .$$

$\{x^*\}$ ist dabei Lösung des Problems

$$\max_{1 \leqq i \leqq \bar{p}} g_i(x' - x) \to \inf, \qquad x \in G' .$$

Dieses Problem kann in der folgenden äquivalenten Form geschrieben werden:

$$v \to \inf , \tag{4.10}$$

$$v + \sum_{j=1}^{n} d_j g_i(x_j) \geqq g_i(x'), \qquad i = 1, 2, \ldots, \bar{p} , \tag{4.11}$$

$$f(t, d) \geqq 0, \qquad t \in \mathcal{K} , \tag{4.12}$$

$$\sum_{j=1}^{n} a_{ij} d_j = b_i, \qquad i = 1, 2, \ldots, r . \tag{4.13}$$

Das Problem (4.10) — (4.13) genügt der verallgemeinerten Slaterbedingung. Nach Satz 4.23 existieren Zahlen $\bar{\alpha}_i$, $i = 1, 2, \ldots, \bar{p}$; $\bar{\gamma}_i$, $i = 1, 2, \ldots, r$, und ein Funktional $\lambda \in V^+(\mathcal{K})$, so daß

$$\sum_{i=1}^{\bar{p}} \bar{\alpha}_i h(g_i) + \sum_{i=1}^{r} \bar{\gamma}_i \bar{a}_i + \int_{\mathcal{K}(x^*)} \bar{l}(t, d^*)\, d\lambda = e_{n+1} \tag{4.14}$$

gilt. Dabei ist

$$\bar{\alpha}_i \geqq 0, \quad i = 1, 2, \ldots, \bar{p}, \quad \mathcal{K}(x^*) = \{t \in \mathcal{K} \colon f(t, d^*) = 0\} ,$$
$$\bar{l}(t, d) = (l(t, d), 0), \qquad l \in \Omega(f_t, E^n, d^*) .$$

$\mathcal{K}(x^*)$ ist eine abgeschlossene Teilmenge von $\mathcal{K}$. Nach Lemma 9.17 gilt

$$\int_{\mathcal{K}(x^*)} \bar{l}(t, d^*)\, d\lambda = \sum_{i=1}^{\bar{s}} \bar{\beta}_i \bar{l}(t_i), \qquad t_i \in \mathcal{K}(x^*), \qquad \bar{\beta}_i > 0, \qquad \bar{s} \leqq n + 1 . \tag{4.15}$$

(Dabei wird $\bar{s} = 0$ im Falle $\lambda(\mathcal{K}(x^*)) = 0$ gesetzt.)

Zusammen mit (4.14) erhalten wir

$$\sum_{i=1}^{\bar{p}} \bar{\alpha}_i h(g_i) + \sum_{i=1}^{\bar{s}} \bar{\beta}_i \bar{l}(t_i) + \sum_{i=1}^{r} \bar{\gamma}_i \bar{a}_i = e_{n+1}, \tag{4.16}$$

$$\bar{\alpha}_i > 0, \quad \bar{\beta}_i > 0, \quad t_i \in \mathcal{K}(x^*).$$

Wir erhalten hieraus eine Darstellung für (4.4), die den Bedingungen (4.5) und (4.6) genügt, wenn in (4.16) eine solche Darstellung für e_{n+1} herangezogen wird, bei der die Anzahl der Vektoren $h(g_i)$, $\bar{l}(t_i)$ minimal ist (vgl. Beweis von Satz 9.4). Damit ist der Satz bewiesen.

Als Folgerung aus Satz 9.16 erhält man eine Verschärfung des „Satzes vom Zuschnitt" für das Problem P_e.

Satz 9.18: *Gegeben sei das Problem P_e mit der Eigenschaft $\tilde{C}$. Dann existieren extremale Funktionale g_i, $i = 1, 2, \ldots, p$, und Elemente $t_i \in \mathcal{K}$, $i = 1, 2, \ldots, s$, so daß jedes beste Approximationselement für P_e Lösung des folgenden Problems ist:*

$$\max_{1 \leq i \leq p} g_i\left(x' - \sum_{j=1}^{n} d_j x_j\right) \to \inf,$$

$$f(t_i, d) \geqq 0, \qquad i = 1, 2, \ldots, s,$$

$$\sum_{j=1}^{n} d_j a_{ij} = b_i, \qquad i = 1, 2, \ldots, r;$$

außerdem ist $p + s + r \leqq n + 1$.

Der Beweis dieses Satzes stimmt mit dem Beweis von Satz 9.6 im wesentlichen überein. Anstelle von Satz 9.4 hat man jetzt Satz 9.16 zu verwenden.

4.3. Im vorliegenden Kapitel haben wir bisher Approximationsprobleme untersucht, bei denen die approximierende Menge endlichdimensional ist. Wir betrachten jetzt eine Klasse von Problemen, bei denen die approximierende Menge unendlichdimensional ist.

Es seien $\mathcal{K}$ und $\mathcal{K}_i$, $i = 0, 1, 2$, kompakte metrische Räume, $a_i\colon \mathcal{K}_i \times \mathcal{K} \to E^1$, $i = 0, 1, 2$, stetig,

$$\varphi' \in C(\mathcal{K}_0); \qquad b_i \in C(\mathcal{K}_i), \qquad i = 1, 2.$$

Wir betrachten das Approximationsproblem

$$P_u\colon \qquad f(z) = \max_{t \in \mathcal{K}_0} \left| \varphi'(t) - \int_{\mathcal{K}} a_0(t, \tau) dz \right| + \varepsilon \operatorname{var}_{\mathcal{K}} z \to \inf, \tag{4.17}$$

$$\varepsilon \geqq 0, \quad z \in V(\mathcal{K}),$$

$$\int_{\mathcal{K}} a_1(t, \tau)\, dz \geqq b_1(t), \qquad t \in \mathcal{K}_1, \tag{4.18}$$

$$\int_{\mathcal{K}} a_2(t, \tau)\, dz = b_2(t), \qquad t \in \mathcal{K}_2. \tag{4.19}$$

Die Funktionale a_i definieren einen beschränkten linearen Operator A_i: $V(\mathcal{K}) \to C(\mathcal{K}_i)$, $i = 0, 1, 2$. Für $g \in C^*(\mathcal{K}_i) = V(\mathcal{K}_i)$ gilt offenbar

$$A_i^* g \in C(\mathcal{K}), \quad C^*(\mathcal{K}) = V(\mathcal{K}) .$$

Außerdem gilt für $\varepsilon > 0$

$$\lim_{\|z\| \to \infty} f(z) = \infty .$$

Wegen der Aussagen in Kapitel 8, Abschnitt 2.4, besitzt das Problem P_u für $\varepsilon > 0$ die Eigenschaft c_2 (vgl. Kapitel 8, Abschnitt 1.3, und Bedingung (2.14)). Berücksichtigt man die bei der Formulierung des dualen Problems (2.42) bis (2.44) aus Kapitel 8 gemachten Überlegungen, so erhält man leicht das zum Problem P_u gehörende duale Problem. So nimmt die der Nebenbedingung (2.43) in Kapitel 8 entsprechende Nebenbedingung im vorliegenden Fall die folgende Gestalt an:

$$\int_{\mathcal{K}} \left[\int_{\mathcal{K}_0} a_0(t, \tau) d\mu \right] dz + g_1(z)$$
$$+ \int_{\mathcal{K}} \left[\int_{\mathcal{K}_1} a_1(t, \tau)\, d\lambda_1 \right] dz + \int_{\mathcal{K}} \left[\int_{\mathcal{K}_2} a_2(t, \tau)\, d\lambda_2 \right] dz = 0 , \qquad z \in V(\mathcal{K}) ,$$

wobei $g_1 \in V^*(\mathcal{K})$.

Setzt man

$$a(\tau) = \int_{\mathcal{K}_0} a_0(t, \tau)\, d\mu + \int_{\mathcal{K}_1} a_1(t, \tau)\, d\lambda_1 + \int_{\mathcal{K}_2} a_2(t, \tau)\, d\lambda_2 ,$$

so gilt

$$g_1(z) = -\int_{\mathcal{K}} a(\tau)\, dz, \qquad z \in V(\mathcal{K}) .$$

Entsprechende Überlegungen bezüglich (2.42) — (2.44) in Kapitel 8 liefern uns das zu P_u duale Problem

D_u:
$$\int_{\mathcal{K}_0} \varphi'(t)\, d\mu + \int_{\mathcal{K}_1} b_1(t)\, d\lambda_1 + \int_{\mathcal{K}_2} b_2(t)\, d\lambda_2 \to \sup , \tag{4.20}$$

$$\max_{\tau \in \mathcal{K}} \left| \int_{\mathcal{K}_0} a_0(t, \tau)\, d\mu + \int_{\mathcal{K}_1} a_1(t, \tau)\, d\lambda_1 + \int_{\mathcal{K}_2} a_2(t, \tau)\, d\lambda_2 \right| \leqq \varepsilon , \tag{4.21}$$

$$\mu \in V(\mathcal{K}_0),\ \mathrm{var}_{\mathcal{K}_0} \mu \leqq 1; \quad \lambda_1 \in V^+(\mathcal{K}_1),\ \lambda_2 \in V(\mathcal{K}_2) . \tag{4.22}$$

Da das Problem D_u für $\varepsilon > 0$ die Eigenschaft c_2 besitzt, ergibt sich der

Satz 9.19: *Gegeben seien die Probleme P_u und D_u; ferner sei $\varepsilon > 0$. Dann gilt die Dualitätsbeziehung*

$$v = \tilde{v} .$$

Wir sagen, daß das Problem P_u die Eigenschaft $\hat{C}$ besitzt, wenn $\mathcal{K}_2$ nur endlich viele Elemente enthält und wenn ein $z_0 \in V(\mathcal{K})$ existiert mit

$$\int_{\mathcal{K}} a_1(t, \tau)\, dz_0 > b_1(t), \qquad t \in \mathcal{K}_1;$$

$$\int_{\mathcal{K}} a_2(t, \tau)\, dz_0 = b_2(t), \qquad t \in \mathcal{K}_2 .$$

Dabei seien die Funktionale in (4.18) und (4.19) linear unabhängig.

Ein Problem P_u mit der Eigenschaft $\hat{C}$ besitzt auch die Eigenschaft c_3 (vgl. Kapitel 8, Abschnitt 1.4). Daher gilt

Satz 9.20: *Gegeben seien die Probleme P_u und D_u; P_u besitze die Eigenschaft $\hat{C}$. Ferner sei $\varepsilon \geqq 0$. Dann gilt die Dualitätsbeziehung*

$$v = \tilde{v} .$$

Außerdem wird in D_u das Supremum angenommen.

Wir erwähnen, daß für $\varepsilon > 0$ auch in P_u der Optimalwert angenommen wird. Für $\varepsilon = 0$ ist dies im allgemeinen nicht der Fall.

Im Fall $v > 0$ erhält man aus Satz 4.17 unter Berücksichtigung von Satz 9.19 und Satz 9.20 folgendes Approximationskriterium.

Satz 9.21: *Gegeben sei das Problem P_u. Ferner sei $\varepsilon > 0$, und $z^* \in V(\mathcal{K})$ genüge den Nebenbedingungen* (4.18), (4.19). *Das Element*

$$\varphi^*(t) = \int_{\mathcal{K}} a_0(t, \tau)\, dz^*, \qquad t \in F ,$$

ist genau dann bestes Approximationselement für P_u, wenn es Folgen von Funktionalen $\{\mu_1^{(k)}\}, \{\mu_2^{(k)}\}, \mu_1^{(k)}, \mu_2^{(k)} \in V^+(\mathcal{K}_0)$; $\{\lambda_1^{(k)}\}, \lambda_1^{(k)} \in V^+(\mathcal{K}_1)$; $\{\lambda_2^{(k)}\}, \lambda_2^{(k)} \in V(\mathcal{K}_2)$ gibt, so daß gilt

$$\max_{\tau \in \mathcal{K}} \left| \int_{\mathcal{K}_0} a_0(t, \tau)\, d\mu_1^{(k)} - \int_{\mathcal{K}_0} a_0(t, \tau)\, d\mu_2^{(k)} + \int_{\mathcal{K}_1} a_1(t, \tau)\, d\lambda_1^{(k)} + \int_{\mathcal{K}_2} a_2(t, \tau)\, d\lambda_2^{(k)} \right| \leqq \varepsilon ,$$

$$\lim_{k \to \infty} \int_{\mathcal{K}} \Big[\int_{\mathcal{K}_0} a_0(t, \tau)\, d\mu_1^{(k)} - \int_{\mathcal{K}_0} a_0(t, \tau)\, d\mu_2^{(k)}$$
$$+ \int_{\mathcal{K}_1} a_1(t, \tau)\, d\lambda_1^{(k)} + \int_{\mathcal{K}_2} a_2(t, \tau)\, d\lambda_2^{(k)} \Big] dz^* = \varepsilon \operatorname{var}_{\mathcal{K}} z^* ,$$

$$\lim_{k \to \infty} \int_{\mathcal{K}_1} \Big[\int_{\mathcal{K}} a_1(t, \tau)\, dz^* - b(t) \Big] d\lambda_1^{(k)} = 0 ,$$

$$\lim_{k \to \infty} \int_{\mathcal{K}_0} [v^* - \varphi'(\tau) + \varphi^*(\tau)]\, d\mu_1^{(k)} = \lim_{k \to \infty} \int_{\mathcal{K}_0} [v^* + \varphi'(\tau) - \varphi^*(\tau)]\, d\mu_2^{(k)} = 0 ,$$

$$\mu_1^{(k)}(\mathcal{K}_0) + \mu_2^{(k)}(\mathcal{K}_0) = 1 ,$$

wobei

$$v^* = \max_{\tau \in \mathcal{K}_0} |\varphi'(\tau) - \varphi^*(\tau)| .$$

Satz 9.22: *Gegeben sei das Problem P_u; P_u besitze die Eigenschaft $\hat{C}$. Ferner sei $\varepsilon \geqq 0$, und $z^* \in V(\mathcal{K})$ genüge den Nebenbedingungen* (4.18), (4.19). *Das Element*

$$\varphi^*(t) = \int_{\mathcal{K}} a_0(t, \tau)\, dz^* , \qquad t \in F ,$$

ist genau dann bestes Approximationselement für P_u, wenn es Funktionale μ_1^*, $\mu_2^* \in V^+(\mathcal{K}_0)$, $\lambda^* \in V^+(\mathcal{K}_1)$ und Zahlen λ_i^*, $i = 1, 2, \ldots, r$, gibt, so daß gilt:

$$\max_{\tau \in \mathcal{K}} |a(\tau)| \leqq \varepsilon , \tag{4.23}$$

$$\left.\begin{array}{l}\alpha' = z^*(\mathcal{K}'(a)) = \operatorname{var}_{\mathcal{K}'(a)} z^*, \ \alpha'' = z^*(\mathcal{K}''(a)) = -\operatorname{var}_{\mathcal{K}''(a)} z^*, \\ \alpha' - \alpha'' = \operatorname{var}_{\mathcal{K}} z^*,\end{array}\right\} \quad (4.24)$$

$$\mu_1^*(\mathcal{K}_0'(\varphi^*)) + \mu_2^*(\mathcal{K}_0''(\varphi^*)) = 1\,, \quad (4.25)$$

wobei

$$a(\tau) = \int_{\mathcal{K}_0'(\varphi^*)} a_0(t,\tau)\, d\mu_1^* - \int_{\mathcal{K}_0''(\varphi^*)} a_2(t,\tau)\, d\mu_2^*$$

$$+ \int_{\mathcal{K}_1(\varphi^*)} a_1(t,\tau)\, d\lambda_1^* + \sum_{i=1}^{r} \lambda_i^* a_4(t_i,\tau), \qquad \tau \in \mathcal{K}\,,$$

$$\mathcal{K}_0'(\varphi^*) = \{t \in \mathcal{K}_0\colon \varphi'(t) - \varphi^*(t) = v^*\}\,,$$

$$\mathcal{K}_0''(\varphi^*) = \{t \in \mathcal{K}_0\colon \varphi'(t) - \varphi^*(t) = -v^*\}\,,$$

$$\mathcal{K}_1(\varphi^*) = \left\{t \in \mathcal{K}_1\colon \int_{\mathcal{K}} a_1(t,\tau)\, dz^* = b_1(t)\right\},$$

$$\mathcal{K}'(a) = \{\tau \in \mathcal{K}\colon a(\tau) = v\}\,,$$

$$\mathcal{K}''(a) = \{\tau \in \mathcal{K}\colon a(\tau) = -v\}\,,$$

$$v^* = \max_{\tau \in \mathcal{K}} |\varphi'(\tau) - \varphi^*(\tau)|\,,$$

$$v = \max_{\tau \in \mathcal{K}} |a(\tau)|\,,$$

$$\{t_1, t_2, \ldots, t_r\} = \mathcal{K}_2\,.$$

Bemerkung 1: Während für $\varepsilon > 0$ im Satz 9.22 die Existenz eines besten Approximationselements stets gesichert ist, gilt dies im Falle $\varepsilon = 0$ im allgemeinen nicht. Für $\varepsilon = 0$ läßt sich eine zum Satz 4.17 analoge Aussage über die Existenz einer besten Approximationsfolge für P_u angeben.

Bemerkung 2: Für $\varepsilon = 0$ kann offenbar in Satz 9.22 die Beziehung (4.23) durch

$$a(\tau) = 0, \quad \tau \in \mathcal{K}\,,$$

ersetzt und (4.24) weggelassen werden.

KAPITEL 10

OPTIMIERUNGSPROBLEME IN KOMPLEXEN RÄUMEN

Bei den bisher behandelten Optimierungsproblemen wurde stets vorausgesetzt, daß die zugrundeliegenden BANACH-Räume reell sind. In diesem Kapitel zeigen wir, daß die so gewonnenen Resultate auf Optimierungsprobleme in komplexen BANACH-Räumen übertragen werden können.

In § 1 wird ein allgemeines Verfahren angegeben, wie man aus den Aussagen für reelle Optimierungsproblem eentsprechende Aussagen für komplexe Optimierungsprobleme gewinnen kann. Hierfür hat man gelegentlich die vorliegenden reellen Probleme in allgemeinerer Form darzustellen. So verfährt man beispielsweise bei der Approximation durch verallgemeinerte Polynome, was ausführlich in § 2 behandelt wird.

In § 3 werden notwendige und hinreichende Bedingungen für die eindeutige Lösbarkeit von TSCHEBYSCHEW-Approximationsproblemen in komplexen Räumen angegeben.

§ 1. Ein Verfahren zur Übertragung von Ergebnissen auf komplexe Probleme und Anwendungen

1.1. Viele Aussagen über die Existenz linearer Funktionale mit gewissen Eigenschaften können nach einem Verfahren von SUCHOMLINOW [59] und BOHNENBLUST / SOBCZYK [69] auf komplexe Räume übertragen werden. Ein beliebiger komplexer BANACH-Raum E erzeugt bekanntlich einen reellen BANACH-Raum E', der aus Elementen von E besteht, wobei

$$||x||_E = ||x||_{E'}, \quad (x_1 + x_2)_E = (x_1 + x_2)_{E'}, \quad (\lambda x)_E = (\lambda x)_{E'},$$

gilt mit $\lambda \in E^1$.

Zum reellen BANACH-Raum E' existiert der zugehörige duale Raum $(E')^*$. Für beliebiges $g' \in (E')^*$ zeigen wir im folgenden Lemma die Existenz eines Funktionals $g \in E^*$ mit

$$\mathrm{Re}\,\{g(x)\} = g'(x), \qquad x \in E. \tag{1.1}$$

Lemma 10.1: *Es seien E ein komplexer* BANACH-*Raum und E' der durch E erzeugte reelle* BANACH-*Raum. Zu jedem Funktional $g' \in (E')^*$ existiert genau ein lineares Funktional $g \in E^*$, das* (1.1) *genügt.*

Beweis: 1. Sei $g' \in (E')^*$. Wir betrachten das Funktional g mit

$$g(x) = g'(x) - ig'(ix), \qquad x \in E.$$

Dieses Funktional ist offensichtlich additiv und beschränkt. g ist auch homogen: Sei $\lambda = \lambda_1 + i\lambda_2$ mit $\lambda_1, \lambda_2 \in E^1$ beliebig. Da g' additiv und (reell) homogen ist, gilt

$$g(\lambda x) = \lambda_1 g'(x) + \lambda_2 g'(ix) - i\lambda_1 g'(ix) + i\lambda_2 g'(x)$$
$$= (\lambda_1 + i\lambda_2) g'(x) - i(\lambda_1 + i\lambda_2)\, g'(ix) = \lambda g(x)\,.$$

Somit ist $g \in E^*$ und

$$\operatorname{Re}\{g(x)\} = g'(x)\,.$$

2. Die eindeutige Bestimmtheit von g folgt indirekt unmittelbar aus (1.1) und der Beziehung

$$\operatorname{Re}\{g(ix)\} = -\operatorname{Im}\{g(x)\}\,.$$

1.2. Es seien E ein beliebiger BANACH-Raum, $S \subset E$ eine konvexe Menge und $f: S \to E^1$ konkav bzw. konvex auf S.

Der Begriff des Stützfunktionals kann leicht auf den komplexen Fall übertragen werden.

Sei

$$\Omega(f, S, \{x^{(k)}\}) = \{l \in E^*: \operatorname{Re}\{l(x)\} + \tilde{f}_S(l) \geqq f(x),\ x \in S\}$$

bzw.

$$\Omega(f, S, \{x^{(k)}\}) = \{l \in E^*: \operatorname{Re}\{l(x)\} + \tilde{f}_S(l) \leqq f(x),\ x \in S\}$$

mit

$$\tilde{f}_S(l) = \lim_{k\to\infty} [f(x^{(k)}) - \operatorname{Re}\{l(x^{(k)})\}]$$

die Menge aller Stützfunktionale von f bezüglich S im verallgemeinerten Punkt $\{x^{(k)}\}$.

Aus der Definition von $\Omega(f, S, \{x^{(k)}\})$ folgt

$$l \in \Omega(f, S, \{x^{(k)}\}) \in E^* \Leftrightarrow l' = \operatorname{Re}(l) \in \Omega(f, S, \{x^{(k)}\}) \subset (E')^*;$$

dabei ist E' der durch E erzeugte reelle BANACH-Raum.[1]) Außerdem gilt

$$\tilde{f}_S(l) = \tilde{f}_S(l')\,.$$

Diese Beziehung folgt sowohl aus der Definition des Stützfunktionals als auch aus (1.1).

Die Bestimmung der allgemeinen Gestalt eines Funktionals $l \in \Omega(f, S, \{x^{(k)}\}) \subset E^*$ kann daher auf den reellen Fall zurückgeführt werden.

Beispielsweise kann im Falle $f: E \to E^1$ mit

$$f(x) = \|x' - x\|, \quad x \in E,\ x' \in E \text{ fest},$$

wobei $\lim_{k\to\infty} f(x^{(k)})$ existieren soll, für die Elemente $l \in \Omega(f, E, \{x^{(k)}\})$ eine allgemeine Darstellung angegeben werden.

---

[1]) Auf der rechten Seite der Äquivalenzbeziehung sind die Größen f, S und $\{x^{(k)}\}$ durch die zugeordneten Größen f', S' und $\{x'^{(k)}\}$ zu ersetzen. Da keine Mißverständnisse zu befürchten sind, lassen wir die Striche im folgenden stets fort.

Unter Berücksichtigung der Beziehungen (1.6), (1.7) in Kapitel 7 sind die Elemente $g' \in \Omega(f, E', \{x^{(k)}\}) \neq \emptyset$ durch

$$||g'|| \leqq 1, \quad \lim_{k\to\infty} g'(x^{(k)} - x') = \lim_{k\to\infty} ||x' - x^{(k)}||$$

definiert.

Folglich ist die allgemeine Gestalt der Elemente $g \in \Omega(f, E, \{x^{(k)}\})$ durch

$$\lim_{k\to\infty} \operatorname{Re} \{g(x^{(k)} - x')\} = \lim_{k\to\infty} ||x' - x^{(k)}|| , \qquad ||g'|| = \sup_{||x|| \leqq 1} \operatorname{Re} \{g(x)\} \leqq 1 ,$$

bestimmt.

Wegen

$$|g(x)| = \operatorname{Re} \{g(e^{-i\Theta} x)\}, \qquad \Theta = \arg \{g(x)\} ,$$

kann die letzte Beziehung in der folgenden äquivalenten Form geschrieben werden:

$$||g'|| = ||g|| \leqq 1 . \tag{1.2}$$

Aus (1.2) folgt

$$|g(x^{(k)} - x')| = \sqrt{\operatorname{Re}^2 \{g(x^{(k)} - x')\} + \operatorname{Im}^2 \{g(x^{(k)} - x')\}} \leqq ||x^{(k)} - x'|| ,$$

woraus sich

$$\lim_{k\to\infty} g(x^{(k)} - x') = \lim_{k\to\infty} ||x' - x^{(k)}|| \tag{1.3}$$

ergibt.

Somit wird die allgemeine Gestalt der Elemente $g \in \Omega(f, E, \{x^{(k)}\})$ durch die Beziehungen (1.2) und (1.3) bestimmt, und es gilt

$$\tilde{f}_E(g) = - g(x').$$

Alle Aussagen von Kapitel 7 können nun in entsprechender Weise auf komplexe Probleme übertragen werden. Betrachten wir beispielsweise das Problem $A(x_1, ..., x_n; G; \varphi)$ aus Kapitel 7, § 2. Es seien die dort gemachten Voraussetzungen erfüllt, aber E ein komplexer Banach-Raum. Dann kann ein zum Satz 7.7 analoges Approximationskriterium für das komplexe Problem $A(x_1, ..., x_n; G; \varphi)$ angegeben werden.

Satz 10.2: *Gegeben sei das komplexe Problem $A(x_1, ..., x_n; G; \varphi)$. Eine Folge $\{x^{(k)}\}$, $x^{(k)} \in G$, ist genau dann beste φ-Approximationsfolge von x_i, $i = 1, 2, ..., n$, durch Elemente von G, wenn es lineare Funktionale $g_i \in E^*$, $||g_i|| \leqq 1$, $i \in I$, und einen nichtnegativen n-dimensionalen Vektor $(\alpha_1, ..., \alpha_n) \in \Omega(\varphi, Q^n, \{t^{(k)}\})$ gibt mit*

$$t^{(k)} = (||x_1 - x^{(k)}||, ||x_2 - x^{(k)}||, ..., ||x_n - x^{(k)}||) ,$$

so daß gilt

$$\lim_{k\to\infty} [||x_i - x^{(k)}|| - g(x^{(k)} - x_i)] = 0 , \quad i \in I , \tag{1.4}$$

$$\inf_{x \in G} \left[\sum_{i=1}^{n} \alpha_i \operatorname{Re} \{g_i(x)\} \right] = \lim_{k\to\infty} \left[\sum_{i=1}^{n} \alpha_i \operatorname{Re}\{g_i(x^{(k)})\} \right] , \tag{1.5}$$

mit $I = \{i: \alpha_i > 0\}$.

Beweis: 1. Es sei E' der durch E erzeugte reelle BANACH-Raum. Nach Voraussetzung erfüllen die Funktionale g_i' mit $g_i'(x) = \mathrm{Re}\{g_i(x)\}$, $i = 1, 2, ..., n$, und der Vektor $(\alpha_1, ..., \alpha_n)$ die Bedingungen (2.6) und (2.7) aus Satz 7.7. Daher ist $\{x^{(k)}\}$ eine beste φ-Approximationsfolge.

2. Es sei $\{x^{(k)}\}$ eine beste φ-Approximationsfolge für das Problem $A(x_1, ..., x_n; G; \varphi)$. Weiter seien $x_i \in E'$, $i = 1, 2, ..., n$, und $G \subset E'$ konvex. Nach Satz 7.7 existieren Funktionale $g_i' \in (E')^*$ mit $||g_i'|| \leqq 1$, $i = 1, 2, ..., n$, und ein Vektor $(\alpha_1, ..., \alpha_n) \in \Omega(\varphi, E^n, \{t^{(k)}\})$, $\alpha_i \geqq 0$, $i = 1, 2, ..., n$, die den Bedingungen (2.6) und (2.7) aus Kapitel 7 genügen. Wir definieren Funktionale $g_i \in E^*$ durch die Beziehungen

$$\mathrm{Re}\{g_i(x)\} = g_i'(x), \quad x \in E, \quad i = 1, 2, ..., n .$$

Wegen (1.2) gilt $||g_i'|| = ||g_i||$. Somit erfüllen die Funktionale $g_i \in E^*$, $i = 1, 2, ..., n$, und der Vektor $(\alpha_1, ..., \alpha_n)$ alle Bedingungen des Satzes 10.2.

Damit ist der Satz bewiesen.

Die Aussage von Satz 7.4 läßt sich auf komplexe Probleme übertragen.

Satz 10.3: *Gegeben sei das Problem P_1 aus Kapitel 7, wobei E ein komplexer BANACH-Raum ist. Weiter seien $G \subset E$ eine m-dimensionale Menge und $\{x^*\}$, $x^* \in G$, eine Lösung von P_1. Dann existieren extremale Funktionale $g_i \in \Omega(f, S, x^*)$, $i = 1, 2, ..., r \leqq m + 1$, derart, daß jede Lösung von P_1 zugleich Lösung des folgenden Problems ist:*

$$f_r(x) = \max_{1 \leqq i \leqq r} [\mathrm{Re}\{g_i(x)\} + \tilde{f}_S(g_i)] \to \inf , \tag{1.6}$$

$$x \in G . \tag{1.7}$$

Außerdem gilt

$$\inf_{x \in G} f_r(x) = \inf_{x \in G} f(x) .$$

Beweis: Es sei E' der durch E erzeugte reelle BANACH-Raum. Ersetzt man in P_1 den BANACH-Raum E durch E', so erhält man ein Problem A. Die Folge $\{x^*\}$ ist offenbar auch eine Lösung von A. Nach Satz 7.4 existieren extremale Funktionale $g_i' \in \Omega(f, S, x^*) \subset (E')^*$, $i = 1, 2, ..., r \leqq m + 1$, so daß jede Lösung von A auch Lösung des folgenden Problems ist:

$$f_r(x) = \max_{1 \leqq i \leqq r} [g_i'(x) + \tilde{f}_S(g_i)] \to \inf, \tag{1.8}$$

$$x \in G . \tag{1.9}$$

Außerdem gilt

$$\inf_{x \in G} f_r(x) = \inf_{x \in G} f(x) . \tag{1.10}$$

Wir definieren nun Funktionale $g_i \in E^*$ durch

$$\mathrm{Re}\{g_i(x)\} = g_i'(x), \quad x \in E , \quad i = 1, 2, ..., r, \tag{1.11}$$

und zeigen, daß g_i, $i = 1, 2, \ldots, r$, extremale Funktionale von $\Omega(f, S, x^*) \subset E^*$ sind. Für

$$g_i = \alpha g_i^{(1)} + (1-\alpha) g_i^{(2)},\ 0 < \alpha < 1,\ g_i^{(1)}, g_i^{(2)} \in \Omega(f, S, x^*) \subset E^*, \tag{1.12}$$

folgt

$$g_i' = \alpha \bar{g}_i^{(1)} + (1-\alpha) \bar{g}_i^{(2)},$$

mit

$$\bar{g}_i^{(1)}(x) = \mathrm{Re}\{g_i^{(1)}(x)\}, \quad \bar{g}_i^{(2)}(x) = \mathrm{Re}\{g_i^{(2)}(x)\}.$$

Offensichtlich gilt

$$\bar{g}_i^{(1)}, \bar{g}_i^{(2)} \in \Omega(f, S, x^*) \subset (E')^*.$$

Da g_i' extremale Funktionale sind, folgt

$$g_i' = \bar{g}_i^{(1)} = \bar{g}_i^{(2)},$$

d. h.

$$\mathrm{Re}\{g_i(x)\} = \mathrm{Re}\{g_i^{(1)}(x)\} = \mathrm{Re}\{g_i^{(2)}(x)\}, \quad x \in E.$$

Nach Lemma 10.1 erhält man

$$g_i = g_i^{(1)} = g_i^{(2)},$$

d. h., g_i, $i = 1, 2, \ldots, r$, sind extremale Funktionale von $\Omega(f, S, x^*)$. Die Behauptung des Satzes ergibt sich nun aus (1.10) und aus der Äquivalenz der Probleme (1.8), (1.9) und (1.6), (1.7).

1.3. Es seien E, E_1 komplexe BANACH-Räume. Wir betrachten das konvexe Optimierungsproblem

P:
$$f(x) \to \sup, \tag{1.13}$$
$$\Phi(x) \geqq 0(G_1), \tag{1.14}$$
$$x \geqq 0(G). \tag{1.15}$$

Dabei sind $G \subset E$ eine konvexe Menge, $G_1 \subset E_1$ ein konvexer Kegel, $f\colon G \to E^1$, ein konkaves Funktional, $\Phi\colon G \to E_1$ ein konkaver Operator bezüglich G_1. Ein dem komplexen Problem P entsprechendes reelles Optimierungsproblem wurde ausführlich in den Kapiteln 2 bis 5 behandelt.

Wir definieren ein zu P duales Problem wie folgt:

D:
$$\psi(\lambda) \to \inf, \tag{1.16}$$
$$\psi(\lambda) = \sup_{x \in G} [f(x) + \mathrm{Re}\,\{\lambda(\Phi(x))\}], \tag{1.17}$$
$$\lambda \geqq 0(G_1^*), \tag{1.18}$$

wobei

$$G_1^* = \{\lambda \in E_1^*\colon \mathrm{Re}\{\lambda(y)\} \geqq 0 \text{ für } y \in G_1\}.$$

Alle Ergebnisse der Kapitel 2 und 3 lassen sich leicht auf den komplexen Fall übertragen. So kann beispielsweise ein verallgemeinerter Dualitätssatz für die obigen Probleme P und D angegeben werden, der Satz 2.5 entspricht. Wir übernehmen dazu die in Kapitel 2 eingeführten Bezeichnungen.

Satz 10.4: *Gegeben seien die zum komplexen konvexen Optimierungsproblem P gehörenden Probleme $\overline{P}$ und D. Es sei $\overline{R} \neq \emptyset$. Dann gilt die verallgemeinerte Dualitätsbeziehung*

$$\overline{v} = \tilde{v} . \tag{1.19}$$

Beweis: Es seien E' und E_1' die durch E bzw. E_1 erzeugten reellen BANACH-Räume. Ersetzt man im Problem P die BANACH-Räume E und E_1 durch E' bzw. E_1', so erhält man ein Problem A. Für das Supremum $\overline{v}_A$ von $\overline{A}$ gilt offenbar

$$\overline{v} = \overline{v}_A .$$

Das zu A duale Problem lautet

$$\psi(\lambda') = \sup_{x \in G} [f(x) + \lambda'(\Phi(x))]$$

mit

$$\lambda' \in G_1^* = \{\lambda' \in (E_1')^* : \lambda'(y) \geqq 0 \quad \text{für} \quad y \in G_1 \subset E_1'\} .$$

Es sei $\tilde{v}_A$ das Infimum dieses dualen Problems. Zu jedem $\lambda' \in G_1^* \subset (E_1')^*$ gibt es ein $\lambda \in G_1^* \subset E_1^*$ mit

$$\lambda'(\Phi(x)) = \operatorname{Re}\{\lambda(\Phi(x))\}, \quad x \in E . \tag{1.20}$$

Umgekehrt existiert auch zu jedem $\lambda \in G_1^* \subset E_1^*$ ein $\lambda' \in G_1^* \subset (E_1')^*$ mit (1.20). Daher gilt

$$\tilde{v}_A = \tilde{v} .$$

Wegen Satz 2.5 gilt $\overline{v}_A = \tilde{v}_A$ und damit die Beziehung (1.19).
Der Satz ist bewiesen.

In ähnlicher Weise können auch die in den Kapiteln 2 und 3 angegebenen Optimalitätskriterien für das komplexe Problem P formuliert werden. Eine dem Satz 3.15 entsprechende Aussage enthält der

Satz 10.5: *Gegeben seien die dualen komplexen Probleme P und D. Es sei $X = \{x^{(k)}\}$ eine zulässige Lösung von P mit $f(X) < \infty$.*

Wenn X Lösung von P ist, die Dualitätsbeziehung $v = \hat{v}$ gilt und in D das Infimum angenommen wird, dann gibt es ein Funktional $\lambda \in E_1^*$, $\lambda \geqq 0(G_1^*)$, so daß

$$\lim_{k \to \infty} [f(x^{(k)}) + \operatorname{Re}\{\lambda(\Phi(x^{(k)}))\}] = \sup_{x \in G} [f(x) + \operatorname{Re}\{\lambda(\Phi(x))\}], \tag{1.21}$$

$$\lim_{k \to \infty} \operatorname{Re}\{\lambda(\Phi(x^{(k)}))\} = 0 \tag{1.22}$$

gilt.

Existiert ein Funktional $\lambda \in E_1^*$, $\lambda \geqq 0(G_1^*)$, so daß (1.21) und (1.22) gelten, dann ist X Lösung von P.

Die Aussagen über die hyperbolischen Optimierungsprobleme aus Kapitel 6 können ebenfalls auf komplexe Probleme übertragen werden. Wir gehen darauf jedoch nicht näher ein.

1.4. An einem Beispiel zeigen wir, wie die Aussagen aus Kapitel 4, § 4, für komplexe Probleme formuliert werden können.

Dazu wird das dem Problem (4.7) — (4.9) aus Kapitel 4 entsprechende komplexe Optimierungsproblem

$$P_l: \qquad f(x) \to \sup\,, \tag{1.23}$$

$$Ax \leqq b(G_1)\,, \tag{1.24}$$

$$x \geqq 0(G)\,, \tag{1.25}$$

betrachtet. Die bei der Formulierung des Problems (4.7) — (4.9) gemachten Voraussetzungen seien erfüllt, wobei E, E_1 komplexe BANACH-Räume sein sollen.

Wir zeigen, daß das Problem

$$D_l': \qquad \tilde{f}_S(l) + \mathrm{Re}\{\lambda(b)\} \to \inf\,, \tag{1.26}$$

$$l \leqq A^*\lambda\,, \tag{1.27}$$

$$\lambda \geqq 0(G_1^*), \qquad l \in \tilde{S}_f\,, \tag{1.28}$$

äquivalent mit dem zu P_1 gehörenden dualen Problem D_l ist.

Es seien E' und E_1' die durch E bzw. E_1 erzeugten reellen BANACH-Räume. Wenn im Problem P_l die Räume E und E_1 durch E' bzw. E_1' ersetzt werden, so erhält man ein Problem A. Das duale Problem zu A besitzt die Gestalt (4.21) — (4.23) aus Kapitel 4 und ist äquivalent zu D_l'.

Ein dem Satz 4.17 entsprechendes Optimalitätskriterium für das komplexe Optimierungsproblem P_l enthält

Satz 10.6: *Gegeben seien die dualen komplexen Probleme P_l und D_l'. Es sei $X = \{x^{(k)}\}$ eine zulässige Lösung von P_1 mit $f(X) < \infty$.*

Gilt die Dualitätsbeziehung $v = \tilde{v}$ und wird das Infimum in D_l' angenommen, so ist X genau dann Lösung von P_l, wenn es Funktionale $l \in \Omega(f, S, \{x^{(k)}\})$ und λ mit $\lambda \geqq 0(G_1^*)$ gibt, so daß

$$l \leqq A^*\lambda(G^*)\,, \tag{1.29}$$

$$\lim_{k\to\infty} \mathrm{Re}\,\{l(x^{(k)}) - \lambda(A(x^{(k)}))\} = 0\,, \qquad \lim_{k\to\infty} \mathrm{Re}\{\lambda(A(x^{(k)})) - \lambda(b)\} = 0 \tag{1.30}$$

gilt.

Die Aussagen aus Kapitel 8 können ebenfalls ohne Schwierigkeiten auf komplexe Probleme übertragen werden, was man auf Grund der vorangegangenen Ausführungen leicht nachweisen kann.

§ 2. Komplexe Approximation durch verallgemeinerte Polynome mit Nebenbedingungen für die Koeffizienten

2.1. Wir untersuchen ein dem Problem P aus Kapitel 9 entsprechendes komplexes Approximationsproblem

$$P_k: \qquad \left\| x' - \sum_{j=1}^{n} d_j x_j \right\| \to \inf\,, \tag{2.1}$$

$$\sum_{j=1}^{n} d_j a_j(t) \in G(t), \quad t \in \mathcal{K}\,, \tag{2.2}$$

$$\sum_{j=1}^{n} d_j a_{ij} = b_i, \qquad i = 1, 2, \ldots, r\,. \tag{2.3}$$

Dabei sind $x', x_1, \ldots, x_n$ beliebige (aber feste) Elemente eines komplexen BANACH-Raumes E, $\mathcal{K}$ ein kompakter metrischer Raum, die Funktionale

$$a_j\colon \mathcal{K} \to C^1, \qquad j = 1, 2, \ldots, n\,,^{1)}$$

stetig und $x_1, x_2, \ldots, x_n$ sowie die Gleichungen in (2.3) linear unabhängig. $G(t)$, $t \in \mathcal{K}$, sei eine Familie konvexer abgeschlossener Gebiete der komplexen Ebene Π, deren Elemente stetig von t abhängen, d. h.:

$$\lim_{t' \to t} \varrho(z, G(t')) = \varrho(z, G(t)), \qquad z \in \Pi, \qquad t \in \mathcal{K}\,. \tag{2.4}$$

Dabei bedeutet $\varrho(z, G)$ der Abstand des Elementes z von der Menge G.

Für festes $t \in \mathcal{K}$ entspricht die Nebenbedingung (2.2) einer linearen Ungleichung bei reellen Problemen. Denn die Ungleichung

$$\sum_{j=1}^{n} d_j a_j(t) \geqq 0$$

kann in der Form

$$\sum_{j=1}^{n} d_j a_j(t) \in L^+$$

dargestellt werden, wobei $L^+ = \{x \in E^1\colon\ x \geqq 0\}$.

Somit kann P_k tatsächlich als komplexe Verallgemeinerung von Problem P aus Kapitel 9 angesehen werden.

Offenbar besitzt das Problem P_k ähnlich wie P aus Kapitel 9 die Eigenschaft c_1. Damit gilt für P_k und das zugehörige duale Problem die Dualitätsbeziehung $v = \tilde{v}$.

Hieraus folgt weiter für das Problem P_k ein Approximationskriterium, welches dem Satz 9.2 entspricht. Obwohl dieses Kriterium für beliebige Probleme P_k angegeben werden kann, verzichten wir auf die Formulierung.

Dafür geben wir für P_k ein schärferes, dem Satz 9.4 entsprechendes Kriterium an. Dabei setzen wir für P_k die folgende Eigenschaft C_k voraus, die der Eigenschaft c_3 aus Kapitel 8 analog ist: Es existiert ein Vektor $(d_1^{(0)}, d_2^{(0)}, \ldots, d_n^{(0)})$, der den Nebenbedingungen (2.2), (2.3) genügt, und für den $\sum_{j=1}^{n} d_j^{(0)}\, a_j^{(t)}$ für beliebige $t \in \mathcal{K}$ ein innerer Punkt von $G(t)$ ist.

Es sei $\Gamma(t)$ der Rand der Menge $G(t)$ und $z \in \Gamma(t)$ beliebig. Wir betrachten in z die zwei Halbtangenten bezüglich $G(t)$. Eine solche Halbtangente nennen wir rechte (linke) Halbtangente, wenn sie rechts (links) von einem von z aus in das Innere von $G(t)$ weisenden Vektor liegt.

---

[1]) Unter C^1 verstehen wir den eindimensionalen komplexen euklidischen Vektorraum.

Mit $n_1(z, t)$ bzw. $n_2(z, t)$ bezeichnen wir die inneren Normalen derjenigen Geraden, die durch eine linke bzw. rechte Halbtangente in z erzeugt werden.

Es sei

$$\beta'(z, t) = \arg n_1(z, t), \quad \beta''(z, t) = \arg n_2(z, t) .$$

Wir setzen wie in Kapitel 9, § 1,

$$\begin{aligned} h(g) &= (h'(g), 1) = (g(x_1), g(x_2), \dots, g(x_n), 1), \quad g \in E^* , \\ \bar{a}(t) &= (a(t), 0) = (a_1(t), a_2(t), \dots, a_n(t), 0), \quad t \in \mathcal{K} , \\ \bar{a}_i &= (a_i, 0) = (a_{i1}, a_{i2}, \dots, a_{in}, 0), \quad i = 1, 2, \dots, r , \end{aligned}$$

und nehmen wie bei reellen Problemen an, daß der Optimalwert von P_k positiv ist.

Satz 10.7: *Gegeben sei das Problem P_k mit der Eigenschaft C_k. Der Vektor $d^* = (d_1^*, d_2^*, \dots, d_n^*)$ genüge den Nebenbedingungen (2.2) und (2.3).*

Das Element $x^* = \sum_{j=1}^{n} d_j^* x_j$ ist genau dann bestes Approximationselement für P_k, wenn es extremale Funktionale $g_i \in E^*$ mit

$$g_i(x' - x^*) = ||x' - x^*||, \quad i = 1, 2, \dots, p \geqq 1 ,$$

und Elemente $t_i \in \mathcal{K}$ mit

$$\sum_{j=1}^{n} d_j^* a_j(t_i) = z_i \in \Gamma(t_i), \quad i = 1, 2, \dots, s ,$$

gibt, so daß

$$\sum_{i=1}^{p} \alpha_i h(g_i) + \sum_{i=1}^{s} \beta_i \bar{a}_i(t_i) + \sum_{i=1}^{r} \gamma_i \bar{a}_i = e_{n+1} \tag{2.5}$$

mit, $e_{n+1} = (0, 0, \dots, 0, 1)$,

$$\left.\begin{aligned} \alpha_i > 0, \; i = 1, 2, \dots, p, \quad |\beta_i| > 0 , \\ \beta'(z_i, t_i) \leqq -\arg \beta_i \leqq \beta''(z_i, t_i), \quad i = 1, 2, \dots, s; \end{aligned}\right\} \tag{2.6}$$

gilt, und das System der $(2n + 1)$-dimensionalen reellen Vektoren

$$\left.\begin{aligned} (\mathrm{Re}\{h'(g_i)\},\ \mathrm{Im}\{h'(g_i)\},\ 1), \\ (\mathrm{Re}\{\beta_i a(t_i)\},\ \mathrm{Im}\{\beta_i a(t_i)\},\ 0), \\ (\mathrm{Re}\{a_i\},\ \mathrm{Im}\{a_i\},\ 0), \quad (-\mathrm{Im}\{a_i\},\ \mathrm{Re}\{a_i\},\ 0) \end{aligned}\right\} \tag{2.7}$$

linear unabhängig ist.

Bevor wir diesen Satz beweisen, formulieren wir

Lemma 10.8: *Es seien $\mathcal{K}$ ein kompakter metrischer Raum, $G(t)$, $t \in \mathcal{K}$, eine Familie konvexer abgeschlossener Gebiete der komplexen Ebene Π, $G(t)$ stetig in $t \in \mathcal{K}$ im Sinne (2.4), z_0: $\mathcal{K} \to C^1$ stetig und $z_0(t)$ innerer Punkt von $G(t)$. Dann gibt es ein Funktional*

$$f\colon \mathcal{K} \times C^1 \to E^1 ,$$

das stetig und konkav in z bei festem $t \in \mathcal{K}$ ist, so daß

$$G(t) = \{z : f(t, z) \geqq 0\}, \qquad t \in \mathcal{K}, \tag{2.8}$$

$$f(t, z_0(t)) = 1, \qquad t \in \mathcal{K}, \tag{2.9}$$

gilt.

Beweis: 1. $G_1(t)$ gehe aus $G(t)$ durch eine Parallelverschiebung hervor, bei der $z_0(t)$ in $(0, 0)$ übergeht. Offenbar ist $G_1(t)$, $t \in \mathcal{K}$, stetig in t im Sinne von (2.4). Wir setzen

$$f_1(t, z) = \inf_{\delta \in Q(t,z)} \delta,$$

wobei

$$Q(t, z) = \left\{\delta \in E^1 : \delta > 0,\ \frac{z}{\delta} \in G_1(t)\right\},$$

$$f(t, z) = 1 - f_1(t, z - z_0(t)).$$

Nach Konstruktion genügt $f(t, z)$ den Bedingungen (2.8), (2.9). Wir zeigen, daß $f_1(t, z)$ bei festem $t \in \mathcal{K}$ konvex in z ist. Es sei

$$z = \alpha z' + (1 - \alpha) z'', \quad 0 \leqq \alpha \leqq 1; \quad \delta' \in Q(t, z'), \quad \delta'' \in Q(t, z'').$$

Wegen der Konvexität von $G_1(t)$ erhalten wir

$$\frac{z}{\alpha\delta' + (1-\alpha)\delta''} = \frac{\alpha z' + (1-\alpha)z''}{\alpha\delta' + (1-\alpha)\delta''} =$$

$$= \left[\frac{\alpha\delta'}{\alpha\delta' + (1-\alpha)\delta''}\left(\frac{z'}{\delta'}\right) + \frac{(1-\alpha)\delta''}{\alpha\delta' + (1-\alpha)\delta''}\left(\frac{z''}{\delta''}\right)\right] \in G_1(t).$$

Somit gilt für beliebige $\delta' \in Q(t, z')$, $\delta'' \in Q(t, z'')$

$$\alpha\delta' + (1-\alpha)\delta'' \in Q(t, z),$$

d. h.

$$f_1(t, z) \leqq \alpha f_1(t, z') + (1 - \alpha) f_1(t, z''). \tag{2.10}$$

Aus (2.10) folgt die Konkavität von f in z bei festem $t \in \mathcal{K}$.

2. Wir zeigen nun die Stetigkeit des Funktionals f und damit auch die von f_1 auf $\mathcal{K} \times C^1$. Aus der Annahme, daß f_1 in einem Punkt $(t, z) \in \mathcal{K} \times C^1$ nicht stetig ist, folgt die Existenz von Folgen

$$\{t_n\},\ t_n \in \mathcal{K},\ \{z_n\},\ z_n \in C^1, \qquad \text{mit} \qquad \lim_{n\to\infty} t_n = t, \qquad \lim_{n\to\infty} z_n = z$$

und

$$\tilde{f}_1 = \lim_{n\to\infty} f_1(t_n, z_n) \neq f_1(t, z).$$

Wir unterscheiden die beiden Fälle

a) $\tilde{f}_1 < f_1(t, z)$;

b) $\tilde{f}_1 > f_1(t, z)$.

a) Sei

$$\delta_n' \in Q(t_n, z_n), \quad \lim_{n\to\infty} \delta_n' = \tilde{f}_1.$$

Für

$$\delta_n = \max\left\{\delta_n', \frac{1}{2} f_1(t, z)\right\}$$

gilt

$$\delta_n \in Q(t_n, z_n)$$

und

$$\delta = \lim_{n\to\infty} \delta_n = \max\left\{\tilde{f}_1, \frac{1}{2} f_1(t, z)\right\} > 0 .$$

Wir betrachten den Punkt $z' = z/\delta$. Wegen $\delta < f_1(t, z)$ ist einerseits $z' \notin G_1(t)$ und damit $\varrho(z', G_1(t)) > 0$. Andererseits gilt

$$z_n' = \frac{z_n}{\delta_n} \to z', \, z' \in G_1(t_n) ,$$

und damit

$$\lim_{n\to\infty} \varrho(z', G_1(t_n)) = 0 .$$

Dies ist aber ein Widerspruch zu (2.4). Somit kann der Fall a) nicht auftreten.

b) Wir setzen $z' = z/\delta$ mit $\delta = \max\{f_1(t, z), (1/2)\tilde{f}_1\} > 0$. Offenbar ist $z' \in G_1(t)$. Zusammen mit $(0, 0) \in G_1(t)$ gehört wegen der Kompaktheit von $\mathcal{K}$ auch eine gewisse ϱ-Umgebung dieses Punktes zu $G_1(t)$. r ist dabei nicht von t abhängig. Daher gilt für $\gamma(t, z) \leqq \pi/2$

$$\sin\gamma(t, z) \geqq \frac{r}{|z|} ,$$

falls $\gamma(t, z)$ der Winkel zwischen einer Stützgeraden von $G_1(t)$ im Punkte $z \in \Gamma_1(t)$ und dem Ortsvektor von z ist. Dabei bezeichnen wir mit $\Gamma_1(t)$ den Rand von $G_1(t)$. Folglich gilt mit $z_c = cz$, $z \in \Gamma_1(t)$, $c > 1$,

$$\varrho(z_c, G_1(t)) \geqq (c - 1)r , \quad t \in \mathcal{K} . \tag{2.11}$$

Nach Definition von δ ist

$$\delta < \tilde{f}_1 . \tag{2.12}$$

Es sei

$$z_n' = \frac{z_n}{f_1(t_n, z_n)} , \quad z_n'' = \frac{z_n}{\delta} = \frac{f_1(t_n, z_n)}{\delta} z_n' .$$

Offensichtlich ist $z_n' \in \Gamma_1(t_n)$. Wegen (2.11), (2.12) erhält man für hinreichend großes n

$$\varrho(z_n'', G_1(t_n)) > \frac{1}{2}\left(\frac{\tilde{f}_1}{\delta} - 1\right) r > 0 .$$

Hieraus folgt unter Berücksichtigung von $z_n'' \to z'$

$$\varliminf_{n\to\infty} \varrho(z', G_1(t_n)) = \varliminf_{n\to\infty} \varrho(z_n'', G_1(t_n)) > 0 .$$

Wegen $z' \in G_1(t)$ ist $\varrho(z', G_1(t)) = 0$, im Widerspruch zu (2.4). Damit kann auch der Fall b) nicht eintreten. Folglich ist f_1 ein auf $\mathcal{K} \times C^1$ stetiges Funktional. Damit ist das Lemma vollständig bewiesen.

2.2. **Beweis von Satz 10.7:** 1. Es sei f_t mit $f_t(z) = f(t, z)$ ein Funktional, das die in Lemma 10.8 genannten Eigenschaften besitzt. Wegen (2.8) kann die Nebenbedingung (2.2) von P_k in folgender Weise geschrieben werden:

$$f(t, z) \geqq 0, \quad z = \sum_{j=1}^{n} d_j a_j(t), \quad t \in \mathcal{K}. \tag{2.13}$$

Das Gleichungssystem (2.3) besitzt eine äquivalente reelle Darstellung

$$\left.\begin{aligned} &\sum_{j=1}^{n} [d_j' \operatorname{Re}\{a_{kj}\} - d_j'' \operatorname{Im}\{a_{kj}\}] = b_k', \quad k = 1, 2, \ldots, r, \\ &\sum_{j=1}^{n} [d_j' \operatorname{Im}\{a_{kj}\} + d_j'' \operatorname{Re}\{a_{kj}\}] = b_k'', \quad k = 1, 2, \ldots, r, \end{aligned}\right\} \tag{2.14}$$

mit

$$d_j' + i d_j'' = d_j, \qquad b_k' + i b_k'' = b_k.$$

Daher ist P_k äquivalent zu folgendem reellen konvexen Optimierungsproblem:

$$\left\| x' - \sum_{j=1}^{n} d_j x_j \right\| \to \inf$$

unter den Nebenbedingungen (2.13), (2.14).

Da dieses Problem die Eigenschaft C_k besitzt und die Bedingung (2.9) erfüllt ist, genügt das Problem auch der verallgemeinerten Slaterbedingung.

Sei E^{2n} der $2n$-dimensionale Raum der reellen Vektoren

$$d = (d_1', d_1'', \ldots, d_n', d_n'').$$

Wir setzen

$$\tilde{f}_t(d) = \tilde{f}(t, d) = f\left(t, \sum_{j=1}^{n} d_j a_j(t)\right).$$

Nach Satz 4.7 wird die allgemeine Form der Elemente $l \in \Omega(\tilde{f}_t, H^{2n}, d^*)$ durch

$$l(d) = \lambda_1 \operatorname{Re}\left\{\sum_{j=1}^{n} d_j a_j(t)\right\} + \lambda_2 \operatorname{Im}\left\{\sum_{j=1}^{n} d_j a_j(t)\right\} \tag{2.15}$$

mit

$$(\lambda_1, \lambda_2) \in \Omega(f_t, \Pi, z_t^*), \qquad z_t^* = \sum_{j=1}^{n} d_j^* a_j(t) \tag{2.16}$$

definiert. Setzt man $\lambda = \lambda_1 + i\lambda_2$, so kann statt (2.15)

$$l(d) = \sum_{j=1}^{n} [d_j' \operatorname{Re}\{\bar{\lambda} a_j(t)\} - d_j'' \operatorname{Im}\{\bar{\lambda} a_j(t)\}] \tag{2.17}$$

geschrieben werden. Für $z_t^* \in \Gamma(t)$ ist (2.16) mit

$$\beta'(z_t^*, t) \leqq \arg \lambda \leqq \beta''(z_t^*, t), \quad \operatorname{Re}\{\bar{\lambda}(z_0(t) - z_t^*)\} = 1 \tag{2.18}$$

äquivalent. Wir setzen

$$f(d) = \left\| x' - \sum_{j=1}^{n} d_j x_j \right\| .$$

Für die allgemeine Form eines Elementes $l \in \Omega(f, E^{2n}, d^*)$ folgt

$$l(d) = - \sum_{j=1}^{n} [\mathrm{Re}\{g(x_j)\}\, d_j' - \mathrm{Im}\{g(x_j)\}\, d_j''] . \tag{2.19}$$

Dabei ist g ein Stützfunktional für $||x' - x||$ im Punkt $x^* = \sum_{j=1}^{n} d_j^* x_j$ und genügt damit (wegen (1.2), (1.3)) den Bedingungen

$$||g|| \leqq 1 , \; g(x' - x^*) = ||x' - x^*|| . \tag{2.20}$$

Weiterhin gilt

$$\gamma_k' \sum_{j=1}^{n} [d_j' \,\mathrm{Re}\,\{a_{kj}\} - d_j'' \,\mathrm{Im}\,\{a_{kj}\}] - \gamma_k'' \sum_{j=1}^{n} [d_j' \,\mathrm{Im}\,\{a_{kj}\} + d_j'' \,\mathrm{Re}\,\{a_{kj}\}]$$
$$= \sum_{j=1}^{n} [d_j' \,\mathrm{Re}\,\{\gamma_k a_{kj}\} - d_j'' \,\mathrm{Im}\,\{\gamma_k a_{kj}\}] , \quad \gamma_k = \gamma_k' + i\gamma_k'' . \tag{2.21}$$

2. Die im Satz genannten Bedingungen (2.5), (2.6) sind hinreichend. Für $\sum_{i=1}^{p} \alpha_i = 1$, $\alpha_i > 0$, genügt $g = \sum_{i=1}^{p} \alpha_i g_i$ den Bedingungen (2.20). Folglich wird durch (2.19) für $g = \sum_{i=1}^{p} \alpha_i g_i$ ein Funktional $l \in \Omega(f, E^{2n}, d^*)$ definiert. Auf Grund der Voraussetzungen des Satzes und wegen (2.17), (2.18) existiert ein $\delta_1 > 0$, so daß $l_i \colon E^{2n} \to E^1$ mit

$$\left.\begin{array}{l} l_i(d) = \delta_1 \sum_{j=1}^{n} [d_j' \,\mathrm{Re}\,\{\beta_i a_j(t_i)\} - d_j'' \,\mathrm{Im}\,\{\beta_i a_j(t_i)\}] \\ \text{ein Stützfunktional von } \tilde{f}(t_i, d) \text{ im Punkt } d^* \text{ ist.} \end{array}\right\} \tag{2.22}$$

Aus (2.19), (2.21), (2.22) und der Gleichung (2.5) folgt, daß das Stützfunktional von $f(d)$ in d^* als Summe einer nichtnegativen Linearkombination von Stützfunktionalen l_i von $\tilde{f}(t_i, d)$, $i = 1, 2, \ldots, s$, in d^* und einer Linearkombination von Funktionalen, die durch die linken Seiten von (2.14) definiert sind, dargestellt werden kann. Nach Satz 4.23 ist der Vektor d^* erzeugendes Element einer Lösung des Problems (2.1), (2.13), (2.14), und damit ist

$$x^* = \sum_{j=1}^{n} d_j^* x_j$$

bestes Approximationselement für P_k.

3. Wir zeigen nun, daß die Bedingungen (2.5), (2.6) auch notwendig sind. Es sei

$$x^* = \sum_{j=1}^{n} d_j^* x_j$$

ein bestes Approximationselement für P_k. Aus Satz 10.3 folgt unter Beachtung von (1.2), (1.3) die Existenz extremaler Funktionale g_i, $i = 1, 2, \ldots, \bar{p} \geqq 1$, mit $g_i(x' - x^*) = ||x' - x^*||$ derart, daß $\{x^*\}$ Lösung des Problems

$$f(d) = \max_{1 \leqq i \leqq \bar{p}} \operatorname{Re} \left\{ g_i \left(x' - \sum_{j=1}^{n} d_j x_j \right) \right\} \to \inf$$

unter den Nebenbedingungen (2.13), (2.14) ist. Dabei gilt $d = (d_1', d_1'', \ldots, d_n', d_n'')$.

Dieses Problem kann in folgender Form geschrieben werden:

$$v \to \inf ,$$

$$v + \sum_{j=1}^{n} [d_j' \operatorname{Re} \{g_i(x_j)\} - d_j'' \operatorname{Im}\{g_i(x_j)\}] \geqq \operatorname{Re} \{g_i(x')\} , \quad i = 1, 2, \ldots, \bar{p} , \tag{2.24}$$

und (2.13), (2.14).

Wendet man Satz 4.23 (Notwendigkeit) und Lemma 9.17 in gleicher Weise an wie beim Beweis von Satz 9.16, so folgt die Existenz von Elementen $t_i \in \mathcal{K}$ mit $f(t_i, d^*) = 0$, $i = 1, 2, \ldots, s$, und Zahlen $\alpha_i > 0$, $i = 1, 2, \ldots, p \leqq \bar{p}$; $\beta_i' > 0$, $i = 1, 2, \ldots, s$; γ_i', γ_i'', $i = 1, 2, \ldots, r$, so daß

$$\sum_{i=1}^{p} \alpha_i l_i^{(1)} + \sum_{i=1}^{s} \beta_i' l_i^{(2)} + \sum_{i=1}^{r} \gamma_i' l_i' - \sum_{i=1}^{r} \gamma_i'' l_i'' = 0 , \quad \sum_{i=1}^{p} \alpha_i = 1 , \tag{2.25}$$

mit

$$l_i^{(1)} = (\operatorname{Re} \{g_i(x_1)\}, \; - \operatorname{Im} \{g_i(x_1)\}, \ldots, \operatorname{Re}\{g_i(x_n)\} , \; - \operatorname{Im} \{g_i(x_n)\}), \quad i = 1, 2, \ldots, p;$$

$$l_i' = (\operatorname{Re} \{a_{i1}\} \; - \operatorname{Im} \{a_{i1}\}, \ldots, \operatorname{Re} \{a_{in}\} \; - \operatorname{Im} \{a_{in}\}), \quad i = 1, 2, \ldots, r,$$

$$l_i'' = (\operatorname{Im} \{a_{i1}\}, \operatorname{Re} \{a_{i1}\}, \ldots, \operatorname{Im} \{a_{in}\}, \operatorname{Re} \{a_{in}\}) , \quad i = 1, 2, \ldots, r ,$$

gilt.

Dabei ist $l_i^{(2)}$ ein $2n$-dimensionaler Vektor, der ein Stützfunktional von $\tilde{f}(t_i, d)$ in d^*, $i = 1, 2, \ldots, s$, erzeugt. Außerdem bilden die Vektoren

$$(l_i^{(1)}, 1), \; (l_i^{(2)}, 0), \; (l_i', 0), \; (l_i'', 0)$$

ein linear unabhängiges Vektorsystem (diese Aussage ist mit (2.7) äquivalent).

Berücksichtigt man (2.17), (2.18), (2.21), so kann (2.25) in folgender äquivalenter Form geschrieben werden:

$$\sum_{i=1}^{p} \alpha_i g_i(x_j) + \sum_{i=1}^{s} \beta_i' \lambda_i a_j(t_i) + \sum_{i=1}^{r} \gamma_i a_{ij} = 0 , \quad j = 1, 2, \ldots, n; \quad \sum_{i=1}^{p} \alpha_i = 1 , \tag{2.26}$$

wobei

$$\alpha_i > 0, \quad \beta_i' > 0, \quad \beta'(z_i, t_i) \leqq - \arg \lambda_i \leqq \beta''(z_i, t_i) , \qquad z_i = \sum_{j=1}^{n} d_j^* a_j(t_i) ,$$

$$\gamma_k = \gamma_k' + i\gamma_k'' ,$$

und dies ist für $\beta_i = \beta_i' \lambda_i$ äquivalent mit (2.5), (2.6).

Damit ist der Satz bewiesen.

2.3. Aus Satz 10.7 ergibt sich eine dem Satz 9.6 entsprechende Aussage für das Problem P_k. Der Beweis verläuft wie der von Satz 9.6 und wird daher weggelassen.

Satz 10.9: *Gegeben sei das Problem P_k mit der Eigenschaft C_k. Dann existieren extremale Funktionale g_i, $i = 1, 2, \ldots, p$, $p \geqq 1$, Elemente $t_i \in \mathcal{K}$, $z_i \in \Gamma(t_i)$, $i = 1, 2, \ldots, s$, und Zahlen λ_i mit $|\lambda_i| > 0$, $\beta'(z_i, t_i) \leqq -\arg \lambda_i \leqq \beta''(z_i, t_i)$, $i = 1, 2, \ldots, s$, so daß jedes beste Approximationselement für P_k zugleich Lösung des folgenden Problems ist:*

$$\max_{1 \leqq i \leqq p} \operatorname{Re} \left\{ g_i \left(x' - \sum_{j=1}^{n} d_j x_j \right) \right\} \to \inf\,, \tag{2.27}$$

$$\operatorname{Re} \left\{ \lambda_i \sum_{j=1}^{n} d_j a_j(t_i) \right\} \geqq \operatorname{Re}\{\lambda_i z_i\}, \quad i = 1, 2, \ldots, s, \tag{2.28}$$

$$\sum_{j=1}^{n} d_j a_{ij} = b_i, \quad i = 1, 2, \ldots, r\,. \tag{2.29}$$

Außerdem stimmen die Optimalwerte von (2.1) und (2.27) überein, und es gilt

$$p + s \leqq 2(n - r) + 1\,.$$

2.4. Es sei T ein kompakter metrischer Raum und $E = \tilde{C}(T)$ der Raum der auf T stetigen komplexwertigen Funktionen. Wir betrachten das aus dem Problem P_k hervorgehende TSCHEBYSCHEW-Problem

P_T:
$$\max_{\tau \in T} \left| \varphi'(\tau) - \sum_{j=1}^{n} d_j \varphi_j(\tau) \right| \to \inf\,, \tag{2.30}$$

$$\sum_{j=1}^{n} d_j a_j(t) \in G(t)\,, \quad t \in \mathcal{K}\,, \tag{2.31}$$

$$\sum_{j=1}^{n} d_j a_{ij} = b_i\,, \quad i = 1, 2, \ldots, r\,. \tag{2.32}$$

Dabei ist $\varphi' \in \tilde{C}(T)$, $\varphi_j \in \tilde{C}(T)$, $j = 1, 2, \ldots, n$, und die Nebenbedingungen (2.31), (2.32) stimmen mit den Nebenbedingungen (2.2), (2.3) überein.

Das Problem P_T ist die komplexe Verallgemeinerung des Problems P_T aus Kapitel 9.

Bekanntlich ist die allgemeine Gestalt eines extremalen Funktionals $g \in \tilde{C}^*(T) = \tilde{V}(T)$ durch

$$g(\varphi) = \alpha \varphi(\tau)\,, \quad \varphi \in \tilde{C}(T)\,,$$

gegeben, wobei τ ein festes Element aus T ist und $|\alpha| = 1$ gilt.

Es sei $g_{\tau,\lambda}(\varphi) = \lambda \varphi(\tau)$. Erfüllt ein extremales Funktional $g_{\tau,\lambda}$ die zusätzliche Bedingung

$$g_{\tau,\alpha}(\varphi^*) = ||\varphi^*||\,, \quad ||\varphi^*|| \neq 0\,,$$

dann gilt

$$||\varphi^*|| = \max_{\tau' \in T} |\varphi^*(\tau')|\,, \qquad \lambda = \frac{\overline{\varphi}^*(\tau)}{||\varphi^*||}\,.$$

Aus Satz 10.7 folgt unter Berücksichtigung der eben gemachten Bemerkungen das folgende Approximationskriterium für das Problem P_T. Dazu setzen wir

$$\overline{\Phi}_\lambda(\tau) = (\lambda\Phi(\tau), 1) = \left(\lambda\varphi_1(\tau), \lambda\varphi_2(\tau), \ldots, \lambda\varphi_n(\tau), 1\right), \quad \tau \in T.$$

Satz 10.10: *Gegeben sei das Problem P_T mit der Eigenschaft C_k. Es sei $d^* = (d_1^*, d_2^*, \ldots, d_n^*)$ ein Vektor, der den Nebenbedingungen (2.31), (2.32) genügt. Das Element*

$$\varphi^*(\tau) = \sum_{j=1}^{n} d_j^* \varphi_j(\tau), \quad \tau \in T,$$

ist genau dann bestes Approximationselement für das Problem P_T, wenn es Elemente $\tau_i \in T$ mit

$$|\varphi'(\tau_i) - \varphi^*(\tau_i)| = \max_{\tau \in T} |\varphi'(\tau) - \varphi^*(\tau)|, \quad i = 1, 2, \ldots, p \geqq 1,$$

und Elemente

$$t_i \in \mathcal{K}, \quad \sum_{j=1}^{n} d_j^* a_j(t_i) = z_i \in \Gamma(t_i), \quad i = 1, 2, \ldots, s,$$

gibt, so daß

$$\sum_{i=1}^{p} \alpha_i \overline{\Phi}_{\lambda_i}(\tau_i) + \sum_{i=1}^{s} \beta_i \overline{a}(t_i) + \sum_{i=1}^{r} \gamma_i \overline{a}_i = e_{n+1}, \tag{2.33}$$

mit

$$e_{n+1} = (0, 0, \ldots, 0, 1);$$

$$\left.\begin{array}{ll} \alpha_i > 0, \quad \arg\lambda_i = -\arg[\varphi'(\tau_i) - \varphi^*(\tau_i)], & |\lambda_i| = 1, \\ \qquad i = 1, 2, \ldots, p, & \\ \beta'(z_i, t_i) \leqq -\arg\beta_i \leqq \beta''(z_i, t_i), & |\beta_i| > 0, \\ \qquad i = 1, 2, \ldots, s, & \end{array}\right\} \tag{2.34}$$

gilt, und das System der $(2n+1)$-dimensionalen reellen Vektoren

$$\left.\begin{array}{l} \left(\mathrm{Re}\,\{\lambda_i\Phi(\tau_i)\}, \mathrm{Im}\,\{\lambda_i\Phi(\tau_i)\}, 1\right), \left(\mathrm{Re}\,\{\beta_i a(t_i)\}, \mathrm{Im}\,\{\beta_i a(t_i)\}, 0\right), \\ (\mathrm{Re}\,\{a_i\}, \mathrm{Im}\,\{a_i\}, 0), (-\mathrm{Im}\,\{a_i\}, \mathrm{Re}\,\{a_i\}, 0) \end{array}\right\} \tag{2.35}$$

linear unabhängig ist.

Falls der Vektor $d = (d_1, d_2, \ldots, d_n)$ keinen Nebenbedingungen unterliegt, erhält man aus Satz 10.10 ein Approximationskriterium von Remes [52].

§ 3. Ein Unitätssatz für Tschebyschew-Approximation in komplexen Banach-Räumen

Im folgenden untersuchen wir einen dem Satz 9.14 entsprechenden Unitätssatz für komplexe Tschebyschew-Approximation mit Nebenbedingungen.

Von Kolmogorow [38] wurde ein Unitätssatz für Tschebyschew-Approximation angegeben. Der folgende Satz 10.11 ist eine Verallgemeinerung dieses Satzes von Kolmogorow auf Probleme mit Nebenbedingungen.

Es sei $\tilde{G}(t)$, $t \in \mathcal{K}$, eine stetige Funktion von beschränkten, abgeschlossenen, konvexen Gebieten, für die also der Rand der Menge $\tilde{G}(t)$ für jedes $t \in \mathcal{K}$ aus Punkten dieser Menge besteht. Wir setzen voraus, daß das TSCHEBYSCHEW-Approximationsproblem für die Familie $\tilde{G}(t)$, $t \in \mathcal{K}$, die Eigenschaft C_k besitzt.

Wir sagen, daß die stetige Familie von Gebieten $G(t)$, $t \in \mathcal{K}$, zur Menge $I(\tilde{G})$ gehört und schreiben dafür

$$\{G(t), t \in \mathcal{K}\} \in I(\tilde{G}),$$

wenn gilt:

a) für beliebiges $t \in \mathcal{K}$ geht das Gebiet $G(t)$ aus $\tilde{G}(t)$ durch Parallelverschiebung hervor,

b) für die Familie $G(t)$, $t \in \mathcal{K}$, besitzt das Problem bester TSCHEBYSCHEW-Approximation die Eigenschaft C_k.

Satz 10.11: *Gegeben sei das Problem P_T mit der Eigenschaft C_k. Es sei $\varphi': T \to C^1$ stetig und $\{G(t), t \in \mathcal{K}\} \in I(\tilde{G})$. P_T besitzt genau dann ein eindeutig bestimmtes bestes Approximationselement, wenn die folgende Bedingung gilt: Für beliebige Elemente $\tau_i \in T$, $i = 1, 2, \ldots, p \geqq 1$, $t_i \in \mathcal{K}$, $i = 1, 2, \ldots, s$, ist das Vektorsystem*

$$\Phi(\tau_i), \quad i = 1, 2, \ldots, p; \qquad a(t_i), \quad i = 1, 2, \ldots, s; \qquad a_i, \quad i = 1, 2, \ldots, r,$$

linear unabhängig, falls die letzten $s + r$ Vektoren linear unabhängig sind und $s + r \geqq 1$, $p + s + r \leqq n$ gilt.

Beweis: 1. Seien die Bedingungen aus Satz 10.11 erfüllt und $\varphi^*(\tau) = \sum_{j=1}^{n} d_j^* \varphi_j(\tau)$, $\tau \in T$, bestes Approximationselement in P_T. Dabei ist φ' stetig auf T, $\{G(t), t \in \mathcal{K}\} \in I(\tilde{G})$. Nach Satz 10.10 existieren Elemente

$$\tau_i \in T, \quad |\varphi'(\tau_i) - \varphi^*(\tau_i)| = \max_{\tau \in T} |\varphi'(\tau) - \varphi^*(\tau)| = v^*,$$

$$i = 1, 2, \ldots, \quad p \geqq 1;$$

$$t_i \in \mathcal{K}, \quad \sum_{j=1}^{n} d_j^* a_j(t_i) = z_i^* \in \Gamma(t_i), \qquad i = 1, 2, \ldots, s,$$

die die Bedingungen (2.33)—(2.35) erfüllen.

Für die Matrix Q, die aus den Spaltenvektoren

$$\bar{\Phi}_{\lambda i}(\tau_i), \quad i = 1, 2, \ldots, p; \qquad \bar{a}(t_i), \quad i = 1, 2, \ldots, s; \qquad \bar{a}_i, \quad i = 1, 2, \ldots, r,$$

gebildet wird, ist der Rang von Q gleich $n + 1$ und damit gleich der Zeilenanzahl. Im anderen Falle erhält man nämlich aus (2.33)

$$\sum_{k=1}^{p'} z_k' \bar{\Phi}_{\lambda i_k}(\tau_{i_k}) + \sum_{k=1}^{s'} z_k'' \bar{a}(t_{i_k}) + \sum_{k=1}^{r} z_k''' \bar{a}_i = e_{n+1} \tag{3.1}$$

mit $p' + s' + r \leqq n$. Die in (3.1) stehenden Vektoren $\overline{\Phi}_{\lambda_{i_k}}(\tau_{i_k})$, $\overline{a}(t_{i_k})$, $\overline{a}_i$ sind linear unabhängig im Widerspruch zur Voraussetzung. Für

$$\bar{d}^* = (d_1^*, d_2^*, \ldots, d_n^*, v^*) ,$$

$$c = \big(\lambda_1\varphi'(\tau_1), \ldots, \lambda_p\varphi'(\tau_p) \, , \; z_1^*, \ldots, z_s^* \, , \; b_1, \ldots, b_r\big)$$

gilt

$$\bar{d}^*Q = c \, . \tag{3.2}$$

Es sei $\varphi(\tau) = \sum_{j=1}^{n} d_j\varphi_j(\tau), \tau \in T$, ein beliebiges bestes Approximationselement für P_T mit

$$\bar{d}Q = c \, , \tag{3.3}$$

wobei $\bar{d} = (d, v^*) = (d_1, d_2, \ldots, d_n, v^*)$.

Aus der linearen Unabhängigkeit der Zeilen von Q und aus (3.2), (3.3) erhalten wir

$$d^* = d \, , \qquad \text{d. h.} \qquad \varphi^*(\tau) = \varphi(\tau) \, .$$

Somit genügt es, die Gültigkeit von (3.3) zu zeigen. Aus

$$|\varphi'(\tau_i) - \varphi(\tau_i)| \leqq v^*$$

folgt

$$\operatorname{Re}\left\{\lambda_i \sum_{j=1}^{n} d_j\varphi_j(\tau_i)\right\} + v^* \geqq \operatorname{Re}\{\lambda_i\varphi'(\tau_i)\} \, , \qquad i = 1, 2, \ldots, p \, . \tag{3.4}$$

Wegen (2.34) liegt $G(t_i)$ in der Halbebene

$$\operatorname{Re}\{\beta_i(z - z_i^*)\} \geqq 0 \, . \tag{3.5}$$

Folglich gilt

$$\operatorname{Re}\left\{\beta_i \sum_{j=1}^{n} d_j a_j(t_i)\right\} \geqq \operatorname{Re}\{\beta_i z_i^*\} \, , \qquad i = 1, 2, \ldots, s \, . \tag{3.6}$$

Außerdem ist offensichtlich

$$\operatorname{Re}\left\{\gamma_i \sum_{j=1}^{n} d_i a_{ij}\right\} = \operatorname{Re}\{\gamma_i b_i\}, \qquad i = 1, 2, \ldots, r \, . \tag{3.7}$$

Ersetzt man in (3.4) und (3.6) d durch d^*, so gehen diese Beziehungen in Gleichungen über. Hieraus und aus (3.7) und (2.33) erhält man

$$v^* = \sum_{i=1}^{p} \alpha_i \operatorname{Re}\{\lambda_i\varphi'(\tau_i)\} + \sum_{i=1}^{s} \operatorname{Re}\{\beta_i z_i^*\} + \sum_{i=1}^{r} \operatorname{Re}\{\gamma_i b_i\} \, . \tag{3.8}$$

Ist eine der Beziehungen (3.4) und (3.6) als strenge Ungleichung erfüllt, so kann man unter erneuter Anwendung von (2.33) zeigen, daß v^* größer ist als die rechte Seite von (3.8) im Widerspruch zur Definition von v^*.

Deshalb gelten die Gleichungen

$$\operatorname{Re}\left\{\lambda_i \sum_{j=1}^{n} d_j\varphi_j(\tau_i)\right\} + v^* = \operatorname{Re}\{\lambda_i\varphi'(\tau_i)\} \, , \qquad i = 1, 2, \ldots, p \, , \tag{3.9}$$

$$\operatorname{Re}\left\{\beta_i \sum_{j=1}^{n} d_j a_j(t_i)\right\} = \operatorname{Re}\{\beta_i z_i^*\} \, , \qquad i = 1, 2, \ldots, s \, . \tag{3.10}$$

Für $\delta_i = \operatorname{Im}\{\lambda_i[\varphi'(\tau_i) - \varphi(\tau_i)]\} \neq 0$ gilt unter Berücksichtigung von (3.9)

$$|\varphi'(\tau_i) - \varphi(\tau_i)| = \sqrt{(v^*)^2 + \delta_i^2} > v^* .$$

Dies widerspricht der Wahl von $\varphi(\tau)$ als bestem Approximationselement.

Folglich hat man

$$\lambda_i \sum_{j=1}^{n} d_j\varphi_j(\tau_i) + v^* = \lambda_i\varphi'(\tau_i) , \qquad i = 1, 2, \dots, p . \tag{3.11}$$

Da jeder Randpunkt des Gebietes $G(t_i)$ auch Extremalpunkt dieses Gebietes ist, besitzen der Rand der Halbebene (3.5) und das Gebiet $G(t_i)$ genau einen gemeinsamen Punkt z_i^*. Aus (3.10) folgt wegen $\sum_{j=1}^{n} d_j a_j(t_i) \in G(t_i)$

$$\sum_{j=1}^{n} d_j a_j(t_i) = z_i^* , \qquad i = 1, 2, \dots, s . \tag{3.12}$$

Die Vektorgleichung (3.3), die äquivalent ist mit den skalaren Gleichungen (3.11), (3.12) und (2.32), ist damit bewiesen.

2. Es seien die Bedingungen des Satzes nicht erfüllt. Dann existieren Elemente $\tau_i \in T$, $i = 1, 2, \dots, p$; $t_i \in \mathcal{K}$, $i = 1, 2, \dots, s$, mit

$$\left.\begin{aligned} &\sum_{i=1}^{p} \alpha_i'\Phi(\tau_i) + \sum_{i=1}^{s} \beta_i a(t_i) + \sum_{i=1}^{r} \gamma_i a_i = 0 , \\ &\sum_{i=1}^{p} |\alpha_i'| = 1 , \quad |\alpha_i'| > 0 , \quad i = 1, 2, \dots, p , \end{aligned}\right\} \tag{3.13}$$

wobei

$$\varrho = p + s + r \leqq n . \tag{3.14}$$

Wir setzen

$$\alpha_i = |\alpha_i'| , \quad \lambda_i = \frac{\alpha_i'}{\alpha_i}, \qquad i = 1, 2, \dots, p .$$

Dann kann (3.13) in der Form

$$\sum_{i=1}^{p} \alpha_i\overline{\Phi}_{\lambda_i}(\tau_i) + \sum_{i=1}^{s} \beta_i\bar{a}(t_i) + \sum_{i=1}^{r} \gamma_i\bar{a}_i = e_{n+1} , \qquad \alpha_i > 0 , \tag{3.15}$$

geschrieben werden.

Wegen (3.14) ist der Rang der Matrix Q, die aus den Spaltenvektoren von (3.15) gebildet wird, nicht größer als n. O.B.d.A. sei die Anzahl der Vektoren $\Phi(\tau_i)$, $a(t_i)$ in (3.13) minimal. Deshalb sind die Spaltenvektoren von Q linear unabhängig; der Rang von Q ist also gleich ϱ. Daher besitzt das Gleichungssystem

$$\bar{d}Q = c \tag{3.16}$$

mit

$$\bar{d} = (d_1, d_2, \dots, d_n, v) , \qquad c = (c_1, c_2, \dots, c_\varrho)$$

für beliebiges c keine eindeutig bestimmte Lösung.

Wir wählen die Koordinaten des Vektors

$$c^{(0)} = (c_1^{(0)}, c_2^{(0)}, \ldots, c_\varrho^{(0)})$$

gemäß

$$c_{p+s+i}^{(0)} = b_i\,, \quad i = 1, 2, \ldots, r\,. \tag{3.17}$$

Dabei sei $c_{p+i}^{(0)}$ Randpunkt von $\tilde{G}(t_i)$ mit

$$\tilde{\beta}'(c_{p+i}^{(0)}, t_i) \leqq -\arg\beta_i \leqq \tilde{\beta}''(c_{p+i}^{(0)}, t_i)\,, \quad i = 1, 2, \ldots, s\,. \tag{3.18}$$

(Das Zeichen „$\sim$" bei $\tilde{\beta}'$ und $\tilde{\beta}''$ weist auf den Zusammenhang mit der Familie $G(t)$, $t \in \tilde{\mathcal{K}}$, hin.)

Ferner sei $c_i^{(0)} = \delta$, $i = 1, 2, \ldots, p$, wobei δ so gewählt wird, daß

$$v^{(0)} = \delta + \sum_{i=1}^{s} c_{p+i}^{(0)}\beta_i + \sum_{i=1}^{r} c_{p+s+i}^{(0)}\gamma_i > 0\,, \quad |\delta| > 0\,,$$

gilt.

Wir setzen in (3.16) $c = c^{(0)}$ und bezeichnen mit $\bar{d}^* = (d^*, v^*)$ und $\bar{d}' = (d', v')$ zwei voneinander verschiedene Lösungen des sich ergebenden Systems.

Wegen (3.15) und (3.16) gilt

$$v^* = v' = v^{(0)} > 0 \tag{3.19}$$

und damit

$$d^* \neq d'\,.$$

Sei nun $d^{(0)}$ eine Lösung des Gleichungssystems (2.32). Außerdem gehöre für jedes $t \in \mathcal{K}$ zusammen mit

$$z^{(0)}(t) = \sum_{j=1}^{n} d_j^{(0)} a_j(t) \in \tilde{G}(t)$$

auch eine gewisse ν-Umgebung, $\nu > 0$, zu $\tilde{G}(t)$. (Die Eigenschaft C_k sichert die Existenz des Vektors $d^{(0)}$.)

Wir setzen

$$\bar{d}^{**} = (d^{**}, v^{(0)}) = \bar{d}^* + \varepsilon(\bar{d}' - \bar{d}^*)\,,$$

wobei $\varepsilon > 0$ so gewählt wird, daß

$$\varepsilon \max_{\tau\in T} \left|\sum_{j=1}^{n} \varphi_j(\tau)\,(d_j' - d_j^*)\right| < 2v^{(0)}\,, \tag{3.20}$$

$$\varepsilon \max_{t\in\mathcal{K}} \left|\sum_{j=1}^{n} a_j(t)\,(d_j' - d_j^*)\right| < 2\nu \tag{3.21}$$

gilt.

Es seien $f\colon T \to C^1$ eine stetige Funktion mit

$$f(\tau_i) = \delta\bar{\lambda}_i\,, \quad i = 1, 2, \ldots, p\,;$$

$$\varphi^*(\tau) = \sum_{j=1}^{n} d_j^*\varphi_j(\tau)\,, \quad \varphi^{**}(\tau) = \sum_{j=1}^{n} d_j^{**}\varphi_j(\tau)\,,$$

$$\varphi(\tau) = \frac{1}{2}\,[\varphi^*(\tau) + \varphi^{**}(\tau)]$$

und $c(z, \delta)$ ein Kreis in der Ebene Π mit dem Mittelpunkt z und dem Radius δ.

Wegen (3.20) gilt

$$\delta(\tau) = v^{(0)} - \frac{1}{2} |\varphi^*(\tau) - \varphi^{**}(\tau)| > 0 . \tag{3.22}$$

Es sei ferner $c_\tau = c(f(\tau), \delta(\tau)), \tau \in T$, eine Familie von Kreisen in Π, und $z(\tau)$ sei durch

$$\min_{z \in c_\tau} |\varphi(\tau) - z| = |\varphi(\tau) - z(\tau)| , \quad z(\tau) \in c_\tau ,$$

erklärt. Da f, φ und δ stetige Funktionen sind, ist auch $z(\tau), \tau \in T$, stetig.

Aus (3.16) erhalten wir mit $c = c^{(0)}$

$$\varphi^*(\tau_i) = \varphi^{**}(\tau_i) = f(\tau_i) - \bar{\lambda}_i v^{(0)} , \quad i = 1, 2, ..., p ,$$

und wegen (3.22) folgt daraus $\varphi(\tau_i) \in c(f(\tau_i), \delta(\tau_i))$, d. h.

$$z(\tau_i) = \varphi(\tau_i) , \quad i = 1, 2, ..., p . \tag{3.23}$$

Die Funktion $\varphi' : T \to C^1$ mit

$$\varphi'(\tau) = f(\tau) + \varphi(\tau) - z(\tau) , \quad \tau \in T ,$$

ist offenbar stetig. Aus (3.16) mit $c = c^{(0)}$ und (3.23) folgt

$$\lambda_i(\varphi'(\tau_i) - \varphi^*(\tau_i)) = \lambda_i(\varphi'(\tau_i) - \varphi^{**}(\tau_i)) = v^{(0)} , \quad i = 1, 2, ..., p . \tag{3.24}$$

Für $\tau \in T$ gilt unter Berücksichtigung von (3.22)

$$|\varphi'(\tau) - \varphi^*(\tau)| \leqq |f(\tau) - z(\tau)| + \frac{1}{2} |\varphi^*(\tau) - \varphi^{**}(\tau)|$$

$$\leqq \delta(\tau) + \frac{1}{2} |\varphi^*(\tau) - \varphi^{**}(\tau)| = v^{(0)} .$$

Analog erhält man

$$|\varphi'(\tau) - \varphi^{**}(\tau)| \leqq v^{(0)} , \quad \tau \in T .$$

Somit ist

$$\max_{\tau \in T} |\varphi'(\tau) - \varphi^*(\tau)| = \max_{\tau \in T} |\varphi'(\tau) - \varphi^{**}(\tau)| = v^{(0)} . \tag{3.25}$$

Wir wählen jetzt eine geeignete Familie von Gebieten $\{G(t), t \in \mathcal{K}\} \in I(\widetilde{G})$. Es sei

$$z^*(t) = \sum_{j=1}^{n} d_j^* a_j(t) , \ z^{**}(t) = \sum_{j=1}^{n} d_j^{**} a_j(t), \ z_1(t) = \frac{1}{2} [z^*(t) + z^{**}(t)] , \ t \in \mathcal{K} ,$$

$$(z^*(t_i) = z^{**}(t_i) = z_1(t_i) = c_{p+i}^{(0)} , \quad i = 1, 2, ..., s) .$$

$\Delta' : \mathcal{K} \to E^1$ sei eine stetige Funktion mit

$$\Delta'(t_i) = 0 \quad \text{für} \quad i = 1, 2, ..., s ;$$

$$\Delta'(t) > 0 \quad \text{für} \quad t \neq t_i\,, \quad i = 1, 2, \ldots, s\,,$$

$$\max_{t \in \mathcal{K}} \Delta'(t) < \nu\,, \quad \Delta(t) = \max\left\{\Delta'(t),\ \frac{1}{2}|z^*(t) - z^{**}(t)|\right\};$$

$\widetilde{G}'(t)$ sei die Menge der Punkte z, die mit ihrer $\Delta(t)$-Umgebung zu $\widetilde{G}(t)$ gehören.

Es ist $\widetilde{G}'(t) \neq \emptyset$ für beliebiges $t \in \mathcal{K}$ wegen

$$z^{(0)}(t) = \sum_{j=1}^{n} d_j^{(0)} a_j(t) \in \widetilde{G}'(t), \quad t \in \mathcal{K}\,,$$

((3.21.) vgl.)

Der Punkt $z_2(t) \in \widetilde{G}'(t)$ sei definiert durch

$$\min_{z \in \widetilde{G}'(t)} |z_1(t) - z| = |z_1(t) - z_2(t)|\,.$$

Aus der Stetigkeit der Familie $\widetilde{G}(t)$, $t \in \mathcal{K}$, und aus der von $z^*(t)$, $z^{**}(t)$, $t \in \mathcal{K}$, folgt, daß $z_2(t)$ auch stetig auf $\mathcal{K}$ ist; außerdem gilt

$$z_2(t_i) = z_1(t_i)\,, \quad i = 1, 2, \ldots, s\,, \tag{3.26}$$

da wegen (3.18) und der Definition von $\Delta(t)$

$$z_1(t_i) \in \widetilde{G}(t_i) = \widetilde{G}'(t_i)\,, \quad i = 1, 2, \ldots, s\,,$$

gilt.

Das Gebiet $G(t)$ entstehe aus $\widetilde{G}(t)$ durch Parallelverschiebung mit dem Vektor

$$z_1(t) - z_2(t) = z_3(t)\,.$$

Aus der Stetigkeit von $z_3(t)$, $t \in T$, folgt, daß auch $G(t)$ stetig ist in $t \in \mathcal{K}$.

Wir zeigen nun, daß P_T die Eigenschaft C_k besitzt und betrachten dazu die Menge

$$E_\delta = \{t \in \mathcal{K} : \Delta(t) \leqq \delta\}\,.$$

Nach den Definitionen der Funktionen $z^{(0)}(t)$, $t \in T$, und $\Delta(t)$, $t \in T$, gehört im Falle $t \in E_{\delta_1}$ neben dem Punkt $z^{(0)}(t)$ auch seine $\nu/2$-Umgebung zu $G(t)$. Offenbar gehört für $t \notin E_{\delta_1}$ der Punkt $z_1(t)$ sowie seine δ_1-Umgebung zu $G(t)$. Außerdem ist $z_1(t) \in G(t)$ für beliebiges $t \in \mathcal{K}$. Daher ist für hinreichend kleines $\alpha > 0$ der Punkt $\alpha z^{(0)}(t) + (1 - \alpha)\, z_1(t)$ innerer Punkt von $G(t)$ für jedes $t \in \mathcal{K}$.

Unter Berücksichtigung der Definitionen von $z^{(0)}(t)$, $t \in T$, und $z_1(t)$, $t \in T$, besitzt P_T die Eigenschaft C_k.

Somit gilt

$$\{G(t), t \in \mathcal{K}\} \in I(\widetilde{G})\,.$$

Nach Konstruktion von $G(t)$, $t \in \mathcal{K}$, gehört mit dem Element $z_1(t)$ auch seine $1/2\,|z^*(t) - z^{**}(t)|$-Umgebung zu $G(t)$. Folglich hat man

$$z^*(t) \in G(t)\,, \quad z^{**}(t) \in G(t)\,, \quad t \in \mathcal{K}\,. \tag{3.27}$$

Wegen (3.26) gilt

$$G(t_i) = \widetilde{G}(t_i)\,, \quad i = 1, 2, \ldots, s\,. \tag{3.28}$$

Nach (3.17) und (3.27) erfüllen die Vektoren d^* und d^{**} die Bedingungen (2.31), (2.32). Die Beziehungen (3.15), (3.18), (3.24), (3.25) in Verbindung mit (3.28) und Satz 10.10 zeigen, daß $\varphi^*(t)$, $t \in T$, und $\varphi^{**}(t)$, $t \in T$, beste Approximationselemente für P_T sind.

Damit haben wir gezeigt: Sind die Bedingungen des Satzes nicht erfüllt, so lassen sich eine stetige Funktion $\varphi' : T \to C^1$ und eine Familie von Gebieten $\{G(t), t \in \mathcal{K}\} \in I(\tilde{G})$ angeben, für die das Problem P_T kein eindeutig bestimmtes bestes Approximationselement besitzt.

Damit ist Satz 10.11 vollständig bewiesen.

LITERATUR

[1] Arkin, W. I.: О бесконечномерном аналоге задачи невыпуклого программирования. Кибернетика **2** (1967).

[2] Bulawski, W. A., und Rubinstein, G. S.: О решении задач выпуклого программирования с линейными ограничениями методом последовательного улучшения допустимого вектора. ДАН СССР **150**, 2 (1963).

[3] Garkawi, A. L.: О критерии элемента наилучшего приближения. Сиб. матем. журнал **5** (1964).

[4] Garkawi, A. L.: Теоремы двойственности для приближения посредством элементов выпуклых множеств. УМН **16**, 4 (100) (1961).

[5] Goldman, A. J., und Tucker, A. W.: Теория линейного программирования, в сб. «Линейные неравенства и смежные вопросы». ИЛ, 1959, стр. 162—213.
(Russische Übersetzung von [5a])

[5a] Goldman, A. J., und Tucker, A. W.: Theory of linear programming. In Kuhn, H. W., und Tucker, A. W., (Eds.): Linear Inequalities and Related Systems. Princeton Univ. Press, Princeton N. J. 1956, 53—97.

[6] Golstein, E. G.: Об одном классе нелинейных экстремальных задач. Д АН СССР **133**, 3 (1960).

[7] Golstein, E. G.: Линейное программирование и теория приближений. Тезисы докладов у Всесоюзной конференции по теории функций комплексного переменного, Ереван, 1960.

[8] Golstein, E. G.: Об одном бесконечном аналоге задач линейного программирования и его приложениях к некоторым вопросам теории приближений. ДАН СССР **140**, 1 (1961).

[9] Golstein, E. G.: Об одной экстремальной задаче для гармонических полиномов. ДАН Арм. ССР **32**, 1 (1961).

[10] Golstein, E. G.: Об одном обобщении чебышевской задачи наилучшего приближения. УМН **16**, 4 (100) (1961).

[11] Golstein, E. G.: Задача наилучшего чебышевского приближения в комплексной области с дополнительными условиями на коэффициенты аппроксимирующего полинома. ДАН СССР **141**, 1 (1961).

[12] Golstein, E. G.: Об одной общей постановке задачи наилучшего приближения. ДАН СССР **144**, 1 (1962).

[13] Golstein, E. G.: Двойственные задачи выпуклого программирования. Экономика и матем. методы **1**, 3 (1965).

[14] Golstein, E. G., und Judin, D. B.: Новые направления в линейном программировании. Изд-во «Советское радио», 1966.

[15] Golstein, E. G.: Двойственные задачи выпуклого и дробновыпуклого программирования в функциональных пространствах. ДАН СССР **172**, 5 (1967).

[16] Golstein, E. G.: Задачи наилучшего приближения элементами выпуклого множества и некоторые свойства опорных функционалов. ДАН СССР **173**, 5 (1967).

[17] Golstein, E. G.: О некоторых оценках теории приближений, в сб. «Исследования по математическому программированию». «Наука», 1968, стр. 129—158.

[18] Golstein, E. G.: Обобщенные соотношения двойственности в экстремальных задачах. Экономика и матем. методы **4**, 6 (1968).

[19] Golstein, E. G.: Двойственные задачи выпуклого и дробно-выпуклого программирования, в сб. «Исследования по математическому программированию». «Наука», 1968, стр. 10—108.

[20] Golstein, E. G., und Mowschowitsch, S. M.: Непрерывная зависимость от параметра множества решений минимаксной задачи. Экономика и матем. методы **4**, 6 (1968).

[21] Hurwicz, L.: Программирование в линейных пространствах, в сб. «Исследования по линейному и нелинейному программированию». ИЛ, 1962, стр. 65—155.
(Russische Übersetzung von [21a])

[21a] Hurwicz, L.: Programming in linear spaces. In Arrow, K. J., Hurwicz, L., und Uzawa, H.: Studies in Linear and Non-linear Programming. Stanford Univ. Press, Stanford Cal. 1958, 38—102.

[22] Dunford, N., und Schwartz, J. T.: Линейные операторы. Общая теория. ИЛ, 1962.
(Russische Übersetzung von [22a])

[22a] Dunford, N., und Schwartz, J. T.: Linear Operators, Part I: General Theory. Interscience Publ., Inc., New York 1958.

[23] Duffin, R. J.: Бесконечные программы, в сб. «Линейные неравенства и смежные вопросы». ИЛ, 1959, стр. 263—276.
(Russische Übersetzung von [23a])

[23a] Duffin, R. J.: Infinite programs. In Kuhn, H. W., und Tucker, A. W., (Eds.): Linear Inequalities and Related Systems. Princeton Univ. Press, Priceton N. J. 1956, 157—170.

[24] Demjanow, W. F., und Rubinow, A. M.: Минимизация гладкого выпуклого функционала на выпуклом множестве. Вестник ЛГУ **19** (1964).

[25] Demjanow, W. F., und Rubinow, A. M.: Приближенные методы решения экстремальных задач. Изд-во ЛГУ, 1968.

[26] Dennis, J. B.: Математическое программирование и электрические цепи. ИЛ, 1961.
(Russische Übersetzung von [26a])

[26a] Dennis, J. B.: Mathematical Programming and Electrical Networks. Technology Press of Mass. Inst. of Technology and John Wiley & Sons, Inc., New York 1959.

[27] Dubowizki, A. Ja., und Miljutin, A. A.: Задачи на экстремум при наличии ограничений. Ж. вычис. матем. и матем. физики **5**, 3 (1965).

[28] Dubowizki, A. Ja. und Miljutin, A. A.: Вторые вариации в задачах на экстремум при наличии ограничений. ДАН СССР **160**, 1 (1965).

[29] Zoutendijk, G.: Методы возможных направлений. ИЛ, 1963.
(Russische Übersetzung von [29a])

[29a] Zoutendijk, G.: Methods of Feasible Directions (A Study in Linear and Nonlinear Programming). Elsevier Publ. Comp., Amsterdam-London-New York-Princeton 1960.

[30] Suchowizki, S. I.: О приближении действительных функций в смысле П. Л. Чебышева, УМН **11**, 2 (68) (1956).

[31] Suchowizki, S. I., Poljak, R. A., und Primak, M. E.: Алгоритм для решения задачи выпуклого программирования. ДАН СССР **153**, 5 (1963).

[32] Ioffe, A. D., und Tichomirow, W. M.: Двойственность выпуклых функций и экстремальные задачи. УМН **23**, 6 (144) (1968).

[33] Ioffe, A. D., und Tichomirow, W. M.: О минимизации интегральных функционалов. Функциональный анализ и его приложения **3**, 3 (1969).

[34] Kantorowitsch, L. W.: Математические методы организации и планирования производства. Изд-во ЛГУ, 1939.

[35] Kantorowitsch, L. W.: Об одном эффективном методе решения некоторых классов экстремальных проблем. ДАН СССР **28** (1940).

[36] Kantorowitsch, L. W.: О перемещении масс. ДАН СССР **37** (1942).

[37] Karlin, S.: Математические методы в теории игр, программировании и экономике. «Мир», 1964.
(Russische Übersetzung von [37a])

[37a] Karlin, S.: Mathematical Methods and Theory in Games, Programming and Economics, Vol. I. Addison — Wesley, Reading Mass. 1960.

[38] Kolmogorow, A. N.: Замечание по поводу многочленов П. Л. Чебышева, наименее уклоняющихся от данной функции. УМН **3**, 1 (23) (1948).

[39] Krein, M. G.: *L*-проблема в абстрактном линейном нормированном пространстве. В книге: Н. Ахиезер и М. Крейн: О некоторых вопросах теории моментов. Харьков, 1938, стр. 171—199.

[40] Lewin, W. L.: О некоторых свойствах опорных функционалов. Матем. заметки **4**, 6 (1968).

[41] Lewin, W. L.: Применение теоремы Э. Хелли в выпуклом программировании, задачах наилучшего приближения и смежных вопросах. Матем. сб. **79** (121), 2 (1969).

[42] Ljapunow, A. A.: О вполне аддитивных вектор-функциях. Изв. АН СССР, сер. матем. **4**, 6 (1940).

[43] Markow, A. A.: О функциях, наименее уклоняющихся от нуля. СПб., 1892.

[44] Mills, H. D.: Маргинальные значения матричных игр и задач линейного программирования, в сб. «Линейные неравенства и смежные вопросы». ИЛ, 1959.
(Russische Übersetzung von [44a])

[44a] Mills, H. D.: Marginal values of matrix games and linear programs. In Kuhn, H. W., und Tucker, A. W. (Eds.): Linear Inequalities and Related Systems. Princeton Univ. Press, Princeton N. J. 1956.

[45] v. Neumann, J.: К теории стратегических игр, в сб. «Матричные игры». Физматгиз, 1961, стр. 173—204.
(Russische Übersetzung von [89])

[46] Nikolski, S. M.: Приближение функций тригонометрическими полиномами в среднем. Изв. АН СССР, сер. матем. **10**, 3 (1946).

[47] Pscheborski, A. P.: Сообщ. Харьковск. матем. о-ва **14** (1—2) (1913).

[48] Pšeničnyi, B. N.: Принцип двойственности в задачах выпуклого программирования. Вычисл. матем. и матем. физ. **5**, 1 (1965).

[49] Pšeničnyj, B. N.: Двойственный метод в экстремальных задачах. Кибернетика **3** (1965).

[50] Pšeničnyj, B. N.: Выпуклое программирование в нормированном пространстве. Кибернетика **5** (1965).

[51] Pšeničnyj, B. N.: Необходимые условия экстремума. «Наука», 1969. (vgl. [51a])

[51a] Pšeničnyj, B. N.: Notwendige Optimalitätsbedingungen. B. G. Teubner Verlagsgesellschaft, Leipzig 1972. (Deutsche Übersetzung von [51])

[52] Remes, E. Ja.: О чебышевских приближениях в комплексной области. ДАН СССР **77**, 6 (1951).

[53] Remes, E. Ja.: Общие вычислительные методы чебышевского приближения. Изд-во АН УССР, 1957.

[54] RUBINSTEIN, G. S.: О равномерном приближении непрерывной функции с помощью обобщенных рациональных функций. УМН **15**, 3 (93) (1960).

[55] RUBINSTEIN, G. S.: О некоторых экстремальных задачах экономического характера, идейно близких к задаче Чебышева о наилучшем равномерном приближении, в сб. «Исследования по современным проблемам конструктивной теории функций». Физматгиз, 1961.

[56] RUBINSTEIN, G. S.: Двойственные экстремальные задачи. ДАН СССР **152** (1963).

[57] RUBINSTEIN, G. S.: Об одной экстремальной задаче в линейном нормированном пространстве. Сибирский матем. журнал **6**, 3 (1965).

[58] RUBINSTEIN, G. S.: Несколько примеров двойственных экстремальных задач, в сб. «Математическое программирование». «Наука», 1966.

[59] SUCHOMLINOW, G.A.: О продолжении линейных функционалов в комплексном и кватернионном линейном пространстве. Матем. сб. **3** (45) (1938).

[60] TUCKER, A. W.: Двойственные системы однородных линейных соотношений, в сб.« Линейные неравенства и смежные вопросы». ИЛ, 1959. (Russische Übersetzung von [60a])

[60a] TUCKER, A. W.: Dual systems of homogeneous linear relations. In KUHN, H. W., und TUCKER, A. W., (Eds.): Linear Inequalities and Related Systems. Princeton Univ. Press, Princeton N. J. 1956, 3—18.

[61] TICHOMIROW, W. M.: Некоторые вопросы теории приближений. ДАН СССР **160**, 4 (1965).

[62] UZAWA, H.: Теорема Куна — Таккера о вогнутом программировании, в сб. «Исследования по линейному и нелинейному программированию». ИЛ, 1962, стр. 57—64. (Russische Übersetzung von [62a])

[62a] UZAWA, H.: The KUHN — TUCKER theorem in concave programming. In ARROW, K.J., HURWICZ, L., und UZAWA, H.: Studies in Linear and Non-linear Programming. Stanford Univ. Press, Standford Cal. 1958, 33—37.

[63] FLEMING, W. H.: Об одном классе игр над пространством функций и связанных с ними вариационных задачах, в сб. «Бесконечные антагонистические игры». Физматгиз, 1963, стр. 98—122.

[64] CHAWINSON, S. JA.: Теория экстремальных задач для ограниченных аналитических функций, удовлетворяющих дополнительным условиям внутри области. УМН **13**, 2 (110) (1963).

[65] CHAWINSON, S. JA.: Об аппроксимации элементами выпуклых множеств. ДАН СССР **172**, 2 (1967).

[66] SCHNIRELMAN, L. G.: О равномерных приближениях. Изв. АН СССР, сер. матем. **2** (1938), 53—60.

[67] JUDIN, D. B., und GOLSTEIN, E. G.: Линейное программирование. Теория и конечные методы. Физматгиз, 1963.

[68] BEALE, E. M.: Quadratic programming. Nav. Res. Logist. Quart. **6**, 3 (1959).

[69] BOHNENBLUST, H. F., und SOBCZYK, A.: Extensions of functionals on complex linear spaces. Bull. Amer. Math. Soc. **44** (1938).

[70] BONSALL, F.: Dual extremum problem in the theory of functions. J. London Math. Soc. **31**, (1956).

[71] BROWN, A.: Iterative solution of game by fictions play. Activity Analysis of Production and Allocation, Cowles Commission Monograph, No. 13, New York, Wiley, 1951.

[72] DANTZIG, G. B.: Programming in a linear structure. Washington, D. C., Comptroller USAF, 1948.

[73] Dantzig, G. B.: A proof of the equivalence of the programming problem and the game problem. Activity Analysis of Production and Allocation, Cowles Commission Monograph, No. 13, New York, Wiley, 1951.

[74] Dorn, W. S.: Duality in quadratic programming. AEC Computing and Applied Mathematics Center, New York University, 1958.

[75] Dorn, W. S.: Non-linear programming — a survey. Manag. Sci. **9**, 2 (1963).

[76] John, F.: Extremum problems with inequalities as subsidiary conditions. Studies and Essays, Interscience, New York, 1948, pp. 187—204.

[77] Frank, M., und Wolfe, P.: An algorithm for quadratic programming. Nav. Res. Logist. Quart. **3**, 1—2 (1956).

[78] Gale, D.: The basic theorems of real linear programming and game theory. Nav. Res. Logist. Quart. **3** (1956).

[79] Gale, D., Kuhn, H. W., Tucker, A. W.: Linear programming and the theory of games. Activity Analysis of Production and Allocation, Cowles Commission Monograph, No. 13, New York, Wiley, 1951.

[80] Haar, A.: Die Minkowskische Geometrie und die Annäherung an stetige Funktionen. Math. Ann. **78** (1918).

[81] Huard, P.: Dual programs. Resent Adv. in Math. Progr., New York, McGraw-Hill, 1963, pp. 55—63.

[82] Hurwicz, L.: The Minkowski-Farkas Lemma for bounded linear transformations in Banach spaces. Cowles Commission Discussion Paper, Math. No. **415**, **416** (1952).

[83] Kelley, J. E.: The cutting plane method for solving convex programs. J. Soc. Indust. Appl. Math. **8**, 4 (1960).

[84] Kneser, H.: Sur un theoreme fondamental de la théorie des jeux. C. R. Acad. Sci. **234**, 25 (1952).

[85] Kuhn, H. W., und Tucker, A. W.: Non-linear programming. Proceedings of the Second Berkeley Symposium of Mathematical Statistics and Probability, Berkley and Los Angeles, Univ. of California Press, 1951, pp. 481—492.

[86] Mangasarian, O.: Duality in non-linear programming. Quart. Appl. Math. **20**, 3 (1962).

[87] Mangasarian, O., und Ponstein, J.: Minimax and duality in nonlinear programming. J. Math. Anal. Appl. **11** (1965).

[88] Moreau, J. J.: Sur la fonction polaire d'une fonction semi — continue supérieurement, C. R. Acad. Sci. **258** (1964), 1128—1130.

[89] von Neumann, J.: Zur Theorie der Gesellschaftsspiele. Math. Ann. **100** (1928).

[90] von Neumann, J.: On a maximization problem. Inst. for Advanced Study, Princeton, 1947.

[91] Nikaido, H.: On von Neumann's minimax theorem. Pacific J. Math. **4** (1954).

[92] Rockafellar, R. T.: Minimax theorems and conjugate saddle functions. Math. Scand. **14** (1964).

[93] Rockafellar, R. T.: A general correspondence between dual minimax problems and convex programs. Pacific J. Math. **25**, 3 (1968).

[94] Rosen, J.: The gradient projection method for nonlinear programming. J. Soc. Indust. Appl. Math. **8** (1960).

[95] Singer, I.: Cia mia buna aproximare on spatii vectoriale normate prin elemente din subspatii vectoriale. Acad. RSR, Bucurecti, 1967.

[96] Slater, M.: Lagrange multipliers revisited. Cowles Commission Discussion Paper, Math. **403** (1950).

[97] Stoer, J.: Duality in nonlinear programming and minimax theorems. Numer. Math. **5**, 3 (1963).

[98] Stoer, J.: Über einen Dualitätssatz der nichtlinearen Programmierung. Numer. Math. **6**, 1 (1964).

[99] WOLFE, PH.: A duality theorem for non-linear programming. Quart. Appl. 19 (1961).
[100] YAMASAKI, M.: Duality theorems in mathematical programming and their applications. J. Sci. Hiroshima Univ., Ser. A-1 32 (1968).
[101] FENCHEL, W.: Convex Cones, Sets and Functions. Lecture Notes, Princeton Univ., Department of Math., Princeton 1953.

Weitere Literatur:

[102] BERGE, C., und GHOUILA-HOURI, A.: Programmes, jeux et réseaux de transport. Dunod, Paris 1962.
[102a] BERGE, C., und GHOUILA-HOURI, A.: Programme, Spiele, Transportnetze. BSB B. G. Teubner Verlagsgesellschaft, Leipzig 1969 (Deutsche Übersetzung von [102]).
[103] GÖPFERT, A.: Mathematische Optimierung in allgemeinen Vektorräumen. BSB B. G. Teubner Verlagsgesellschaft, Leipzig 1973.
[104] MANGASARIAN, O. L.: Nonlinear Programming. Mc Graw-Hill Book Comp., New York 1969.
[105] ROCKAFELLAR, R. T.: Convex Analysis. Princeton N. J. 1970.
[105a] ROCKAFELLAR, R. T.: Vypuklyj analiz. Izd-vo „Mir", Moskau 1973. (Russische Übersetzung von [105] mit erweitertem Literaturverzeichnis).
[106] SANDER, H. J.: Dualität bei Optimierungsaufgaben. Oldenbourg-Verlag München-Wien 1973.
[107] STOER, J., und WITZGALL, C.: Convexity and Optimization in Finite Dimensions I. Springer Verlag, Berlin-Heidelberg-New York 1970.
[108] VOGEL, W.: Lineares Optimieren. Akademische Verlagsgesellschaft Geest & Portig K.-G., Leipzig 1970.

SACHVERZEICHNIS

Abbildung, stetige, in einem Punkte 8
—, —, auf einer Menge 8
—, normtreue 16
—, Halbstetigkeit einer Punkt-Menge- 136
abgeschlossene Menge 5
— r Operator 17
— s Funktional 42
Abschließung einer Menge 5
absorbierende Menge 13
abzählbar-additives Funktional 18
additiver Operator 17
additives Funktional 11
adjungierter Operator 17
algebraische Summe 10
α-summierbare Vektorfunktion 45
Approximation, beste 165
Approximationselement, bestes 165, 176, 180
Approximationsfolge, beste 165, 180
äquivalente Funktionale 21
ausgeglichene Menge 13
ausschöpfende Folge 26

Banach, Satz von 17
Banach-Raum 15
Basis eines topologischen Raumes 6
beschränkte Menge 15
—r Operator 17, 84
—s Funktional 15
beste Approximation 165
— Approximationsfolge 171, 180, 181
— φ-Approximationsfolge 171
— φ-Approximation 171
—s Approximationselement 165, 176, 180
—s φ-Approximationselement 176
bidualer Raum 15
Borel-Algebra 19
— -Menge 19

direktes Produkt von Mengen 9
— — — topologischen Räumen 9
diskrete Topologie 6
dualer Raum 13
— Kegel 28

duales Problem 30
Dualitätsbeziehung 37
—, verallgemeinerte 37
Dualitätssatz, verallgemeinerter 34, 115

Element bester Approximation 165
Element bester φ-Approximation 176
Elemente, schwache* Konvergenz der 55
endlich dimensionales hyperbolisches Optimierungsproblem 159
endliche Teilüberdeckung 9
E-Topologie 16
Extremalaufgabe, gemittelte 46
extremales Funktional 194
Extremalpunkt 168

feinere Topologie 6
Fixpunktsatz von Kakutani 136
Folge bester Approximation 165
— — φ-Approximation 171
—, ausschöpfende 26
—, Grenzpunkt einer 7
—, konvergente 7
—, konvergente verallgemeinerte 7
—, Limes einer 7
—, verallgemeinerte 7
folgenkompakte Menge 9
Fundamentalfolge 15
Funktion, Majorante einer 130
—, Minorante einer 130
—, quasikonkave 135
—, quasikonvexe 135
Funktional 11
—, abgeschlossenes 42
—, abzählbar-additives 18
—, additives 11
Funktional, beschränktes 15, 71
—, extremales 194
—, homogenes 11
—, hyperbolisches 149
—, konjugiertes 42
—, konkaves 11
—, konvexes 11
—, lineares 11

—, lineare Fortsetzung eines 11
—, monotones 76
—, μ-meßbares 19
—, μ-summierbares 20
—, nach oben beschränktes 71
—, nach unten beschränktes 71
—, positiv homogenes 11
—, reguläres 19
—, σ-additives 18
—, subadditives 11
—, sublineares 11
—, superadditives 11
—, superlineares 11
—, trennendes 11
—, triviales 42
—e, äquivalente 21
—e, schwache Konvergenz der 55

gemittelte Extremalaufgaben 46
gerichtete Menge 7
gerichtetes System 7
Graph eines Operators 17
Grenzpunkt einer Folge 7
— — verallgemeinerten Folge 7
gröbere Topologie 6

HAHN-BANACH, Satz von 11
halbgeordnete Menge 7
Halbraum 12
Halbstetigkeit einer Punkt-Menge-Abbildung 136
Häufungspunkt 5
HAUSDORFF-Raum
homogener Operator 17
homogenes Funktional 11
hyperbolisches Optimierungsproblem 148
— —, endlich dimensionales 159
— —, lineares 161
— Funktional, lineares 149
Hyperebene 12
—, trennende 12

indiskrete Topologie 6
innerer Punkt 5
Integral eines μ-meßbaren Funktionals 20
— — Vektorfunktionals 44

Kegel, konvexer 28
—, dualer 28
Kern einer Menge 12
KNESER, Satz von 125
kompakter Raum 8
Kompaktum 8

komplexer linearer Raum 10
— — topologischer Raum 12
konjugierter Raum 13
konjugiertes Funktional 42
konkaver Operator 40
konkaves Funktional 11
konvergente Folge 7
— verallgemeinerte Folge 7
Konvergenz, schwache, der Funktionale 55
—, schwache*, der Elemente 55
konvexe Menge 10
—r Kegel 28
—r Operator 40
konvexes Funktional 11
— Optimierungsproblem 40, 51
— —, parameterabhängiges 145
korrekt gestelltes Problem 26
Kugel, offene 6

LAGRANGE-Funktional 28
Limes einer Folge 7
linear isometrische Räume 20
— — Zuordnung 20
—e Fortsetzung eines Funktionals 11
—e Mannigfaltigkeit 10
linearer Operator 17, 84
lineares Funktional 11
lineares hyperbolisches Problem 161
LJAPUNOW, Satz von 47
lokalkonvexer Raum 14
Lösung des primalen Problems 23
— — verallgemeinerten Problems 25
—, verallgemeinerte zulässige 25, 115
—, zulässige

Majorante einer Funktion 130
Mannigfaltigkeit, lineare 10
Marginalwert 143
Maß 18
Menge, abgeschlossene 5
—, Abschließung einer 5
—, absorbierende 13
—, folgenkompakte 9
—, gerichtete 7
—, halbgeordnete 7
—, Kern einer 12
—, TSCHEBYSCHEW-Zentrum einer kompakten 177
—, offene 5
—, relativ folgenkompakte 9
—, — kompakte 9
—, ausgeglichene 13
—, beschränkte 15

Menge der zulässigen Lösungselemente 115
— der verallgemeinerten zulässigen Lösungen 115
Mengen, direktes Produkt von 9
—, konvexe 10
—, μ-meßbare 19
—, symmetrische 14
—, vom μ-Maß Null 19
—, TSCHEBYSCHEW-Zentrum von kompakten 177
Metrik 6
metrischer Raum 6
Minorante einer Funktion 130
μ-meßbare Menge 19
— —n Funktionals, Integral eines 20
— —s Funktional 19
monotones Funktional 76
μ-summierbares Funktional 20

nach oben beschränktes Funktional 71
— unten — — 71
Netz 7
NIKAIDO, Satz von 136
Norm 15
normaler Raum 8
normierter Raum 14
—n —es, Unterraum eines 15
normtreue Abbildung 16
Nullumgebungsbasis 13

offene Menge 5
— Kugel 6
— Überdeckung 8
Operator 11
—, abgeschlossener 17
—, additiver 17
—, adjungierter 17
—, beschränkter 17, 84
—, homogener 17
Operator, konkaver 40
—, konvexer 40
—, linearer 17, 84
—s, Graph eines 17
Optimalitätskriterium 38
— I 63
— II 64
Optimierungsproblem, hyperbolisches 148
—, —, endlich dimensionales 159
—, —, lineares 161
—, konvexes 40
—, —, parameterabhängiges 145
—, quasikonvexes 138
—, stückweise lineares 117

parameterabhängiges konvexes Optimierungsproblem 145
φ-Approximation, beste 171
— -, Folge bester 171
— -, Element bester 176
positiv homogenes Funktional 11
primalen Problems, Lösung des 23
primales Problem 24
Problem, duales 30
—, korrekt gestelltes 26
—, lineares hyperbolisches 159
—, primales 24
—, verallgemeinertes 26
Produkt, direktes von Mengen 9
—, — — topologischen Räumen 9
Punkt innerer 5
—, verallgemeinerter 67
— es, Umgebung eines 5
Punkt-Menge-Abbildung, Halbstetigkeit einer 136

quasikonkave Funktion 135
quasikonvexe Funktion 135
— s Optimierungsproblem 138

Raum, bidualer 15
—, dualer 13
—, kompakter 8
—, konjugierter 13
—, linear komplexer 10
—, — reeller 10
—, lokalkonvexer 14
—, metrischer 6
—, normaler 8
—, normierter 14
—, reflexiver 16
—, separierter 8
—, topologischer 5
—, —, linear komplexer 12
—, —, — reeller 12
Raum, vollständiger 15
—, zweifach konjugierter 15
Räume, linear isometrische 20
reeller linearer Raum 10
— — topologischer Raum 12
reflexiver Raum 16
reguläres Funktional 19
relativ folgenkompakte Menge 9
— kompakte Menge 9
RIESZ, Satz von 20

σ-additives Funktional 18
σ-Algebra 18

Sattelpunkt 61
— problem 61
—, verallgemeinerter 61
Satz über Marginalwerte von Extremalaufgaben 143
— — die Stabilität 139
— von BANACH 17
— — HAHN-BANACH 11
— — KNESER 125
— — LJAPUNOW 47
— — NIKAIDO 136
— — RIESZ 20
— — URYSOHN 8
schwache Konvergenz der Funktionale 55
schwache* Konvergenz der Elemente 55
schwache Topologie 16
schwache* Topologie 16
schwach* abgeschlossen 55
schwächere Topologie 6
separierter Raum 8
σ-additives Funktional 18
Slaterbedingung 57
—, verallgemeinerte 57, 60, 116
starke Topologie 15
stärkere Topologie 6
stetige Abbildung auf einer Menge 8
— — in einem Punkt 8
Stützfunktional 67
subadditives Funktional 11
sublineares Funktional 11
Summe, algebraische 10
superadditives Funktional 11
superlineares Funktional 11
symmetrische Menge 14
System, gerichtetes 7

Teilfolge einer verallgemeinerten Folge 8
Teilüberdeckung, endliche 9
TICHINOW-Produkt 9
— von topologischen Räumen 9
— - Topologie 9
Topologie 5
—, diskrete 6
—, feinere 6
—, gröbere 6
—, indiskrete 6
—, schwache 16
—, schwache*
—, schwächere 6
—, starke 15
—, stärkere 6
topologischen Räumen, direktes Produkt von 9
— —, TICHONOW-Produkt von 9
— —, topologisches Produkt von 9
topologischer Raum 5
trennende Hyperebene 12
— s Funktional 11
Trennungssatz 12
— I 12
— II 13
— III 14
— IV 14
triviales Funktional 42
TSCHEBYSCHEW-System 206
TSCHEBYSCHEW-Zentrum 177
— — verallgemeinertes 172

Überdeckung 8
—, offene 8
Umgebung einer Menge 136
— eines Punktes 5
Umgebungsbasis eines Punktes 6
Unterraum 10
— eines normierten Raumes 15
URYSOHN, Satz von 8

Variation, vollständige 18
Vektorfunktion, α-summierbare 45
—, Integral einer 44
verallgemeinert konsistentes System 150
— e Dualitätsbeziehung 37
— e Folge 7
verallgemeinerte Folge, konvergente 7
verallgemeinerte Lösung eines Systems 151
— Slaterbedingung 57, 60, 116
— n Folge, Grenzpunkt einer 7
— n Folge, Teilfolge einer 8
verallgemeinerter Dualitätssatz 34, 115
— Punkt 67
— Sattelpunkt 61
verallgemeinertes Problem 26
— TSCHEBYSCHEW-Zentrum 172
verallgemeinerte zulässige Lösung 25, 115
vollständige Variation 18
vollständiger Raum 15

zulässige Lösung 23
zulässigen Lösungselemente, Menge der 115
Zuordnung, linear isometrische 20
zweifach konjugierter Raum 15

FSC
www.fsc.org
MIX
Papier | Fördert
gute Waldnutzung
FSC® C083411

Kolibri 360 GmbH
Ferdinand-Jühlke-Straße 7
99095 Erfurt, Deutschland
produktsicherheit@kolibri360.de